“十二五”国家重点图书出版规划项目
交通运输建设科技丛书·水运基础设施建设与养护
长江黄金水道建设关键技术丛书

长江中游水沙运动及河床演变

李一兵 冯小香 陈 立 江 凌 等 著

人民交通出版社股份有限公司
China Communications Press Co.,Ltd.

内 容 提 要

本书共分11章，主要包括：概述长江上游来水来沙、三峡水库枢纽运行对枢纽出库水沙条件的影响；三峡水库运行后长江中游水沙输移特性及变化分析；三峡水库上游建库后长江中游水沙输移特性的变化趋势研究；长江中游水位变化、设计水位及航行基面研究；长江中游航道冲淤及滩槽变化；基于水道关联性的长河段河床演变趋势预测模型研究；长江中游航道条件变化趋势预测；分滩型航道整治原则研究；提高航道建设尺度的可能性分析结语。

本书可供从事航道整治、河床演变、流域规划与管理等方面的科技人员及高等院校相关专业的师生参考。

Abstract

This book summarizes not only the effects of coming water and sediment in upper reaches of the Yangtze River,as well as the Three Gorges Reservoir operation, on outflow water and sediment conditions of the hub,but also some research of the middle reaches of the Yangtze River,including analyses on the characteristics and changes of the flow and sediment after the impoundment of the Three Gorges Reservoir, studies on the changing tendency of the flow and sediment characteristicsafter the reservoir construction in upper reaches, researches of water-level fluctuation, design water level and navigation-based surface, changes of waterway scour, deposition, flat and pool, discussions about prediction model of riverbed evolution changing trend in long river sections based on channel correlation,forecasting of the changing trend of waterway condition,studies on waterway regulation principles according to beach types, analyses about possibilities of improving the waterway construction dimension.

This book can serveas reference for those who are engaged in waterway regulation, riverbed evolution, river basin planning and management,as well as teachers and students in colleges and universities.

图书在版编目(CIP)数据

长江中游水沙运动及河床演变 / 李一兵等著 . — 北京 : 人民交通出版社股份有限公司 , 2015.12
(长江黄金水道建设关键技术丛书)
ISBN 978-7-114-12605-5

Ⅰ . ①长… Ⅱ . ①李… Ⅲ . ①长江—中游—含沙水流—泥沙运动—研究②长江—中游—河道演变—研究 Ⅳ . ① TV152

中国版本图书馆 CIP 数据核字 (2015) 第 265421 号

长江黄金水道建设关键技术丛书

书　　名：长江中游水沙运动及河床演变
著 作 者：李一兵　冯小香　陈　立　江　凌　等
责任编辑：韩亚楠　崔　建
出版发行：人民交通出版社股份有限公司
地　　址：（100011）北京市朝阳区安定门外外馆斜街3号
网　　址：http://www.ccpress.com.cn
销售电话：（010）59757973
总 经 销：人民交通出版社股份有限公司发行部
经　　销：各地新华书店
印　　刷：北京盛通印刷股份有限公司
开　　本：787×1092　1/16
印　　张：20.5
字　　数：470千
版　　次：2015年12月　第1版
印　　次：2015年12月　第1次印刷
书　　号：ISBN 978-7-114-12605-5
定　　价：65.00元

《长江黄金水道建设关键技术丛书》
审定委员会

《长江黄金水道建设关键技术丛书》主要编写单位

交通运输部长江航务管理局

交通运输部水运科学研究院

南京水利科学研究院

交通运输部长江口航道管理局

交通运输部天津水运工程科学研究院

中交第二航务工程勘察设计院有限公司

武汉理工大学

重庆交通大学

长江航道局

长江三峡通航管理局

长江航运信息中心

上海河口海岸科学研究中心

《长江黄金水道建设关键技术丛书》编写协调组

组　长　杨大鸣（交通运输部长江航务管理局）

成　员　高惠君（交通运输部水运科学研究院）

裴建军（交通运输部长江航务管理局）

丁润铎（人民交通出版社股份有限公司）

本书编写委员会

组　　长　李一兵　冯小香　陈　立　江　凌

编写人员　李旺生　刘万利　张明进　张　明　杨燕华　刘晓菲

邓金运　张　为　黄成涛　朱玉德　李　明　张　明

平妍容　杨　阳　刘　哲　普晓刚

总　序

近年来，交通运输行业认真贯彻落实党中央、国务院“稳增长、促改革、调结构、惠民生”的决策部署，重点改革力度加大，结构调整积极推进，交通运输科技攻关不断取得突破，促进了交通运输持续快速健康发展。目前，我国公路总里程、港口吞吐能力、全社会完成的公路客货运量、水路货运量和周转量等多项指标均居世界第一。交通运输事业的快速发展不仅在应对国际金融危机、保持经济平稳较快发展等方面发挥了重要作用，而且为改善民生、促进社会和谐做出了积极贡献。

长期以来，部党组始终把科技创新作为推进交通运输发展的重要动力，坚持科技工作面向需求，面向世界，面向未来，加大科技投入，强化科技管理，推进产学研相结合，开展重大科技研发和创新能力建设，取得了显著成效。通过广大科技工作者的不懈努力，在多年冻土、沙漠等特殊地质地区公路建设技术，特大跨径桥梁建设技术，特长隧道建设技术，深水航道整治技术和离岸深水筑港技术等方面取得重大突破和创新，获得了一系列具有国际领先水平的重大科技成果，显著提升了行业自主创新能力，有力支撑了重大工程建设，培养和造就了一批高素质的科技人才，为交通运输科学发展奠定了坚实基础。同时，部积极探索科技成果推广的新途径，通过实施科技示范工程，开展材料节约与循环利用专项行动计划，发布科技成果推广目录等多种方式，推动了科技成果更多更快地向现实生产力转化，营造了交通运输发展主动依靠科技创新，科技创新服务交通发展的良好氛围。

组织出版《交通运输建设科技丛书》，是深入实施创新驱动战略和科技强交战略，推进科技成果公开，加强科技成果推广应用的又一重要举措。该丛书分为公路基础设施建设与养护、水运基础设施建设与养护、安全与应急保障、运输服务和绿色交通等领域，将汇集交通运输建设科技项目研究形成的具有较高学术和应用价值的优秀专著。丛书的逐年出版和不断丰富，有助于集中展示和推广交通运输建设重大科技成果，传承科技创新文化，并促进高层次的技术交流、学术传播和专业人才培养。

今后一段时期是加快推进“四个交通”发展的关键时期，深入实施科技强交战略和创新驱动战略，是一项关系全局的基础性、引领性工程。希望广大交通运输科技工作者进一步解放思想、开拓创新，求真务实、奋发进取，以科技创新的新成效推动交通运输科学发展，为加快实现交通运输现代化而努力奋斗！

王昌顺

2014年7月28日

序

（为《长江黄金水道建设关键技术丛书》而作）

河流，是人类文明之源；交通，推动了人类不同文明的碰撞与交融，是经济社会发展的重要基础。交通与河流密切联系、相伴而生。在古老广袤的中华大地上，长江作为我国第一大河流，与黄河共同孕育了灿烂的华夏文明。自古以来，长江就是我国主要的运输大动脉，素有“黄金水道”之称。水路运输在五大运输方式中，因成本低、能耗少、污染小而具有明显的优势。发展长江航运及内河运输符合我国建设资源节约型、环境友好型社会以及可持续发展战略的要求。目前，长江干线货运量约20亿t，位居世界内河第一，分别为美国密西西比河和欧洲莱茵河的4倍和10倍。在全面深化改革的关键期，作为国家重大战略，我国提出“依托长江黄金水道，建设长江经济带”，长江黄金水道又将被赋予新的更高使命。长江经济带覆盖11个省（市），面积205.1万km^2，约占国土面积的21.4%。相信长江经济带的建设将为“黄金水道”带来新的发展机遇，进一步推动我国水运事业的快速发展，也将为中国经济的可持续发展提供重要的支撑。

经过60余年的努力奋斗，我国的内河航运不断发展，内河航道通航总里程达到12.63万km，航道治理和基础设施建设不断加强，航道等级不断提高，在我国的经济社会发展中发挥了不可估量的作用。长江口深水航道工程的建成和应用，标志着我国水运科学技术水平跻身国际先进行列。目前正在开展的长江南京以下12.5m深水航道工程的建设，积累了更多的先进技术和经验。因此，建设长江黄金水道具有先进的技术积累和充足的实践经验。

《长江黄金水道建设关键技术丛书》围绕“增强长江运能”这一主题，从前期规划、通航标准、基础研究、航道治理、枢纽通航，到码头建设、船型标准、安全保障与应急监管、信息服务、生态航道等方面，对各项技术进行了系统的总结与著述，既有扎实的理论基础，又有具体工程应用案例，内容十分丰富。这套丛书是行业内集体智慧之力作，直接参与编写的研究人员近200位，所依托课题中的科研人员超过1 000位，参与人员之多，创我国水运行业图书之最。长江黄金水道的建设是世界级工程，丛书涉及的多项技术属世界首创，技术成果总体处于国际先进水平，其中部分成果处于国际领先水平。原创性、知识性和可读性强为本套丛书的突出特点。

该套丛书系统总结了长江黄金水道建设的关键技术和重要经验，相信该丛书的出版，必将促进水运科学领域的学术交流和技术传播，保障我国水路运输事业的快速发展，也可为世界水运工程提供可资借鉴的重要经验。因此，《长江黄金水道建设关键技术丛书》所总结的是我国现代水运工程关键技术中的重大成就，所体现的是世界当代水运工程建设的先进文明。

是为序。

南京水利科学研究院院长
中国工程院院士
英国皇家工程院外籍院士
张建云

2015年11月15日

前言

来水来沙条件是影响河道演变、航道变化的最关键因素。近年来，受长江上游骨干水库群逐步建成运行、人工采砂、流域植被条件的改变、降雨量时空分布改变等因素的影响，长江中游来水来沙条件正经历着显著的变化，特别是三峡水库的运行，显著地改变了长江中游的水沙条件，已经引起长江中游河势、航道、水文等系统的变化。由于向家坝、溪洛渡等大型水电工程的建成运用，长江中游水沙条件还将持续发生改变。

上游水沙条件和边界条件的重大变化使三峡水库枢纽下游的水沙条件、冲淤特性及河床演变规律发生调整。一方面，枯水流量明显增加，航道水深增加，部分浅滩碍航现象得到改善；另一方面，受水库“清水下泄”等影响，三峡水库枢纽下游河段出现以河床冲刷为主的调整变形，沿程水位不同程度地下降，河床持续粗化，大埠街以上砂卵石河段航道水浅、坡陡流急问题较为突出，大埠街以下沙质河段也出现局部岸线崩退、洲滩冲刷、断面展宽、支汊发展等对航道条件不利的变化。如不对这些不利现象或发展趋势进行细致分析，提出相应的工程措施，这些不利变化或趋势将可能继续发展，导致中下游航道条件总体上趋于不稳定，并向不利的方向发展，影响三峡水库工程总体效益的发挥，更影响长江中游干线航道通过能力的提升，制约发展长江水运国家战略的实施。

交通运输部紧密围绕长江和西江黄金水道建设，以提高通过能力、确保航运安全为目标，针对制约长江和西江黄金水道通过能力提升的普遍性、关键性和前瞻性的技术问题，设置六个对行业发展具有明显支撑和引领作用的重大科技专项。“黄金水道通过能力提升技术”是六个重大科技专项之一。该专项设有十三个项目，“长江上游水沙变化对中游航道影响研究”是十三个项目之一。项目研究目标是以长江中游来水来沙条件变化为主要研究对象，系统梳理长江上游水沙变化对中游航道的影响，特别是三峡水库工程不同阶段运行对长江中游航道条件的影响及其发展趋势，为长江中游航道整治原则的确定、设计最低通航水位的计算提供理论支持，为提高长江中游航道建设标准提供决策支持，为提高长江干线航道建设标准，提升航道通过能力提供技术支持。该项目由交通运输部天津水运工程科学研究院承担，长江航道局、长江航道规划设计研究院、武汉大学等单位参加。

本书基于“长江上游水沙变化对中游航道影响研究”项目的研究成果编制而成。全书共分11章。第1章为概述（执笔人：李一兵，冯小香）；第2章论述上游水沙变化对三峡水库出库水沙变化的影响（执笔人：陈立，杨阳，平妍容）；第3章研究长江中游水沙输移特性及变化（执笔人：陈立，冯小香）；第4章介绍长江中游水沙运动变化趋势预测（执笔人：陈立，邓金运）；第5章研究长江中游实测水位变化、设计水位及航行基面调整（执笔人：冯小香，张明）；第6章分析长江中游航道冲淤及滩槽变化规律（执笔人：李一兵，李旺生，刘晓菲）；第7章介绍基于水道关联性的长河段河床演变趋势预测模型（执笔人：江凌，杨燕华）；第8章预测长江中游航道条件变化趋势（执笔人：江凌，张为，杨燕华）；第9章研究分滩型航道整治原则（执笔人：李一兵，杨燕华）；第10章探讨长江航道建设标准（尺度）提升的可能性（执笔人：江凌，张为）；第11章是全书的总结（执笔人：李一兵，冯小香）。

鉴于三峡水库上游骨干水库调度方式和中游演变影响因素的复杂性，加之时间仓促、水平有限，书中疏漏之处在所难免，真诚欢迎读者批评指正。

在依托项目研究和本书编写过程中，得到了交通运输部科教司、交通运输部西部交通建设科技项目管理中心、长江航务管理局、长江航道局等单位的领导和专家的关心和大力支持，同时得到了国内许多同行专家的帮助和指正，编写组谨此致谢。

作　者

2015年9月

目 录

第 1 章 概 述

1.1 研究背景及目标

长江是我国第一大河，其干支流通航里程达 6.3 万 km 以上，占全国内河通航里程的 52%，水运量占全国内河水运量的 80%。长江航运为流域经济社会发展提供了重要支撑与保障，沿江所需 85% 的铁矿石、83% 的电煤和 85% 的外贸货物均依托长江水运。自 2005 年以来长江已经成为世界上货运量最大、运输最繁忙的通航河流，2010 年，长江干线完成货运量突破 15 亿 t，其干线货运量约是美国密西西比河的 2 倍、欧洲莱茵河的 3 倍。据有关专家预测，长江干流航运若完全开发，其运能应该达到 30 亿 ~ 60 亿 t，这表明，长江运能的开发潜力十分巨大，亟待挖掘。

长江中游航道作为长江干线航道的重要组成部分，起着承上启下的作用，具有显著的战略地位和开发利用价值。由于长江中游河段河形复杂，既有著名的荆江蜿蜒河段，也有独有的鹅头分汊河段，浅滩密集，自然条件下河床演变剧烈复杂，洲滩变迁频繁，航槽极不稳定，通航能力受自然条件影响大，“枯水阻航”、“洪水限航”的现象时有发生，一定程度上制约了长江航运的发展。

三峡水利工程的兴建和蓄水运行后，已经改变了坝下河段的来水来沙条件，而随着长江上游水电开发的步伐加快，一些大型的水电开发工程相继开工，包括干流的溪洛渡、向家坝、乌东德、白鹤滩，以及支流上近百座水电站，这些工程的实施将进一步影响上游的来水来沙；另一方面，随着以“长治”工程为代表的长江上游水土保持工程的实施，长江上游来沙量的减少程度将进一步加大。尤其是三峡水库下游河段的来沙量将进一步减少。

由于长江中游紧接三峡枢纽，将首先响应水沙条件的变化，即中游不同类型河道均将发生相应的冲淤调整，河势及河床演变规律也将发生相应的变化，从而给长江中游航道带来极为复杂的影响和新的问题。由于上游水沙条件的持续复杂变化，长江中游“清水”冲刷所带来的影响也将更加复杂，且具有一定的长期性。这种长期“清水”冲刷，所带来的河道冲淤、河势调整和洲滩变化，必将引起中游航道条件发生持续的改变。因此，在新的河道水沙条件下，需要进一步加强对长江中游河势、航道、水文等变化情况的系统研究，以便采取相应的对策，及时确定适用于长期“清水”冲刷条件下长江中游航道治理的标准、原则和实施方案，最大限度地将三峡水利工程运用后，上游水沙条件变化及其坝下游河道适应调整过程中对长江中游航道所带来的不利影响减小至最低程度，确保航道安全畅通。

为此，交通运输部2011年设立“黄金水道通过能力提升技术”重大专项，并在专项中设立“长江上游水沙变化对中游航道影响研究”（2011 328 224 30）项目。本书依托该项目相关研究成果编著完成，主要在已有研究成果总结分析的基础上，针对长江三峡水库建成前后、三峡水库蓄水水位的变化、长江上游骨干水库的建成运行等诸多因素的影响，分析长江三峡水库入库水沙的变化及其引起的长江中游水沙运动规律的变化，以及水沙变化影响下的河床冲淤、滩槽变化、设计水位变化、航道条件变化等，研究三峡水库工程蓄水运行在中游水沙变化中发挥的作用、航行基面调整、航道建设标准（尺度）提升的可能性等，为中游航道整治工程建设提供基础及重要的技术支撑，为行业管理决策提供技术参考。

1.2 研究现状

1.2.1 三峡水库上游来水来沙条件变化及中游泥沙输移研究

近年来，关于长江上游、中游河段的水沙变化的分析成果很多，对把握长江上游、中游水沙变化规律、指导航道整治工程建设工作发挥了积极作用。比较有代表性的研究成果是科技部在“十一五”国家科技支撑计划中的“三峡水库上游来水来沙变化趋势研究”项目研究成果。该项目在调查分析干支流已建水库拦沙效果、长江上游水土保持生态建设等产沙环境现状的基础上，分析了三峡水库上游来水来沙的总体趋势。总的来看，目前的研究成果可总结为：

（1）对长江上游水沙变化分析：20世纪90年代以来上游来沙明显减少，三峡水库蓄水后减沙幅度更大；来沙减少的主要原因是水电工程修建、降雨分布的变化、人工采砂、植被的恢复等。

（2）对三峡水库出库水沙变化分析：水库建成运行后，出库沙量显著降低，且坝前水位的抬高使排沙比进一步降低；水库的运行不改变出库径流量，但会改变过程等。

（3）对中游水沙输移规律：20世纪90年代以来中游来沙量减少，减少的幅度沿程降低，三峡水库蓄水后继续降低；不同粒径组泥沙沿程恢复程度不同，细颗粒恢复难度大。

（4）对中游水沙变化预测：三峡水库下游河道将发生长时段长河段的冲刷调整，水位继续降低。三峡水库上游大型水电工程的建成运行，将会改变三峡水库入库水沙条件。

在现有分析成果中，尚有一些分析不到或不够深入之处，还有一些问题还未给出答案，比如：

（1）上游来沙减少过程的阶段特征到底是什么？不同时段干支流水沙变化对入库水沙变化的贡献度如何？

（2）三峡水库运行前及运行后不同阶段对径流过程的影响包括哪些方面？入出库水沙变化是否一致？水库调度运行与上游来沙减少对三峡水库出库泥沙减少的影响如何？

（3）长江中游水沙变化的阶段特征是什么？不同时段不同粒径组泥沙沿程恢复特征是什么？床沙质与悬沙水流挟沙饱和度的沿程恢复特征如何？

（4）三峡水库蓄水后最新实测水沙系列条件下长江中游水沙输移规律的如何变化？三峡水库上游建库对中游河段的影响程度如何？

1.2.2 长江中下游长河段水沙输移数值模拟研究

从水库蓄水到下游冲淤平衡，通常需要经历几十年甚至上百年，影响范围达几百甚至千余公里。对于已建水库下游的泥沙输移及河床冲淤的研究多以实测资料的分析进行，对未知条件下可能出现情况的分析预测，多以已建水利枢纽下游的冲淤规律为参照，或者基于这些规律，采用长河段水沙数学模型等技术手段，预测泥沙输移及冲淤变化的时空发展过程。针对三峡水库蓄水以来的泥沙输移和河床调整规律，国内外已经开展了大量的研究。

水库下游的泥沙输移变化与河道冲淤过程紧密联系，受下泄水沙过程、床沙组成、河形及其变化、河道工程等因素的影响，而且，在向新平衡状态转化的动态过程中，因素之间存在着相互干扰。正因为如此，长期以来对水库下游的泥沙输移能力一直未形成统一的明确认识。虽然大部分研究均认为建库后下游输沙能力和输沙量均应有所减小，但对此缺乏明确的系统分析总结，甚至某些研究中对此仍缺乏足够的认识。针对目前水库下游河流以冲刷为主要矛盾的现实，多位学者开展了有关含沙量恢复过程与机理研究。含沙量的恢复涉及河流动力学中水流挟沙力、床沙交换、泥沙恢复饱和系数等基本概念，也直接关系到长河段水沙数学模型的建立。目前的研究，对于机理认识有一定的帮助，但由于问题本身复杂性，其中仍有一些假定或经验系数，可能导致与现实的不相符合。例如，多个水库下游出现过对下游冲刷能力估算过高的现象。尼罗河阿斯旺高坝建设之初，埃及国内外专家预测下游河道下切3～8.5m，近40年过去，测量和分析表明下游河道平均下切只有0.25m。对下游冲刷估计过甚，也常常使人们将自然状态下本已存在的各种演变，如侧向的河岸侵蚀和横向摆动、洲滩消长等变化，归咎于水库对水沙条件的改变。在类似我国黄河的多沙淤积型河流上，还进行了关于调水调沙的理论研究和原型试验，力图通过大坝对径流过程调节来实现水库少淤或不淤，同时利用下游河道尽可能大量输沙入海，实现河道少淤或不淤的双利局面。实际上该问题的本质是试图提高下游输沙能力。水沙输移过程是河床塑造的基本动力，但目前对水沙输移规律，尤其是冲刷条件下调整规律，仍存在认识上的不足，亟待进一步的深入研究。

伴随着长江三峡水库工程论证、建设及蓄水运用的不同阶段，针对长江中下游的水沙输移、河床冲淤及水位变化等开展了大量的长河段一维水沙数值模拟研究工作，并取得较丰硕的成果。“九五”期间，中国水利水电科学研究院开展了三峡水库下游河道宜昌—大通冲刷计算研究，采用1980年地形和1981～1987年的水沙资料对中国水利水电科学研究院开发的M1-NENUS-3模型进行了验证。之后，采用60系列（1961～1970年系列）水沙资料，以1993年地形为起始地形，根据三口分流形式、糙率变化模式及是否考虑崩岸影响等分为多个方案进行了计算。同时期，长江科学院也进行了三峡水库下游宜昌至大通河段的冲淤一维数模计算分析。计算初始地形采用1992年5月～1993年11月的长程水道地形，进口条件采用60系列。两家模型计算采用的都是恒定输沙模型。清华大学和武汉大学就两家的计算成果进行了评价。清华大学就模型及计算方法提出的讨论，主要包括长科院模型中挟沙力级配和床沙级配关系处理及洞庭湖出湖级配处理、水科院模型中糙率处理。评论同时指出，两家模型在下游分汊河道的冲淤差别也比较大。三峡水库工程建成后，上游溪洛渡、向家坝等大型水利工程也将相继建成，它们将在一定时期内拦截进入三峡水库库区的泥沙，对三峡水库下游冲刷的影响值得探讨。为此，长江科学院、中国水利水电科学院又分别考虑溪洛渡和向家坝工程修建后对宜昌至大通河段的冲淤变化进行了计算分析。考虑到 20 世纪 90 年代以后长江上游水沙条件的变化情况，以及恒定流数学模型中存在的缺点，长江科学院又进行了以 90 系列水沙条件（1991 ~ 2002 年系列）为进口边界条件的宜昌至大通的一维水沙数模计算。武汉大学在 2000 年开始，也开展了长江中下游长河段的一维水沙数学模拟研究。充分考虑到长江中下游水系众多，支流分汇频繁的特点，建立了一维非恒定流河网水沙数学模型。与已有恒定流模型相比，能够考虑洪、枯水沿程传播情况，更加适合计算区域较大，河道的槽蓄量影响较大的情况；同时，和常见分汊河道处理模式相比，河网模型更能反映汊道实际情况，处理更为方便，分流比无须试算，可直接求出。同时，河网计算在隐式解法基础上采取分级分组求解，模型稳定、收敛快，并不会因为河段和断面数目的增多而使计算耗时明显增加，满足长系列计算的要求。武汉大学陆续利用上述模型，采用 2002 年地形为初始地形，分别就 60 系列、90 系列以及三峡水库上游建库后水沙系列进行了宜昌至大通河段的水沙数值模拟。

三峡水库工程自 2003 年 6 月蓄水运用以后，水库调度方式较设计调度方式发生了较大变化，而且上游来沙条件明显减少，随着溪洛渡、向家坝 2014 年的蓄水运用，其水沙条件还将发生明显改变。综合作用的结果，使得与已有研究成果相比，长江中下游河道的进口水沙条件发生较大变化。对于新形势下的长江中下游河道的冲刷发展、泥沙输移及水位下降等，仍有待开展进一步的深入研究。

1.2.3 长江中游设计水位计算方法研究

国内外航道整治工程中设计水位确定方法有三种：算术平均法、综合历时曲线法和保证率频率法。美国、欧洲各国和苏联均采用综合历时曲线法，如美国一类水道保证率为 95% ~ 98%；苏联一类水道为 95% ~ 99%，二类水道为 90% ~ 95%，三类和四类水道为 80% ~ 90%。莱茵河是一条国际通航河流，水位受季节和地区条件影响很大，但自然流量多年平均值几乎不变，莱茵河航道委员会规定的最小航道尺度相当于保证率 94.5% 对应的水位。多瑙河是流经八个国家的国际通航河流，航段上可调节的最低水位相当于国内航道的设计最低通航水位，其保证率为 94%。因此从与国际惯例接轨角度考虑，综合历时曲线法使用起来更为方便。

关于设计最低通航水位，国际上常用的综合历时曲线法（保证率法）求出水位或流量。国内颁发的标准或相关的规范有：《内河通航标准》（GB 50139—2014）、《内河航道工程水文规范》（JTS 145-1—2011）、《航道整治工程技术规范》（JTJ 312—2003）、《船闸总体设计规范》（JTJ 305—2001）、《海港水文规范》（JTJ 145-2—2013）。

总体来看，在实际工程论证中，综合历时曲线法应用相对更加广泛。比如：长江水利科学研究院在 1994 年编制的“三峡水库库区变动回水区最低通航水位计算分析报告”就采用的综合历时曲线法。长江界牌工程设计水位 14.72m，保证率 98%；江苏运河设计水位保证率 98%；贵州乌江设计水位保证率 90%；江西信江设计水位保证率 95% 时通过 500 吨级船舶，76% 时通 1000 吨级船舶等，均使用的是综合历时曲线法。也有采用保证率频率法进行设计水位计算的，比如李天碧等采用保证率频率法计算得到万安枢纽下游河段设计水位，并在此基础上考虑非恒定流对水位影响值，对设计水位进行了修正。

对枢纽下游航道设计水位的计算，采用的方法一般是在原有设计水位的基础上根据水位流量关系与建库前的差值加以修正，也有采用神经网络方法推求的。但是以上两种方法均忽略了水库对于天然流量过程的调节作用，以相同保证率的设计流利用建库后的水位流量关系确定水位值。由于出库径流过程已经改变，而且随着下游区间入流量的增加，出库流量过程与区间入流量的频率组合也与建库前存在很大差别，因此这些方法可能产生较大误差。目前对枢纽下游航道的设计水位计算，特别是长时段的预测，更多地依赖于实测资料分析和数值模拟相结合的技术手段。比如：王秀英、李义天等将原有平衡河流通航设计水位的概念延伸至水库下游非平衡河流河床冲淤变化过程中，分析了三峡水库不同蓄水时段影响设计水位的主要因素、影响过程及其程度，以水库调度计算和下游河床冲淤一维数学模型计算为基础；分析了长江中下游沿程各站不同时期的设计水位，为水库下游非平衡河流设计最低通航水位确定，提供了参考。

2009 年，武汉大学结合上游水利枢纽运行情况、南水北调工程，对宜昌—湖口河段的设计水位进行了深入研究。该研究在总结三峡水库工程蓄水前设计水位影响因素、变化原因基础上，针对蓄水后年内出库流量过程被调节、坝下游河床持续冲刷等特点，采用由设计流量推求设计水位的方法，确定了三峡水库蓄水后 20 年内宜昌至湖口河段内主要测站的设计水位，分析了设计水位随时间的变化规律，运用三峡水库蓄水后 2004 ～ 2007 年的水文资料对宜昌至武汉河段的设计水位进行了合理性检验，并在受电站日调节影响明显的近坝段，考虑了日调节非恒定流对设计水位的影响，分时期给出了设计水位的修正值。

2011 年，长江航道规划设计研究院针对荆江河段设计水位开展了专题研究。在已有研究成果的基础上，补充分析了三峡水库 175m 蓄水后 2009 ～ 2010 年的枯水位变化情况。通过综合连续多年水位资料直接计算设计水位、数值模拟计算设计流量来推求设计水位两种设计水位计算方法的结果，并参考三峡水库蓄水后河床冲淤与枯水位的实际变化，对荆江河段设计水位进行了修正。

邵争胜、李旺生等利用汉江石泉电站和安康电站的资料，探讨了六种不同的日调节电站下游航道设计水位确定方法，并进行了计算对比。分析认为，对于一般性河道，若需同时满足发电和通航要求，可以按枯水年瞬时流量（水位）频率法或年综合历时曲线法方法，推求设计水位。

张幸农等通过大量的调研和征求意见，针对枢纽及其上下游通航设计水位的确定进行了研究和分析。认为枢纽下游河段情况涉及河床变形、电站日调节等影响，十分复杂，难以制订统一的设计通航水位确定方法，只能根据枢纽按规定重现期下泄的设计洪水和按规定通航保证率下泄的设计通航流量，以当时当地的水位流量关系分别推算确定设计最高通航水位和设计最低通航水位。

周作茂根据湘江株洲至城陵矶河段枯水位变化的情况，分析了该河段枯水期水位变化的主要原因及其变化趋势，在不考虑三峡水库工程远期不利因素的前提下，论证预留水位下降值的合理性，并采用比降法推算长沙综合枢纽船闸下游远期通航低水位，得出长沙综合枢纽下游预留 1.5m 水位下降值是合理且略有富余的结论。

西江长洲水利枢纽，在三线四线船闸扩建时，天科院开展了专题研究，采用水文分析与数值模拟相结合的方法进行坝下航道设计水位的确定。首先根据水位流量关系以确定设计流量时坝下梧州水文站对应的水位，再通过水流数学模型计算梧州水文站水位下降与船闸门槛水位变化之间的传递关系，然后通过泥沙数学模型计算在清水下泄作用下坝下河床变形趋于稳定时设计流量下船闸门槛的水位下落值，考虑由于下游航道升级整治所引起船闸门槛处的水位下落值，从而考虑上述因素得到船闸下游设计水位值。

综上所述，对枢纽下游设计水位的计算，大多在水位资料统计分析成果为基础，通过对蓄水后水位系列变化、非恒定流影响以及预测河床变形引起的水位降落等进行分析研究，修正设计水位值，在指导枢纽船闸工程、枢纽下游航道整治工程、桥梁工程等方面发挥了积极作用。

对长江干流，特别是宜昌—武汉河段，以往研究比较深入，为本项目研究提供了很好的研究基础和借鉴。但前述研究成果也存在如下不足，无法相对精确计算各因素变化对于设计水位变化的影响，因此，也无法量化设计水位变化中各因素的贡献。采用典型水沙系列进行研究河段河床变形对水位影响的预测研究，这些典型系列代表性虽强，但不如采用三峡水库蓄水后实际发生的水沙系列进行预测研究更有代表性；对电站非恒定流的影响，选取典型设计条件开展研究，与实测的非恒定流传播特征差异较大。因此，需要在三峡水库运行不同阶段长江中游实测水位变化分析的基础上，结合最新实测资料，进一步预测设计水位的变化。

1.2.4 长江中游典型浅滩演变及航道条件变化趋势研究

目前，由于世界范围内大规模的水库等水利工程的修建，使得人们对于水库下游的河床调整现象愈来愈重视。如三峡水库蓄水后其下游局部河段河势、洲滩调整，也已引起了航道维护等相关部门的注意，开展了相应的研究工作对河床调整特性和变化趋势进行了深入探讨，并取得一定的成果。但由于水库下游的洲滩变形不仅与水沙过程的调节幅度和方式有关，而且与原有的河道形态、河床组成等因素密切有关，不同河流上可能呈现出形形色色的现象，缺乏一般性规律可循，难以准确预测。国内外不同枢纽下游河床演变特点及规律性不尽相同。

由于对于枢纽下游洲滩演变、河势调整等现象产生的原因及发展的制约因素缺乏系统归纳，且研究河段内各水道之间的联系较为紧密，上游水道的变化会引起下游河段的响应，再加上三峡水库蓄水运用后下游河床恢复平衡过程的不同阶段如何影响航道条件？航道条件的变化趋势如何？上下游水道间如何影响等？目前仍缺乏整体的认识。因此也无法对未来发展趋势形成准确的预判，演变规律认识的不足和发展趋势难以准确预测，也使得相应的治理原则和工程措施也无法制定。

1.2.5 长江中游航道整治原则研究

目前在航道的整治方面有两种不同的考虑。一种是从综合整治出发，即全面考虑国民经济各部门的需要，通过裁弯取直、疏浚和护岸等多种措施，稳定河势，以期满足防洪、用水、航运等要求。另一种是只从航运需求出发，以改善航行条件为整治目的。在投资较少的情况下，仅进行航道整治措施。一般都是考虑在中枯水位下，对碍航浅段进行整治，达到通航的目的。

近十多年来，围绕长江中游航道整治工程的实施，开展了大量整治原则的科学研究工作，取得了较为丰富的研究成果。其中大部分研究成果是根据具体河段河势特征，在河床演变和碍航特点分析的基础上，根据演变趋势预测，确定针对性的航道整治原则。比如长江中游新洲—九江河段采用“上下兼顾、系统整治、固滩守槽、调控结合”的航道整治原则；沙市河段采用“整治为主、疏浚为辅，来水和导流相结合，低滩促淤和守护固滩并重”的航道整治原则；荆江河段采用“统一规划、分步实施，远近结合、动态管理，攻守兼备”的航道整治原则。还有一小部分研究基于航道整治理论或认识的提升，比如李旺生提出的航道整治“目标河型”的概念，提出的航道整治“有利时机”的把握和选择；比如高凯春提出的“整治断面”的概念等。这些认识进一步深化了对长江中游沙市河段、戴家洲河段、藕池口水道、牯牛沙水道等航道条件的认识，指导了工程实践。

从以上研究可以看出，目前关于航道整治原则的研究工作开展了很多，有助于为航道整治提供思路指导和技术支持。三峡水库蓄水运行后，随着来水来沙条件的变化，长江中游典型浅滩的演变特点及趋势发生了新的变化，加之航道整治工程实施的外部条件（防洪、环境）的限制，航道整治原则逐渐从蓄水运行前的“以攻为主”转化为蓄水运行后的“以守为主”，分别称为“调整型”和“守护型”。那么究竟什么是“调整型”整治工程和“守护型”整治工程？其定义或内涵是什么，其适用条件是什么？对同一典型河段，在同一边界条件下，两类工程的效果差异如何，能否达到整治目标？这些来源于整治实践的一些初步认识缺乏必要的理论基础和对比论证，概念界定不够清晰。

1.2.6 长江中游航行基面研究

航行基面不同于吴淞基面或黄海基面等，它不是一个平面，而是一个由若干个相互衔接的不同斜率的斜面构成的相对基面。对于通航的天然河流而言，大体相当于最枯流量时的水面线或表征略低于低潮面；对于通航渠道或湖泊、水库而言，大体相当于航线上各个部位可能出现的略低于最低水位的连线。因此，以航行基面为准，低于基面地形点的数值所反映的是该点的枯水水深，高于基面地形点的数值所反映的是该点枯水时的干出高度。

荣天富、万大斌论述了长江航行基面的实际含义，分析了航行基面的确定及调整以及航行基面在应用中应注意的一些问题。

夏云峰、闻云呈、张世钊等采用综合历时曲线法对长江南京以下河段最低通航水位进行计算，认为现状条件下计算得到的航行基面、理论基面较现行的航行基面、理论基面均有所抬升，但沿程抬升的趋势是一致的。计算航行基面与计算理论基面在江阴处相差 0.1m

以内，两基面在江阴处能平顺相接，认为南京以下现行的基面是可行的，对船舶的航行是偏安全的。

总体上看，长江中游现行82基面并不完全符合国家标准《内河通航标准》(GB 50139—2014)和行业标准《航道整治工程技术规范》(JTJ 312—2003)的相关要求，且已应用30年，期间经历了葛洲坝枢纽运行、三峡水库及长江上游和支流建设运行等大型水利工程的应用，是否与现行航行条件适应需要，应进行深入细致的对比分析，供行业管理单位决策参考。

1.2.7 航道建设标准研究

航道建设标准的确定，在于在满足沿江经济发展需求和适应外部环境要求的基础上，通过系统建设充分挖掘航道自身的通航潜力。为指导长江干线航道的发展与建设，2002年底交通运输部（原交通部）批复了《长江干线航道发展规划》（以下简称《规划》）。《规划》根据各段航道的自然条件和特性，通过预测分析流域经济发展对航运的需求，结合合理船型及船舶营运组织的论证，明确了以2000年为基准年、2010年为分阶段水平年、2020年为规划水平年的长江干线航道规划建设标准。

近10年来，长江中游干线多处碍航浅滩得到整治，航道稳定性有所增强，加上三峡水库工程2003年开始蓄水运行、沿江流域经济社会发展对长江水运要求的不断提高，有必要重新审视航道自身的通航潜力。2009年，长江航道规划设计研究院对长江干线宜昌至南京河段的航道尺度发展可能性进行了系统研究。在弄清当时航道自身的通航能力的基础上，结合外部条件的需求和限制，以及大型港口到港船型，分河段提出了不同航道发展尺度标准，为航道的长期规划提供参考。2009年交通运输部会同国家发展改革委、水利部和财政部在已有《长江干线航道发展规划》及相关规划的基础上编制了《长江干线航道总体规划纲要》，根据沿江经济发展的新形势和新要求，结合航道的实际情况，对2020年长江干线航道建设标准进行了局部调整。

为充分发挥航道整治工程和三峡水库工程综合效益，有效利用航道资源，提高长江中游航道通过能力，2009年以来长江航道局组织长江航道规划设计研究院、长江武汉航道局、长江宜昌航道局开展了提高长江中游宜昌至武汉河段枯水期航道维护尺度的专题研究，明确了通过充分利用自然水深、加大维护力度、加强维护管理提高枯水期航道维护尺度方案。2009年汛后至今，中游宜昌至城陵矶河段的最小航道维护尺度从2.9m×80m×750m提高到3.2m×80m×750m，城陵矶至武汉河段的最小航道维护尺度从3.2m×80m×750m提高到3.7m×100m×1 000m。基于大量已有研究，在交通运输部的指导下，长江航道局提出了《“十二五”长江航道发展规划》、《长江干线航道建设规划（2010～2015年）》，确定“十二五”期长江航道建设的目标和任务为：加快长江干线航道系统治理，全面改善通航条件，力争提前实现《长江干线航道总体规划纲要》中确定的2020年航道规划标准。

目前，“十二五”期长江干线航道建设项目均已启动。随着这些工程的陆续实施、水资源综合利用进程不断加快，长江干线航道形势将进一步改观。快速发展的沿江经济又对长江航运提出了更高的要求。在这一新起点上，有必要研究提高长江航道建设标准的技术可能性。

1.3　技术路线

本书的技术路线为：以原型观测分析、数值模拟和理论分析为主，以物理模型试验等已有研究成果归纳总结为辅，以来水来沙变化为主线；深入研究三峡水库工程运用前后长江中游上游水沙条件变化、中游水沙条件变化及输移、中游航道冲淤及滩槽变化、设计水位变化、航道建设标准提高的可能性；揭示了三峡水库枢纽运行对长江中游水沙变化的贡献度；提出了长江中游不同类型浅滩的整治原则及整治工程类型的选取原则；提出了设计水位的计算方法及设计水平年的设计水位；明确了长江中游航道建设标准提高的技术可能性。技术路线如图 1–1。

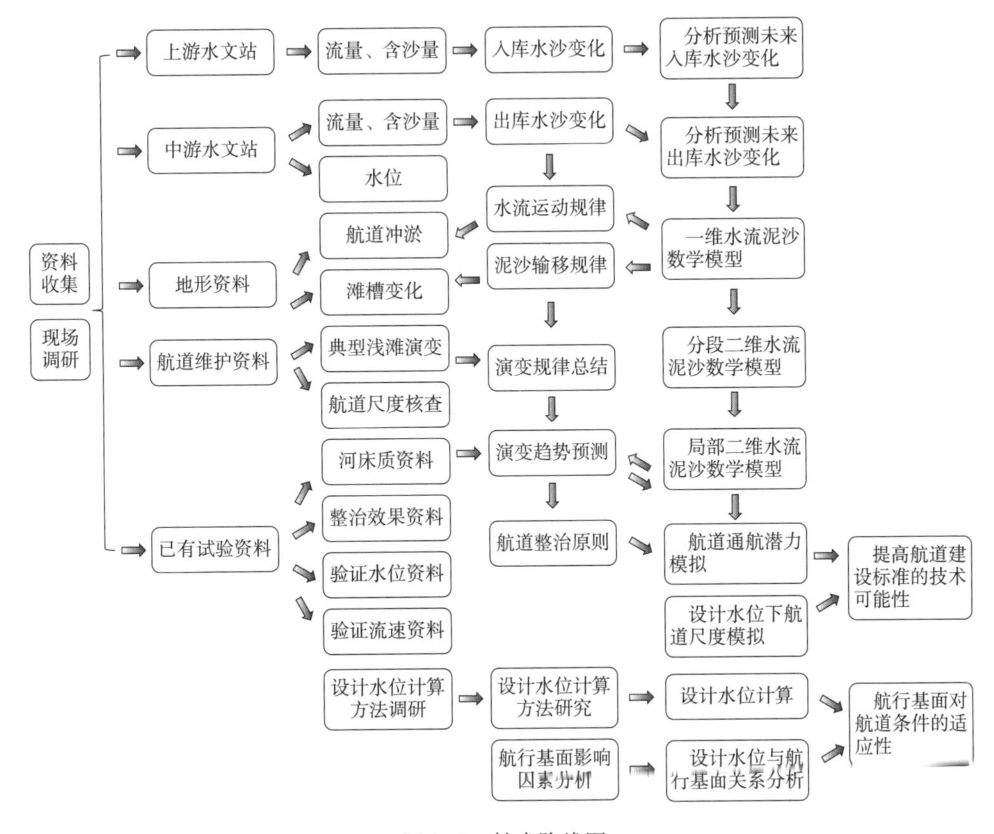

图 1–1　技术路线图

第2章　长江上游来水来沙、三峡水库枢纽运行对枢纽出库水沙条件的影响

2.1　上游干支流水沙变化对三峡水库入库水沙条件的影响分析

2.1.1　三峡水库上游来水来沙条件的变化分析

长江三峡水库径流泥沙主要来自上游干流金沙江、支流岷江、沱江、嘉陵江和乌江等河流。在长江干流上分布的主要水文站有屏山站、朱沱站、寸滩站。支流上的水文站主要有高场站（岷江）、北碚站（嘉陵江）、武隆站（乌江）。

20世纪90年代以来，长江上游的来沙量持续减少，为了更好地了解长江上游来沙减少对三峡水库蓄水运用以来进出库水沙特性的影响，依据实测资料，主要分1990年前、1991～2002年、2003～2012年三个时间段对各水文站径流量和输沙量进行统计分析，其中蓄水后又进一步划分为2003～2007年和2008～2012年两个时间段进行统计分析。

由于相对于悬移质输沙量而言，长江重庆以下干流河段的推移质输沙量很小，从多年平均情况来看，一般只有悬移质输沙量的0.1%左右，所以分析中只考虑悬移质输沙量，不包括推移质部分。

2.1.1.1　三峡水库上游来水条件的变化过程

表2-1给出了三峡水库上游干支流各水文站20世纪90年代以前、1991～2002年径流量的平均值和2003～2012年径流量。由表可以看出：

（1）干流径流量的变化

20世纪90年代以来的1991～2002年，长江干流各站径流量总体有高有低，变化幅度不大。与1990年前均值相比，1991～2002年长江上游干流上屏山站高出1990年前均值6.51%，朱沱站高出0.49%，寸滩站低5.14%。

三峡水库蓄水以来2003～2012年与1990年前均值相比，长江干流各水文站径流量均偏低，其中屏山站低1.67%，朱沱站低5.16%，寸滩站低6.84%。

三峡水库蓄水以后屏山站和朱沱站2003～2007年期间的年均径流量大于2008～2012年期间的年均径流量，寸滩站则略偏小。与1990年前均值相比，2003～2007年屏山站高0.51%，朱沱站低3.54%，寸滩站低7.23%；2008～2012年屏山站低5.83%，朱

沱站低 5.43%，寸滩站低 5.54%。

三峡水库上游主要水文站径流量与多年均值比较　　表 2-1

站点 / 时段	屏山站		朱沱站		寸滩站		高场站		北碚站		武隆站	
	径流量（亿 m³）	变化率（%）	径流量（亿 m³）	变化率（%）	径流量（亿 m³）	变化率（%）	径流量（亿 m³）	变化率（%）	径流量（亿 m³）	变化率（%）	径流量（亿 m³）	变化率（%）
1990 年前	1 440	—	2 659	—	3 520	—	882	—	704	—	495	—
1991 ~ 2001 年	1 506	6.51	2 672	0.49	3 339	−5.14	815	−7.60	529	−24.86	532	7.47
2002 年	1 503	6.29	2 428	−8.69	2 977	−15.43	655	−25.74	417	−40.77	551	11.31
2003 年	1 547	9.41	2 592	−2.52	3 362	−4.49	811	−8.05	678	−3.69	461	−6.87
2004 年	1 552	9.76	2 668	0.34	3 315	−5.82	827	−6.24	516	−26.70	510	3.03
2005 年	1 648	16.55	2 993	12.56	3 887	10.43	965	9.41	810	15.06	372	−24.85
2006 年	1 089	−22.98	2 009	−24.45	2 479	−29.57	635	−28.00	381	−45.88	288	−41.82
2007 年	1 288	−8.91	2 384	−10.34	3 124	−11.25	707	−19.84	665	−5.54	523	5.66
2008 年	1 560	10.33	2 744	3.20	3 425	−2.70	782	−11.34	590	−16.19	490	−1.01
2009 年	1 393	−1.49	2 431	−8.57	3 229	−8.27	741	−15.99	672	−4.55	361	−27.07
2010 年	1 326	−6.22	2 544	−4.32	3 400	−3.41	800	−9.30	762	8.24	415	−16.16
2011 年	1 010	−28.57	1 934	−27.27	2 808	−20.23	674	−23.58	767	8.95	314	−36.57
2012 年	1 491	5.45	2 920	9.82	3 763	6.90	953	8.05	760.3	8.00	485.3	−1.96
2003 ~ 2007 年	1 447	0.51	2 565	−3.54	3 265	−7.23	788	−10.68	607	−13.83	441	−10.98
2008 ~ 2012 年	1 356	−5.83	2 515	−5.43	3 325	−5.54	790	−10.43	710	0.89	413	−16.55
2003 ~ 2012 年	1 390	−1.67	2 522	−5.16	3 279	−6.84	789.5	−10.49	660.13	−6.23	421.93	−14.76

注：“变化率”为各站不同时期年均径流量较 90 年前均值的变化率。

（2）支流径流量的变化

1991 ~ 2002 年间，支流岷江（高场站）、嘉陵江（北碚站）、乌江（武隆站）年均径流量分别为 815 亿 m³、529 亿 m³、532 亿 m³，与 1990 年前均值相比，嘉陵江变化较大，偏低约 24.86%，其余两支流变化幅度小于嘉陵江，岷江偏低 7.6%，乌江偏高 7.47%。

2003 ~ 2012 年间，岷江、嘉陵江、乌江年均径流量分别为 789.5 亿 m³、660.13 亿 m³、421.93 亿 m³，低于 1990 年前均值，分别偏低 10.49%、6.23%、14.76%。

三峡水库蓄水以后的 2003 ~ 2007 年和 2008 ~ 2012 年期间各支流的年均径流量相比，除嘉陵江（北碚站）2008 ~ 2012 年有较明显的偏大外，岷江（高场站）和乌江（武隆站）较为接近，这与干流寸滩站 2008 ~ 2012 年较 2003 ~ 2007 年径流量略有偏大是一致的。2003 ~ 2007 年岷江、嘉陵江、乌江年均径流量分别为 788 亿 m³、607 亿 m³、441 亿 m³，低于 1990 年前均值，分别偏低 10.68%、13.83%、10.98%；2008 ~ 2012 岷江、嘉陵江、乌江年均径流量分别为 790 亿 m³、710 亿 m³、413 亿 m³，较 1990 年前均值，嘉陵江偏高 0.89%，岷江、乌江分别偏低 10.43%、16.55%。

（3）径流量年内分配的变化

依据径流量年内分配统计结果点绘寸滩、北碚和武隆站年内径流量过程线以及各月径流量占全年的百分比，如表 2–2 和图 2–1 ～图 2–3。

各水文站汛期、非汛期径流量百分比（%）　　表 2–2

统计时段	寸滩站		北碚站		武隆站	
	汛期径流量占全年百分比	非汛期径流量占全年百分比	汛期径流量占全年百分比	非汛期径流量占全年百分比	汛期径流量占全年百分比	非汛期径流量占全年百分比
1990 年前	74.52	25.48	76.20	23.80	68.00	32.00
1991 ～ 2002 年	73.29	26.71	73.00	27.00	70.31	29.69
2003 ～ 2007 年	71.57	28.43	75.89	24.11	66.50	33.50
2008 ～ 2012 年	71.67	28.33	76.37	23.63	62.45	37.55
2003 ～ 2012 年	71.74	28.26	76.17	23.83	64.52	35.48

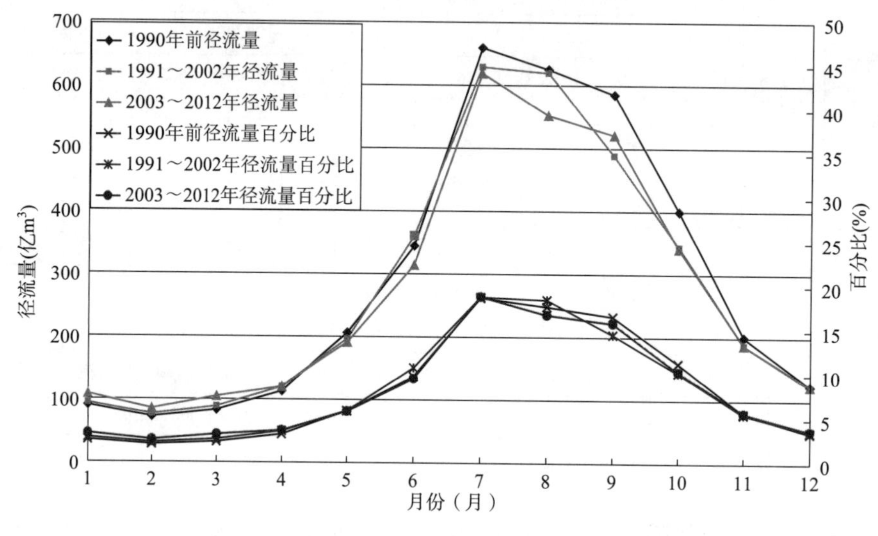

图 2–1　寸滩站径流量过程

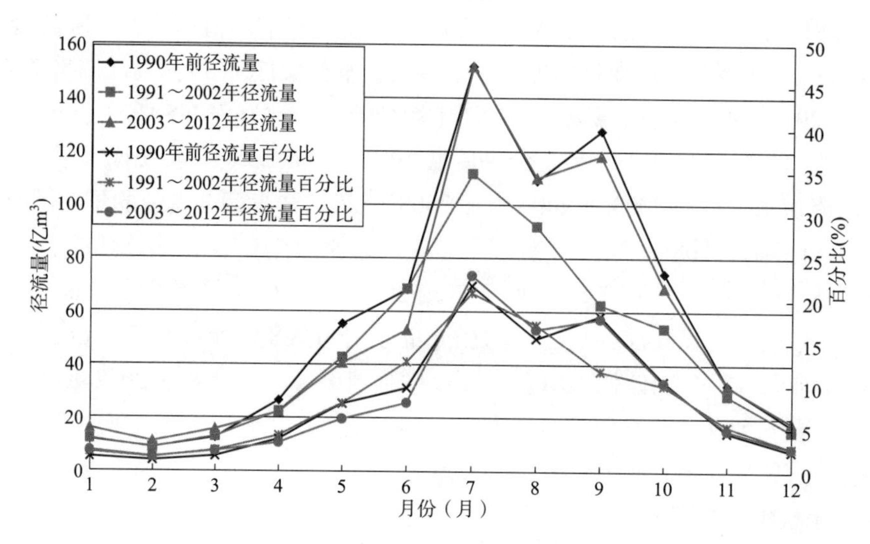

图 2–2　北碚站径流量过程

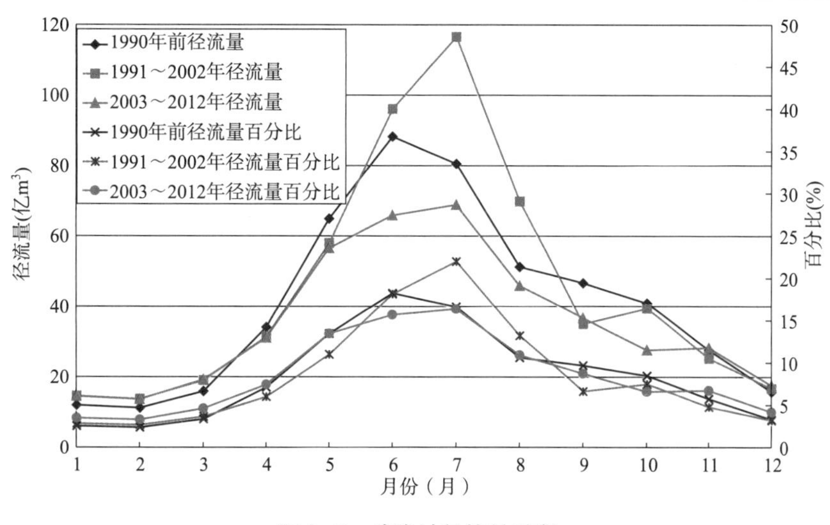

图 2–3　武隆站径流量过程

从表 2–2 中可以看出：

长江干流寸滩站主汛期为 7 ～ 9 月，洪峰多在 7 月到来，枯水期为 11 月到次年 5 月。20 世纪 90 年代以前、1991 ～ 2002 年和三峡水库蓄水以后的 2003 ～ 2012 年，径流量的年内分配（图 2–1），汛期径流量占全年百分比逐渐减小，非汛期逐渐增加。

长江支流嘉陵江主汛期为 7 ～ 9 月，洪峰多在 7 月到来，枯水期为 11 月到次年 5 月。20 世纪 1990 年以前、1991 ～ 2002 和三峡水库蓄水以后的 2003 ～ 2012 年，在径流量的年内分配（图 2–2），第二阶段变化较大，其汛期径流量占全年百分比偏小，非汛期偏大。

长江支流乌江主汛期为 5 ～ 7 月，洪峰到来时间在 5 ～ 7 月间波动较大，枯水期为 11 月到次年 3 月。20 世纪 1990 年以前、1991 ～ 2002 年和三峡水库蓄水以后的 2003 ～ 2012 年，在径流量的年内分配（图 2–3）变化较大，且汛期径流量占全年的百分比 1991 ～ 2002 年间偏大，2003 年后偏小，其中 2003 ～ 2007 年期间汛期径流量占全年的百分比 1991 ～ 2002 年间偏小 3.81%，2008 ～ 2012 年间汛期径流量占全年的百分比较 1991 ～ 2002 年间偏小 7.86%。

2.1.1.2　三峡水库上游来沙条件的变化过程

表 2–3 给出了三峡水库上游干支流各水文站 20 世纪 90 年代以前、1991 ～ 2002 年输沙量的平均值和 2003 ～ 2012 年的输沙量。

（1）干流输沙量的变化

20 世纪 90 年代以来，受上游地区降雨时空分布变化、水土保持、河道采砂、水利工程等因素的综合影响，输沙量明显减少。与 1990 年前均值相比，1991 ～ 2002 年间，屏山站输沙量偏多 14.23%，而朱沱站、寸滩站的年均悬移质输沙量分别为 2.93 亿 t、3.37 亿 t，较 1990 年前均值减少幅度分别为 7.28%、26.90%，这说明在屏山站下游的支流入汇泥沙明显减少，特别是朱沱站到寸滩站之间输沙量的减少尤其明显。

三峡水库蓄水后，长江干流上游来沙量持续减少。2003 ～ 2012 年屏山站、朱沱站、寸滩站年均悬移质输沙量分别为 1.42 亿 t、1.68 亿 t、1.87 亿 t，较 1990 年均值分别减少了 42.44%、46.87%、59.50%，即来沙量减小的幅度接近或者超过一半。与 1991 ~ 2002 年间相比，来沙量的减少呈现出显著的趋势性。

三峡水库上游主要水文站输沙量与多年均值比较　　表 2-3

站点 时段	屏山站		朱沱站		寸滩站		高场站		北碚站		武隆站	
	输沙量（亿 t）	变化率（%）	输沙量（亿 t）	变化率（%）	输沙量（亿 t）	变化率（%）	输沙量（亿 t）	变化率（%）	输沙量（亿 t）	变化率（%）	输沙量（亿 t）	变化率（%）
1990 年前	2.46	—	3.16	—	4.61	—	0.526	—	1.34	—	0.304	—
1991 ~ 2002 年	2.81	14.23	2.93	−7.28	3.37	−26.90	0.345	−34.41	0.372	−72.24	0.204	−32.89
2002 年	1.87	−23.98	1.87	−40.82	1.96	−57.48	0.152	−71.10	0.126	−90.60	0.162	−46.71
2003 年	1.56	−36.59	1.91	−39.56	2.06	−55.31	0.475	−9.70	0.306	−77.16	0.144	−52.63
2004 年	1.48	−39.84	1.64	−48.10	1.73	−62.47	0.332	−36.88	0.175	−86.94	0.108	−64.47
2005 年	1.88	−23.58	2.31	−26.90	2.7	−41.43	0.585	11.22	0.423	−68.43	0.044	−85.53
2006 年	0.9	−63.41	1.13	−64.24	1.09	−76.36	0.206	−60.84	0.034	−97.46	0.034	−88.82
2007 年	1.5	−39.02	2.01	−36.39	2.1	−54.45	0.306	−41.83	0.273	−79.63	0.104	−65.79
2008 年	2.04	−17.07	2.12	−32.91	2.13	−53.80	0.153	−70.91	0.145	−89.18	0.031	−89.80
2009 年	1.39	−43.50	1.52	−51.90	1.73	−62.47	0.184	−65.02	0.296	−77.91	0.014	−95.39
2010 年	1.36	−44.72	1.61	−49.05	2.11	−54.23	0.315	−40.11	0.622	−53.58	0.056	−81.58
2011 年	0.54	−78.05	0.65	−79.43	0.92	−80.04	0.143	−72.81	0.355	−73.51	0.015	−95.07
2012 年	1.51	−38.62	1.89	−40.19	2.1	−54.45	0.227	−56.84	0.288	−78.51	0.0118	−96.12
2003 ~ 2007 年	1.56	−36.59	1.85	−41.35	1.97	−57.30	0.34	−34.82	0.23	−83.13	0.08	−74.51
2008 ~ 2012 年	1.37	−44.39	1.56	−50.70	1.80	−61.00	0.20	−61.14	0.34	−74.54	0.03	−91.59
2003 ~ 2012 年	1.42	−42.44	1.68	−46.87	1.87	−59.50	0.293	−44.37	0.292	−78.23	0.0562	−81.52

三峡水库蓄水以后 2003 ~ 2007 年和 2008 ~ 2012 年来沙减少的幅度不同，试验性蓄水阶段上游来沙减少幅度更大。2003 ~ 2007 年，屏山站、朱沱站、寸滩站年均悬移质输沙量分别为 1.56 亿 t、1.85 亿 t、1.97 亿 t，较 1990 年均值分别减少了 36.59%、41.35%、57.30%；2008 ~ 2012 年，屏山站、朱沱站、寸滩站年均悬移质输沙量分别为 1.37 亿 t、1.56 亿 t、1.80 亿 t，较 1990 年均值分别减少了 44.39%、50.70%、61.00%。

（2）支流输沙量的变化

1991 ~ 2002 年间，三条支流输沙量都表现出减少的趋势，但减少幅度不一致。岷江、嘉陵江、乌江年均输沙量分别为 0.345 亿 t、0.372 亿 t、0.204 亿 t，与 1990 年均值相比，岷江减少 34.41%，嘉陵江减少 72.24%，乌江减少 32.89%。其中嘉陵江减少程度最大，同时也可看出支流输沙量减少幅度大于干流，屏山、朱沱、寸滩同期输沙量由偏多 14.23% 到分别偏少 7.28%、26.9%，原因正是支流泥沙的减少。

2003 ~ 2012 年间，岷江、嘉陵江、乌江年均悬移质输沙量分别为 0.293 亿 t、0.292 亿 t、0.056 亿 t，与 1990 年前均值相比，输沙量分别减少 44.37%、78.23%、81.52%。显然，2003 年后，三条支流的输沙量进一步降低，但岷江、嘉陵江的减小幅度远逊于乌江，后者进一步下降的幅度接近 50%。

2003 ~ 2007 年和 2008 ~ 2012 年两个时段支流来沙的变化也不相同。2003 ~ 2007 年间，岷江、嘉陵江、乌江年均悬移质输沙量分别为 0.34 亿 t、0.23 亿 t、0.08 亿 t，分别比 1990 年前均值减少 34.82%、83.13%、74.51%；2008 ~ 2012 年间，岷江、嘉陵江、乌江年均悬移质输沙量分别为 0.20 亿 t、0.34 亿 t、0.03 亿 t，分别比 1990 年前均值减少 61.14%、74.54%、91.59%。显然在三峡水库运行后，岷江和乌江随蓄水进程的推进来沙量持续减少；嘉陵江在蓄水初期来沙量减少较多，而试验性蓄水期来沙量略有增大。

(3) 悬沙组成的变化

三峡水库蓄水前，虽然朱沱、寸滩站悬沙中值粒径均为 0.011mm，但总体上泥沙颗粒呈沿程变细的特点：粒径小于 0.031mm 的细颗粒泥沙含量增加，由朱沱站的 69.8% 增加至寸滩站的 70.7%；粒径大于 0.125mm 的粗颗粒泥沙含量减少，由朱沱站的 11.0% 减小至寸滩站的 10.3%（表 2–4）。

三峡水库进库各主要控制站不同粒径级沙重百分数对比表　　表 2–4

范围	测站 / 时段	沙重百分数 (%)			
		朱沱	北碚	寸滩	武隆
$d \leqslant 0.031$ (mm)	多年平均	69.8	79.8	70.7	80.4
	2003 ~ 2007 年	71.7	78.1	76.0	83.3
	2008 ~ 2012 年	75.2	84.8	79.0	81.8
$0.031 < d \leqslant 0.125$ (mm)	2003 ~ 2012 年	72.7	81.9	77.0	82.8
	多年平均	19.2	14.0	19.0	13.7
	2003 ~ 2007 年	18.7	13.7	16.9	13.0
	2008 ~ 2012 年	18.0	11.98	16.0	15.04
$d > 0.125$ (mm)	2003 ~ 2012 年	18.7	13.1	17.0	13.6
	多年平均	11.0	6.2	10.3	5.9
中值粒径 (mm)	2003 ~ 2007 年	9.7	8.1	7.1	3.7
	2008 ~ 2012 年	6.7	3.2	5.0	3.2
	2003 ~ 2012 年	8.6	5.0	6.0	3.6
	多年平均	0.011	0.008	0.011	0.007

三峡水库运行后的 2003 ~ 2012 年，朱沱、寸滩站悬沙中值粒径分别为 0.011mm、0.009mm，泥沙颗粒沿程呈变细的趋势明显。粒径小于 0.031mm 的细颗粒泥沙含量由朱沱站的 72.7% 增加至寸滩站的 77.0%，粒径大于 0.125mm 的粗颗粒泥沙含量由朱沱站的 8.6% 沿程减小至寸滩站的 6.0%。

较 2003 年前的多年均值，2003 ~ 2012 年入库泥沙整体上变细。2003 ~ 2012 年寸滩站悬移质中值粒径为 0.009mm，小于之前的多年均值 0.011mm，粗颗粒泥沙含量由 10.3% 减少到 6.0%。朱沱站粗颗粒泥沙含量也由 11.0% 减少到 8.6%。北碚站和武隆站来沙悬沙组成的变化则较小。

2.1.2 三峡水库入库水沙条件的变化分析

2.1.2.1 三峡水库入库径流的变化

(1) 入库径流量的变化

首先将寸滩水文站和武隆水文站的径流量之和作为入库径流量。蓄水前后入库径流量分时段统计见表 2–5。

不同时段入库径流量（寸滩 + 武隆）统计结果 表 2–5

时段	寸滩站（亿 m^3/ 年）	武隆站（亿 m^3/ 年）	入库径流总量（亿 m^3/ 年）	变化率（%）
1990 年以前	3 520	495	4 015	—
1991 ~ 2002 年	3 339	532	3 871	−3.59
2002 年	2 977	551	3 528	−12.13
2003 年	3 362	461	3 823	−4.78
2004 年	3 315	510	3 825	−4.73
2005 年	3 887	372	4 259	6.08
2006 年	2 479	288	2 767	−31.08
2007 年	3 124	523	3 647	−9.17
2008 年	3 425	490	3 915	−2.49
2009 年	3 229	361	3 590	−10.59
2010 年	3 400	415	3 815	−4.98
2011 年	2 808	314	3 122	−22.24
2012 年	3 763	485	4 248	5.81
2003 ~ 2007 年	3 265	441	3 706	−7.70
2008 ~ 2013 年	3 325	413	3 738	−6.90
2003 ~ 2012 年	3 279	422	3 701	−7.82

与 1990 年前均值相比，1991 ~ 2002 年间两站径流总量变化不大，入库径流总量与 1990 年之前的均值相比偏少 3.59%。

三峡水库蓄水后，入库径流量的变化仍然不大，2003 ~ 2012 年间均值较 1990 年之前均值偏低 7.82%。其中 2006 年、2011 年径流量偏枯，分别低于 1990 年前年均值 31.08% 和 22.24%，其余年份的变化率一般不超过 10%。

考虑到三峡水库进入试验性蓄水阶段以后，回水末端超过寸滩站，寸滩站和武隆站的径流量之和就不能很准确地表征入库径流量，将朱沱站、北碚站、武隆站的径流量之和作为入库径流量，蓄水前后入库径流量分段统计见表 2–6。

1991 ~ 2002 年间入库径流量年均值低于 1990 年前均值 3.24%，2003 ~ 2012 年间入库径流量年均值低于 1990 年之前均值 2.49%。显然，两种统计口径所表现出入库径流量的变化幅度基本相同，并且可以看出，用朱沱站、北碚站、武隆站之和作为入库径流量所得到的变化幅度小于用寸滩站和武隆站径流量之和。

不同时段入库径流量（朱沱 + 北碚 + 武隆）统计结果　　表 2–6

时段	朱沱站（亿 m³/ 年）	北碚站（亿 m³/ 年）	武隆站（亿 m³/ 年）	入库径流总量（亿 m³/ 年）	变化率（%）
1990 年以前	2 659	704	495	3 858	—
1991 ~ 2002 年	2 672	529	532	3 733	−3.24
2002 年	2 428	417	551	3 396	−11.98
2003 年	2 592	678	461	3 731	−3.29
2004 年	2 668	516	510	3 694	−4.25
2005 年	2 993	810	372	4 175	8.22
2006 年	2 009	381	288	2 678	−30.59
2007 年	2 384	665	523	3 572	−7.41
2008 年	2 744	590	490	3 824	−0.88
2009 年	2 431	672	361	3 464	−10.21
2010 年	2 544	762	415	3 721	−3.55
2011 年	1 934	767	314	3 015	−21.85
2012 年	2 920	760	485	4 166	7.97
2003 ~ 2007 年	2 565	607	441	3 612	−6.37
2008 ~ 2013 年	2 515	710	413	3 638	−5.70
2003 ~ 2012 年	2 522	660	422	3 604	−6.58

用两种方法统计的 2003 ~ 2007 年和 2008 ~ 2012 年入库径流量变化一致，即 2003 ~ 2007 年年均入库径流量分别低于 1990 年前均值 7.7% 和 6.37%；2008 ~ 2012 年年均入库径流量分别低于 1990 年前均值 6.9% 和 5.70%。

（2）入库径流过程的变化

以寸滩水文站与武隆水文站径流量之和作为三峡水库入库径流量。图 2–4 给出了年内月平均流量过程以及各月径流量占全年的百分比，表 2–7 给出了年内月径流量分配。1990 年前，汛期（6 ~ 10 月，下同）、非汛期（11 月到次年 5 月，下同）来水量分别占全年来水量的 73.13%、26.87%，1990 ~ 2002 年间，汛期、非汛期来水量分别占全年来水量的 72.40%、27.60%，2003 ~ 2012 年间，汛期、非汛期来水量分别占全年来水量的 70.15%、29.85%。可见，蓄水前寸滩站和武隆站径流量之和略有偏小的趋势，三峡水库运行后也持续减少。其中 2003 ~ 2007 年汛期、非汛期径流量占比为分别为 69.82%、30.18%，2008 ~ 2012 年分别为 69.85%、30.15%。不同蓄水时期入库径流总量变化不大。

图 2–5 给出了以朱沱站、北碚站、武隆站三站之和作为三峡水库入库水流条件的年内月平均径流量过程线以及各月径流量占全年的百分比，表 2–8 给出了年内月径流量分配。1990 年前，汛期、非汛期来水量分别占全年来水量的 73.01%、26.99%，1990 ~ 2002 年间，汛期、非汛期来水量分别占全年来水量的 72.27%、27.73%，2003 ~ 2012 年间，汛期、非汛期来水量分别占全年水量的 70.59%、29.41%。

可见，两种入库径流的统计方式反映的变化趋势基本一致，即汛期来水量占全年比重有减小的现象。但与两站（寸滩 + 武隆）之和作为入库径流相比，三站（朱沱 + 北碚 + 武隆）

的情况蓄水前汛期占比略有偏小，而蓄水后汛期占比又略有偏大，且试验性蓄水期较蓄水初期进一步偏大。

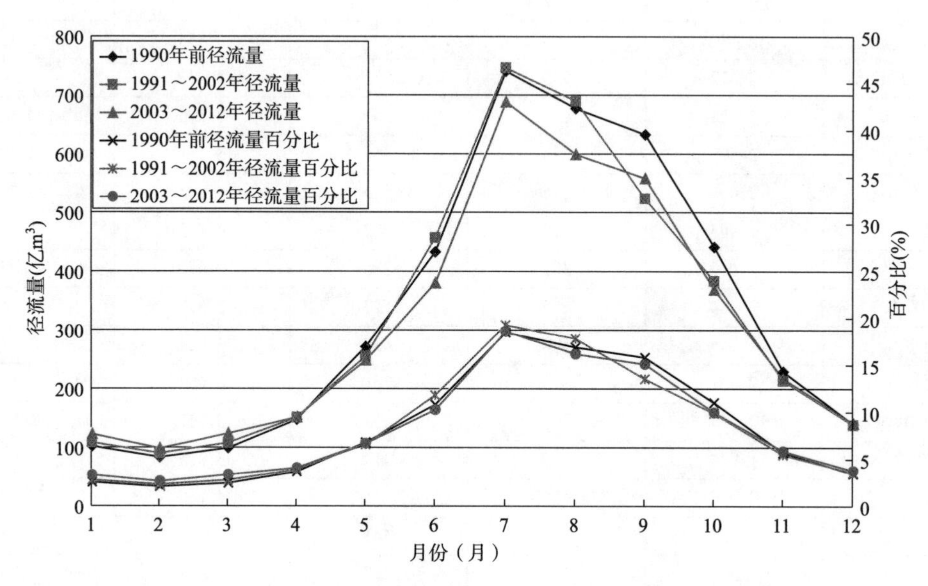

图 2-4　入库径流量过程（寸滩 + 武隆）

入库径流量过程（寸滩 + 武隆）（单位：亿 m^3）　　表 2-7

时段	1月	2月	3月	4月	5月	6月	7月	8月	9月	10月	11月	12月	全年	汛期占比(%)	非汛期占比(%)
1990年前	103	84	99	148	272	433	741	677	633	442	229	140	4 001	73.13	26.87
1991～2002年	109	91	108	152	255	457	747	690	524	384	214	139	3 871	72.40	27.60
2003年	105	77	90	114	219	451	767	564	748	357	186	145	3 823	75.52	24.48
2004年	110	102	135	184	275	448	563	518	669	425	240	156	3 824	68.58	31.42
2005年	129	102	141	164	324	414	733	984	533	454	222	147	4 257	71.73	28.27
2006年	125	113	151	134	238	327	475	245	305	335	181	138	2 766	60.97	39.03
2007年	126	94	103	135	184	370	762	577	601	369	195	135	3 649	73.38	26.62
2008年	117	107	140	192	244	359	538	671	639	389	380	141	3 917	66.28	33.72
2009年	130	108	115	170	276	294	592	810	463	328	174	129	3 588	69.30	30.70
2010年	113	82	104	140	227	406	876	619	568	355	186	141	3 816	73.98	26.02
2011年	150	106	144	142	193	363	494	480	414	261	234	139	3 119	64.49	35.51
2012年	124	100	121	144	304	374	1 088	610	646	417	175	142	4 245	73.85	26.15
2003～2007年	119	99	127	154	247	395	640	593	583	388	234	144	3 722	69.82	30.18
2008～2012年	127	101	125	158	249	359	718	638	546	350	230	138	3 738	69.85	30.15
2003～2012年	123	99	124	152	248	381	689	608	559	369	217	141	3 710	70.21	29.79

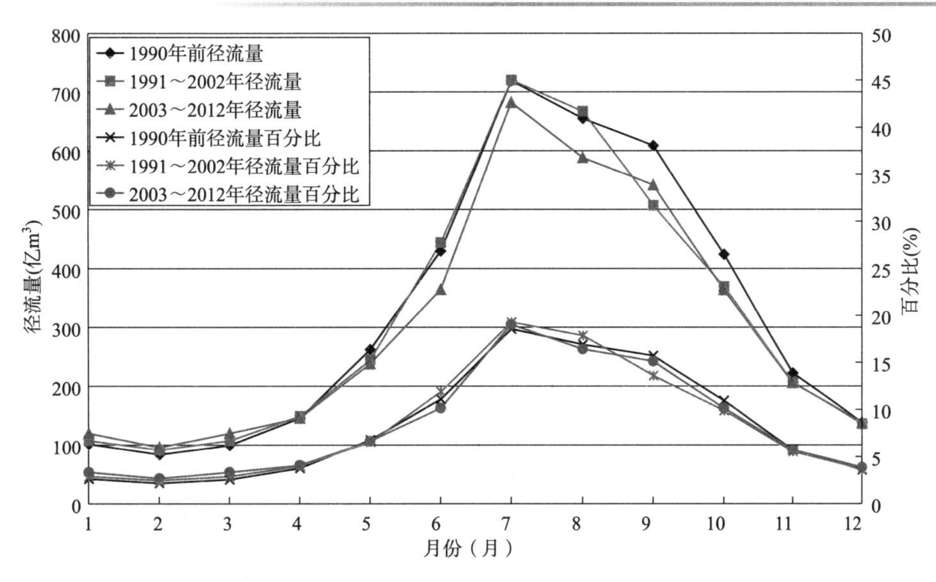

图 2–5　入库径流量过程（朱沱 + 北碚 + 武隆）

入库径流量过程（朱沱 + 北碚 + 武隆）（单位：亿 m^3）　　表 2–8

时段	1 月	2 月	3 月	4 月	5 月	6 月	7 月	8 月	9 月	10 月	11 月	12 月	全年	汛期占比 (%)	非汛期占比 (%)
1990 年前	101	83	99	145	261	429	718	654	608	423	221	137	3 879	73.01	26.99
1991 ～ 2002 年	107	91	107	148	244	443	719	666	506	368	205	135	3 739	72.27	27.73
2003 年	102	75	89	112	213	430	740	566	739	348	178	138	3 731	75.68	24.32
2004 年	107	99	129	175	262	425	550	507	652	413	232	151	3 700	68.80	31.20
2005 年	124	100	136	155	308	399	734	883	522	452	219	143	4 175	71.62	28.38
2006 年	119	109	145	129	231	321	462	240	300	324	170	127	2 676	61.52	38.48
2007 年	120	90	102	131	183	357	752	569	602	358	183	128	3 575	73.79	26.21
2008 年	111	105	134	183	237	345	535	670	637	372	360	138	3 827	66.87	33.13
2009 年	128	104	108	160	261	288	577	787	451	311	165	122	3 462	69.73	30.27
2010 年	110	79	96	131	214	385	862	618	556	351	179	141	3 722	74.48	25.52
2011 年	141	96	137	138	176	319	524	441	323	280	176	131	2 882	65.48	34.52
2012 年	126	95	115	135	287	362	1 074	591	630	416	184	145	4 160	73.87	26.13
2003 ～ 2007 年	114	96	123	148	239	380	629	573	575	378	224	138	3 614	70.11	29.89
2008 ～ 2012 年	123	96	118	149	235	340	714	621	519	346	213	135	3 611	70.38	29.62
2003 ～ 2012 年	119	95	119	145	237	363	681	587	541	363	205	136	3 591	70.59	29.41

2.1.2.2　三峡水库入库泥沙的变化

（1）入库沙量的变化

将寸滩站和武隆站的悬移质输沙量之和作为总的入库沙量（表 2–9）。

由表 2–9 可以看到，1991 ～ 2002 年寸滩站和武隆站年均输沙量之和为 3.574 亿 t，与1990年前均值相比减少了27.27%。

三峡水库蓄水前后入库（寸滩+武隆）输沙量变化（单位：亿t） 表2-9

时段	寸滩站	武隆站	总入库量	变化率（%）
1990年以前	4.61	0.304	4.914	—
1991～2002年	3.37	0.204	3.574	−27.27
2002年	1.96	0.162	2.122	−56.82
2003年	2.06	0.144	2.204	−55.15
2004年	1.73	0.108	1.838	−62.60
2005年	2.7	0.044	2.744	−44.16
2006年	1.09	0.034	1.124	−77.13
2007年	2.1	0.104	2.204	−55.15
2008年	2.13	0.031	2.161	−56.02
2009年	1.73	0.014	1.744	−64.51
2010年	2.11	0.056	2.166	−55.92
2011年	0.92	0.015	0.935	−80.97
2012年	2.1	0.012	2.112	−57.02
2003～2007年	1.97	0.08	2.05	−58.37
2008～2012年	1.80	0.03	1.82	−62.89
2003～2012年	1.87	0.056	1.923	−60.86

2003～2012年入库沙量均值为1.923亿t，较1990年前均值减少了60.86%，远大于1991～2002年均值的减少幅度。

必须指出的是，2002年入库沙量较1990年之前的平均值已经减少了56.82%，而2003～2012年间各年的减少幅度与2002年的减少幅度接近，这说明入库泥沙大幅减少实际开始于蓄水前。

其中，2003～2007年和2008～2012年的年均入库沙量分别为2.05亿t、1.82亿t，较1990年前均值分别减少了58.37%、62.89%，可见试验性蓄水期较蓄水初期入库沙量进一步减少。

与入库径流量分析类似，再取朱沱站、北碚站、武隆站的输沙量之和作为总入库沙量（表2-10）。

由表2-10可以看到，朱沱站、北碚站、武隆站1991～2002年年均输沙量之和为3.506亿t，与1990年前均值相比减少了27.02%。2003～2012年年均输沙量之和为2.027亿t，与1990年前均值相比减少57.81%。其中2003～2007年以及2008～2012年入库年均输沙量分别为2.16亿t、1.92亿t，较1990年前均值分别减少55.10%、59.93%。与上一种统计口径的数据表现出来的规律一样：入库泥沙大幅减少实际开始于蓄水前，蓄水后入库悬沙量继续减少，且试验性蓄水期较蓄水初期也进一步减少。

三峡水库入库（朱沱 + 北碚 + 武隆）输沙量与多年均值比较（单位：亿 t）　　表 2–10

时段	朱沱站	北碚站	武隆站	总入库量	变化率（%）
1990 年以前	3.16	1.34	0.304	4.804	—
1991 ~ 2002 年	2.93	0.372	0.204	3.506	–27.02
2002 年	1.87	0.126	0.162	2.158	–55.08
2003 年	1.91	0.306	0.144	2.360	–50.87
2004 年	1.64	0.175	0.108	1.923	–59.97
2005 年	2.31	0.423	0.044	2.777	–42.19
2006 年	1.13	0.034	0.034	1.198	–75.06
2007 年	2.01	0.273	0.104	2.387	–50.31
2008 年	2.12	0.145	0.031	2.296	–52.21
2009 年	1.52	0.296	0.014	1.830	–61.91
2010 年	1.61	0.622	0.056	2.288	–52.37
2011 年	0.65	0.355	0.015	1.020	–78.77
2012 年	1.89	0.288	0.012	2.190	–54.42
2003 ~ 2007 年	1.85	0.23	0.08	2.16	–55.10
2008 ~ 2012 年	1.56	0.34	0.03	1.92	–59.93
2003 ~ 2012 年	1.68	0.292	0.056	2.027	–57.81

1991 ~ 2002 年，朱沱、北碚、武隆三站总的年均输沙量为 3.506 亿 t，寸滩和武隆站总的年均输沙量为 3.574 亿 t，输沙量沿程增加；2003 ~ 2012 年间则完全相反，朱沱、北碚、武隆三站总的年均输沙量为 2.027 亿 t，寸滩和武隆站总的年均输沙量为 1.923 亿 t，输沙量沿程减少。这是由于三峡水库运行后，回水末端超过寸滩站，使得回水末端到寸滩站之间的区域发生了淤积。

（2）入库泥沙过程的变化

图 2–6 为将寸滩水文站与武隆水文站之和作为总入库量的年内含沙量变化过程，表 2–11 则为月输沙量统计结果。可以看出，沙峰到来的时间为 7 ~ 9 月，与洪峰到来的时间一致。枯水时，水流含沙量在 0.02kg/m^3 附近波动，随着洪水的到来，水流中的含沙量逐渐增高，最高时可达到 2.0kg/m^3 左右。1990 年前，汛期、非汛期来沙量分别占全年来沙量的 93.98%、6.02%，1990 ~ 2002 年间，汛期、非汛期分别占全年来沙量的 95.48%、4.52%。2003 ~ 2012 年间，汛期、非汛期来沙量占全年的百分比分别为 94.87%、5.13%。可见三峡水库运行前汛期输沙占比偏大，三峡水库运行后汛期输沙占比又有所减少。其中 2003 ~ 2007 年汛期、非汛期来沙量占比为分别为 93.81%、6.19%，2008 ~ 2012 年分别为 95.16%、4.84%。即试验性蓄水期入库汛期输沙量占比大于蓄水初期。

再将朱沱站、北碚站、武隆站的来沙量之和作为总入库量，分别给出年内含沙量变化过程（图 2–7）和月输沙量统计结果（表 2–12）。可以看出，沙峰到来的时间与图 2–6 基本一致。1990 年前，汛期、非汛期来沙量分别占全年来沙量的 94.58%、5.42%，1990 ~ 2002 年间，汛期、非汛期来沙量分别占全年来沙量的 95.62%、4.38%，2003 ~ 2012 年间，汛期、非汛期来沙量占全年的百分比分别为 95.15%、4.85%。

2003 ~ 2007 年汛期、非汛期来沙量占比为分别为 94.36%、5.64%，2008 ~ 2012 年分别为 95.07%、4.93%。可以看出两种统计方式所反映的入库悬沙过程的变化趋势基本一致。但三站和（朱沱 + 北碚 + 武隆）与两站和（寸滩 + 武隆）相比，汛期输沙占比蓄水前以及蓄水初期偏大，而试验性蓄水期偏小。

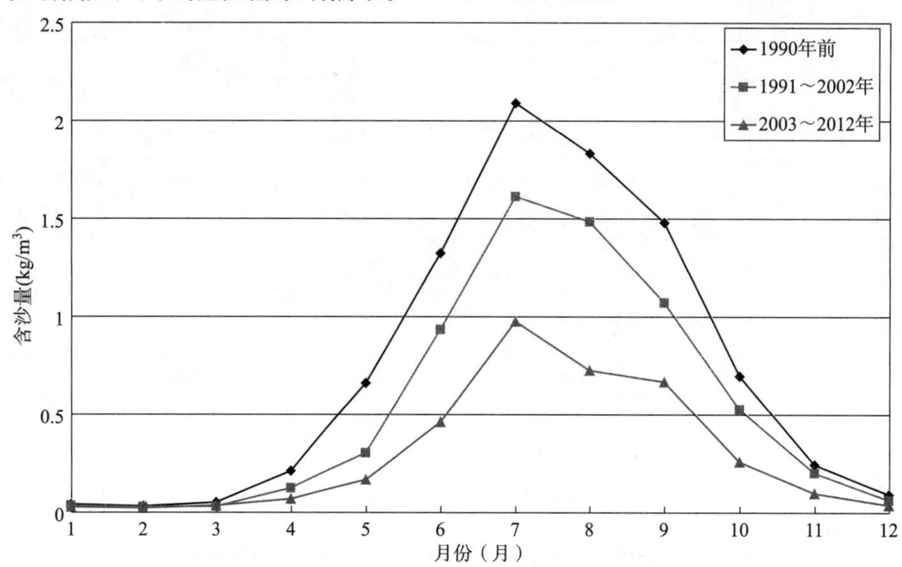

图 2-6　入库含沙量过程（寸滩站 + 武隆站）

入库输沙量过程（寸滩站 + 武隆站）(单位：万 t)　　表 2-11

时段	1 月	2 月	3 月	4 月	5 月	6 月	7 月	8 月	9 月	10 月	11 月	12 月	全年	汛期占比(%)	非汛期占比(%)
1990 年前	47	31	55	318	1 808	5 751	15 511	12 430	9 388	3 086	567	132	49 124	93.98	6.02
1991 ~ 2002 年	43	30	37	194	782	4 268	11 959	10 168	5 681	2 040	437	92	35 731	95.48	4.52
2003 年	38	19	18	66	270	3 872	6 577	3 629	6 313	944	164	118	22 028	96.85	3.15
2004 年	24	26	51	227	685	1 719	4 260	3 879	6 025	1 217	258	62	18 433	92.77	7.23
2005 年	35	26	42	171	940	1 884	9 299	8 742	4 081	1 943	208	64	27 435	94.58	5.42
2006 年	50	25	88	78	555	1 374	5 343	724	1 390	1 351	138	88	11 204	90.88	9.12
2007 年	61	35	43	71	483	1 395	8 273	5 173	5 180	1 103	177	54	22 048	95.81	4.19
2008 年	41	39	57	231	449	2 105	5 621	6 554	4 240	948	1 263	66	21 614	90.07	9.93
2009 年	37	25	40	106	189	1 270	5 145	7 189	2 630	683	117	44	17 475	96.81	3.19
2010 年	35	23	40	93	231	1 248	10 519	5 813	2 723	767	130	41	21 663	97.26	2.74
2011 年	47	30	62	61	130	1 930	3 007	1 900	1 732	241	149	29	9 318	94.55	5.45
2012 年	30	21	55	68	385	1 111	10 596	3 271	4 824	741	39	14	21 155	97.11	2.89
2003 ~ 2007 年	42	28	50	141	564	2 058	6 562	4 784	4 538	1 251	368	75	20 460	93.81	6.19
2008 ~ 2012 年	38	28	51	112	277	1 533	6 978	4 945	3 230	676	340	39	18 245	95.16	4.84
2003 ~ 2012 年	40	27	50	117	432	1 791	6 864	4 687	3 914	994	264	58	19 237	94.87	5.13

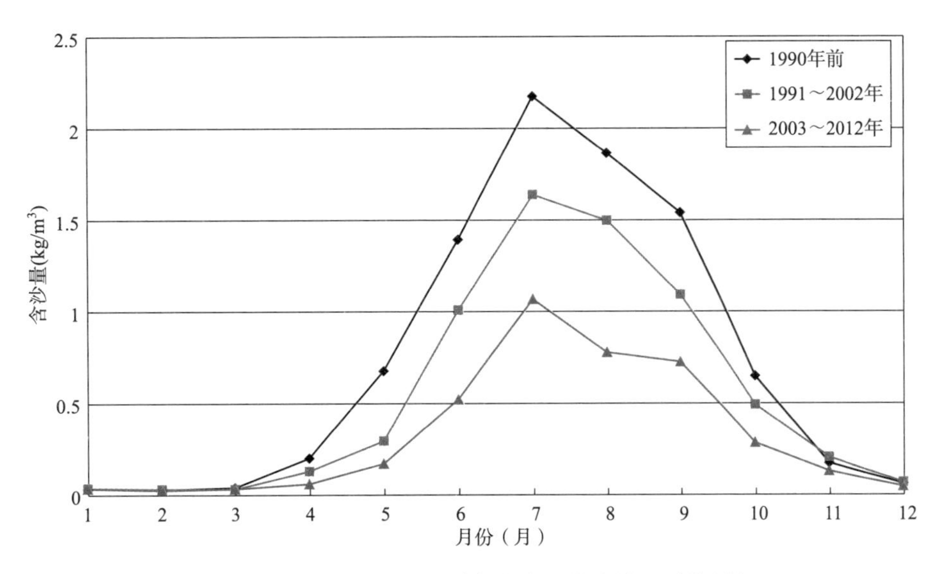

图 2–7　入库含沙量过程（朱沱站 + 北碚站 + 武隆站）

入库输沙量过程（朱沱 + 北碚 + 武隆）（单位：万 t）　　　　表 2–12

时段	1 月	2 月	3 月	4 月	5 月	6 月	7 月	8 月	9 月	10 月	11 月	12 月	全年	汛期占比(%)	非汛期占比(%)
1990 年前	37	25	42	294	1 769	5 981	15 621	12 199	9 369	2 749	383	84	48 553	94.58	5.42
1991 ～ 2002 年	41	30	36	194	722	4 468	11 776	9 972	5 526	1 816	421	93	35 095	95.62	4.38
2003 年	25	18	21	61	256	3 973	7 081	4 447	6 514	1 007	167	45	23 615	97.49	2.51
2004 年	23	19	36	173	619	1 847	4 720	3 990	6 242	1 247	230	74	19 220	93.89	6.11
2005 年	36	25	55	141	822	1 812	9 832	8 703	4 142	1 888	274	74	27 804	94.87	5.13
2006 年	49	28	57	67	469	1 858	5 466	825	1 463	1 532	120	76	12 010	92.79	7.21
2007 年	50	32	43	75	557	1 522	8 750	5 712	5 697	1 221	207	65	23 931	95.70	4.30
2008 年	41	39	57	231	449	2 105	5 621	6 554	4 240	948	1 263	66	21 614	90.07	9.93
2009 年	38	27	29	67	161	1 406	5 535	7 229	2 871	704	167	69	18 303	96.95	3.05
2010 年	47	21	39	66	254	1 104	11 372	6 145	2 677	874	221	86	22 906	96.80	3.20
2011 年	72	29	51	57	127	2 010	3 501	1 926	1 795	320	195	72	10 155	94.06	5.94
2012 年	59	31	49	69	358	1 370	10 900	3 190	5 120	867	59	22	22 094	97.07	2.93
2003 ～ 2008 年	37	27	45	125	529	2 186	6 912	5 039	4 716	1 307	377	67	21 366	94.36	5.64
2008 ～ 2012 年	51	29	45	98	270	1 599	7 386	5 009	3 341	743	381	63	19 014	95.07	4.93
2003 ～ 2012 年	44	27	44	101	407	1 901	7 278	4 872	4 076	1 061	290	65	20 165	95.15	4.85

2.1.2.3　三峡水库运行初期入库水流挟沙饱和度的变化

采用林秉南院士提出的水沙搭配系数来分析水流挟沙饱和度的变化，其大小等于时段平均含沙量除以时段平均流量，水沙搭配系数越大，表示同一流量下水流含沙量越大，水流越趋于饱和，因此是反映水流挟沙饱和程度的重要指标。

首先将寸滩水文站和武隆水文站的水沙之和作为总入库水沙条件计算水沙搭配系数。蓄水前后入库水沙搭配系数分时段统计见表 2–13。

不同时段入库水沙搭配系数（寸滩 + 武隆）统计结果 表 2–13

统计时段	寸滩站		武隆站		入库	
	($g \cdot s \cdot m^{-6}$)	变化（%）	($g \cdot s \cdot m^{-6}$)	变化（%）	($g \cdot s \cdot m^{-6}$)	变化（%）
1990 年以前	0.117 3	—	0.391 3	—	0.096 1	—
1991 ~ 2002 年	0.095 3	−18.76	0.227 3	−41.91	0.075 2	−21.75
2002 年	0.069 7	−40.58	0.168 3	−56.99	0.053 8	−44.02
2003 年	0.057 5	−50.98	0.213 7	−45.39	0.047 6	−50.47
2004 年	0.049 6	−57.72	0.130 9	−66.55	0.039 6	−58.79
2005 年	0.056 4	−51.92	0.100 3	−74.37	0.047 7	−50.36
2006 年	0.055 9	−52.34	0.129 3	−66.96	0.046 3	−51.82
2007 年	0.067 9	−42.11	0.119 9	−69.36	0.052 3	−45.58
2008 年	0.057 3	−51.15	0.040 7	−89.60	0.044 5	−53.69
2009 年	0.052 3	−55.41	0.033 9	−91.34	0.042 7	−55.57
2010 年	0.057 6	−50.90	0.102 5	−73.81	0.046 9	−51.20
2011 年	0.036 8	−68.63	0.048 0	−87.73	0.030 3	−68.47
2012 年	0.046 8	−60.10	0.016 1	−95.89	0.036 9	−61.60
2003 ~ 2007 年	0.058 2	−50.38	0.125 9	−67.83	0.047 0	−51.09
2008 ~ 2012 年	0.051 3	−56.27	0.047 3	−87.91	0.041 2	−57.13
2003 ~ 2012 年	0.054 8	−53.28	0.099 2	−74.65	0.044 3	−53.90

注：变化率为各站较 1990 以前多年平均的变化率。

与 1990 年前均值相比，1991 ~ 2002 年间各站水沙搭配系数已有所下降，入库水沙搭配系数下降 0.020 9$g \cdot s \cdot m^{-6}$，降幅为 21.75%。表明水流挟沙饱和度降低，上游来沙量减少。

三峡水库运行后的 2003 ~ 2012 年年均入库水沙搭配系数降为 0.044 3$g \cdot s \cdot m^{-6}$，较 1991 ~ 2002 年间均值降低了约 0.030 9$g \cdot s \cdot m^{-6}$，降幅为 41%，但与 2002 年值相比只降低 17.5%，表明水流挟沙饱和度降低速度减缓，上游来沙量减少程度降低，与上文分析结果一致。

其中，2003 ~ 2007 年和 2008 ~ 2012 年年均水沙搭配系数分别为 0.047$g \cdot s \cdot m^{-6}$、0.041 2$g \cdot s \cdot m^{-6}$，后者较前者减小了 0.005 8$g \cdot s \cdot m^{-6}$，可见试验性蓄水期较蓄水初期的入库的水沙搭配系数继续减小，但减幅（12%）变缓。

与上文分析类似，再取朱沱站、北碚站、武隆站的水沙之和作为总入库水沙条件计算水沙搭配系数，见表 2–14。

不同时段入库水沙搭配系数（朱沱 + 北碚 + 武隆）统计结果　　表 2–14

统计时段	朱沱站 $(g \cdot s \cdot m^{-6})$	北碚站 $(g \cdot s \cdot m^{-6})$	武隆站 $(g \cdot s \cdot m^{-6})$	入库 $(g \cdot s \cdot m^{-6})$
1990 年以前	0.140 9	0.852 6	0.391 3	0.101 8
1991 ~ 2002 年	0.129 4	0.419 2	0.227 3	0.079 3
2002 年	0.100 0	0.228 5	0.168 3	0.059 0
2003 年	0.089 7	0.209 9	0.213 7	0.053 5
2004 年	0.072 7	0.207 3	0.130 9	0.044 4
2005 年	0.081 3	0.203 3	0.100 3	0.050 2
2006 年	0.088 3	0.073 9	0.129 3	0.052 7
2007 年	0.111 5	0.194 7	0.119 9	0.059 0
2008 年	0.088 8	0.131 4	0.040 7	0.049 5
2009 年	0.081 1	0.206 7	0.033 9	0.048 1
2010 年	0.078 5	0.337 8	0.102 5	0.052 1
2011 年	0.054 8	0.190 3	0.048 0	0.035 4
2012 年	0.069 9	0.157 2	0.016 1	0.039 8
2003 ~ 2007 年	0.088 8	0.193 6	0.125 9	0.052 1
2008 ~ 2012 年	0.077 7	0.213 3	0.047 3	0.045 9
2003 ~ 2012 年	0.083 3	0.211 4	0.099 2	0.049 2

由表可知，与 1990 年前均值相比，1991 ~ 2002 年间朱沱站、北碚站水沙搭配系数也有所下降，下降 $0.022\ 5g \cdot s \cdot m^{-6}$，降低了 23%。

三峡水库运行后，2003 ~ 2012 年均入库水沙搭配系数降为 $0.045\ 2g \cdot s \cdot m^{-6}$，较 1991 ~ 2002 年间均值降低了 40%，与 2002 年值相比降低 16%。其中，2003 ~ 2008 年和 2008 ~ 2012 年年均水沙搭配系数分别为 $0.052\ 1g \cdot s \cdot m^{-6}$、$0.045\ 9g \cdot s \cdot m^{-6}$，后者较前者下降 12%。

可见两种统计方式所反映水沙搭配系数的变化趋势基本一致，但采用三站之和作为入库水沙条件的计算值比采用两站之和的降低幅度更大，同时，采用三站数据计算出的三阶段的水沙搭配系数较采用两站数据计算的分别增大 $0.000\ 57g \cdot s \cdot m^{-6}$、$0.000\ 41g \cdot s \cdot m^{-6}$、$0.000\ 09g \cdot s \cdot m^{-6}$，表明水流挟沙饱和度在朱沱到寸滩区间沿程降低，且在三峡水库运行后水流挟沙饱和度沿程降低程度加大。这也是由于三峡水库蓄水回水末端超过寸滩后，使得朱沱至寸滩区间受回水影响，水流挟沙力降低，泥沙沉降，水流挟沙饱和度降低。

2.1.3　干支流水沙变化对入库水沙变化的贡献分析

2.1.3.1　干支流来水变化对入库径流变化的贡献

将干流朱沱、嘉陵江北碚和乌江武隆水文站的径流量之和作为三峡水库入库径流量，研究长江干流、嘉陵江和乌江径流量的变化对入库径流量变化的贡献率，见表 2–15。这里将干流或各支流较其 1990 年前平均值的变化值分别与入库总量较 1990 年前均值的变化值的比值作为其对总入库量的贡献率。

干流和各支流径流量变化对总入库径流量的贡献率　　表 2-15

时段	朱沱（亿 m³）	变化量（亿 m³）	北碚（亿 m³）	变化量（亿 m³）	武隆（亿 m³）	变化量（亿 m³）	入库总量（亿 m³）	变化量（亿 m³）	贡献率 (%)		
									朱沱	北碚	武隆
1990 年前	2 659	—	704	—	495	—	3 858	—	—	—	—
1991 ~ 2002 年	2 672	13	529	−175	532	37	3 733	−125	−10.4	140	−29.6
2003 ~ 2007 年	2 565	−94	607	−97	441	−54	3 612	−246	38.26	39.62	22.12
2008 ~ 2012 年	2 515	−144	710	6	413	−82	3 638	−220	65.64	−2.82	37.27
2003 ~ 2012 年	2 522	−137	660	−44	422	−73	3 604	−254	53.94	17.32	28.74

注：变化量指较 1990 年前的变化量。

由表 2-15 可以看出，1991 ~ 2002 年间，干流朱沱站与乌江武隆站的径流量较 1990 年前均值偏多，嘉陵江北碚站径流量偏少，且嘉陵江偏少量超过另外两站的偏多量之和，使得入库总径流量减少，因此长江干流、乌江和嘉陵江对 1991 ~ 2002 年期间径流量偏少的贡献率分别为 −10.4%、−29.6% 和 140%。

三峡水库运行后的 2003 ~ 2012 年间，干流朱沱站、嘉陵江北碚站和乌江武隆站的径流量较 1990 年前均有所偏少，入库总径流量也减少，此时长江干流、乌江和嘉陵江对 2003 ~ 2012 期间径流量偏少的贡献率分别为 53.94%、28.74% 和 17.32%。

2003 ~ 2008 年，长江干流、乌江和嘉陵江对入库径流量偏少的贡献率分别为 38.26%、22.12%、39.62%；2008 ~ 2013 年，长江干流、乌江和嘉陵江对入库径流量偏少的贡献率分别为 65.64%、37.27%、−2.82%。随蓄水进程的推进，嘉陵江的贡献率在减小，干流和乌江的贡献率在增大，且干流贡献率增大的幅度更大。

2.1.3.2　干支流来沙变化对入库泥沙变化的贡献

采用同样的方法分析干支流来沙变化对入库总来沙量变化的贡献，见表 2-16。可以看出，在 1991 ~ 2002 年间，干支流来沙量均减少，造成了入库总来沙量的减少，其中嘉陵江北碚站来沙量减少贡献率最大，达到了 74.58%，长江干流和乌江来沙量减少对入库总沙量减少的贡献分别为 17.72% 和 7.7%。

干流和各支流输沙量变化对总入库径流量的贡献率　　表 2-16

时段	朱沱（亿 t）	变化量（亿 t）	北碚（亿 t）	变化量（亿 t）	武隆（亿 t）	变化量（亿 t）	入库总量（亿 t）	变化量（亿 t）	贡献率 (%)		
									朱沱	北碚	武隆
1990 年前	3.16	—	1.34	—	0.30	—	4.80	—	—	—	—
1991 ~ 2002 年	2.93	−0.23	0.37	−0.97	0.20	−0.10	3.51	−1.30	17.72	74.58	7.7
2003 ~ 2007 年	1.85	−1.31	0.23	−1.11	0.08	−0.23	2.16	−2.65	49.36	42.08	8.56
2008 ~ 2012 年	1.56	−1.60	0.34	−1.00	0.03	−0.28	1.92	−2.88	55.64	34.69	9.67
2003 ~ 2012 年	1.68	−1.48	0.29	−1.05	0.06	−0.25	2.03	−2.78	53.33	37.75	8.92

注：变化量指较 1990 年前的变化量。

2003 ~ 2012 年间，北碚站年均输沙量小于 1991 ~ 2002 年间，但相差不大，而干流朱沱站输沙量较 1991 ～ 2002 年间显著减少，因此 2003 ～ 2012 年间，朱沱站输沙量减少对期间入库沙量减少的贡献率达到 53.33%，嘉陵江沙量减少的贡献率则由 1991 ～ 2002 期间的 74.58% 降低为 37.75%；乌江沙量减少的贡献率变化较小，约为 8.92%。

2003 ～ 2007 年，长江干流、嘉陵江和乌江对入库径流量偏少的贡献率分别为 49.36%、42.08%、8.56%；2008 ～ 2013 年，长江干流、嘉陵江和乌江对入库径流量偏少的贡献率分别为 55.64%、34.69%、9.67%。试验性蓄水期嘉陵江的贡献率减小，干流的贡献率增大。

2.1.4　三峡水库入库水沙条件的变化趋势

2.1.4.1　影响三峡水库入库水沙条件的因素

水库的运行会调节水量的年内或年际分布，但不会使总水量发生明显变化，影响来水量的主要因素还是降雨的时空变化，但是这种影响只会是随机的和短期的，从多年平均来看，也不会发生太大的变化，所以三峡水库上游来水量变化幅度一直很小。

上游来沙量减少的一个主要原因为上游降雨时空分布的变化，20 世纪 90 年代以来，上游的降雨区域由泥沙易冲刷部位转移到泥沙不易冲刷部位，使得水流中的含沙量减少；同时上游大量修建的水利工程也会对来沙量产生影响。随着我国对水土保持的重视程度增加，长江流域上各种水土保持工程也不断兴起，使得水流沿途冲刷产生泥沙量也有所减少，河道采砂也会使得上游来沙量减少。

由于来水量主要受到降雨等自然因素的影响，即使会出现丰水年和枯水年，但是从多年平均值来看，三峡水库上游来水变化不会太大。与来水量不同的是，三峡水库上游来沙量应该会保持减少的趋势。降雨时空上的分布并未呈现出变化的趋势，上游的水利工程的拦沙作用还会继续影响来沙量，越来越重视水土保持也会使得来沙量有所减少，同时河道采砂也会继续，这都使三峡水库上游来沙量减少的趋势得以延续。

2.1.4.2　上游建库后三峡水库上游水沙条件的变化趋势

三峡水库上游修建的水电工程将会显著减少下游的来沙量，特别是 2013 年金沙江下游梯级中的向家坝和溪洛渡水库将陆续蓄水运用。本节将计算分析向家坝和溪洛渡水库蓄水运用对三峡水库上游水沙条件的影响。

即将蓄水的溪洛渡水库总库容 122.92 亿 m^3，汛限水位库容 75.32 亿 m^3，死库容 56.22 亿 m^3。水库的推荐运行方式为：汛期 6 月电站按保证出力运行，蓄水至汛期限制水位，7 ～ 8 月库水位控制在汛期限制水位运行，9 月 11 日开始蓄水，9 月底蓄至正常蓄水位，此后进行水库径流调节，翌年 5 月底库水位消落至死水位；向家坝的总库容 50 亿 m^3，汛限水位库容 38.27 亿 m^3，死库容 40.73 亿 m^3。水库调度方式为：6 月中旬～ 9 月库水位控制在排沙水位运行，10 月份开始蓄水，11 月～次年 1 月份水库维持在正常蓄水位运行，2 月份开始供水，5 月底消落至死水位，6 月上旬末降至排沙水位。

上述水库运用后，势必拦蓄下泄水沙，将对三峡水库入库水沙过程造成重要影响。这里通过一维泥沙数学模型对溪洛渡和向家坝水库的淤积过程进行了计算，重点分析三峡水库上游水沙条件的变化。

（1）模型基本方程及求解方法

采用一维非恒定流、非均匀沙的水沙数学模型进行计算。与恒定流数学模型相比，非恒定流的数学模型避免了人为地将连续的不恒定水沙过程概化为梯级式的恒定水沙过程，在计算河段距离较长、河道槽蓄作用影响较大的情况下，能更为准确合理的模拟整个库区长河段的泥沙冲淤过程。

①基本方程。

水流连续方程：

$$\frac{\partial Q}{\partial x}+B\frac{\partial Z}{\partial t}=q_l \tag{2-1}$$

水流运动方程：

$$\frac{\partial Q}{\partial t}+\frac{\partial}{\partial x}\left(\alpha\frac{Q^2}{A}\right)+gA\frac{\partial Z}{\partial x}+g\frac{n^2Q|Q|}{AR^{4/3}}=q_l(u_l-U) \tag{2-2}$$

泥沙连续方程：

$$\frac{\partial(hS_k)}{\partial t}+\frac{\partial(UhS_k)}{\partial x}+\alpha_s\omega_kB(S_k-S_{*k})=S_lq_l \tag{2-3}$$

悬移质河床变形方程：

$$\rho'\frac{\partial Z_{0sk}}{\partial t}=\alpha_s\omega_k(S_k-S_{*k}) \tag{2-4}$$

水流挟沙力公式：

$$S_*=S_*(U,h,\omega,\ldots) \tag{2-5}$$

以上式中，Q 为流量（m^3/s）；B 为河宽（m）；Z 为水位（m）；S_* 为水流挟沙力（kg/m^3）；h 为水深（m）；U 为流速（m/s）；n 为糙率系数；S_k 为第 k 粒径组泥沙的含沙量（kg/m^3）；S_{*k} 为第 k 粒径组挟沙力（kg/m^3）；S_l 为旁侧入流含沙量（kg/m^3）；q_l 为旁侧流量（m^3/s）；ω_k 为第 k 粒径组泥沙沉速（m/s）；α_s 为悬移质泥沙恢复饱和系数；Z_{0sk} 为第 k 粒径组的悬移质引起的河床冲淤厚度（m）；ρ' 为泥沙干密度（kg/m^3）。

②求解方法。式（2-1）及式（2-2）为拟线性方程组，计算过程中为避免迭代，减少计算工作量，引入了线性化的 Preissmann 四点偏心隐格式，计算精度满足工程计算要求。泥沙方程的求解，采用相临时间层之间用差分法求解、同一时间层上求分析解的方法，能够同时满足精度和计算量的要求。

（2）计算条件

溪洛渡水库计算范围为干流库尾—坝址，长约 199km。采用 2008 年实测地形，共选取计算断面 106 个，平均间距 1.88km，其间考虑溪洛渡库区产沙以及支流西溪河、牛栏江和美姑河的产沙。

向家坝库区计算范围为溪洛渡坝址至向家坝坝址，河段长约 156.6km。采用 2008 年实测地形，共选取断面 86 个，平均间距 1.81km，考虑了向家坝库区区间产沙。

根据已有研究成果，选取 1991 ~ 2000 年（简称为 90 系列，下同）作为代表系列。

（3）计算结果分析

本次计算重点分析溪洛渡、向家坝水库修建后三峡水库上游水沙的变化，从下泄流量过程、含沙量过程以及颗粒级配变化三个方面进行具体分析。

①径流过程变化。溪洛渡、向家坝水库兴建以后，其下泄流量过程较天然情况发生了改变，其改变的幅度和特点又与水库自身特性及梯级水库（溪洛渡、向家坝联合运用）间的相互影响有关。表 2–17 给出了溪洛渡、向家坝水库单独使用以及两库联合运用下泄流量的改变。

溪洛渡、向家坝水库修建后下泄流量月均统计表（单位：m^3/s）　　表 2–17

月份	天然	溪洛渡			向家坝			两库联合		
		10 年	50 年	100 年	10 年	50 年	100 年	10 年	50 年	100 年
1 月	1 688	2 043	2 030	2 018	1 791	1 771	1 759	2 159	2 138	2 112
2 月	1 491	2 068	2 007	1 969	1 491	1 493	1 496	2 072	2 010	1 972
3 月	1 361	2 000	1 894	1 834	1 361	1 361	1 362	1 999	1 894	1 834
4 月	1 598	2 156	1 946	1 815	1 598	1 596	1 591	2 156	1 946	1 815
5 月	2 292	2 429	2 345	2 296	2 120	2 177	2 195	2 239	2 157	2 184
6 月	4 760	4 173	4 397	4 517	4 938	4 803	4 731	4 376	4 586	4 578
7 月	10 566	10 541	10 531	10 520	10 555	10 527	10 520	10 533	10 525	10 479
8 月	10 581	10 582	10 580	10 582	10 579	10 582	10 583	10 580	10 579	10 587
9 月	10 087	8 379	8 640	8 833	9 752	9 889	9 957	8 038	8 304	8 664
10 月	6 060	6 073	6 075	6 077	6 066	6 102	6 121	6 073	6 076	6 091
11 月	3 445	3 445	3 446	3 447	3 462	3 473	3 481	3 463	3 465	3 474
12 月	2 190	2 252	2 249	2 245	2 401	2 351	2 322	2 460	2 456	2 388

由图 2–8 ～图 2–10、表 2–17 可知：

枯期为 12 ～次年 4 月，溪洛渡单独运用，为满足自身发电调度需求，流量较天然情况有所增加；向家坝单独运用枯期流量较天然情况变化不大。这主要是由于溪洛渡水库库容较大，调节能力强，而向家坝水库库容有限，调节能力较弱的原因。两库联合运用后，下泄流量较天然情况增加，月均流量增加 270 ～ 638m^3/s。

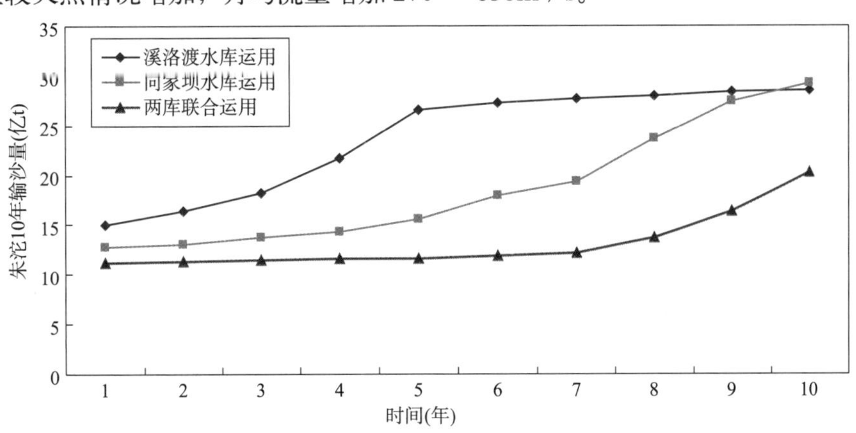

图 2–8　溪洛渡、向家坝水库作用下三峡水库入库沙量恢复过程

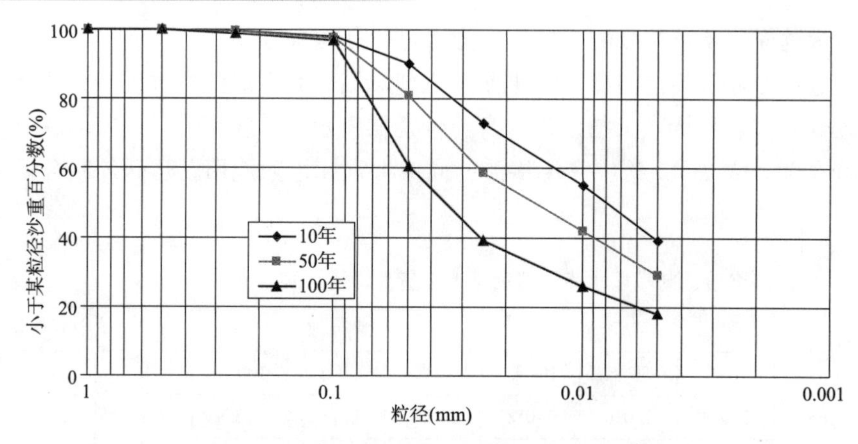

图 2-9　溪洛渡单独运用出库泥沙级配变化图

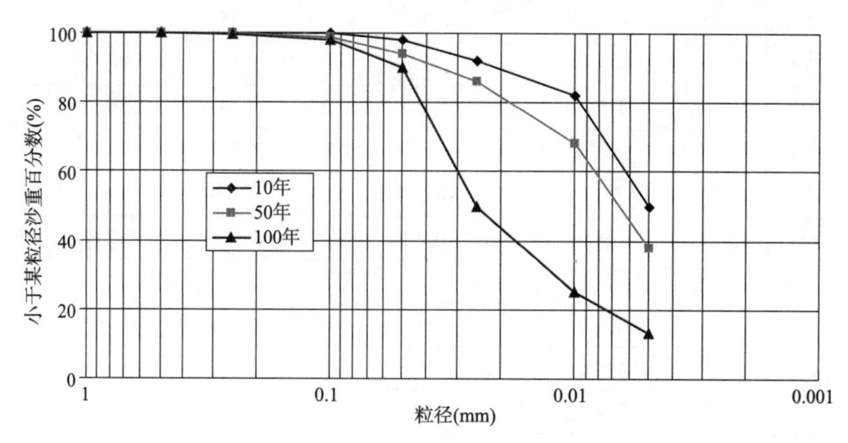

图 2-10　溪洛渡、向家坝联合运用后出库泥沙级配变化图

5 月份，溪洛渡单独运用，根据水库调度方式，5 月底须将坝前水位降低至死水位，因而下泄流量大于天然流量；向家坝单独运用，根据水库调度图，该水库 5 月份有一回蓄过程，因而下泄流量小于天然流量；两库联合运用后，对下泄流量改变的趋势及幅度，由两水库对径流共同调节决定，两库联合运用下 5 月的流量有所减小，不过减小的数值不大，为 53 ~ 135m^3/s。

6 月份，溪洛渡单独运用，由于该月坝前水位需从死水位升值汛限水位，水库蓄水造成流量减少；向家坝单独运用，该月月底需降至汛限水位，因而下泄流量大于入库流量；两库联合运用后，6 月月均下泄流量减小，减少流量为 174 ~ 384m^3/s。

汛期 7、8 月份，建库后下泄流量较天然流量变化不大，这与需要调蓄的大洪水较少有关，月均流量变化幅度一般小于 100m^3/s。

汛后 9 月份，由于需要蓄水，因而下泄流量普遍减小，减小的幅度较大，两库联合运用条件下，下泄月均流量减小 1 423 ~ 2 049m^3/s。

因此，溪洛渡与向家坝联合作用对径流过程的改变主要体现在枯水期流量增加，汛期特别是 9 月份流量减小，改变程度决定于各水库的运用方式及各水库间的相互影响。值得指出的是，由于上游水库的蓄水时间为 9 月份，造成了汛后下泄流量的减小，将可能对下游三峡水库的蓄水产生不利影响。

②沙量变化。表 2–18 ～表 2–20 分别给出了向家坝、溪洛渡及其联合运用后出库水沙特征值（10 年平均值）。

溪洛渡运用后三峡水库入库水沙特征值（10 年平均值）　　表 2–18

上游水库运用年限	10 年平均排沙比	10 年来沙量 (10^8t)	10 年排沙量 (10^8t)	10 年拦沙量 (10^8t)	朱沱 10 年来沙量 (10^8t)	建库后朱沱 10 年来沙量 (10^8t)	占原来比例 (%)
0 ～ 10 年	22.86%	29.4	6.72	22.68	30.20	12.63	41.81%
11 ～ 20 年	24.03%	29.4	7.06	22.34	30.20	12.97	42.96%
21 ～ 30 年	25.54%	29.4	7.51	21.89	30.20	13.60	45.04%
31 ～ 40 年	30.13%	29.4	8.86	20.54	30.20	14.25	47.17%
41 ～ 50 年	33.95%	29.4	9.98	19.42	30.20	15.41	51.02%
51 ～ 60 年	39.56%	29.4	11.63	17.77	30.20	17.86	59.14%
61 ～ 70 年	49.66%	29.4	14.60	14.80	30.20	0.19	63.54%
71 ～ 80 年	70.91%	29.4	20.85	8.55	30.20	0.24	78.10%
81 ～ 90 年	84.70%	29.4	24.90	4.50	30.20	0.27	90.68%
91 ～ 100 年	84.47%	29.4	24.83	4.57	30.20	29.15	98.52%

向家坝运用后三峡水库入库水沙特征值（10 年平均值）　　表 2–19

上游水库运用年限	10 年平均排沙比	10 年来沙量 (10^8t)	10 年排沙量 (10^8t)	10 年拦沙量 (10^8t)	朱沱 10 年来沙量 (10^8t)	建库后朱沱 10 年来沙量 (10^8t)	占原来比例 (%)
0 ～ 10 年	33.3%	29.40	9.79	19.61	30.20	14.85	49.2%
11 ～ 20 年	42.5%	29.40	12.50	16.91	30.20	16.29	53.9%
21 ～ 30 年	51.9%	29.40	15.26	14.14	30.20	18.19	60.2%
31 ～ 40 年	69.2%	29.40	20.34	9.06	30.20	21.63	71.6%
41 ～ 50 年	84.5%	29.40	24.84	4.56	30.20	26.55	87.9%
51 ～ 60 年	96.3%	29.40	28.31	1.09	30.20	27.20	90.1%
61 ～ 70 年	98.5%	29.40	28.96	0.44	30.20	27.54	91.2%
71 ～ 80 年	98.5%	29.40	28.96	0.44	30.20	27.85	92.2%
81 ～ 90 年	98.5%	29.40	28.96	0.44	30.20	28.32	93.8%
91 ～ 100 年	98.5%	29.40	28.96	0.44	30.20	28.49	94.3%

上游两库联合运用后三峡水库入库水沙特征值（10 年平均值）　　表 2–20

上游水库运用年限	两库 10 年平均排沙比	两库 10 年来沙量 (10^8t)	两库 10 年排沙量 (10^8t)	两库 10 年拦沙量 (10^8t)	朱沱 10 年来沙量 (10^8t)	建库后朱沱 10 年来沙量 (10^8t)	占原来比例 (%)
0 ～ 10 年	14.82%	29.40	4.36	25.04	30.20	11.13	36.85%
11 ～ 20 年	15.97%	29.40	4.70	24.70	30.20	11.30	37.42%
21 ～ 30 年	16.56%	29.40	4.87	24.53	30.20	11.44	37.88%

续上表

上游水库运用年限	两库10年平均排沙比	两库10年来沙量(10^8t)	两库10年排沙量(10^8t)	两库10年拦沙量(10^8t)	朱沱10年来沙量(10^8t)	建库后朱沱10年来沙量(10^8t)	占原来比例(%)
31～40年	17.32%	29.40	5.09	24.31	30.20	11.54	38.21%
41～50年	17.96%	29.40	5.28	24.12	30.20	11.64	38.53%
51～60年	18.35%	29.40	5.39	24.01	30.20	11.82	39.15%
61～70年	20.13%	29.40	5.92	23.48	30.20	12.10	40.06%
71～80年	25.75%	29.40	7.57	21.83	30.20	13.66	45.23%
81～90年	39.58%	29.40	11.64	17.76	30.20	16.34	54.10%
91～100年	55.64%	29.40	16.36	13.04	30.20	20.19	66.86%

由表2-18～表2-20可知：

a. 上游水库建成后，蓄水拦沙，将进一步减少三峡水库的入库沙量。溪洛渡水库运行后1～10年，朱沱沙量减少58.19%，向家坝水库运行后1～10年，朱沱沙量减少50.8%，两库联合运用后1～10年，朱沱沙量减少63.15%。之后随着上游水库淤积的发展，下泄沙量的逐渐增大，三峡水库入库的沙量也逐渐恢复。两库联合运用条件下，朱沱的10年总沙量从1～10年的11.13亿t，逐步增加到91～100年的20.19亿t。

b. 上游水库修建后，由于梯级水库的累积拦沙作用，下游水库的平衡时间延长。由表可以看出，溪洛渡水库的平衡时间为80～90年，向家坝水库的平衡时间为50～60年，两库联合运用后，向家坝水库趋于平衡时间延长，两库的总平衡时间增加，直到90～100年，下游水库的排沙比仍不足60%，还未完全趋于平衡。

c. 梯级水库中，每一级水库的拦沙作用都会对下游水库进口的含沙量大小产生影响，不同水库或不同数量的梯级水库拦沙效果都有所不同，但总的趋势不变，当然，越处于下游的水库其进口含沙量在初期就越小，而且恢复的速度也越慢。图2-8为向家坝、溪落渡单库作用下以及向家坝、溪落渡梯级联合作用下朱沱站的含沙量恢复过程。由图可知，梯级水库联合作用下的朱沱站的含沙量恢复过程明显偏慢，体现了梯级水库对泥沙拦蓄的累积作用。

③级配变化。图2-9、图2-10分别给出了溪洛渡水库单独运用和溪洛渡向家坝联合运用下出库泥沙级配变化情况。由图可见，与单个水库相比，溪洛渡与向家坝联合运用后下泄泥沙粒径明显细化，且粒径恢复的过程更加缓慢，这也是由于梯级水库的累积作用决定的。

2.2 上游干支流水沙变化及三峡水库运用对三峡水库出库水沙条件的影响分析

2.2.1 三峡水库试验性蓄水期调度情况总结

2.2.1.1 三峡水库分期蓄水进程

长江三峡水库工程于2003年6月1日开始正式下闸蓄水，至2013年6月历时10年。

三峡水库采用“一次建成，分期蓄水”的方式调度运行，根据坝前水位调度的不同，蓄水过程可分为 3 个阶段：

（1）围堰蓄水期

2003 年 6 月～ 2006 年 9 月，按 135 ～ 139m 运行，经历了 3 个蓄水—消落过程。

（2）初期蓄水期

2006 年 9 月～ 2008 年 9 月，按 144 ～ 156m 运行，经历了 2 个蓄水—消落过程。

（3）试验性蓄水期

2008 年 9 月至今，三峡水库按 175m 方案蓄水试运行（汛后枯水期坝前水位 175m，汛期坝前水位 145m），到目前经历了 5 个蓄水—消落过程。其中 2008 年、2009 年蓄水位最高分别达到 172.8m、171.43m，2010 年后均蓄至 175m。

2.2.1.2　随蓄水进程的推进发生的变化

三峡水库蓄水以来坝前水位过程见图 2-11。水库蓄水后，水库影响范围内河道年内水文过程也可划分为消落期、汛期、蓄水期三个阶段。而随着蓄水进程的推进，发生的变化主要体现在以下几个方面：

（1）水位明显抬升

围堰蓄水期开始由天然河道水位蓄水抬升至汛季低水位的 135m、枯水季高水位的 139m；初期蓄水期低水位抬升 9m 至 144m，高水位抬升 17m 至 156m；进入试验性蓄水期后，低水位再次抬升 1m 至 145m，高水位抬升了 19m 达到 175m。

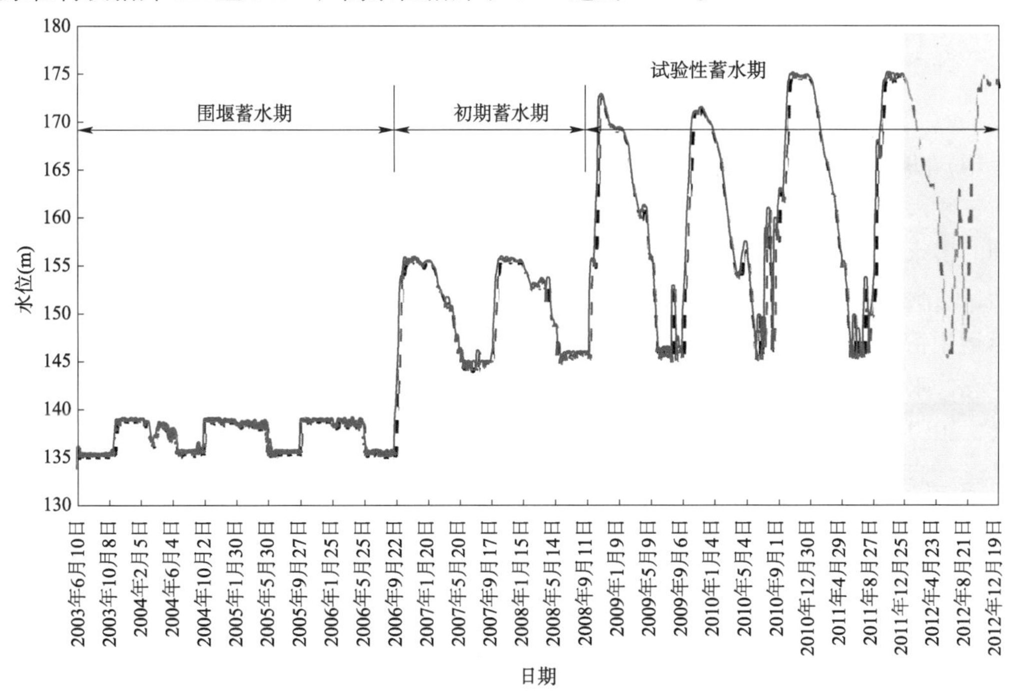

图 2-11　三峡水库蓄水运用以来坝前水位变化过程

（2）水位落差逐渐变大

围堰蓄水期水库按 135 ～ 139m 运行，高低水位落差有 4m 左右；初期蓄水期水库按

144 ~ 156m 运行，高低水位落差增至 12m 左右；试验性蓄水期水库按 145 ~ 175m 方案调度运行，高低水位落差达到了 30m。

（3）回水上延，库区范围变大，变动回水区延长

在围堰发电运用期，坝前高水位 139m，干流静库长约 500km，回水平交点位于李渡镇附近，变动回水区长 66km 左右；在初期蓄水运用期，坝前高水位 156m，干流静库长约 600km，回水平交点位于铜锣峡附近，变动回水区长 125km 左右；进入试验性蓄水期后，坝前高水位 175m，干流静库长约 660km，回水平交点上延至江津附近，变动回水区长达 205km 左右，长寿以下约 500km 的河段为水库常年回水区，而长寿以上河段属水库变动回水区，见图 2–12。

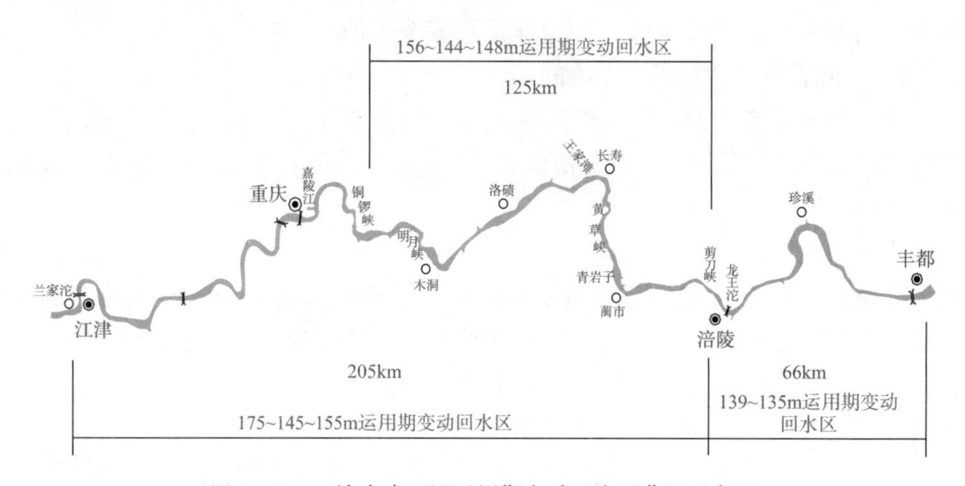

图 2–12　三峡水库不同运用期变动回水区范围示意图

（4）防洪作用逐步显现

三峡水库蓄水后，汛前坝前水位消落至汛限水位，保证一定的防洪库容以备滞洪削峰。不同的蓄水运用阶段，随着高低水位落差的增大，防洪库容也逐步增大，进入试验性蓄水期后，防洪库容达到 220 亿 m^3，正式实现其“千年设防，万年校核”的设计防洪标准。从多年运用情况看来，前两个蓄水期汛期坝前水位比较稳定，基本处于“来多少，泄多少”的状态，水库调度对汛期的径流过程影响不大，进入试验性蓄水期后，汛期水位变幅明显加大，2010 ~ 2012 年三年汛期分别进行了 7 次、3 次、4 次防洪调度，其中 2010 年和 2012 年最大拦蓄洪峰高达 70 000m^3/s，洪峰削减最高可达 30 000 ~ 35 000m^3/s，削峰作用显著。

（5）消落历时延长，枯水补偿作用逐步显现

随着水库库容的加大，汛末蓄水量显著增加。在围堰蓄水期，汛末（10 月初）至来年 5 月底的枯水期，坝前水位比较稳定的维持在 139m 高水位，汛前水位迅速消落至 135m 汛限水位，枯季水量补偿作用不明显；初期蓄水期，坝前水位大致从每年 2 月初开始消落，至汛前消落至 144m 汛限水位，已经初步显现枯季补水效应；进入试验性蓄水期后，枯季三峡水库在通常情况下保证不低于 5 500m^3/s 的流量下泄，坝前水位从年初开始消落补水，至来年汛前降至 145m 汛限水位，水位变幅达 30m 左右，每年 1 ~ 5 月的枯季坝下游的流量较天然情况有明显的增大，枯水期补水作用显著。

2.2.2　三峡水库出库水沙条件的变化分析

依据实测资料，分析不同时期三峡水库出库悬移质输沙量、出库径流过程、年内最枯流量等因素的阶段性变化特点，计算分析三峡水库入库水沙变化及水库运用对出库水沙变化的贡献以及水库排沙比的变化，进一步通过数模计算预测上游建库后三峡水库出库水沙条件的变化趋势。

2.2.2.1　三峡水库出库水流条件的变化

(1) 出库径流量的变化

将宜昌站的径流量作为三峡水库出库径流量来分析其变化。

表 2–21 给出了不同时期宜昌站径流量值，表中同时给出三峡水库入库径流量（朱沱、北碚、武隆三站之和）值。可以看出：

与 1990 年前均值相比，1991 ~ 2002 年间宜昌站的平均径流量偏低 2.46%，变化幅度不大。2003 ~ 2012 年间，2003 ~ 2012 年间宜昌站的平均径流量偏低 9.48%。其中以 2006 年和 2011 年来水量偏枯，分别低于 1990 年前年均值 35.17%、22.81%，但大多数年份的变化率都在 10% 以内。

三峡水库入、出库径流量与多年均值比较　　表 2–21

站点 / 时段	朱沱 + 武隆 + 北碚		寸滩 + 武隆		宜昌站	
	入出库径流量（亿 m^3/ 年）	变化率 (%)	入出库径流量（亿 m^3/ 年）	变化率 (%)	入出库径流量（亿 m^3/ 年）	变化率 (%)
1990 年以前	3 858	—	4 015	—	4 393	—
1991 ~ 2002 年	3 733	−3.24	3 871	−3.59	4 285	−2.46
2002 年	3 396	−11.98	3 528	−12.13	3 928	−10.59
2003 年	3 731	−3.29	3 823	−4.78	4 098	−6.72
2004 年	3 694	−4.25	3 825	−4.73	4 141	−5.74
2005 年	4 175	8.22	4 259	6.08	4 594	4.58
2006 年	2 678	−30.59	2 767	−31.08	2 848	−35.17
2007 年	3 572	−7.41	3 647	−9.17	4 001	−8.92
2008 年	3 824	−0.88	3 915	−2.49	4 174	−4.99
2009 年	3 464	−10.21	3 590	−10.59	3 822	−13.00
2010 年	3 721	−3.55	3 815	−4.98	4 048	−7.85
2011 年	3 015	−21.85	3 122	−22.24	3 391	−22.81
2012 年	4 166	7.97	4 248	5.81	4 649	5.83
2003 ~ 2007 年	3 570	−7.47	3 664	−8.74	3 936	−10.39
2008 ~ 2012 年	3 638	−5.70	3 738	−6.90	4 017	−8.56
2003 ~ 2012 年	3 604	−6.58	3 701	−7.82	3 977	−9.48

注：变化率为各站较 1990 年以前多年平均的变化率。

2003 ~ 2007 年间的宜昌站年均径流量较 1990 年前均值偏小 10.39%，2008 ~ 2012 年间偏小幅度则为 8.56%。

必须注意的是，2003 ~ 2012 年间，当入库径流量低于 1990 年前多年均值时，水库出库径流量与 1990 年以前多年平均值相比的降低幅度超过入库径流量的降低幅度；当入库径流量高于 1990 年以前多年均值时，出库径流量与 1990 年以前多年平均值相比高出的幅度小于入库径流量的高出幅度，而在 1991 ~ 2002 年期间，入库径流量和出库径流量的变化幅度是比较一致的。

还可以看出，1990 年前朱沱站至宜昌站间区间净来水量为 535 亿 m^3，1991 ~ 2002 年间该区间净来水量为 552 亿 m^3，而 2003 年后，该区间净来水量减少为 215 亿 m^3，相对 1990 年前减少量为 320 亿 m^3，占 2003 ~ 2012 年均出库径流量的 8.05%。对于该区间净来水量减少的原因，有以下两种可能：一是由于自然因素或流域内的工程使得区间入库水量减少，二是水库蓄水使得渗流量和蒸发量增加。

(2) 年内过程的变化

图 2–13 给出了蓄水前后宜昌站年内月平均径流量过程以及各月径流量占全年的百分比，表 2.2–2 给出了三峡水库运行前后宜昌站月径流量统计结果。可以看出：宜昌站主汛期为 7 ~ 9 月，洪峰多在 7 月到来，枯水期为 11 月～次年 4 月，与入库基本一致。12 月～次年 5 月蓄水后径流量占全年的百分比增大，8 ~ 10 月蓄水后径流量占全年的百分比减小，且汛末的 10 月减小幅度最大，与水库蓄水一致。

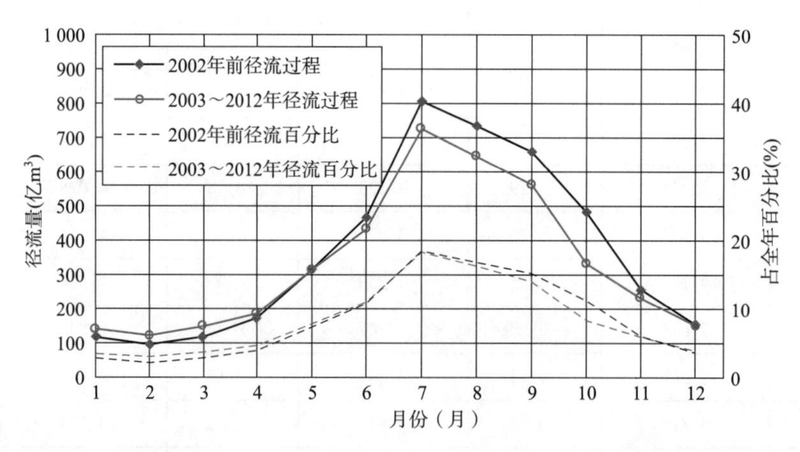

图 2–13　出库径流量过程

与入库径流过程相比，宜昌站枯水期的出库流量明显有所增加：2002 年之前，汛期（5 ~ 10 月，下同）、非汛期（11 月～次年 4 月，下同）出库的水量分别占全年水量的 79.13%、22.87%。2003 ~ 2012 年，汛期出库的水量占全年的百分比为 75.59%，有小幅减小，非汛期出库的水量为 24.41%，有小幅增长，这说明三峡水库对出库径流过程起到了一定的调节作用。

2003 ~ 2007 年和 2008 ~ 2012 年汛期、非汛期径流量占比同样见表 2–22。

蓄水前（2002 年前）、蓄水后（2003 ~ 2007 年）、试验性蓄水期（2008 ~ 2012 年）

汛期出库径流量分别占各时期年径流量的 79.13%、77.23%、73.99%，而同期入库占比分别为 79.54%、77.51% 和 76.74%。汛期比重逐渐降低。

试验性蓄水期内，各年出库汛期径流量占全年百分数均小于入库汛期径流量占比。2008 ~ 2012 年间入库汛期径流量百分比在 73% ~ 82%，而出库汛期径流量百分比在 65% ~ 77%。

水库的蓄水运用使出库径流过程更加均匀，汛期径流量占比减小，而枯水期径流量占比增加；且试验性蓄水期较前两个蓄水期水库调度的作用更加明显。

出库（宜昌站）径流过程（单位：亿 m^3）　　表 2–22

时段	1 月	2 月	3 月	4 月	5 月	6 月	7 月	8 月	9 月	10 月	11 月	12 月	全年	汛期占比 (%)	非汛期占比 (%)
2002 年前	114	93	116	171	310	466	804	734	657	483	260	157	4 365	79.13	20.87
2002 年	130	114	158	187	391	586	541	879	324	281	195	139	3 925	76.48	23.52
2003 年	117	85	107	146	256	386	870	600	798	378	195	158	4 096	80.27	19.73
2004 年	121	112	146	185	314	538	615	535	732	426	255	165	4 144	76.25	23.75
2005 年	134	106	146	185	354	456	771	980	591	477	243	151	4 594	78.99	21.01
2006 年	127	114	166	158	289	350	517	257	288	271	176	139	2 852	69.14	30.86
2007 年	113	109	122	173	241	477	854	640	627	319	203	127	4 005	78.85	21.15
2008 年	123	105	141	242	301	403	609	745	670	316	372	159	4 186	72.72	27.28
2009 年	140	146	152	206	394	365	629	814	438	222	173	144	3 823	74.86	25.14
2010 年	145	132	145	144	300	467	849	675	578	265	195	151	4 046	77.46	22.54
2011 年	186	142	177	204	242	420	509	501	329	222	298	161	3 391	65.56	34.44
2012 年	168	153	168	174	429	451	1053	729	547	396	216	165	4 649	77.54	22.46
2003 ~ 2007 年	122	105	137	169	291	441	725	602	607	374	214	148	3 938	77.23	22.77
2008 ~ 2012 年	152	136	157	194	333	421	730	693	512	284	251	156	4 019	73.99	26.01
2003 ~ 2012 年	137	120	147	182	312	431	728	648	560	329	233	152	3 979	75.59	24.41

（3）洪枯比的变化

取每年日平均流量最大值与最小值之比为洪枯比。对比分析三峡水库入库寸滩站和出库宜昌站的数据（表 2–23 和图 2–14）。可以看出：在 2003 年前，寸滩站的洪枯比有时会大于宜昌站，有时又会小于下游；2003 年水库蓄水后，宜昌站的洪枯比均小于寸滩站。

（4）最枯流量的变化

由表 2–23 可以看出，2003 年后，随着三峡水库蓄水进程的推进，宜昌站的最枯流量逐渐变大。这反映出三峡水库在年内水量分配上的调节作用，使得枯水期流量得以增加，改善了枯水期下游航道的条件。

洪枯比变化表 表 2-23

时段＼站点	寸滩站			宜昌站		
	最大流量(m^3/s)	最小流量(m^3/s)	洪枯比	最大流量(m^3/s)	最小流量(m^3/s)	洪枯比
1996年	36 600	2 600	14.08	41 000	3 280	12.50
1997年	36 300	2 670	13.60	45 500	3 539	12.86
1998年	58 500	2 400	24.38	61 700	2 970	20.77
1999年	46 100	2 450	18.82	56 700	3 000	18.9
2000年	51 600	3 160	16.33	52 300	3 870	13.51
2001年	42 000	3 130	13.42	40 200	3 990	10.08
2002年	37 500	3 190	11.76	48 800	3 620	13.48
2003年	46 500	2 450	18.98	48 400	2 890	16.75
2004年	57 000	2 970	19.19	58 400	3 670	15.91
2005年	47 200	3 310	14.26	46 900	3 730	12.57
2006年	28 900	3 450	8.38	31 600	3 800	8.32
2007年	37 700	2 490	15.14	50 200	4 020	12.49
2008年	34 500	3 090	11.17	38 900	4 360	8.92
2009年	52 800	3 220	16.40	40 600	4 910	8.27
2010年	62 400	2 770	22.53	41 500	5 240	7.92
2011年	44 100	3 530	12.49	28 800	5 530	5.21
2012年	66 000	3 220	20.50	47 600	5 530	8.61

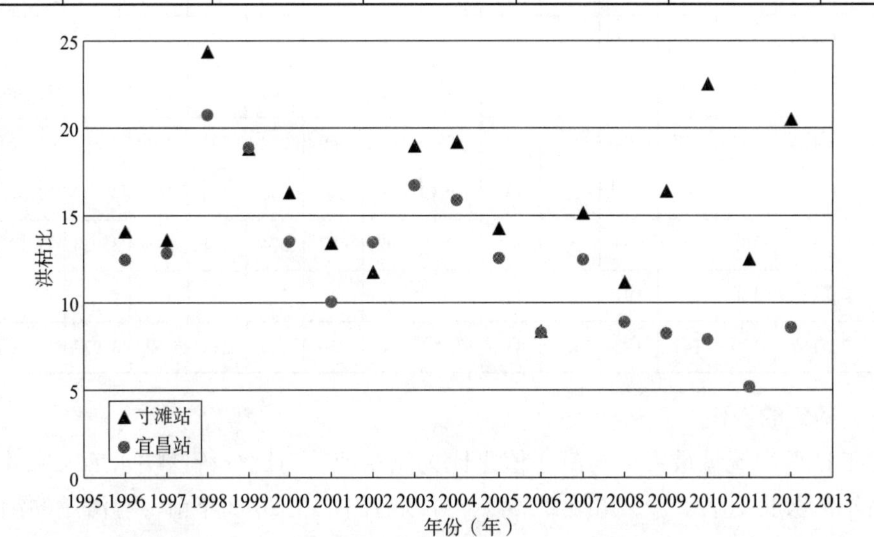

图 2-14 洪枯比变化图

2.2.2.2 三峡水库出库泥沙的变化

(1) 出库泥沙总量的变化

将宜昌站的输沙量作为出库沙量（表 2-24）。1991 ~ 2002 年间，上游来沙量减少，宜昌水文站的输沙量也有同步的减少，年输沙量均值为 3.915 亿 t，与 1990 年前均值相比减少 24.91%。2003 ~ 2012 年三峡水库蓄水后，除受上游来沙量的影响，水库蓄水产生的淤积也从根本上减少了宜昌站输沙量，年输沙量均值为 0.482 亿 t，与 1990 年前均值相比减少 90.75%。其中 2011 年输沙量的减少尤其明显，达到了 98.81%。

三峡水库入、出库输沙量与多年均值比较　　表 2-24

时段 \ 站点	朱沱 + 武隆 + 北碚		寸滩 + 武隆		宜昌站	
	入、出库输沙量（亿 t/ 年）	变化率（%）	入、出库输沙量（亿 t/ 年）	变化率（%）	入、出库输沙量（亿 t/ 年）	变化率（%）
1990 年以前	4.804	—	4.914	—	5.214	—
1991 ~ 2002 年	3.506	−27.02	3.574	−27.27	3.915	−24.91
2002 年	2.158	−55.08	2.122	−56.82	2.28	−56.27
2003 年	2.360	−50.87	2.204	−55.15	0.976	−81.28
2004 年	1.923	−59.97	1.838	−62.60	0.64	−87.73
2005 年	2.777	−42.19	2.744	−44.16	1.1	−78.90
2006 年	1.198	−75.06	1.124	−77.13	0.091	−98.25
2007 年	2.387	−50.31	2.204	−55.15	0.527	−89.89
2008 年	2.296	−52.21	2.161	−56.02	0.32	−93.86
2009 年	1.830	−61.91	1.744	−64.51	0.351	−93.27
2010 年	2.288	−52.37	2.166	−55.92	0.328	−93.71
2011 年	1.020	−78.77	0.935	−80.97	0.062	−98.81
2012 年	2.190	−54.42	2.112	−57.02	0.427	−91.81
2003 ~ 2007 年	2.13	−55.68	2.02	−58.84	0.67	−87.21
2008 ~ 2012 年	1.92	−59.93	1.82	−62.89	0.30	−94.29
2003 ~ 2012 年	2.03	−57.81	1.92	−60.86	0.48	−90.75

2003 ~ 2007 年期间的年均出库沙量为 0.67 亿 t，较 1990 年以前多年均值减少了 87.21%；而进入试验性蓄水期以后，2008 ~ 2012 年期间的年均出库沙量为 0.3 亿 t，较 1990 年以前减少了 94.29%。可以看出，试验性蓄水期出库沙量较蓄水初期显著降低。

（2）年内过程的变化

图 2-15 给出了宜昌站月平均含沙量年内过程曲线，表 2-25 给出了宜昌站月输沙量的统计结果。可以看出：

蓄水前后，沙峰到来的时间多为 7 ~ 9 月，与洪峰到来的时间一致。2003 年前，宜昌站含沙量较大，且与入库含沙量差别不大。2003 年后，枯水时，水流含沙量在 0.003kg/m^3 附近波动，较入库时的含沙量显著降低，随着洪水的到来，水流中的含沙量逐渐增高，但最高时也不到 0.6kg/m^3，较入库时的含沙量减少也很显著。

2003 年以前，宜昌站汛期（5 月～ 10 月，下同）、非汛期（11 月～次年 4 月，下同）输沙量分别占全年总输沙量的 96.37%、3.63%，2003 年后，汛期来沙量占全年的百分比迅速增大，非汛期来沙量占全年的百分比迅速减小，2003 ~ 2012 年间多年平均汛期、非汛期宜昌站输沙量占全年总输沙量的比重分别为 98.96%、1.04%。由表 2-25 还可以看出：

蓄水前、2003 ~ 2007 年、2008 ~ 2012 年汛期输沙量占全年输沙总量的百分比入库站分别为 98.13%、97.78% 和 96.49%，出库站分别为 96.37%、99.05%、98.96%。

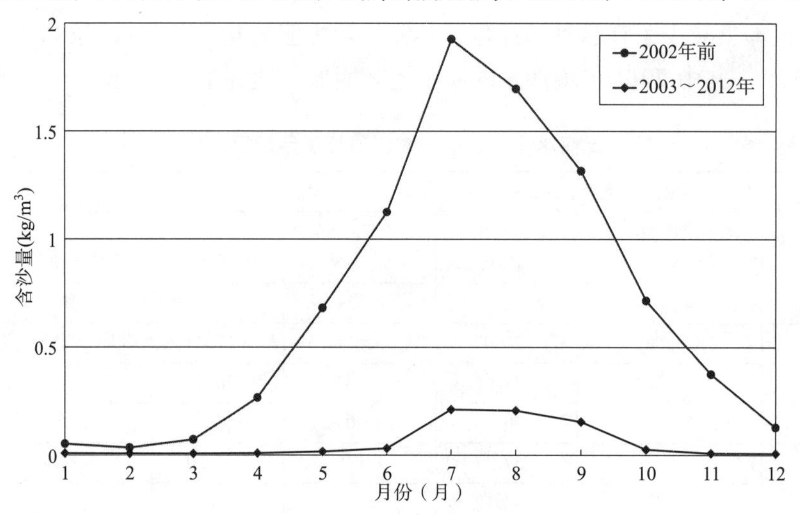

图 2–15　出库含沙量过程

出库（宜昌站）输沙量过程（单位：亿 t）　　表 2–25

时段	1 月	2 月	3 月	4 月	5 月	6 月	7 月	8 月	9 月	10 月	11 月	12 月	全年	汛期占比(%)	非汛期占比(%)
2002 年前	56	29	81	449	2 105	5 235	15 476	12 436	8 634	3 448	968	198	49 115	96.37	3.63
2003 年	14	8	10	46	250	669	4 326	765	3 412	234	19	7	9 760	98.93	1.07
2004 年	4	4	4	9	40	226	952	543	4 414	171	24	10	6 401	99.14	0.86
2005 年	8	7	7	10	48	122	3 210	5 570	1 540	410	33	12	10 977	99.30	0.70
2006 年	5	3	7	7	23	52	691	36	47	22	8	6	907	96.03	3.97
2007 年	4	4	4	8	10	217	1 687	2 328	933	49	15	8	5 267	99.18	0.82
2008 年	5	5	7	17	15	48	489	1 699	819	50	26	9	3 189	97.84	2.16
2009 年	5	5	7	7	23	30	686	2 523	208	12	4	4	3 514	99.09	0.91
2010 年	4	4	5	4	12	39	1 915	948	324	12	8	4	3 279	99.12	0.88
2011 年	5	4	4	6	10	86	243	222	20	13	9	3	623	95.04	4.96
2012 年	3	3	3	2	13	33	2 810	1 070	295	22	8	5	4 270	99.44	0.56
2003 ~ 2007 年	7	5	6	16	74	257	2 173	1 848	2 069	177	20	9		99.05	0.95
2008 ~ 2012 年	4	4	5	7	15	47	1 229	1 292	333	22	11	5		98.76	1.24
2003 ~ 2012 年	6	5	6	12	44	152	1 701	1 570	1 201	100	15	7	4 819	98.96	1.04

蓄水后，在入库站汛期输沙量占比减少的条件下，出库站由于水库的蓄水影响，汛期输沙量占比反而有所增加。

试验性蓄水期汛期出库沙量占比小于 2003 ~ 2007 年期间，相应的，枯水期淤积量占比较 2003 ~ 2007 年有所增加。

经过三峡水库调蓄后，径流量和输沙量出现了相反的变化，即径流过程趋于调平，汛期所占比重降低，非汛期所占比重增加，而输沙过程刚好相反，汛期所占比重增加，非汛期所占比重降低。

产生上述现象的主要原因是：由于水库开始蓄水后，一方面库区河道水位较天然时高，水流进入库区后，比降减缓，流速减小，水流挟沙力较天然时低，泥沙淤积，因此无论汛期还是枯水期，出库宜昌站的含沙量较蓄水前均显著减小，也显著小于入库水流的含沙量；另一方面，水库汛期和枯水期水位抬升的幅度不同：汛期由于防洪的需要，需要保持在汛限水位运行，比非汛期的运行水位低，流速较大，排沙效果较好，汛后水库开始蓄水，将汛期的径流量蓄存留待非汛期下泄；而非汛期水库在正常蓄水位运行，远高于汛限水位，所以汛期泥沙的淤积程度比非汛期相对要低。

（3）泥沙级配的变化

表 2–26 和表 2–27 给出了三峡水库出库控制站（宜昌）平均粒径和入库、出库分组粒径含量百分数。可以看出：蓄水前后出库悬沙的粒径变细。三峡水库蓄水前，宜昌站悬沙中值粒径为 0.009mm，2003 ~ 2012 年，悬沙中值粒径减小为 0.005mm，泥沙颗粒变细。粒径小于 0.031mm 的细颗粒泥沙含量由 2003 年前的 73.9% 增加至 2003 ~ 2012 年间的 86.02%，粒径大于 0.125mm 的粗颗粒泥沙含量由 2003 年前的 9.0% 较少至 2003 ~ 2012 年间的 5.98%。并且可以看出，2006 年初期蓄水前后，出库悬沙进一步细化，而 2008 年试验性蓄水前后，出库悬沙级配变化不大。

出库泥沙整体较入库泥沙的级配变细。2003 年前，入库（朱沱 + 北碚 + 武隆）悬沙粒径小于 0.031mm 的细颗粒泥沙含量为 74.32%，宜昌为 73.9%，入库大于 0.125mm 的粗颗粒泥沙含量为 6.95%，宜昌站为 9.0%。2003 ~ 2012 年间，入库站粒径小于 0.031mm 的细颗粒泥沙含量为 74.32%，宜昌站为 73.9%，寸滩站粒径大于 0.125mm 的粗颗粒泥沙含量为 6.95%，宜昌站为 5.98%，细颗粒泥沙含量明显增加。

三峡水库出库控制站（宜昌）分组粒径统计表　　表 2–26

时间	沙重百分数（%）			平均粒径（mm）
	$d \leqslant 0.031$	$0.031 < d \leqslant 0.125$	$d > 0.125$	
多年平均	73.9	17.1	9	0.039 0
2003 年	75.3	10.7	14	0.048 1
2004 年	84	7.1	8.9	0.033 5
2005 年	86.7	7.9	5.4	0.026 7
2006 年	90	7.8	2.2	0.015 4
2007 年	91.4	6	2.6	0.016 3
2008 年	92.2	6.5	1.3	0.012 0
2009 年	92.1	6.4	1.5	0.012 8
2010 年	91	7.6	1.4	0.015 5
2011 年	89.3	9.6	1.1	0.016 2
2012 年	90.4	8.4	1.2	0.015 6

三峡水库入、出库控制站不同粒径组沙重百分数对比　　表 2–27

项目		统计时段	入库	出库
沙重百分数(%)	$d \leqslant 0.031$	蓄水前	74.32	73.90
		2003 ~ 2007 年	72.77	86.43
		2007 ~ 2012 年	76.30	85.20
		2003 ~ 2012 年	74.32	86.02
	$0.031 < d \leqslant 0.125$	蓄水前	18.73	17.10
		2003 ~ 2007 年	18.10	8.53
		2007 ~ 2012 年	17.33	6.90
		2003 ~ 2012 年	18.73	7.99
	$d > 0.125$	蓄水前	6.95	9.00
		2003 ~ 2007 年	9.13	5.04
		2007 ~ 2012 年	6.37	7.90
		2003 ~ 2012 年	6.95	5.98
平均粒径(mm)		蓄水前	0.0380	0.039 0
		2003 ~ 2007 年	0.0396	0.032 3
		2008 ~ 2012 年	0.0346	0.014 1
		2003 ~ 2012 年	0.0373	0.026 7

注：入库悬沙级配由朱沱站、北碚站、武隆站加权平均给出，出库控制站为宜昌站。

2.2.2.3　三峡水库出库水流挟沙饱和度的变化

将宜昌站的水沙数据作为三峡水库出库水沙数据来计算水沙搭配系数分析其变化。表 2–28 给出了不同时期宜昌站水沙搭配系数值以及三峡水库入库水沙搭配系数值。可以看出：

1991 ~ 2002 年间，上游入库水沙搭配系数降低，宜昌水文站的水沙搭配系数也同步的降低，三站（朱沱 + 武隆 + 北碚）、两站（寸滩 + 武隆）以及宜昌站的水沙搭配系数分别较 1990 年前多年平均减小了 22.10%、21.75%、21.13%。

2003 年三峡水库开始蓄水后，上游入库水沙搭配系数仍在降低，而宜昌站的水沙搭配系数降低速度明显大于上游入库水流。2003 ~ 2012 年均水沙搭配系数为 0.009 6$g \cdot s \cdot m^{-6}$，较 1990 年前均值的降幅为 88.73%，比 1991 ~ 2002 年间降低了 85.7%，而入库水流才降低不到 41%。说明三峡水库蓄水使得泥沙大量在库区淤积，使得出库水沙搭配系数明显降低，水流挟沙饱和度大幅降低。

同时可以看到，出库水沙搭配系数一直小于入库水沙搭配系数，表明该段河道水流饱和程度一直在沿程降低，但是三峡水库的运用加快了沿程水流挟沙饱和度降低的速度。

2003 ~ 2007 年和 2008 ~ 2012 年年均出库水沙搭配系数分别为 0.013 6$g \cdot s \cdot m^{-6}$、0.005 9$g \cdot s \cdot m^{-6}$，较 1990 年以前均值的降幅分别为 84.04% 和 93.08%，试验性蓄水期较蓄水初期的入库的水沙搭配系数继续减小的幅度超过 50%。

不同时段入库、出库水沙搭配系数统计及比较　　表 2-28

时段＼站点	朱沱 + 武隆 + 北碚		寸滩 + 武隆		宜昌	
	$(g \cdot s/m^6)$	变化（%）	$(g \cdot s/m^6)$	变化（%）	$(g \cdot s/m^6)$	变化（%）
1990 年以前	0.101 8	—	0.096 1	—	0.085 2	—
1991 ~ 2002 年	0.079 3	−22.10	0.075 2	−21.75	0.067 2	−21.13
2002 年	0.059	−42.04	0.053 8	−44.02	0.046 6	−45.31
2003 年	0.053 5	−47.45	0.047 6	−50.47	0.018 3	−78.52
2004 年	0.044 4	−56.39	0.039 6	−58.79	0.011 8	−86.15
2005 年	0.050 2	−50.69	0.047 7	−50.36	0.016 4	−80.75
2006 年	0.052 7	−48.23	0.046 3	−51.82	0.003 5	−95.89
2007 年	0.059	−42.04	0.052 3	−45.58	0.010 4	−87.79
2008 年	0.049 5	−51.38	0.044 5	−53.69	0.005 8	−93.19
2009 年	0.048 1	−52.75	0.042 7	−55.57	0.007 6	−91.08
2010 年	0.052 1	−48.82	0.046 9	−51.20	0.006 3	−92.61
2011 年	0.035 4	−65.23	0.030 3	−68.47	0.001 7	−98.00
2012 年	0.039 8	−60.90	0.036 9	−61.60	0.006 2	−92.72
2003 ~ 2007 年	0.052 7	−48.23	0.047 5	−50.57	0.013 6	−84.04
2008 ~ 2012 年	0.045 9	−54.91	0.041 2	−57.13	0.005 9	−93.08
2003 ~ 2012 年	0.049 2	−51.67	0.044 3	−53.90	0.009 6	−88.73

注：变化率为较 1990 年以前多年平均值的变化率。

2.2.3　入库水沙变化及水库运用对出库水沙变化的贡献

2.2.3.1　入库水量变化及水库蓄水对出库水量变化的贡献

将干流朱沱、嘉陵江北碚和乌江武隆水文站的径流量之和作为三峡水库入库径流量，宜昌水文站的径流量作为三峡水库出库径流量。

由统计分析可以看出，1990 年以前多年均值与 1990 ~ 2002 年期间的库区来流量变化不大，故考虑三峡水库运行后“天然”的库区来流量为 2002 年前多年均值，且用蓄水后各年实际的区间来流量与 2002 年前多年均值的差值，分析水库运用对出库径流量的影响。

采用与前述相同的方法来研究长江干流、嘉陵江和乌江径流量的变化以及水库运用对出库径流量变化的贡献率。

由表 2-29 可以看出，在 1991 ~ 2002 年间，出库（宜昌站）水量的减少主要受上游嘉陵江（北碚站）来水量减少的影响，为 162.04%；而干流（朱沱站）、乌江（武隆站）以及区间来流较 1990 前多年平均值都略有增加，贡献率均为负值。

在蓄水后的 2003 ~ 2012 年间，上游来水中干流水量减少对出库水量减少的贡献率较大，为 32.93%；上游干支流对水库运用对出库水量减少总的贡献率为 61.06% 出库径流量减少的贡献率为 39.76%。

干、支流径流量变化及水库蓄水对总出库径流量的贡献率 表 2-29

时段	朱沱（亿 m^3）		北碚（亿 m^3）		武隆（亿 m^3）		天然区间来水（亿 m^3）		水库运用（亿 m^3）		宜昌（亿 m^3）		贡献率（%）				
	径流量	变化量	径流量	变化量	径流量	变化量	径流量	变化量	径流量	变化量	径流量	变化量	朱沱	北碚	武隆	区间来水	水库运用
1990 年前	2 659	—	704	—	495	—	535	—	0	—	4 393	—	—	—	—	—	—
1991 ~ 2002 年	2 672	13	529	-175	532	37	552	17	0	0	4 285	-108	-12.04	162.04	-34.26	-15.74	0.00
2003 ~ 2007 年	2 565	-94	607	-97	441	-54	538.4	3.4	-215.4	-215.4	3 936	-457	20.57	21.23	11.82	-0.74	47.13
2008 ~ 2012 年	2 515	-144	710	6	413	-82	538.4	3.4	-159.4	-159.4	4 017	-376	38.30	-1.60	21.81	-0.90	42.39
2003 ~ 2012 年	2 522	-137	660	-44	422	-73	538.4	3.4	-165.4	-165.4	3 977	-416	32.93	10.58	17.55	-0.82	39.76

干、支流沙量变化及水库蓄水对总入库沙量的贡献率 表 2-30

时段	朱沱（亿 t）		北碚（亿 t）		武隆（亿 t）		天然区间来沙（亿 t）		水库运用（亿 t）		宜昌（亿 t）		贡献率（%）				
	输沙量	变化量	输沙量	变化量	输沙量	变化量	输沙量	变化量	输沙量	变化量	输沙量	变化量	朱沱	北碚	武隆	区间来沙	水库运用
1990 年前	3.16	—	1.34	—	0.3	—	0.414	—	0	—	5.214	—	—	—	—	—	—
1991 ~ 2002 年	2.93	-0.23	0.37	-0.97	0.2	-0.1	0.415	0.001	0	0	3.915	-1.299	17.71	74.67	7.70	-0.08	0.00
2003 ~ 2007 年	1.85	-1.31	0.23	-1.11	0.08	-0.22	0.414	0	-1.904	-1.904	0.67	-4.544	28.83	24.43	4.84	0.00	41.91
2008 ~ 2012 年	1.56	-1.6	0.34	-1	0.03	-0.27	0.414	0	-2.044	-2.044	0.3	-4.914	32.56	20.35	5.49	0.00	41.60
2003 ~ 2012 年	1.68	-1.48	0.29	-1.05	0.06	-0.24	0.414	0	-1.962	-1.962	0.482	-4.732	31.28	22.19	5.07	0.00	41.47

其中，2003 ~ 2007 年期间，上流干、支流以及水库运用对出库径流量偏少的贡献率分别为 53.61%、47.13%；进入试验性蓄水阶段的 2008 ~ 2013 年，上游干支流以及水库运用的贡献率分别为 58.51%、42.39%。随蓄水进程的推进，水库运用对出库径流量偏少的贡献率前后变化不大。

2.2.3.2　入库泥沙变化及水库运用对出库泥沙变化的贡献

由表 2–30 可以看出，1990 年前和 1991 ~ 2002 年间，水库区间均有来沙，来沙量分别为 0.410 亿 t 和 0.409 亿 t,两阶段区间净来沙量差别不大,故假设 2003 ~ 2012 年间“天然”区间来沙量为这两阶段的均值。采用与径流量变化贡献率相同的方法来研究干、支流以及水库运用对出库输沙量变化的贡献率。

在 1991 ~ 2002 年间，出库沙量的变化主要受上游干支流来沙量减少的影响，其中嘉陵江来沙量减少的影响最大，其贡献率达到 74.67%。

蓄水后的 2003 ~ 2012 年间，上游来沙减少的贡献率总和为 58.53%，若将干支流分开考虑，则出库沙量的减少主要受水库运用引起的泥沙淤积的影响，其贡献率为 41.47%。

2003 ~ 2007 年期间，三峡水库上流干支流以及三峡水库运用对出库输沙量减少的贡献率分别为 58.1%、41.9%；2008 ~ 2013 年，上游干支流以及水库运用的贡献率分别为 58.54%、41.47%。随蓄水进程的推进，水库运用对出库输沙量偏少的贡献率前后变化不大。

2.2.4　三峡水库排沙比的变化分析

2.2.4.1　三峡水库排沙比的计算方法

水库的排沙比为该水库总的出库沙量与该水库总的入库沙量之比，是反映水库淤积相对程度的指标。分析水库的排沙比，要先确定水库总进出库的沙量，通常选定水库上下游一定距离的水文站作为进出库沙量的统计站点，若出现支流，则将干支流的输沙量之和作为总的入库或出库沙量。

如前所述，三峡水库出库沙量采用宜昌水文站输沙量，入库沙量可采用寸滩站和武隆站输沙量之和或者朱沱站、北碚站、武隆站输沙量之和,前者计算成果见表 2–31 和图 2–16，后者计算成果见表 2–32 和图 2–17。

2.2.4.2　三峡水库排沙比的变化

将朱沱、北碚、武隆之和作为总入库沙量来分析。在 1990 年之前，三峡水库所在河段排沙比年平均值为 108.53%，1991 ~ 2002 年间变化也不大，年平均值为 111.67%。2003 年后，水库的排沙比也表现出骤降，2003 年为 41.36%，2003 ~ 2012 年间排沙比的平均值为 23.79%，其中 2006 年排沙比最小，只有 6.08%。

表 2–32 同时给出了蓄水前、蓄水后 2003 ~ 2007 年和试验性蓄水期 2008 ~ 2012 年库区淤积量和排沙比多年平均值。可以看出，蓄水前宜昌站的多年平均悬沙输沙量略高于入库（朱沱 + 北碚 + 武隆）的输沙量;2003 ~ 2007 年间，年均库区淤积泥沙约 1.46 亿 t，排沙比约为 30%，70% 的泥沙被拦截在库中；2008 ~ 2012 年年均淤积量为 1.6 亿 t，年均排沙比则降到了 16%，即约有 84% 的泥沙被拦截。

三峡水库进出库泥沙与水库淤积量（以寸滩＋武隆为总入库量） 表 2-31

时段	入库（亿 t）			出库（亿 t）	淤积量（亿 t）	排沙比（%）
	寸滩站	武隆站	总量	宜昌站		
1990 年前	4.610	0.304	4.914	5.214	−0.300	106.11
1991 ~ 2002 年	3.370	0.204	3.574	3.915	−0.341	109.54
2002 年	1.960	0.162	2.122	2.280	−0.158	107.45
2003 年	2.060	0.144	2.204	0.976	1.228	44.28
2004 年	1.730	0.108	1.838	0.640	1.198	34.82
2005 年	2.700	0.044	2.744	1.100	1.644	40.09
2006 年	1.090	0.034	1.124	0.091	1.033	8.10
2007 年	2.100	0.104	2.204	0.527	1.677	23.91
2008 年	2.130	0.031	2.161	0.320	1.841	14.81
2009 年	1.730	0.014	1.744	0.351	1.393	20.13
2010 年	2.110	0.056	2.166	0.328	1.838	15.14
2011 年	0.920	0.015	0.935	0.062	0.873	6.63
2012 年	2.100	0.012	2.112	0.427	1.685	20.22
2003 ~ 2007 年	1.936	0.087	2.023	0.667	1.356	32.96
2008 ~ 2012 年	1.798	0.026	1.824	0.298	1.526	16.32
2003 ~ 2012 年	1.867	0.056	1.923	0.482	1.441	25.07

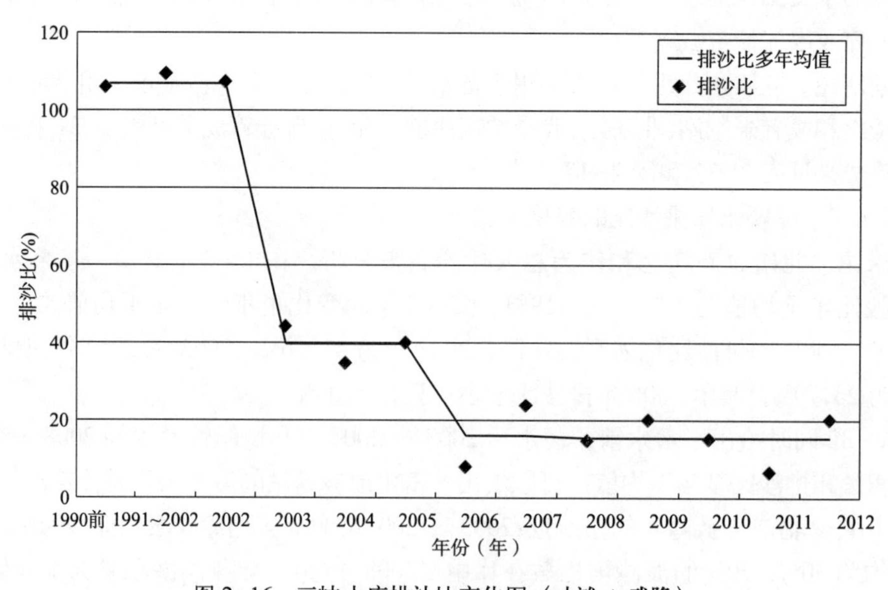

图 2-16 三峡水库排沙比变化图（寸滩＋武隆）

三峡水库进出库泥沙与水库淤积量（以朱沱 + 北碚 + 武隆为总入库量）　　表 2-32

时段	入库（亿 t）				出库（亿 t）	淤积量（亿 t）	排沙比（%）
	朱沱站	北碚站	武隆站	总量	宜昌站		
1990 年前	3.16	1.34	0.304	4.804	5.214	−0.410	108.53
1991 ~ 2002 年	2.93	0.372	0.204	3.506	3.915	−0.409	111.67
2002 年	1.87	0.126	0.162	2.158	2.28	−0.122	105.65
2003 年	1.91	0.306	0.144	2.36	0.976	1.384	41.36
2004 年	1.64	0.175	0.108	1.923	0.64	1.283	33.28
2005 年	2.31	0.423	0.044	2.777	1.1	1.677	39.61
2006 年	1.13	0.034	0.034	1.198	0.091	1.107	7.60
2007 年	2.01	0.273	0.104	2.387	0.527	1.860	22.08
2008 年	2.12	0.145	0.031	2.296	0.32	1.976	13.94
2009 年	1.52	0.296	0.014	1.83	0.351	1.479	19.18
2010 年	1.61	0.622	0.056	2.288	0.328	1.960	14.34
2011 年	0.65	0.355	0.015	1.02	0.062	0.958	6.08
2012 年	1.89	0.288	0.012	2.19	0.427	1.763	19.50
2003 ~ 2007 年	1.800	0.242	0.087	2.129	0.667	1.462	31.32
2008 ~ 2012 年	1.558	0.341	0.026	1.925	0.298	1.627	15.46
2003 ~ 2012 年	1.679	0.292	0.056	2.027	0.482	1.545	23.79

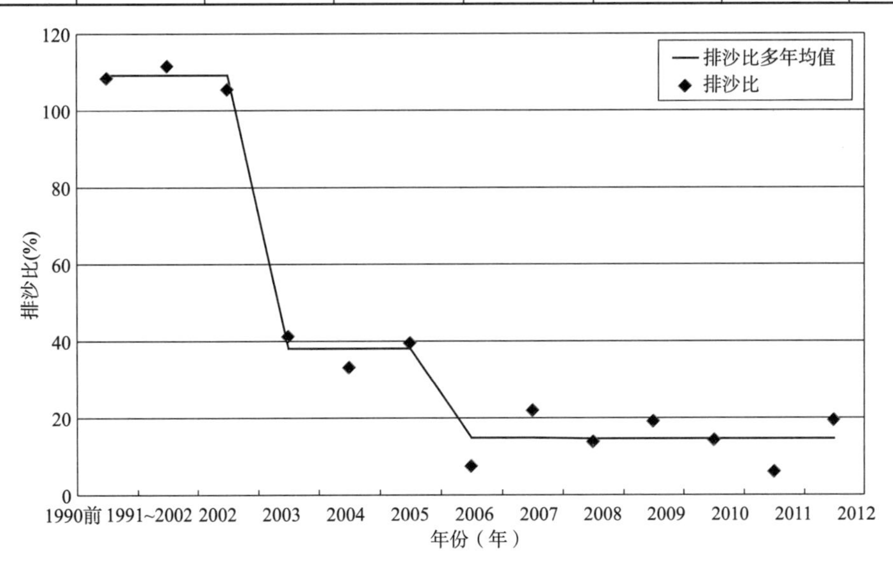

图 2-17　三峡水库排沙比变化图（朱沱 + 北碚 + 武隆）

从库区淤积量来看，基本遵循“大水年库区淤积相对较多，而枯水年淤积相对较少”；而排沙比则刚好相反，大水年排沙比大于小水年。如 2011 年库区淤积量仅为 0.95 亿 t，而排沙比则降低至 6%。

试验性蓄水期出库输沙量和排沙比的变化，一方面是由于水库蓄水位的大幅抬升导致水库拦沙作用明显加强，另一方面还与来水来沙条件的变化以及中小洪水调度的影响有关。

对比可以看出，两种统计方法的数据表现出来的总体变化规律一致。但由于进入试验性蓄水期后，三峡水库回水末端超过了寸滩站，当采用寸滩站和武隆站输沙量之和为总入库沙量时，回水末端到寸滩站的淤积量并未包括进来，使得采用寸滩站和武隆站输沙量之和为总入库沙量时得到的排沙比要偏大。且必须指出的是，三峡水库运行前，宜昌站的排沙比大于100%，即其输沙量大于寸滩与武隆输沙量之和，也大于朱沱、北碚与武隆输沙量之和，由于自然条件下库区河段基本处于平衡状态，因此宜昌站输沙量大于上游入库站输沙量，说明入库站到出库站之间有泥沙入汇。从表2−31和表2−32的数据可以看出，如果按照朱沱、北碚、武隆输沙量之和为入库沙量，区间来沙大致为0.41亿t，占入库输沙量的8.53%～11.67%。如果按照寸滩、武隆输沙量之和为入库沙量，区间来沙大致为0.3亿～0.34亿t，占入库输沙量的6.11%～9.54%。

因此，无论采用寸滩、武隆输沙量之和还是朱沱、北碚、武隆输沙量之和为入库沙量，按照上述方法计算的三峡水库运行后的排沙比，实际上均偏大。

现按照2002年及以前区间来沙量的多年平均值，计入三峡水库运行后2003～2012年间多年平均入库沙量，重新计算期间的平均排沙比，结果见表2−33。由表可以看出，考虑区间来沙后计算的排沙比均小于相应的不考虑区间来沙的排沙比。

三峡水库蓄水后实际排沙比计算 表2−33

时段	入库沙量（亿t）		区间来沙量（亿t）		出库（宜昌站）（亿t）	排沙比（%）	
	寸滩＋武隆	朱沱＋北碚＋武隆	寸滩～宜昌	朱沱～宜昌		宜昌／（朱＋北＋武＋区间）	宜昌／（寸＋武＋区间）
1990年前	4.914	4.804	0.300	0.410	5.214	100	100
1991～2002年	3.574	3.506	0.341	0.409	3.915	100	100
2003～2007年	2.023	2.129	0.32	0.41	0.667	26.26	28.46
2008～2012年	1.824	1.925	0.32	0.41	0.298	12.75	13.88
2003～2012年	1.923	2.027	0.32	0.41	0.4822	19.79	21.50

2.2.4.3 三峡水库排沙比的影响因素分析

水库的排沙比与水库坝前水位有很大关系。在其他条件不变的情况下，坝前水位的抬升会对水流的流速产生影响，坝前水位越高，流速越小，根据张瑞瑾挟沙力公式：

$$S_* = k\left(\frac{u^3}{gR\omega}\right)^m \tag{2-6}$$

式中，S_*为水流挟沙力（kg/m^3）；R为水力半径（m）；ω为泥沙沉速（m/s）；g为重力加速度（m/s^2）；k，m为系数。

可以看出，流速越小，水流挟沙力越小，使得水流能够携带的含沙量减少，水库排沙比减小。2003年与2010年两年的来水来沙总量相近，但是排沙比从2003年的44.28%下降到了2010年的15.14%。其主要原因为：2003年三峡水库处于135～139m运行（围堰蓄水期），坝前水位总体较低，而2010年三峡水库为试验蓄水期，坝前水位显著高于2003年，由此可以看出水库坝前水位与排沙比密切相关，水库坝前水位越高，水库的排沙比就越小。

汛期时水库的坝前水位对排沙比的影响更甚，这是由于汛期是来水量最多的时候，同时也是来沙量最多的时候。当水库只保持在汛限水位运行，只排洪不调节时，坝前水位相对来说较低，水流的流速会较大，会带走较多的泥沙，使得排沙比增加，当水库需要调节洪峰的时候，水位会高于汛限水位，使得水流流速变缓，水流带走的泥沙减少，排沙比减少。

除坝前水位外，上游的来水来沙量也会对排沙比产生影响。2003年和2004年三峡水库都处在围堰蓄水期，且这两年的来水量分别为3 823亿m^3和3 825亿m^3，十分接近，相对来说沙量相差就比较大，分别为2.204亿t和1.838亿t，排沙比上也反映出了同样的规律。

此外，入库泥沙的粗细也会影响水库的排沙比。从张瑞瑾挟沙力公式中可以看出，水流挟沙力与泥沙沉降速度有关，而泥沙沉降速度又与泥沙粒径呈正比，泥沙颗粒越粗，沉降速度越快，挟沙力就越小；反之，泥沙颗粒越细，则挟沙力越大。

总体来说，水库蓄水运用后，排沙比的大小与来水来沙特性（洪水的大小与过程，泥沙的多少、时程分布及粗细等）和运行条件（特别是蓄水位）等都密切相关。

2.2.5 上游建库后三峡水库出库水沙条件的变化趋势分析

金沙江下游溪洛渡、向家坝水库蓄水运用后，改变了三峡水库上游的来水来沙条件，并对三峡水库的淤积过程产生重要影响，进而造成三峡水库下泄水沙过程的改变。本节通过三峡水库一维泥沙淤积模型，分析了上游建库后三峡水库出库水沙条件的变化。

2.2.5.1 计算方法

计算采用一维水库泥沙淤积模型进行，模型的基本方程及求解方法见2.1.4节。

2.2.5.2 计算条件

计算系列采用了三峡水库论证时的90系列（1991 ~ 2000年）以及考虑水沙变化后的03系列（2003 ~ 2012年），水沙特征值列于表2–34。

长江上游主要水文站水沙量特征值 表2–34

水文站	1961 ~ 1970年		1991 ~ 2000年		2003 ~ 2012年	
	水量（10^8m^3）	沙量（10^8t）	水量（10^8m^3）	沙量（10^8t）	水量（10^8m^3）	沙量（10^8t）
朱沱	2 716	3.33	2 669	3.05	2 523	1.68
寸滩	3 689	4.8	3 361	3.55	3 279	1.87
北碚	749	1.79	548	0.4	660	0.29
武隆	310	0.29	338	0.22	423	0.057
总入库	3 975	5.41	3 755	3.67	3 606	2.027
变化值	—	—	–5.53	–32.16	–9.28	–62.53

三峡水库设计论证时，水文典型系列年选取的是1961 ~ 1970年系列。寸滩站加上武隆站（乌江）的10年平均值年水量为4 199亿m^3，年输沙量为5.091亿t，含沙量为1.21kg/m^3，分别较多年平均值大5.0%、2.4%和小2.4%。

1990年以来，长江上游来水来沙变化较大。从各水沙来源看，1991 ~ 2000年金沙江和乌江变化相对较小，嘉陵江水沙变化较大，其年来沙量较多年平均值减少2/3。从主要站点年平均水量和沙量过程来看，朱沱站90系列的水、沙量与多年平均值相近；北碚站90系列的水量与多年平均值相差16.3%，输沙量较多年平均值少65.8%；武隆站90系列的水量较多年平均值相差 8.3%，输沙量较多年平均值相差 21.1%。

2003 年以来，长江上游的来水来沙进一步发生变化。三峡水库蓄水以来 2003 ~ 2012 年与 1990 年前均值相比，长江干流各水文站径流量均偏低，其中朱沱站低 5.16%，寸滩站低 6.84%。2003 ~ 2012 年入库沙量均值为 2.027 亿 t，较 1961 ~ 1970 年均值减少了 62.53%，远大于 1991 ~ 2000 年均值的减少幅度（32.16%）。

计算初始地形采用 2006 年地形。

坝前水位调度方式采用分期蓄水方案，具体为：2003 年 6 月 16 日 ~ 2006 年 9 月 30 日，坝前水位按 139 ~ 135m 运用；2006 年 10 月 1 日 ~ 2008 年 9 月 30 日，坝前水位按 156 ~ 135 ~ 140m 运用；2008 年 10 月 1 日 ~ 2013 年 9 月 30 日，坝前水位按 175 ~ 145 ~ 155m 运用；2013 年 10 月 1 日 ~ 2032 年 10 月 1 日，坝前水位按 175 ~ 145 ~ 155m 运用。

2.2.5.3　计算结果分析

由于 90 系列、03 系列天然水沙过程的差异，在经过三峡水库淤积计算后，其出库的水沙过程同样存在差异。

（1）径流变化

①径流量及过程的变化。针对上游建库情况下的三峡水库出库流量变化，这里对比分析了 90 系列上游建库以及 03 系列上游建库条件下三峡水库入库及出库逐月水量的变化过程，如图 2–18 所示，逐月平均流量数值见表 2–35。

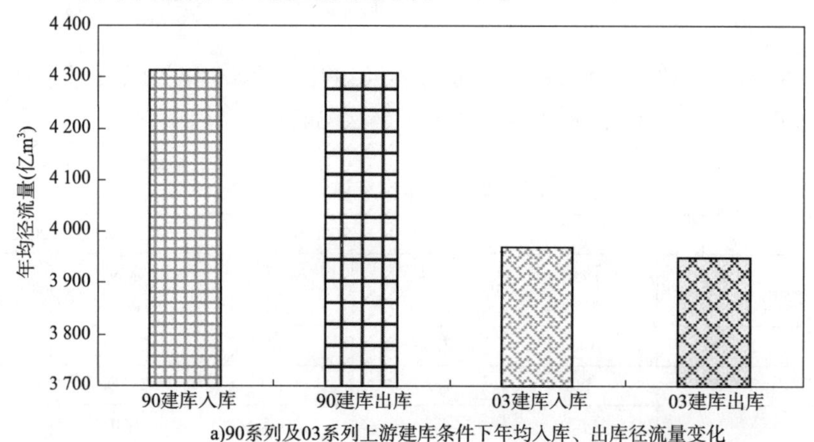

a)90系列及03系列上游建库条件下年均入库、出库径流量变化

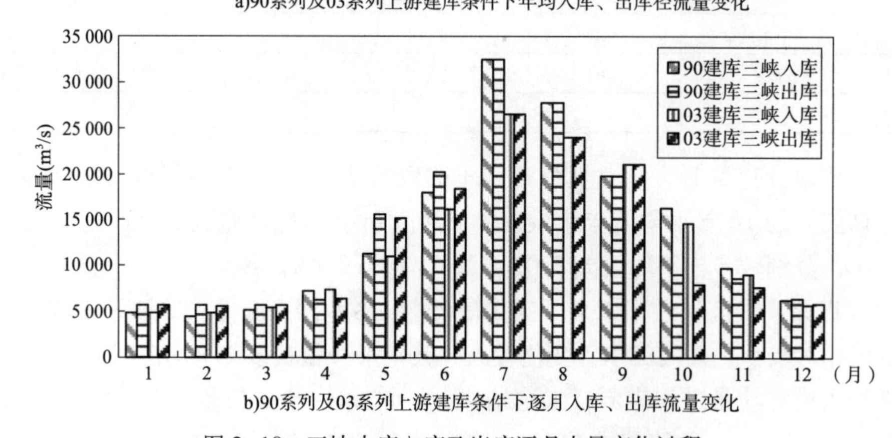

b)90系列及03系列上游建库条件下逐月入库、出库流量变化

图 2–18　三峡水库入库及出库逐月水呈变化过程

90 系列及 03 系列逐月平均流量统计表（单位：m^3/s）　　表 2–35

月　份	90 上游建库		03 上游建库	
	入库	出库	入库	出库
1 月	4 922	5 665	4 910	5 709
2 月	4 504	5 749	4 871	5 546
3 月	5 187	5 781	5 486	5 681
4 月	7 309	6 287	7 424	6 474
5 月	11 280	15 595	10 983	15 235
6 月	18 009	20 180	16 200	18 371
7 月	32 510	32 490	26 465	26 445
8 月	27 805	27 782	23 997	23 977
9 月	19 812	19 795	21 059	21 039
10 月	16 372	9 073	14 636	7 892
11 月	9 804	8 630	9 103	7 697
12 月	6 281	6 410	5 774	5 879
年径流量（亿 m^3）	4 314	4 307	3 970	3 949

由图 2–18 和表 2–35 可知：在上游建库的情况下，三峡水库继续发挥着对溪洛渡、向家坝水库下泄流量的调节作用。从 90 系列上游建库及 03 系列上游建库条件下的三峡水库入库和出库流量过程变化来看，虽然年均入库和出库总径流量变化不大（最大相差在 5% 以内），但年内不同时期入库出库调整明显。其中，90 系列建库条件下，枯期 1 ~ 4 月的平均流量出库较入库增加了 6.9%，汛前消落期 5 ~ 6 月平均流量出库较入库增加了 22%，汛期平均流量基本持平，相差 0.07%，汛后 10 月蓄水期平均流量出库较入库减少 44.5%。与之类似，03 系列上游建库条件下，枯期 1 ~ 4 月的平均流量出库较入库增加了 3.1%，汛前消落期 5 ~ 6 月平均流量出库较入库增加了 23%，汛期平均流量相差 0.08%，汛后 10 月蓄水期平均流量出库较入库减少了 46%。

对比相同系列上游建库和上游无库的情况，图 2–19 给出了 90 系列及 03 系列上游建库和上游无库条件下三峡水库下泄流量过程的对比，具体数值见表 2–36。

由图 2–19 和表 2–36 可知：无论是 90 系列还是 03 系列，上游建库和上游无库条件下的三峡水库下泄的年均径流量变化不大，最大相差在 5% 以内。从各月的平均下泄流量变化来看，虽然上游建库条件下，三峡水库的来流条件有所不同（枯期流量增大、汛后来水减少），但经过三峡水库调节后，其枯期流量变化的差异性有所减小，主要体现在上游建库和上游无库条件下三峡水库枯期下泄流量基本相当，差异在 0.8% 以内；汛前消落期(5 ~ 6 月)下泄流量上游建库条件下较上游无库条件下有所增大，增大 7% ~ 13%；汛后蓄水期的差异也较为明显，上游建库后汛后 9 月、10 月份的下泄流量较无库条件下进一步减少，尤其是 9 月份最为明显，减少了约 10%，这主要是溪洛渡、向家坝水库 9 月份蓄水所导致的。

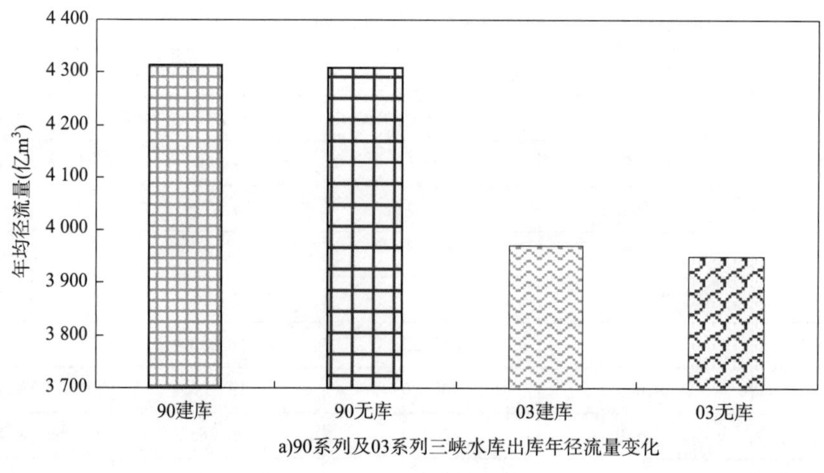

a)90系列及03系列三峡水库出库年径流量变化

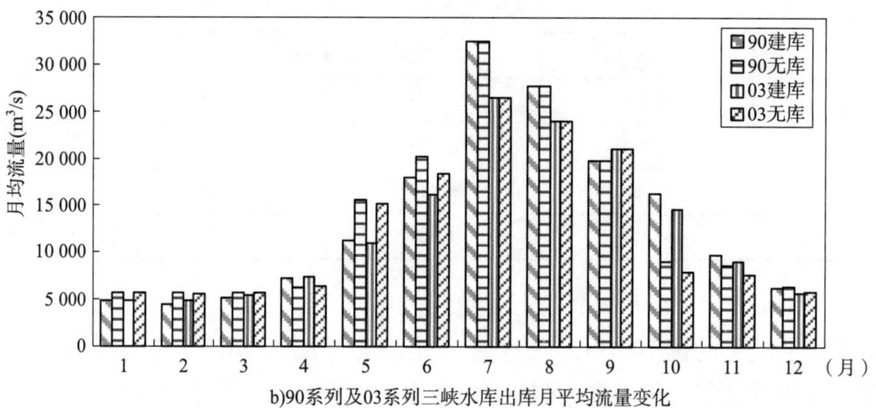

b)90系列及03系列三峡水库出库月平均流量变化

图 2-19　三峡水库出库流量变化情况

90 系列及 03 系列逐月出库平均流量统计表（单位：m^3/s）　　表 2-36

月　份	90 系列上游建库	90 系列上游无库	03 系列上游建库	03 系列上游无库
1 月	5 665	5 685	5 709	5 753
2 月	5 749	5 785	5 546	5 537
3 月	5 781	5 838	5 681	5 389
4 月	6 287	6 243	6 474	5 773
5 月	15 595	13 463	15 235	14 086
6 月	20 180	20 464	18 371	18 768
7 月	32 490	32 510	26 445	26 474
8 月	27 782	27 801	23 977	23 997
9 月	19 795	21 893	21 039	23 140
10 月	9 073	9 145	7 892	7 887
11 月	8 630	8 630	7 697	7 707
12 月	6 410	6 284	5 879	5 878
年径流量（亿 m^3）	4 307	4 313	3 949	3 959

②不同量级流量的频率变化。图 2-20 给出了 90 系列和 03 系列条件下不同流量级频率的变化。由图可知：

三峡水库蓄水后，宜昌站 5 000m^3/s 以下流量基本消失，而 5 000 ～ 10 000m^3/s 流量出现频率大幅增加，10 000 ～ 20 000m^3/s 流量出现频率略有减少，20 000m^3/s 以上流量出现频率则基本不变，即水库调度主要调整了 20 000m^3/s 以下枯水各级流量出现天数的分布，而 20 000m^3/s 以上的中洪水各级流量出现天数基本不变。

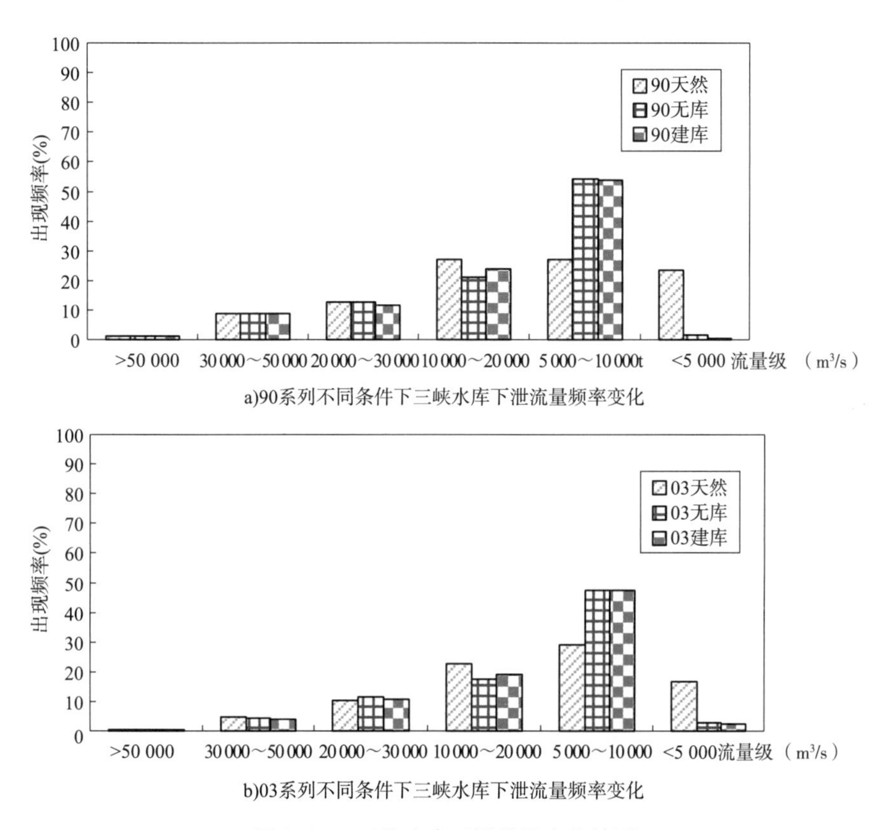

a)90系列不同条件下三峡水库下泄流量频率变化

b)03系列不同条件下三峡水库下泄流量频率变化

图 2-20　三峡水库下泄流量变化情况

考虑上游向家坝、溪洛渡水库建成后，其对宜昌站流量过程调节与三峡水库调度结果基本相似，即 5 000m^3/s 以下流量基本消失，5 000 ～ 10 000m^3/s 流量出现频率大幅度增加，10 000 ～ 20 000m^3/s 流量有所减少，其他级别流量变化不大。

为了进一步比较 90 系列及 03 系列不同条件下的流量变化，这里各月的最小流量进行了统计分析，如表 2-37 与表 2-38 所示。可以看出，三峡水库蓄水后，上游无库条件下，枯期 12 ～次年 4 月的各月最小流量均有不同程度的增加，90 系列下，上述各月最小流量增加了 35 ～ 2 220m^3/s；03 系列下，上述各月最小流量增加了 0 ～ 1 785m^3/s。上游建库后，由于上游水库对三峡水库入库流量调节，三峡水库的枯期最小下泄流量进一步提高，尤其是以 2 ～ 3 月份最小流量提升较为明显。90 系列下，枯期 12 ～次年 4 月的最小流量较上游无库条件下增加了 0 ～ 2 057m^3/s；03 系列下，枯期 12 ～次年 4 月的最小流量较上游无库条件下增加了 0 ～ 610m^3/s。这也说明了，虽然上游建库和上游无库条件相比，枯期各月的月均流量差异较小，但对于最小流量仍有一定的提升作用，这将有助于下游航道条件的改善。

90 系列不同条件各月最小流量统计（单位：m^3/s）　　表 2–37

月　份	90 系列天然	90 系列上游无库	90 系列上游建库
1 月	3 640	5 570	5 570
2 月	3 503	3 540	5 597
3 月	3 505	3 540	4 158
4 月	2 995	3 690	4 747
5 月	5 125	5 668	5 617
6 月	7 397	8 730	7 882
7 月	13 380	13 380	13 360
8 月	8 750	8 750	8 730
9 月	5 323	9 410	5 303
10 月	8 542	5 587	5 591
11 月	5 639	5 573	5 574
12 月	4 319	5 570	5 570

03 系列不同条件各月最小流量统计（单位：m^3/s）　　表 2–38

月　份	03 系列天然	03 系列上游无库	03 系列上游建库
1 月	3 800	5 585	5 585
2 月	2 980	2 980	3 590
3 月	3 250	3 280	3 837
4 月	3 700	3 730	3 873
5 月	5 900	5 602	5 872
6 月	8 500	10 080	8 223
7 月	12 200	12 180	12 160
8 月	7 700	7 680	7 660
9 月	10 000	9 980	5 817
10 月	9 000	5 592	5 587
11 月	5 400	5 573	5 573
12 月	4 400	5 570	5 570

（2）出库沙量及级配变化

图 2–21 给出了 90 系列、03 系列上游建库和上游无库条件下的逐月出库输沙量变化。表 2–39、表 2–40 分别给出了 90、03 系列上游建库和上游无库条件下的逐月出库输沙量、分组输沙量变化。由图 2–21、表 2–39 和表 2–40 可知：

三峡水库蓄水后，上游入库泥沙被大量拦截在库内，出库泥沙数量减少，级配细化。90

系列，上游无库条件下，三峡水库出库 10 年、20 年、30 年的年均出库沙量分别为 1.36 亿 t、1.34 亿 t、1.35 亿 t；上游建库条件下，三峡水库出库 10 年、20 年、30 年的年均出库沙量分别为 1.36 亿 t、0.85 亿 t、0.86 亿 t，上游建库后减少了 37.1%、36.5%。03 系列，上游无库条件下，三峡水库出库 10 年、20 年、30 年的年均出库沙量分别为 0.77 亿 t、0.76 亿 t、0.77 亿 t；上游建库条件下，三峡水库出库 10 年、20 年、30 年的年均出库沙量分别为 0.77 亿 t、0.49 亿 t、0.49 亿 t，上游建库后减少了 35.6%、35.5%。03 系列与 90 系列相比，出库沙量进一步减少，上游无库条件下，三峡水库出库 10 年、20 年、30 年的年均出库沙量比入库分别减少 43.6%、43.2%、43.5%；上游建库条件下，三峡水库出库 20 年、30 年的年均出库沙量比入库分别减少 42.4%、42.6%。

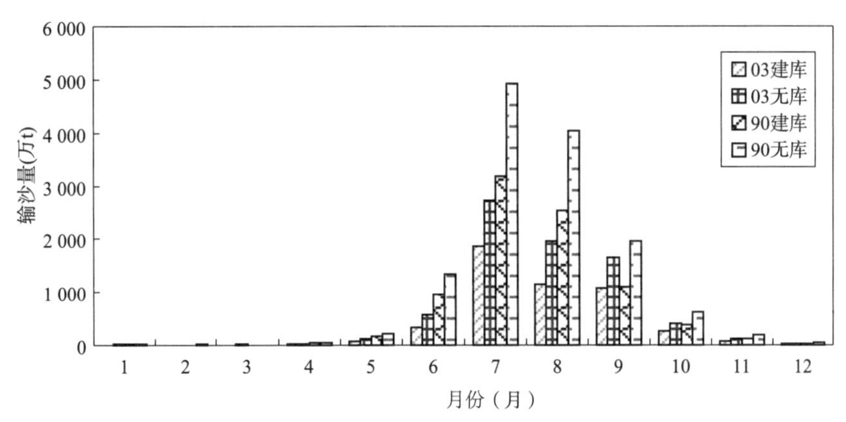

a)90、03系列上游建库及无库条件下月均输沙量变化(11~20年)

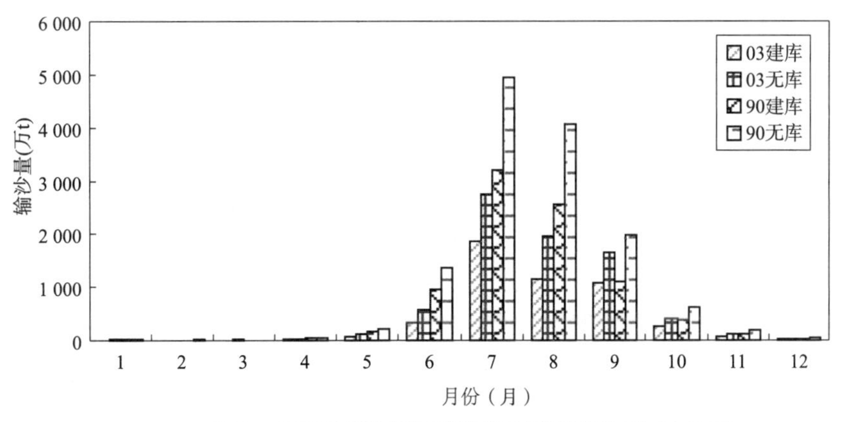

b)90、03系列上游建库及无库条件下月均输沙量变化(21~30年)

图 2–21　上游建库及无库条件下月均输沙量变化

90 系列、03 系列上游建库和上游无库条件下逐月出库输沙量变化（单位：万 t）　　表 2–39

系列	年	1 月	2 月	3 月	4 月	5 月	6 月	7 月	8 月	9 月	10 月	11 月	12 月	年均
03 系列上游无库	1 ~ 10	20	10	13	26	113	568	2 727	1 962	1 644	415	124	36	7 659
	11 ~ 20	19	10	13	25	112	567	2 728	1 956	1 642	413	123	36	7 643
	21 ~ 30	19	9	13	25	111	567	2 738	1 960	1 646	413	121	35	7 657

续上表

系列	年	1月	2月	3月	4月	5月	6月	7月	8月	9月	10月	11月	12月	年均
03系列上游建库	1 ~ 10	20	10	13	26	113	568	2 727	1 962	1 644	415	124	36	7 659
	11 ~ 20	11	6	8	18	81	345	1 863	1 150	1 075	270	70	20	4 915
	21 ~ 30	10	6	8	18	80	345	1 874	1 156	1 080	270	69	20	4 936
90系列上游无库	1 ~ 10	23	14	16	65	224	1 420	4 979	3 807	2 110	689	181	51	13 579
	11 ~ 20	29	14	12	50	207	1 349	4 926	4 044	1 967	628	186	55	13 467
	21 ~ 30	28	13	11	50	208	1 357	4 959	4 064	1 975	632	184	54	13 534
90系列上游建库	1 ~ 10	23	14	16	65	224	1 420	4 979	3 807	2 110	689	181	51	13 579
	11 ~ 20	18	8	8	37	176	961	3 167	2 542	1 096	372	120	31	8 537
	21 ~ 30	17	8	7	37	176	967	3 200	2 567	1 107	376	119	30	8 610

90、03系列上游建库和上游无库条件下出库分组输沙量变化 表2–40

系列	年	分组输沙量（亿t）							
		1 ~ 0.5mm	0.5 ~ 0.25mm	0.25 ~ 0.125mm	0.125 ~ 0.062mm	0.062 ~ 0.031mm	0.031 ~ 0.016mm	0.016 ~ 0.008mm	<0.008mm
03系列上游无库	1 ~ 10	0.000	0.000	0.000	0.006	0.039	0.166	0.260	0.295
	11 ~ 20	0.000	0.000	0.000	0.007	0.041	0.169	0.263	0.284
	21 ~ 30	0.000	0.000	0.000	0.007	0.042	0.170	0.263	0.284
03系列上游建库	1 ~ 10	0.000	0.000	0.000	0.006	0.039	0.166	0.260	0.295
	11 ~ 20	0.000	0.000	0.000	0.005	0.028	0.092	0.128	0.239
	21 ~ 30	0.000	0.000	0.000	0.005	0.028	0.091	0.128	0.242
90系列上游无库	1 ~ 10	0.000	0.000	0.001	0.012	0.078	0.312	0.473	0.482
	11 ~ 20	0.000	0.000	0.001	0.010	0.069	0.294	0.463	0.510
	21 ~ 30	0.000	0.000	0.001	0.010	0.073	0.300	0.464	0.505
90系列上游建库	1 ~ 10	0.000	0.000	0.001	0.012	0.078	0.312	0.473	0.482
	11 ~ 20	0.000	0.000	0.000	0.008	0.044	0.152	0.220	0.430
	21 ~ 30	0.000	0.000	0.000	0.008	0.045	0.153	0.221	0.434

从年内分配上来看，无论90、03系列，上游建库后6 ~ 10月输沙量明显减少，其余月份变化较小。

从出库泥沙的组成来看，无论90、03系列还是上游建库、无库情况，蓄水后30年基本属于“清水下泄”，下泄水体中的粗颗粒泥沙（d>0.1mm）很少，主要是粒径小于0.05mm以下的细颗粒泥沙，其中d<0.031mm的细颗粒占总出库泥沙的90% ~ 93%（图2–22）。上游建库和上游无库相比，由于上游金沙江水库的拦沙作用，上游建库条件下三峡水库出库的泥沙级配相对更细。以03系列为例，0.125mm以下的泥沙输沙量上游建库后均有不同程度的减少，0.125 ~ 0.062mm、0.062 ~ 0.031mm、0.031 ~ 0.016mm的泥沙分别减少了28.5%、31.7%、45.5%，而0.008mm以下的冲泻质则变化不大。

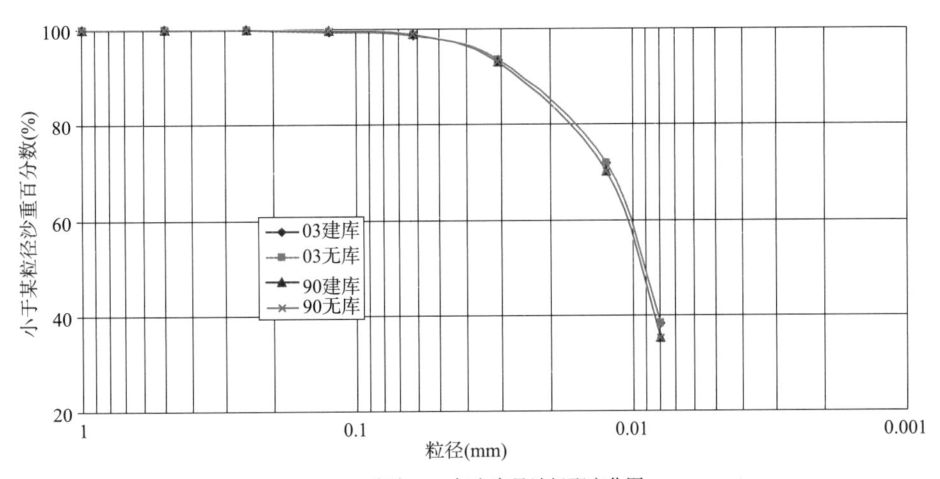

a)90、03系列1～10年出库悬沙级配变化图

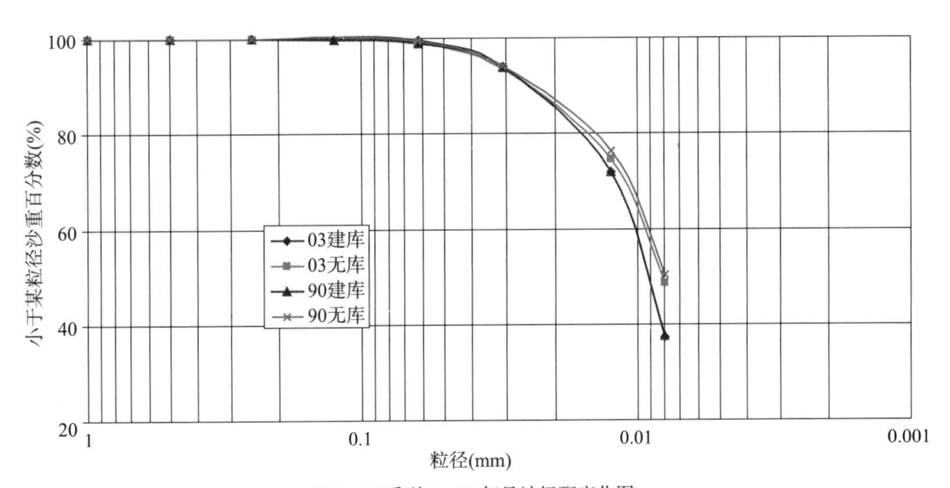

b)90、03系列11～20年悬沙级配变化图

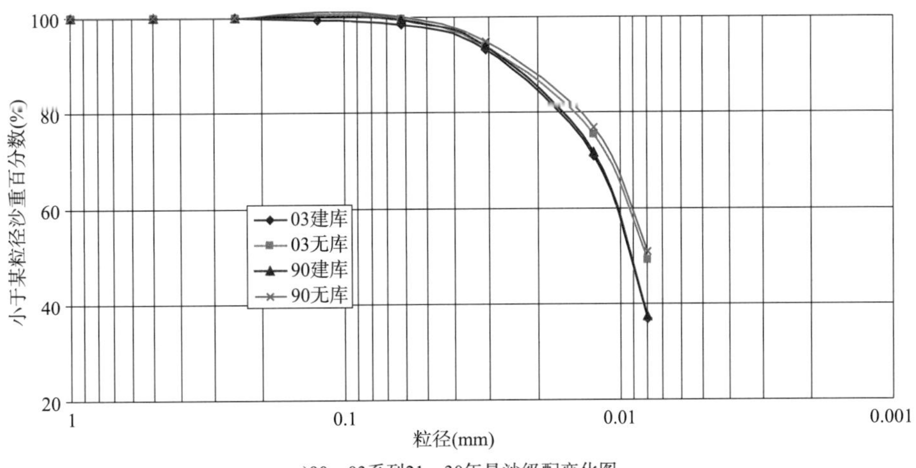

c)90、03系列21～30年悬沙级配变化图

图 2—22　悬沙级配变化情况

第3章 三峡水库运行后长江中游水沙输移特性及变化分析

3.1 三峡水库运行后长江中游水沙条件的时空变化

3.1.1 三峡水库运行初期长江中游水流条件的变化

3.1.1.1 径流总量的变化

长江中下游的主要的水文站，有宜昌、枝城、沙市、监利、螺山、汉口、大通。表3-1给出了各站蓄水以前（2002年以前）多年平均、前两个蓄水阶段（2003～2007年）年均、175m试验性蓄水期（2008～2012年）各年度及年均的径流总量，据此分析长江中下游河道径流量的时空变化。

长江中下游主要水文站年径流量统计表（单位：亿 m^3） 表3-1

时段 \ 年径流量 \ 水文站		宜昌	枝城	沙市	监利	螺山	汉口	大通
2002年前平均径流量		4 369	4 450	3 942	3 576	6 460	7 111	9 052
2003～2007年平均	径流量	3 936	4 021	3 720	3 560	5 823	6 677	8 148
	变化率1（%）	−9.90	−9.65	−5.63	−0.45	−9.86	−6.10	−9.98
2008年	径流量	4 186	4 281	3 902	3 803	6 085	6 727	8 291
	变化率1（%）	−4.19	−3.80	−1.01	6.35	−5.80	−5.40	−8.41
	变化率2（%）	6.34	6.48	4.89	6.83	4.50	0.74	1.75
2009年	径流量	3 822	4 043	3 686	3 648	5 536	6 278	7 819
	变化率1（%）	−12.52	−9.15	−6.49	2.01%	−14.30	−11.71	−13.62
	变化率2（%）	−2.91	0.56	−0.91	2.47	−4.93	−5.98	−4.04
2010年	径流量	4 048	4 195	3 819	3 679	6 480	7 472	10 220
	变化率1（%）	−7.35	−5.73	−3.12	2.88	0.31	5.08	12.90
	变化率2（%）	2.84	4.34	2.66	3.34	11.29	11.90	25.43
2011年	径流量	3 393	3 583	3 345	3 329	4 653	5 495	6 671
	变化率1（%）	−22.34	−19.48	−15.14	−6.91	−27.97	−22.73	−26.30
	变化率2（%）	−13.80	−10.88	−10.08	−6.49	−20.09	−17.71	−18.13

续上表

时段＼年径流量＼水文站		宜昌	枝城	沙市	监利	螺山	汉口	大通
2012 年	径流量	4 648	4 717	4 224	4 046	6 929	7 566	10 030
	变化率 1（%）	6.39	6.00	7.15	13.14	7.26	6.40	10.80
	变化率 2（%）	18.08	17.32	13.55	13.65	19.00	13.31	23.09
2008 ～ 2012 年平均	径流量	4 019	4 164	3 795	3 701	5 937	6 708	8 606
	变化率 1（%）	−8.00	−6.43	−3.72	3.50	−8.10	−5.67	−4.92
	变化率 2（%）	2.11	3.56	2.02	3.96	1.95	0.45	5.62

注：变化率 1、2 分别为与 2002 年前均值、2003 ～ 2007 年均值的相对变化率。

（1）径流量随时间的变化

各水文站蓄水以前多年平均、前两个蓄水阶段年均以及试验性蓄水期年均径流量对比变化如图 3–1 所示，2008 ～ 2012 年径流量年际变化如图 3–2 所示。各水文站汛期、非汛期径流量百分比如表 3–2 所示。

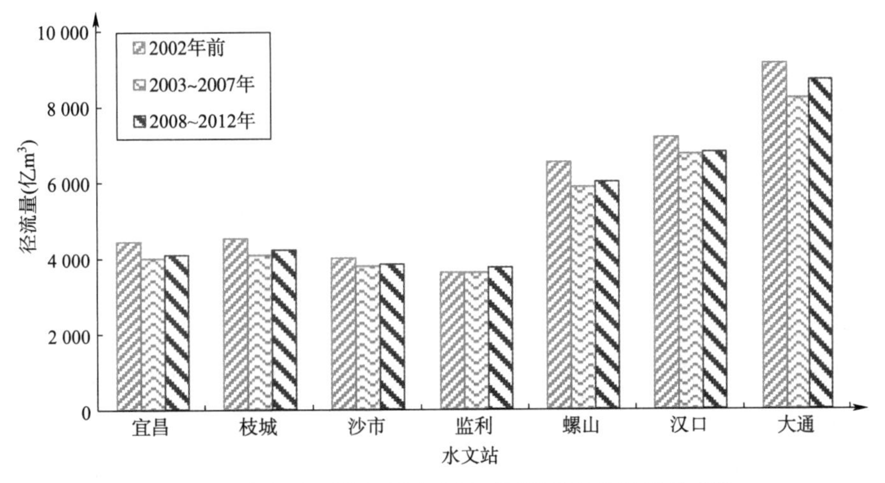

图 3–1　长江中下游主要水文站不同时期年均径流量变化

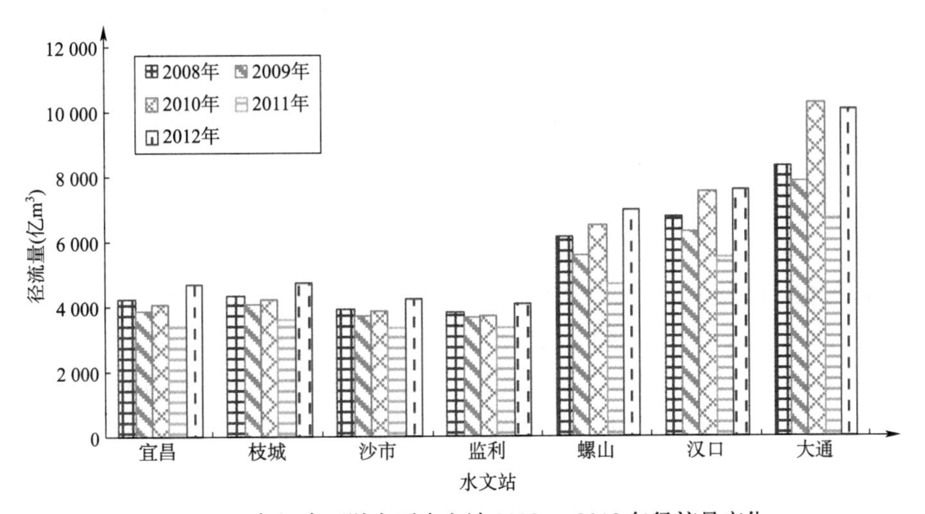

图 3–2　长江中下游主要水文站 2008 ～ 2012 年径流量变化

由图 3–1、图 3–2 和表 3–2 可以看出：

三峡水库蓄水后的 2003 ~ 2007 年，长江中游各站，除监利站水量与蓄水前基本持平外，其余各站的多年平均径流量较蓄水前偏枯 5% ~ 10%。

各水文站汛期、非汛期径流量百分比 表 3–2

时段 \ 径流量占全年百分比 (%) \ 水文站		宜昌	枝城	沙市	监利	螺山	汉口	大通
2002 年	汛期	59.3	58.8	56.6	54.9	59.2	73.5	72.3
	非汛期	40.7	41.2	43.4	45.1	40.8	26.5	27.7
2003 ~ 2007 年	汛期	60.4	59.8	56.8	55.9	64.1	71.3	69.4
	非汛期	39.6	40.2	43.2	44.1	35.9	28.7	30.6
2008 ~ 2012 年	汛期	58.5	57.6	54.9	53.5	63.4	69.1	68.0
	非汛期	41.5	42.4	45.1	46.5	36.6	30.9	32.0

三峡水库 175m 试验性蓄水期（2008 ~ 2012 年）内，与试运行前的 2003 ~ 2007 年相比，汉口站基本持平，其余各站略有增加，增幅 2% ~ 6%；与水库蓄水前多年平均相比，除监利站偏大 3.5%，其余各站偏枯 3% ~ 8%。

总的来看，2008 ~ 2012 年各水文站年际间径流总量变幅有大有小，但丰枯基本一致。试验性蓄水期多年平均径流量与前两个蓄水阶段（2003 ~ 2007 年）多年均值以及蓄水前（2002 年以前）多年平均值均不同，这主要由水文过程随机性造成。

（2）径流量沿程变化

图 3–3 给出了长江中下游 2008 ~ 2012 年各年以及不同时段平均径流量的沿程变化情况。可以看出：

水库蓄水以前和以后，不同阶段径流量沿程变化趋势是一致的。枝城站较宜昌站径流量略有增加，枝城站、沙市站、监利站径流量依次略减，监利站以下的螺山站、汉口站、大通站径流量则是沿程增加。其中，枝城站与宜昌站之间主要有清江入汇，沙市站与枝城站之间主要有松滋口和太平口分流，监利站与沙市站之间主要有藕池口分流，螺山站与监利站之间主要有洞庭湖汇流，汉口站与螺山站之间主要有汉江入汇，大通站与汉口站之间主要有鄱阳湖汇流。不难看出，径流总量的沿程增减与上述分汇流情况基本吻合。

沿程各站径流量的年际变化程度不同。监利站多年来径流总量最稳定，基本保持在 4 000 亿 m^3 左右，而监利以下各站径流量的年际变化较监利站以上各站要剧烈得多，其中大通站的径流量年际变化最剧烈。究其原因主要还是受沿程分汇流的影响，洞庭湖三个分流口均在监利站上游，枝城以上只有清江入汇，受洞庭湖的自然调蓄作用，因此监利站径流总量年际间变化较小；监利站以下的螺山站径流量除上游来流外，还受到洞庭湖四水径流量变化的影响，汉口站受汉江湖水系的影响，大通站受鄱阳湖水系的影响，这些影响沿程叠加使得大通站径流量的年际变化最为剧烈。

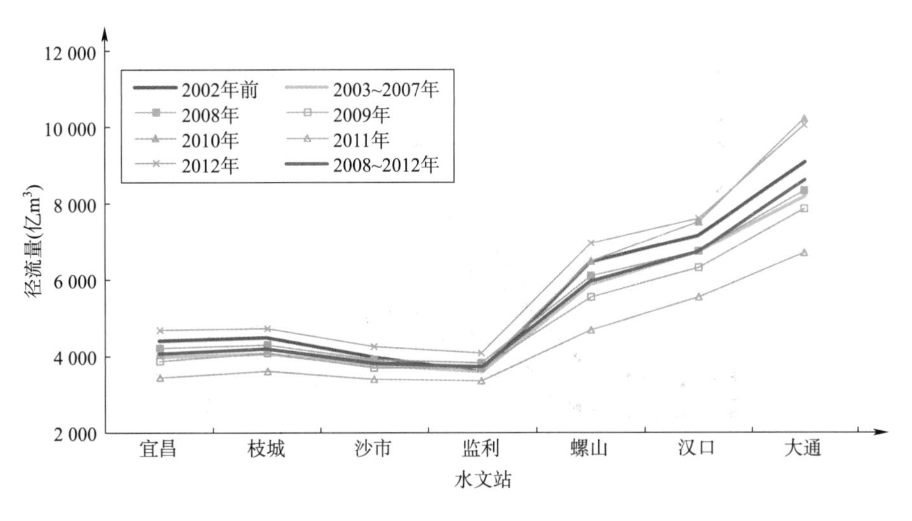

图 3–3　长江中下游不同时期年径流量沿程变化

因此，坝下径流量的沿程变化，主要受沿程分汇流情况以及区间汇流影响，而水库蓄水以及不同的运行方式对坝下游河段径流量的沿程变化影响不大。

3.1.1.2　径流过程的变化

依据径流量年内分配统计结果，点绘长江中游主要水文站年内径流量过程线以及各月径流量占全年的百分比，其中宜昌、枝城、沙市、监利四站汛期按照 6 ~ 9 月统计，螺山站、汉口站和大通站汛期按照 5 ~ 10 月来统计，如表 3–2 和图 3–4 所示。从表 3–2 和图 3–4 可以看出：试验性蓄水期（2008 ~ 2012 年）内，长江中游各水文站汛期径流量占全年百分比较 2003 ~ 2007 年期间均有所减小，相应的，非汛期径流量占全年百分比增大，除螺山站外，也较蓄水前多年平均值增加，除了与水文过程的变化有关外，和水库的调度也有一定关系。

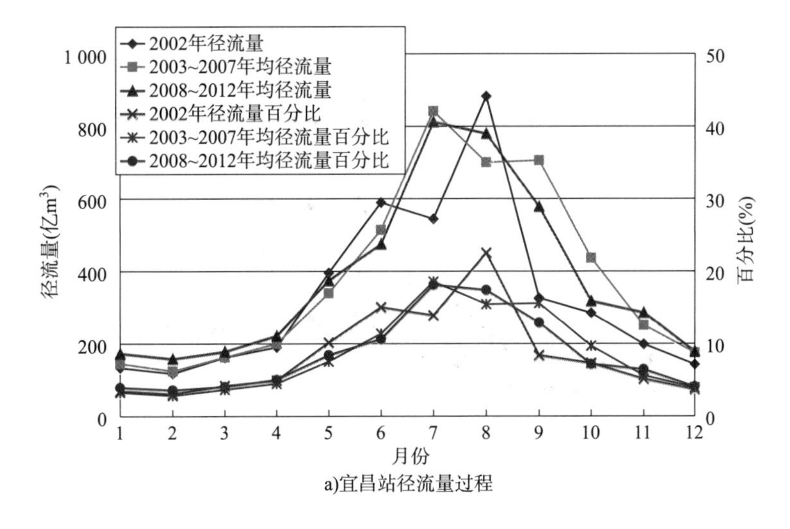

a)宜昌站径流量过程

图　3–4

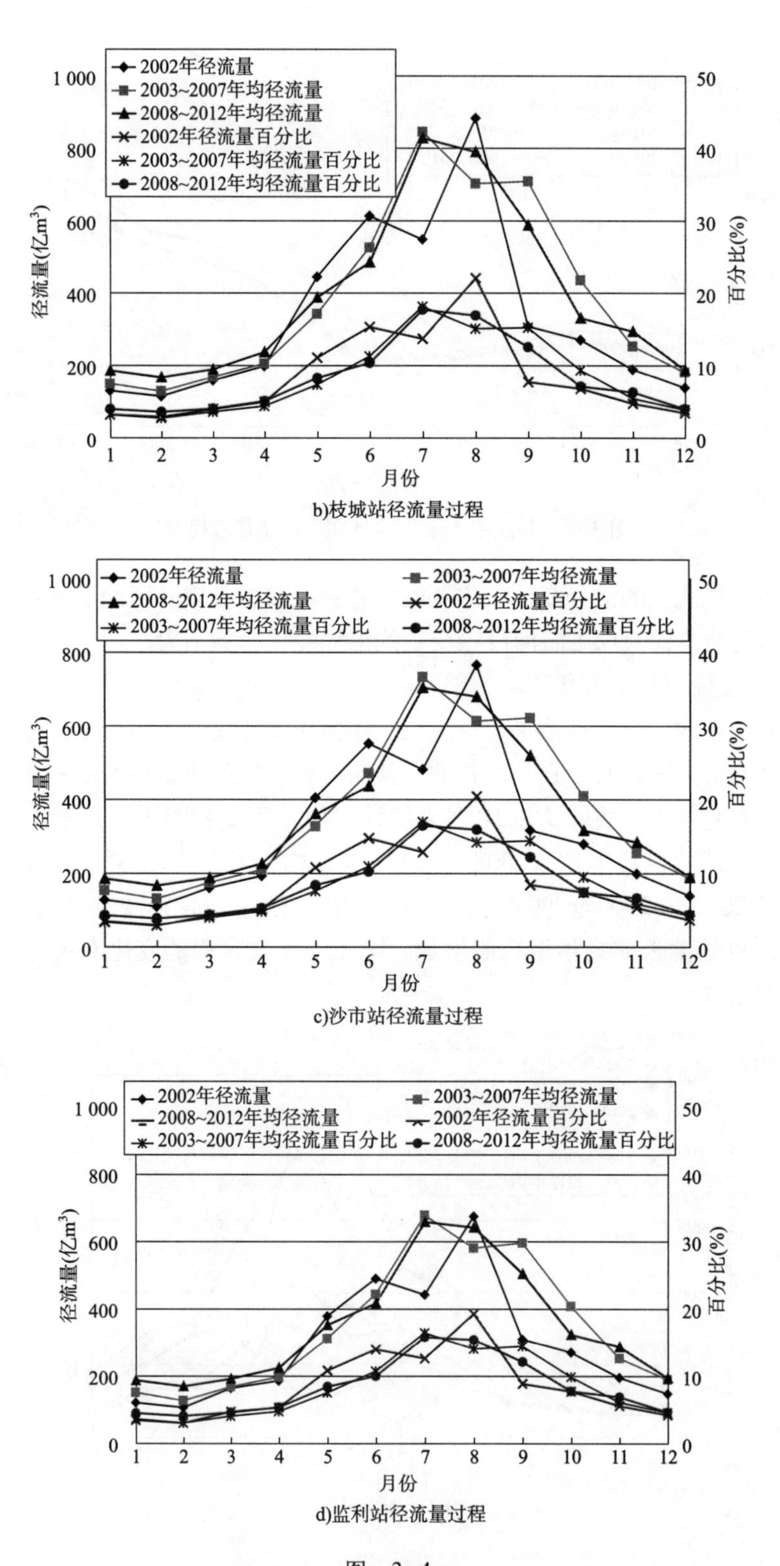

b)枝城站径流量过程

c)沙市站径流量过程

d)监利站径流量过程

图 3-4

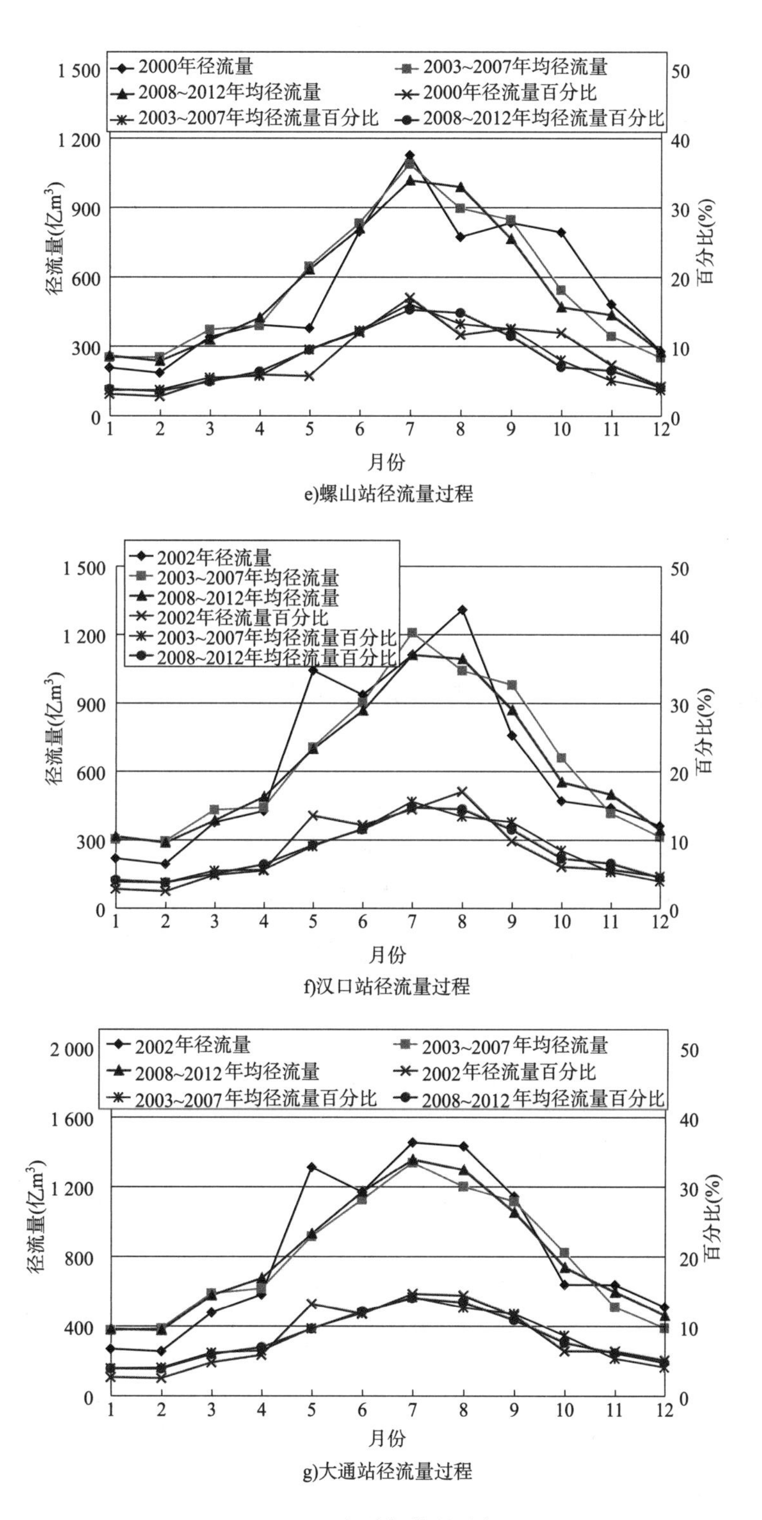

e)螺山站径流量过程

f)汉口站径流量过程

g)大通站径流量过程

图3-4　各站径流量过程

3.1.1.3 最枯流量的变化

统计长江中游主要水文站的最枯流量，如图 3–5 所示。可以看出：蓄水后，宜昌站至大通站最枯流量逐年增大。从沿程变化来看，不同蓄水阶段，最枯流量变化趋势的规律一致：宜昌站至监利站，最枯流量时，由于分流口分流量为零，因此呈沿程递增趋势，增大幅度不大；监利站至大通站，由于支流入汇，最枯流量沿程显著增大。

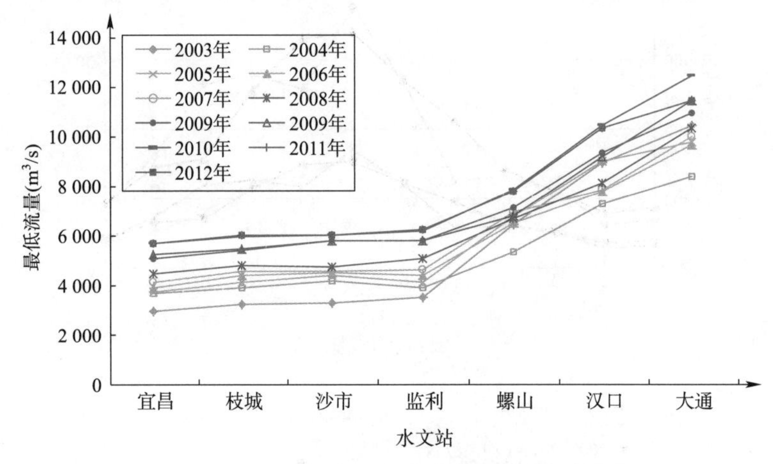

图 3–5 三峡水库运行后水库下游最枯流量

3.1.2 三峡水库运行初期长江中游输沙量的变化

3.1.2.1 输沙总量的变化

表 3–3 给出了三峡水库坝下游各主要水文站蓄水以前（2002 年以前）多年平均、前两个蓄水阶段（2003 ~ 2007 年）年均、试运行期（2008 ~ 2012 年）各年度及年均的输沙总量，以此分析长江中下游河道输沙量的时空变化。

长江中下游主要水文站年输沙量统计表（单位：万 t） 表 3–3

时段 \ 水文站		宜昌	枝城	沙市	监利	螺山	汉口	大通
2002 年前平均输沙量		49 200	50 000	43 400	35 800	40 900	39 800	42 700
2003 ~ 2007 年平均	输沙量	6 668	8 168	9 304	10 196	11 386	12 932	15 836
	变化率 1（%）	−86.45	−83.66	−78.56	−71.52	−72.16	−67.51	−62.91
2008 年	输沙量	3 200	3 900	4 900	7 600	9 150	10 100	13 000
	变化率 1（%）	−93.50	−92.20	−88.71	−78.77	−77.63	−74.62	−69.56
	变化率 2（%）	−52.01	−52.25	−47.33	−25.46	−19.64	−21.90	−17.91
2009 年	输沙量	3 510	4 090	5 060	7 060	7 720	8 740	11 100
	变化率 1（%）	−92.87	−91.82	−88.34	−80.28	−81.12	−78.04	−74.00
	变化率 2（%）	−47.36	−49.93	−45.61	−30.76	−32.20	−32.42	−29.91
2010 年	输沙量	3 280	3 790	4 800	6 020	8 370	11 100	18 500
	变化率 1（%）	−93.33	−92.42	−88.94	−83.18	−79.54	−72.11	−56.67
	变化率 2（%）	−50.81	−53.60	−48.41	−40.96	−26.49	−14.17	16.82

续上表

时段	水文站	宜昌	枝城	沙市	监利	螺山	汉口	大通
2011 年	输沙量	623	975	1 810	4 480	4 500	6 860	7 180
	变化率 1（%）	−98.73	−98.05	−95.83	−87.49	−89.00	−82.76	−83.19
	变化率 2（%）	−90.66	−88.06	−80.55	−56.06	−60.48	−46.95	−54.66
2012 年	输沙量	4 260	4 830	6 170	7 440	9 810	12 800	16 200
	变化率 1（%）	−91.34	−90.34	−85.78	−79.22	−76.01	−67.84	−62.06
	变化率 2（%）	−36.11	−40.87	−33.68	−27.03	−13.84	−1.02	2.30
2008 ～ 2012 年平均	输沙量	2 974.6	3 517	4 548	6 520	7 910	9 920	13 196
	变化率 1（%）	−93.95	−92.97	−89.52	−81.79	−80.66	−75.08	−69.10
	变化率 2（%）	−55.39	−56.94	−51.12	−36.05	−30.53	−23.29	−16.67

注：变化率 1、2 分别为与 2002 年前均值、2003 ～ 2007 年均值的相对变化率。

（1）输沙量随时间的变化

各水文站蓄水以前多年平均、前两个蓄水阶段年均以及试运行期年均输沙量对比变化如图 3–6 所示，2008 ～ 2012 各年年输沙量的变化如图 3–7 所示。

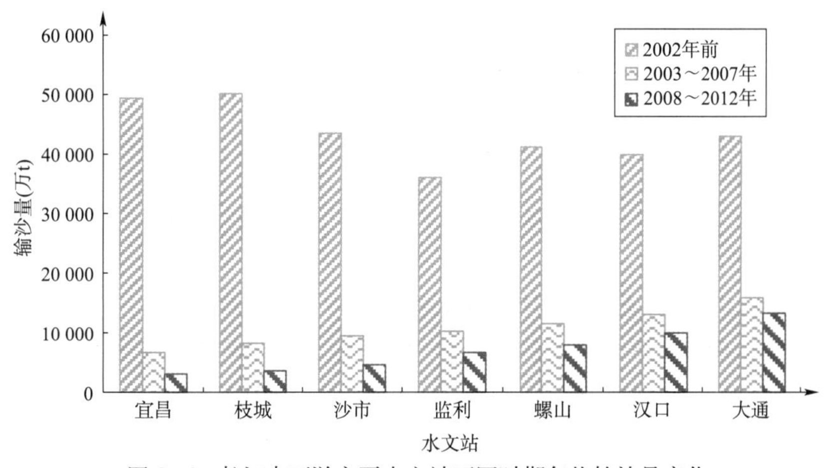

图 3–6　长江中下游主要水文站不同时期年均输沙量变化

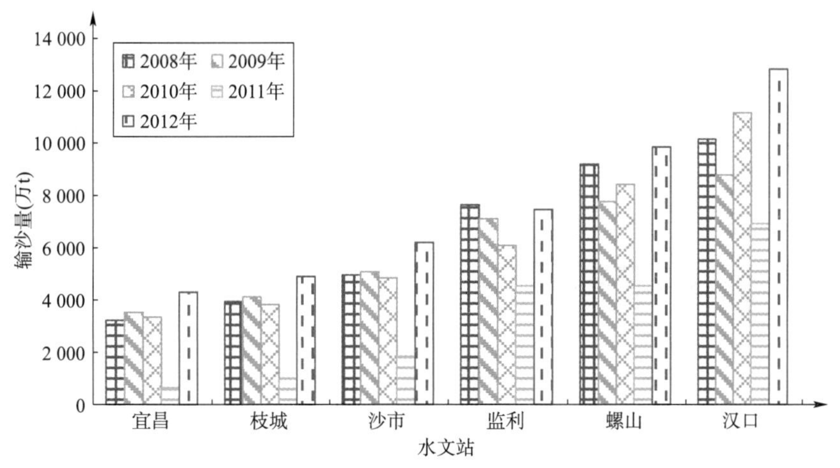

图 3–7　长江中下游主要水文站 2008 ～ 2012 年输沙量变化

三峡水库蓄水以前，坝下游输沙量的沿程变化主要受沿程分汇流、流域产沙以及河段冲淤的综合影响，输沙量多年均值的沿程变化与径流量的沿程变化基本一致，即监利以上的水文站输沙量沿程呈递减态势，监利以下各站输沙量沿程递增。

蓄水后，由于大量泥沙淤积在库内，坝下的宜昌站输沙量大幅减少，由于不饱和输沙导致沿程冲刷使输沙量趋于恢复，另一方面也有区间产沙和支流沙量汇入的作用，宜昌站以下水文站的输沙量沿程递增，但与蓄水前情况相比仍表现出显著的减小。

显然，水库蓄水引起下游输沙量的变化，距坝越近，影响越显著。

可以看出，三峡水库蓄水后，受水库拦沙影响，坝下游各站输沙量均出现了骤减。三峡水库蓄水前，宜昌、枝城、沙市、监利、螺山、汉口、大通站多年平均输沙量分别为 4.92 亿 t、5 亿 t、4.34 亿 t、3.58 亿 t、4.09 亿 t、3.98 亿 t、4.2 亿 t。

三峡水库蓄水后前两个蓄水阶段（2003 ~ 2007 年），坝下游各站输沙量减幅在 62% ~ 87% 之间。

进入试验性蓄水期，汛期坝前水位明显抬升，水库拦沙作用更为显著，坝下各水文站输沙量再次大幅减少。与 2003 ~ 2007 年相比，输沙量减小幅度在 16% ~ 56% 之间，与水库蓄水前多年平均相比，减幅在 69% ~ 94% 之间。

总之，坝下游输沙量一方面有水文过程的随机变化，且基本遵循“大水大沙、小水小沙”；另一方面三峡水库蓄水拦沙对坝下游河段输沙量影响显著，随着水库蓄水以及水位的逐步抬升，坝下各站输沙量均有不同程度的进一步减少。

（2）输沙量沿程变化。

图 3-8 给出了长江中下游 2008 ~ 2012 年各年以及不同时期年均输沙量的沿程变化情况。从图中看出：

三峡水库蓄水以前，坝下游输沙量的沿程变化主要受沿程分汇流、流域产沙以及河段冲淤的综合影响，输沙量多年均值的沿程变化与径流量的沿程变化基本一致，即监利以上的水文站输沙量沿程呈递减态势，监利以下各站输沙量沿程递增。

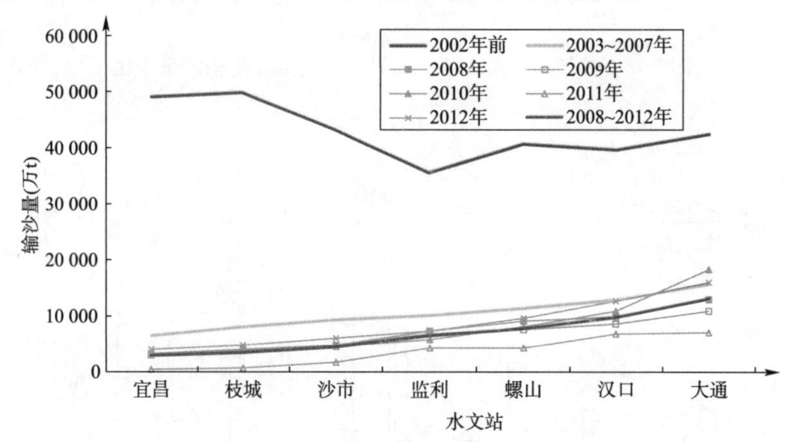

图 3-8　长江中下游不同时期年输沙量沿程变化

蓄水后以及试运行水位抬升后，由于大量泥沙淤积在库内，坝下的宜昌站输沙量大幅减少，由于不饱和输沙导致沿程冲刷使输沙量趋于恢复，另一方面也有区间产沙和支流沙量汇入的作用，宜昌站以下水文站的输沙量沿程递增，但与蓄水前情况相比仍表现出显著减小。

显然，水库蓄水引起下游输沙量的变化，距坝越近，影响越显著。

3.1.2.2　输沙量年内分配的变化

依据实测资料分别统计年内汛期与非汛期输沙量占全年百分数，其中宜昌、枝城、沙市、监利四站汛期与径流量统计一致为 6 ～ 9 月，螺山站、汉口站和大通站汛期一致为 5 ～ 10 月。依据实测资料点绘长江中游主要水文站年内输沙量过程线，如表 3–4 和图 3–9 所示，可以看出：

与蓄水前相比，蓄水后宜昌、枝城、沙市三站汛期输沙量所占全年百分数明显增加，这显然与三峡水库汛期下泄泥沙所占全年百分数增大直接相关；监利以下四站汛期输沙量占全年百分比较蓄水前有所减小，这又与沿程入汇泥沙所占比重增大有关。

蓄水后不同蓄水阶段汛期输沙量占全年百分数也不同。2008 ～ 2012 年，宜昌、枝城、沙市三站汛期输沙量占全年百分比较 2003 ～ 2007 年期间均有所增大，监利以下四站汛期输沙量占全年百分比较 2003 ～ 2007 年期间均有所减小。

显然，由于蓄水位的进一步抬高，非汛期出库泥沙所占全年百分数进一步减小，汛期增加；监利以下各站，三峡水库下泄泥沙量比重减少，区间来沙所占比重的增加，使得枯水期输沙量占全年百分数增加。

各水文站汛期、非汛期输沙量百分比　　表 3–4

不同时段输沙量占全年百分比(%)		宜昌	枝城	沙市	监利	螺山	汉口	大通
2002 年	汛期	89.3	86.2	82.0	78.5	78.4	88.7	85.9
	非汛期	10.7	13.8	18.0	21.5	21.6	11.3	14.1
2003 ～ 2007 年	汛期	95.3	93.2	85.3	78.0	79.5	87.6	82.7
	非汛期	4.7	6.8	14.7	22.0	20.5	12.4	17.3
2008 ～ 2012 年	汛期	98.5	96.0	89.1	76.5	73.7	76.0	78.3
	非汛期	1.5	4.0	10.9	23.5	26.3	24.0	21.7

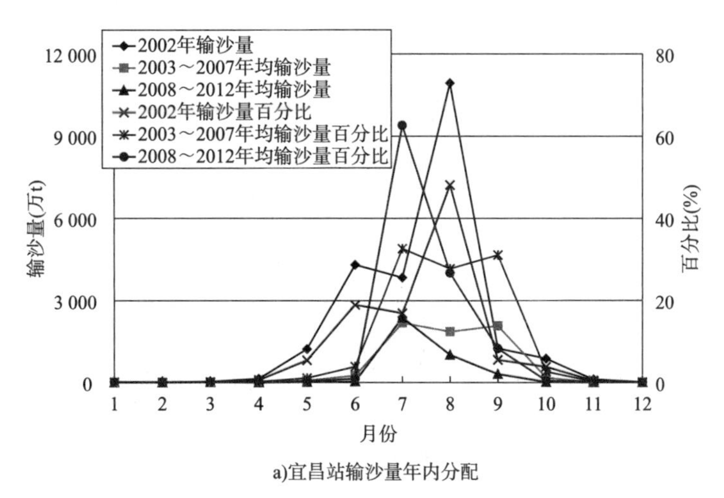

a)宜昌站输沙量年内分配

图　3–9

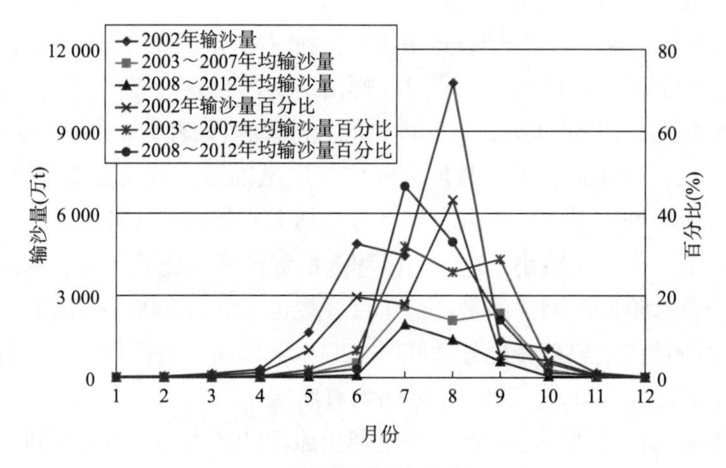

b)枝城站输沙量年内分配

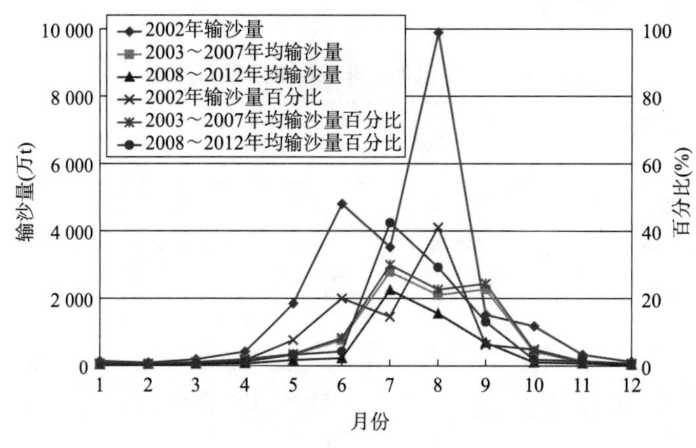

c)沙市站输沙量年内分配

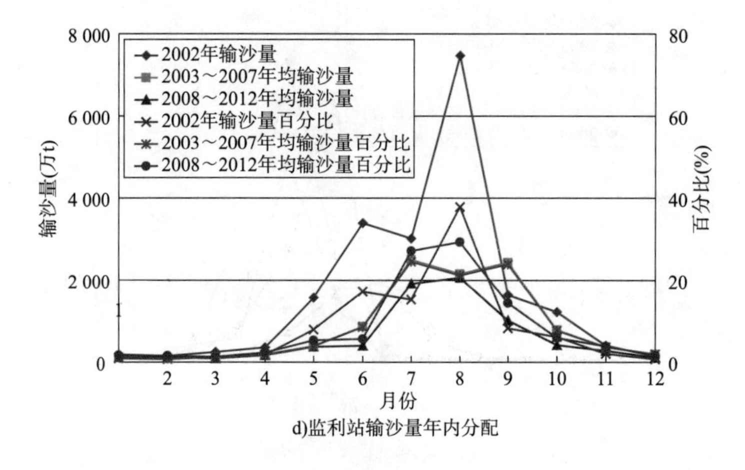

d)监利站输沙量年内分配

图 3-9

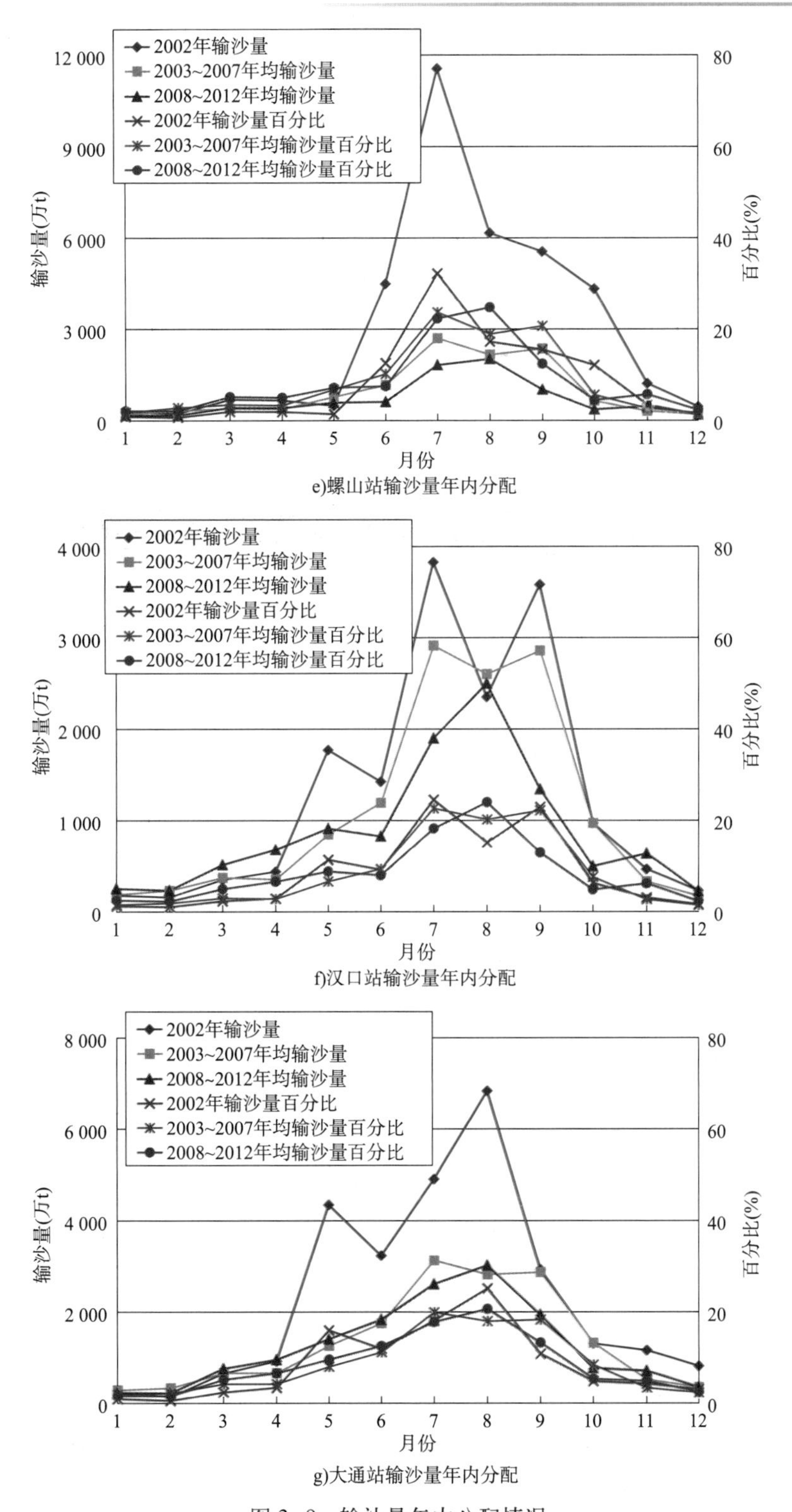

e)螺山站输沙量年内分配

f)汉口站输沙量年内分配

g)大通站输沙量年内分配

图 3-9　输沙量年内分配情况

3.1.2.3　含沙量的变化

图 3-10 为长江中游主要水文站年均含沙量的变化过程。从图中可以看出：

水库蓄水前后含沙量沿程变化趋势显然不同：蓄水前，长江中下游含沙量呈沿程减小趋势（监利以下较上游减少程度更剧烈），而蓄水后含沙量在监利站以上沿程有较快增加，并在监利站达到最大值，监利—螺山河段由于有洞庭湖较清水流入汇等原因，含沙量有所减小，螺山以下含沙量沿程又有所增加，但增幅十分有限。

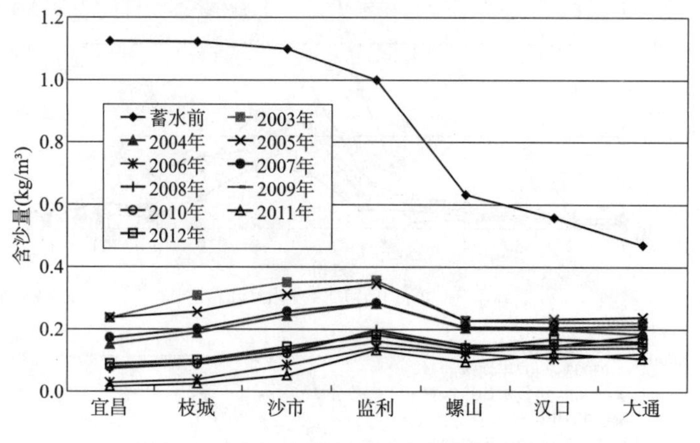

图 3-10　长江中游主要水文站含沙量变化

蓄水后 2008 ～ 2012 年和 2003 ～ 2007 年含沙量沿程变化的差别也较大。2003 ～ 2007 年监利以上含沙量总体大于监利以下各站含沙量，而 2008 ～ 2012 年含沙量除监利站外，沿程总体呈增加趋势。

3.2　三峡水库运行后长江中游总体冲刷特性

3.2.1　砂卵石河段的总体冲刷变化

长江中游的砂卵石河段一般认为上起宜昌，下至大埠街。就河道形态而言，两岸主要为丘陵阶地，河岸较为稳定；就河床组成而言，河床主要由砂卵石组成，局部基岩出露，且经过葛洲坝蓄水运用，20 世纪 90 年代来起到沙减少的作用，河床组成的抗冲性较强；就河段的位置而言，该河段紧邻三峡水库、葛洲坝下游，是受三峡水库蓄水影响最直接、最显著的河段。

3.2.1.1　河床冲刷的随时间变化

（1）砂卵石河段不同河段年际间冲刷量随来水来沙条件改变，总体上表现为一致性累积冲刷。

宜昌至大埠街砂卵石河段主要包括宜枝河段和枝江河段，其中宜枝河段又可分为宜昌河段和宜都河段。由长江委水文局三峡水库原型观测资料，给出各河段的枯水河槽年冲淤量和冲刷强度（图 3-11 ～图 3-13）。

三峡水库运行后，砂卵石河段呈现持续冲刷的趋势，年际间均表现为冲刷。由于来水来沙条件的变化，砂卵石河段每年的冲刷量不同，以 2010 ～ 2011 年冲刷最多，2007 ～ 2008 年冲刷最少。

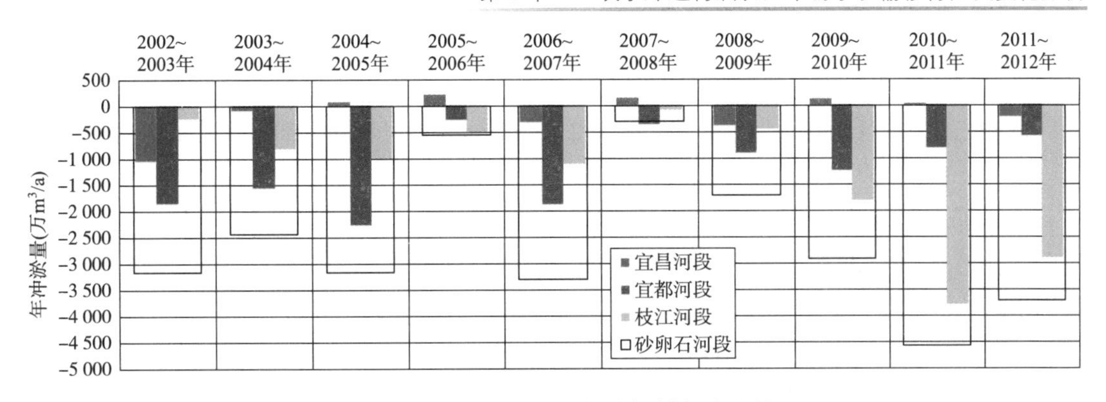

图 3-11　砂卵石各河段枯水河槽年冲淤量

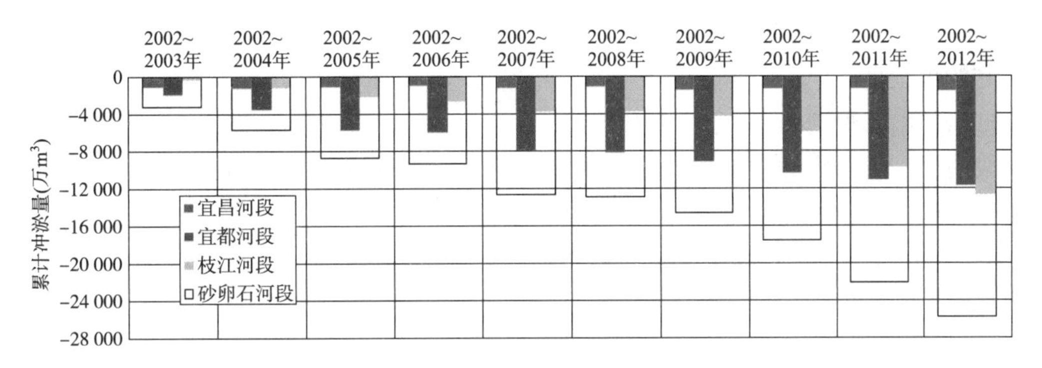

图 3-12　砂卵石河段枯水河槽累计冲淤量

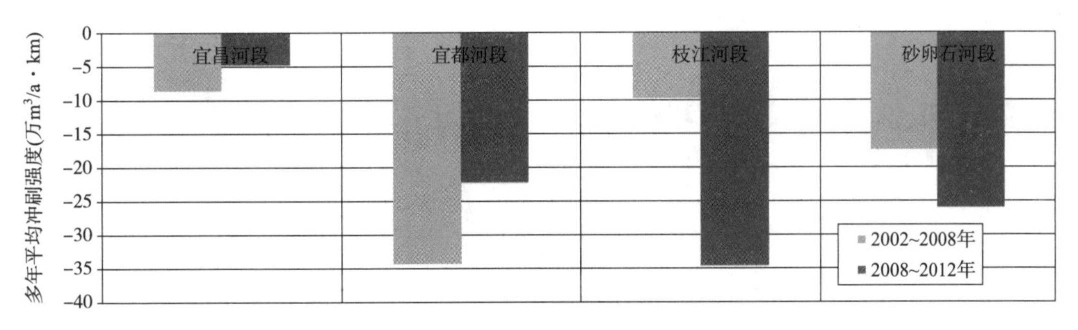

图 3-13　砂卵石各河段不同时段枯水河槽的冲刷强度

(2) 试验性蓄水期由于来沙量进一步减小，砂卵石河段的冲刷强度较 2003 年 10 月～ 2008 年 10 月显著增加。

2002 ～ 2008 年和 2008 ～ 2012 年期间砂卵石河段的冲刷总量大体相当，均在 1.3 亿 m^3 左右，由于两个时段长度不同，分别为 6 年和 4 年，因此该河段 2008 ～ 2012 年期间的冲刷强度为 2002 ～ 2008 年冲刷强度的 1.5 倍，显著增加。

3.2.1.2　河床冲刷的沿程变化

(1) 砂卵石河段平面形态、河床组成沿程不均匀变化使得蓄水后河床沿程冲刷也呈不均匀分布。

河床组成的可动性使得蓄水后的冲刷成为可能，河床组成的沿程变化也使得河段冲刷沿程呈不均匀特点：在河床组成抗冲性较强的地方，冲刷量和冲刷幅度较小；在河床组成抗冲性较弱的地方，冲刷量和冲刷幅度大。

砂卵石河段沿程的冲淤总体上遵循枢纽下游河道一般冲刷的规律，即近坝处的宜枝河段（全长 60km）总的冲刷量要略大于枝江河段（全长 64km）的冲刷量。

在砂卵石河段的三个河段中，宜昌河段的冲刷量较小，宜都河段和枝江河段枯水河槽（枯水河槽、基本河槽和平滩河槽分别对应宜昌流量 5 000m^3/s、10 000m^3/s 和 30 000m^3/s 的河槽）的冲刷量占砂卵石全河段总冲刷量的 90% 以上，因此 2002 ~ 2012 年河床冲刷主要在宜都河段和枝江河段，即宜都与枝江河段是砂卵石河段主要的冲刷部位。

冲刷沿程分布不均匀性还体现在深泓纵剖面的变化上。由图 3–14 可看出，蓄水后砂卵石河段深泓纵剖面总体冲刷下降，但下降幅度沿程变化很大：总体上深泓高程较低的部位下降幅度大，深泓高程较高的部位下降幅度小；另外宜都河段内大石坝、龙窝等深泓高程较高的部位也产生了较明显下降；深泓高程的不均匀下降使得纵剖面的起伏程度加大。图 3–15 给出的 2002 年 10 月 ~ 2012 年 10 月期间，砂卵石河段深泓下降幅度也显示出：全河段内深泓变幅最大的位置，主要集中在虎牙滩—枝城河段，其中白洋弯道和龙窝李家溪单一段深泓下切尤其显著；下临江坪和关洲的深泓还有一定程度的淤高。在 2008 年 10 月 ~ 2012 年 10 月期间，深泓变化主要集中在关洲—芦家河，其中幅度最为明显地在白洋弯道和陈二口附近。

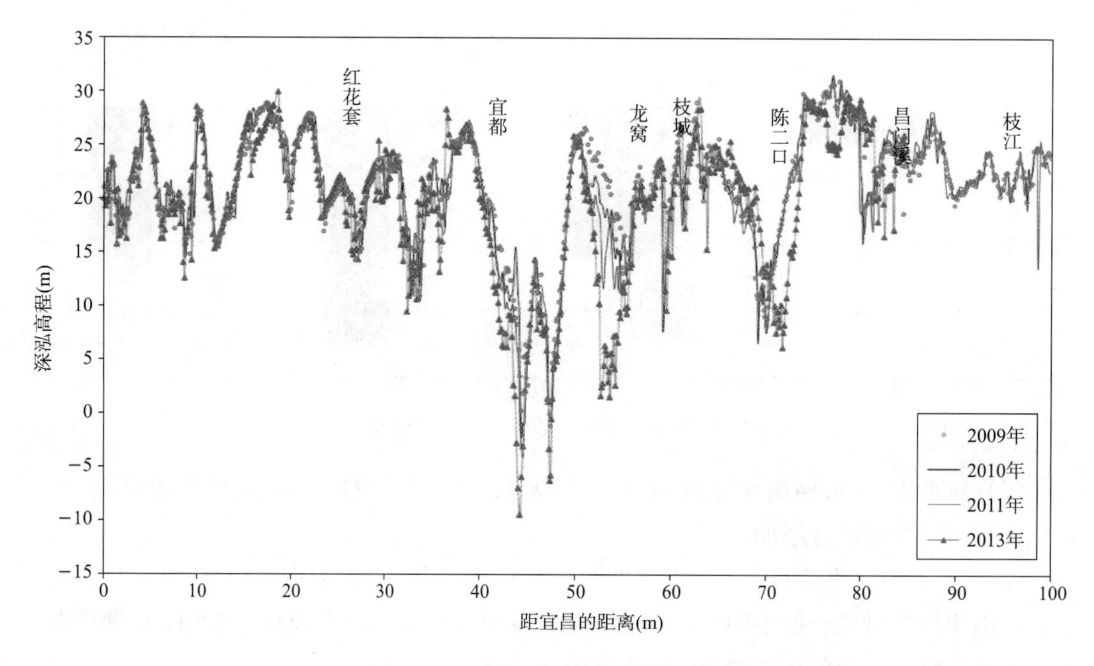

图 3–14　砂卵石河段深泓纵剖面图

（2）随着三峡水库蓄水运用的推进，砂卵石河段主要冲刷部位逐渐向下游移动，目前的主要冲刷部位已经下移到关洲—芦家河水道河段。

图 3–16 为宜昌、宜都和枝江河段在三峡水库运行后河床冲刷强度。

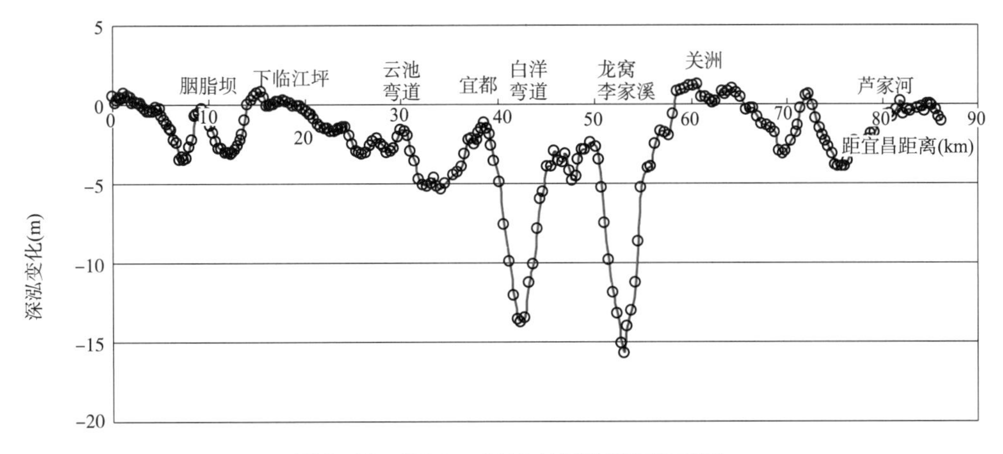

图 3–15　2002 ~ 2012 年间沿程深泓变幅

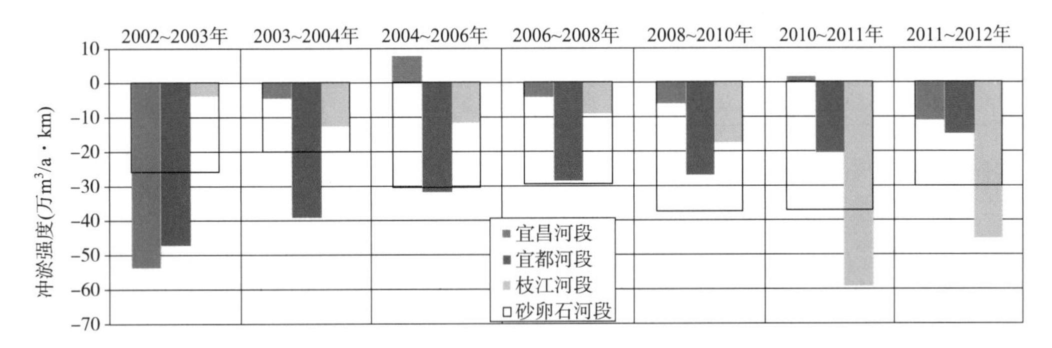

图 3–16　砂卵石各河段河床冲淤强度沿时变化

由图 3–16 可以看出：不同砂卵石河段的河床冲刷强度随时间的变化是不相同的：宜昌河段的河床冲刷强度在 2002 ~ 2008 年的头两年内即出现明显的下降，随后几年冲淤强度很小；宜都河段在蓄水之初冲刷强度最大，到 2012 年，该河段河床冲刷强度呈减弱态势，但仍远大于宜昌河段；枝江河段河床的冲刷强度总体表现为增加。

在不同时段，冲刷强度最大的河段也不相同：在三峡水库投入运行的第一年，宜昌河段的冲刷强度最大，而宜都河段的冲刷强度也相对较大，略小于宜昌河段的冲刷强度，枝江河段的冲刷强度最小；在 2003 ~ 2010 年期间，宜都河段的冲刷强度最大，枝江河段的冲刷强度次之，宜昌河段的最小；最近两年则表现为枝江河段的冲刷幅度最大。按照大的时段统计（图 3–13），在 2002 ~ 2008 年期间以宜都河段的冲刷强度最大，而在蓄水期间（2008 ~ 2012 年），枝江河段的冲刷强度已经超过了宜都河段。

显然，进入试验性蓄水期，砂卵石河段主要冲刷部位已经逐渐从宜都河段下移到枝江河段，其中的关洲水道河段表现尤为突出。表 3–5 为关洲水道（枝城至陈二口）、芦家河水道（陈二口至昌门溪）冲刷量和冲刷强度统计表。

可以看出：进入试验性蓄水期以后，关洲和芦家河水道河段的冲刷强度迅速增加，关洲水道在 2010 ~ 2012 年间的冲刷强度合计为 185 万 m^3/km，占总冲刷强度的 64%；而芦家河水道 2008 ~ 2012 年间冲刷强度也为 98.6m^3/km，占总冲刷强度的近 70%。

三峡水库蓄水后枝城～昌门溪河段冲刷量　　表 3–5

时　段	枝城—陈二口（14.9km）		陈二口—昌门溪（12.1km）	
	冲刷总量（10^4m^3）	单位河长冲刷量（$10^4m^3/km$）	冲刷总量（10^4m^3）	单位河长冲刷量（$10^4m^3/km$）
2003 年 3 月～ 2004 年 3 月	150.8	10.1	423.12	35.0
2004 年 3 月～ 2005 年 3 月	−1 075	−72.1	−901.9	−74.5
2005 年 3 月～ 2006 年 3 月	−43.4	−2.9	−121	−10.0
2006 年 3 月～ 2007 年 3 月	65.64	4.4	165	13.6
2007 年 3 月～ 2008 年 3 月	−442.45	−29.7	−121.28	−10.0
2003 ～ 2008 年	−1 344.41	−90.2	−556.06	−45.9
2008 年 3 月～ 2009 年 3 月	58.77	3.9	−577	−47.7
2009 年 3 月～ 2010 年 3 月	−289.19	−19.4	−343.7	−28.4
2010 年 3 月～ 2010 年 11 月	−1 358	−91.1	−102	−8.4
2010 年 11 月～ 2012 年 3 月	−1 401	−94.0	−171	−14.1
2008 ～ 2012 年	−2 989.42	−200.6	−1 193.7	−98.6
2003 年 3 月～ 2012 年 3 月	−4 333.83	−290.9	−1 749.76	−144.6

综合分析来看，在现状来水来沙条件下，宜昌河段冲刷已经基本完成；宜都河段在 2003 ～ 2008 年发生剧烈冲刷，随着河床进一步的粗化，河床抗冲性增强，2008 ～ 2012 年该河段的冲刷强度开始降低；目前，枝江河段已经进入剧烈冲刷期。

3.2.1.3　河床冲刷的横向分布

（1）砂卵石河段两岸稳定，蓄水后岸线基本未变，其冲刷部位主要在枯水河槽，基本河槽以上的河床甚至出现小幅的淤积。

表 3–6 给出了砂卵石河段的冲淤变化，图 3–17 和图 3–18 为宜枝河段冲淤量在不同高程的分布。可以看出：

砂卵石河段的冲淤调整以枯水河槽为主，且随着三峡水库运行水位的抬高，枯水河槽冲刷量占总冲刷量的比重在不断地增大。以宜枝河段为例，在三峡水库投入运行的头两年，枯水河槽的冲刷量占总冲刷量的比重不到 80%；至 2009 年，河床的冲刷几乎全部来源于枯水河槽。

三峡水库蓄水以来砂卵石河段河道泥沙冲淤统计表　　表 3–6

时　段	冲淤量（万 m^3）					
	宜昌河段		宜都河段		枝江河段	
	枯水河槽	基本河槽	枯水河槽	基本河槽	枯水河槽	基本河槽
2002 年 10 月～ 2003 年 10 月	−1 044	−1 099	−1 867	−1 927	−320	−254
2003 年 10 月～ 2004 年 10 月	−91	−63	−1 550	−1 691	−768	−1 055
2004 年 10 月～ 2005 年 10 月	88	107	−2 261	−2 386	−923	−869
2005 年 10 月～ 2006 年 10 月	222	227	−267	−250	−403	−659
2006 年 10 月～ 2007 年 10 月	−311	−332	−1 888	−1 965	−1 051	−1 170
2007 年 10 月～ 2008 年 10 月	146	170	−364	−159	−64	−90

续上表

时　　段	冲淤量（万 m^3）					
	宜昌河段		宜都河段		枝江河段	
	枯水河槽	基本河槽	枯水河槽	基本河槽	枯水河槽	基本河槽
2008 年 10 月～2009 年 10 月	−371	−400	−890	−1 086	−425	−401
2009 年 10 月～2010 年 10 月	130	136	−1 242	−1 192	−1 715	−1 822
2010 年 10 月～2011 年 10 月	30	41	−814	−864	−3 717	−3 868
2011 年 10 月～2012 年 10 月	−90	−111	−723	−730	−1 964	−2 218
2002 年 10 月～2012 年 10 月	−1 292	−1 324	−11 866	−12 251	−11 349	−12 406

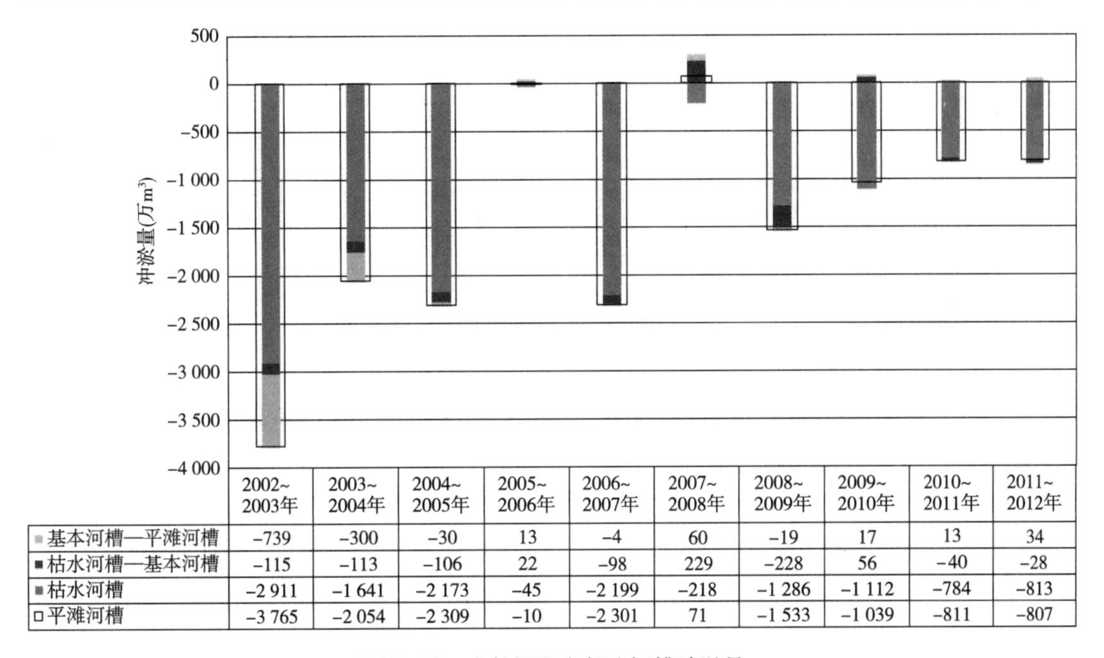

	2002~2003年	2003~2004年	2004~2005年	2005~2006年	2006~2007年	2007~2008年	2008~2009年	2009~2010年	2010~2011年	2011~2012年
基本河槽—平滩河槽	-739	-300	-30	13	-4	60	-19	17	13	34
枯水河槽—基本河槽	-115	-113	-106	22	-98	229	-228	56	-40	-28
枯水河槽	-2 911	-1 641	-2 173	-45	-2 199	-218	-1 286	-1 112	-784	-813
平滩河槽	-3 765	-2 054	-2 309	-10	-2 301	71	-1 533	-1 039	-811	-807

图 3−17　宜枝河段各部分河槽冲淤量

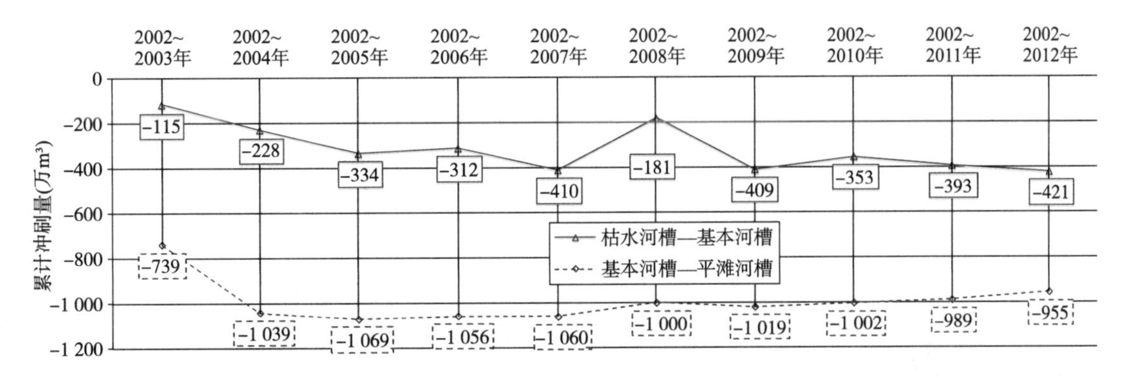

图 3−18　宜枝河段垂向部分累计冲刷量

枯水河槽—基本河槽之间的河床在整体上呈冲刷状态，冲刷量占河道冲刷重量的比重很小，宜枝河段在 2009 ~ 2012 年试验性蓄水期间的冲刷量较之前有明显的减小，而枝江河段反而有所增大。

基本河槽—平滩河槽之间的河床在整体上呈冲刷状态，且冲刷主要是在三峡水库投入运行的初期完成的，从 2005 年就开始出现淤积，但是淤积量相对较小。

（2）砂卵石河段枯水河槽的宽度在蓄水后发生变化，单一河段枯水河槽宽度出现缩小的现象，分汊河段枯水河槽以展宽为主。2003 ～ 2008 年和 2008 ～ 2012 年期间，枯水河槽宽度的变化特点基本一致。

图 3–19 给出了各级流量下枝江河段河槽的平均宽度，从图中可以看出枝江河段枯水河槽宽度的平均变化幅度最大，展宽 50m 左右，基本河槽次之，而平滩河槽的宽度几乎没有明显的变化。

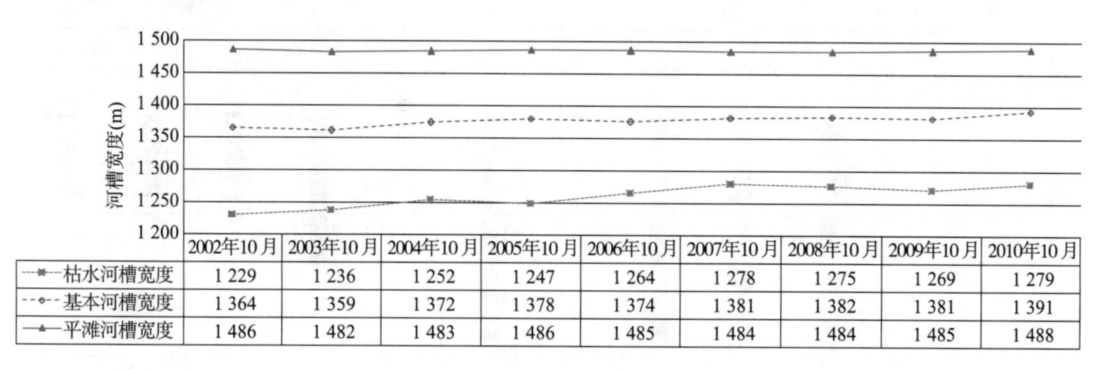

	2002年10月	2003年10月	2004年10月	2005年10月	2006年10月	2007年10月	2008年10月	2009年10月	2010年10月
枯水河槽宽度	1 229	1 236	1 252	1 247	1 264	1 278	1 275	1 269	1 279
基本河槽宽度	1 364	1 359	1 372	1 378	1 374	1 381	1 382	1 381	1 391
平滩河槽宽度	1 486	1 482	1 483	1 486	1 485	1 484	1 484	1 485	1 488

图 3–19　枝江河段河槽宽度变化图

由图 3–20 可以看出，砂卵石河段局部枯水河槽宽度均存在一定程度的变化，砂卵石河段的单一河段以微幅束窄为主，其中宜昌河段的胭脂坝缩窄最为明显，虎牙滩处有小幅的展宽；宜都河段枯水河槽宽度变化不明显，但宜都、龙窝附近的展宽相对较大；枝江河段枯水河槽的宽度整体上呈展宽趋势，以陈二口附近的展宽最为明显，变幅在 400m 以上，其余各处也以展宽为主。

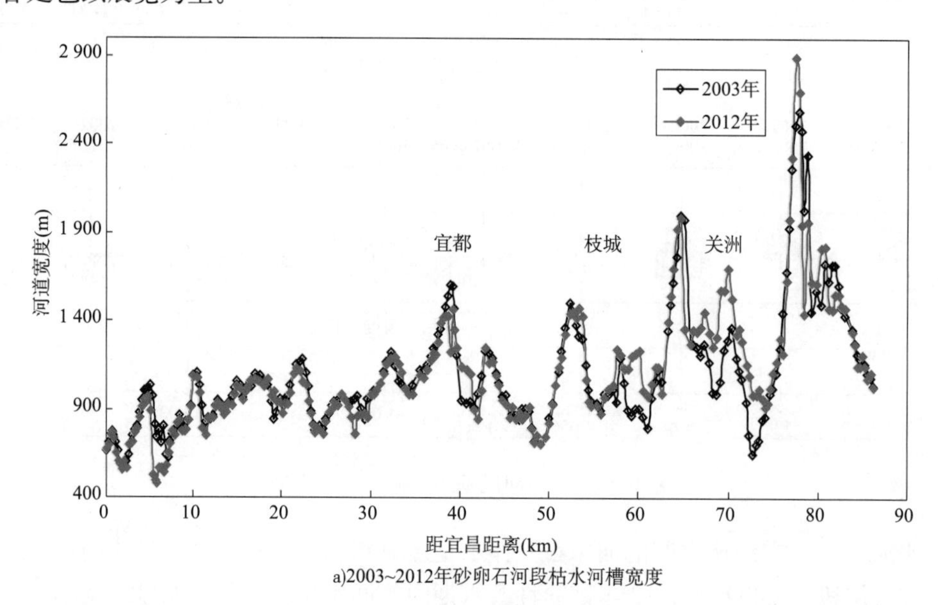

a)2003~2012年砂卵石河段枯水河槽宽度

图　3–20

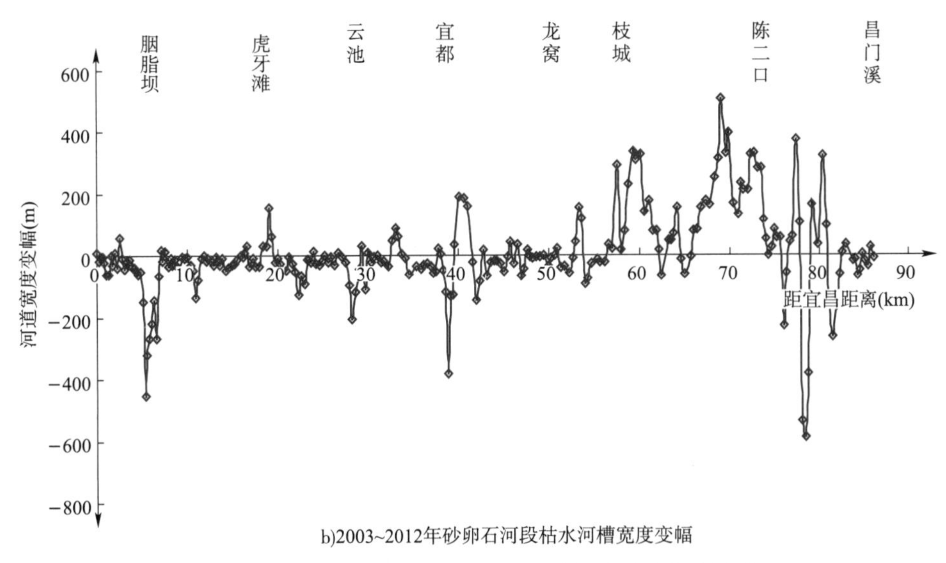

b)2003~2012年砂卵石河段枯水河槽宽度变幅

图 3–20　2003 ~ 2012 年砂卵石枯水河槽宽度沿程变化

3.2.2　沙质河床河段的总体冲刷变化

长江中游大埠街以下为沙质河床河段。由于沙质河床河段位于冲积平原地区，除局部有山矶节点控制，两岸滩体、岸线稳定性相对较低，河床组成抗冲性差，因此其冲淤变化不同于砂卵石河段。

3.2.2.1　河床冲刷随时间的变化

（1）蓄水后直到 2012 年，沙质河床河段年际间有冲有淤，总体呈冲刷状态。

三峡水库运行后，截至 2012 年 10 月，沙质河段河床的累计冲刷量超过 9 亿 m^3。

枝江至城陵矶河段是离三峡水库最近的沙质河段，受到三峡水库 2003 年 6 月蓄水运用后“清水”下泄的影响，该河段呈累积性冲刷，且冲刷较为剧烈，但总体河势基本稳定。2002 年 10 月 ~ 2012 年 10 月，该河段的平滩河槽累计冲刷泥沙 4.9 亿 m^3，见表 3–7。其中石首河段（74.3km）的冲刷量最大，占该河段冲刷量的 31.6%，沙市河段（49.7km）、公安河段（54.3km）和监利河段（94.2km）的冲刷量分别占该河段冲刷量的 21.5%、20.3%和 26.6%，即 1.05 亿 m^3、0.99 亿 m^3 和 1.30 亿 m^3。

城陵矶至汉口河段全长 251km，在 2001 年 10 月 ~ 2012 年 10 月期间，河段平滩河槽冲刷量为 1.256 亿 m^3，冲刷量较上游河段明显偏弱（表 3–8），嘉鱼以上河段（长约 97.1km）河床冲淤相对平衡，嘉鱼以下河床则以冲刷为主，其中嘉鱼河段、簰洲河段和武汉上段的平滩河槽冲刷幅度相对较大。

汉口至湖口河段全长 295.4km，2001 年 10 月 ~ 2012 年 10 月期间的平滩河槽冲刷量为 2.957 3 亿 m^3（表 3–9）。

（2）2003 ~ 2008 年期间除了荆江河段与砂卵石河段基本呈一致性冲刷特点相同外，其余河段年际间有冲有淤；试验性蓄水期沙质河床河段全线呈一致冲刷状态，沙质河段的冲刷强度较 2003 年 10 月 ~ 2008 年 10 月的冲刷强度有一定程度的增大。

三峡水库蓄水以来荆江河段河道泥沙冲淤统计表　　表 3-7

起止地点	长度(km)	时　段	冲淤量(万 m^3)		
			枯水河槽	基本河槽	平滩河槽
枝城至藕池口(上荆江)	171.7	2002 ~ 2003 年	−2 300	−2 100	−2 396
		2003 ~ 2004 年	−3 900	−4 600	−4 982
		2004 ~ 2005 年	−4 103	−3 800	−4 980
		2005 ~ 2006 年	895	807	676
		2006 ~ 2007 年	−4 240	−4 347	−3 996
		2007 ~ 2008 年	−623	−574	−250
		2002 ~ 2008 年	−14 271	−14 614	−15 928
		2008 ~ 2009 年	−2 612	−2 652	−2 725
		2009 ~ 2010 年	−3 649	−3 779	−3 856
		2010 ~ 2011 年	−6 210	−6 225	−6 305
		2011 ~ 2012 年	−3 394	−3 941	−4290
		2008 ~ 2012 年	−15 865	−16 597	−17 176
		2002 ~ 2012 年	−30 136	−31 211	−33 104
藕池口至城陵矶(下荆江)	175.5	2002 ~ 2003 年	−4 100	−5 200	−7 424
		2003 ~ 2004 年	−5 100	−6 100	−7 997
		2004 ~ 2005 年	−2 277	−2 800	−2 389
		2005 ~ 2006 年	−2 761	−2 708	−3 338
		2006 ~ 2007 年	−659	−341	641
		2007 ~ 2008 年	−62	−177	76
		2002 ~ 2008 年	−14 959	−17 326	−20 431
		2008 ~ 2009 年	−4 996	−5 065	−5 526
		2009 ~ 2010 年	−1 280	−1 040	−1 127
		2010 ~ 2011 年	−1 733	−1 481	−1 238
		2011 ~ 2012 年	−656	−809	−652
		2008 ~ 2012 年	−8 665	−8 395	−8 543
		2002 ~ 2012 年	−23 624	−25 721	−28 974
枝城至城陵矶(荆江河段)	347.2	2002 ~ 2003 年	−6 400	−7 300	−9 820
		2003 ~ 2004 年	−9 000	−10 700	−12 979
		2004 ~ 2005 年	−6 380	−6 600	−7 369
		2005 ~ 2006 年	−1 867	−1 901	−2 662
		2006 ~ 2007 年	−4 899	−4 688	−3 355
		2007 ~ 2008 年	−685	−751	−174
		2002 ~ 2008 年	−29 231	−31 940	−36 359
		2008 ~ 2009 年	−7 608	−7 717	−8 251
		2009 ~ 2010 年	−4 929	−4 819	−4 983
		2010 ~ 2011 年	−7 943	−7 706	−7 543
		2011 ~ 2012 年	−4 050	−4 750	−4 942
		2008 ~ 2012 年	−24 530	−24 992	−25 719
		2002 ~ 2012 年	−53 761	−56 932	−62 078

城陵矶至汉口河段河道泥沙冲淤统计表　　表 3-8

起止地点	长度（km）	时　段	冲淤量（万 m^3）		
			枯水河槽	基本河槽	平滩河槽
城陵矶至汉口	251	2001 ~ 2003 年	−1 374	−2 548	−4 798
		2003 ~ 2004 年	1 033	2 033	2 445
		2004 ~ 2005 年	−4 742	−4 713	−4 789
		2005 ~ 2006 年	2 071	1 265	1 152
		2006 ~ 2007 年	−3 443	−3 261	−3 370
		2007 ~ 2008 年	−104	1 295	3 567
		2001 ~ 2008 年	−6 559	−5 929	−5 793
		2008 ~ 2009 年	−383	−1 489	−2 183
		2009 ~ 2010 年	−3 349	−2 851	−2 857
		2010 ~ 2011 年	1 204	1 050	1 586
		2011 ~ 2012 年	−2 499	−2 792	−3 309
		2008 ~ 2012 年	−5 027	−6 082	−6 763
		2001 ~ 2012 年	−11 586	−12 011	−12 556

注：城陵矶至汉口河段枯水河槽、基本河槽、平滩河槽分别对应螺山流量为 6 500m^3/s、12 000m^3/s、33 000m^3/s。

汉口至湖口河段河道泥沙冲淤统计表　　表 3-9

起止地点	长度（km）	时　段	冲淤量（万 m^3）		
			枯水河槽	基本河槽	平滩河槽
汉口至湖口	295.4	2001 ~ 2003 年	7 230	1 538	−876
		2003 ~ 2004 年	1 638	908	1 191
		2004 ~ 2005 年	−13 705	−15 150	−14 995
		2005 ~ 2006 年	889	117	−16
		2006 ~ 2007 年	1 343	1 723	1 780
		2007 ~ 2008 年	−3 284	248	1 383
		2001 ~ 2008 年	−5 889	−10 616	−11 533
		2008 ~ 2009 年	−8 877	−11 502	−12 001
		2009 ~ 2010 年	−3 017	−1 388	−1 014
		2010 ~ 2011 年	−7 331	−5 674	−4 904
		2011 ~ 2012 年	−5 328	−3 358	−3 508
		2008 ~ 2012 年	−24 553	−21 922	−21 427
		2001 ~ 2012 年	−27 220	−29 177	−29 573

注：汉口至湖口河段枯水河槽、基本河槽、平滩河槽分别对应汉口流量为 7 000m^3/s、14 000m^3/s、35 000m^3/s。

图 3-21 反映出沙质河床河段蓄水后累积冲刷量的随时间变化。可以看出，蓄水后初期，冲刷量较大，但随后冲刷量的累计增加速度变缓；进入试验性蓄水期以后，沙质河床河段累积冲刷量又进入迅速增加的阶段。

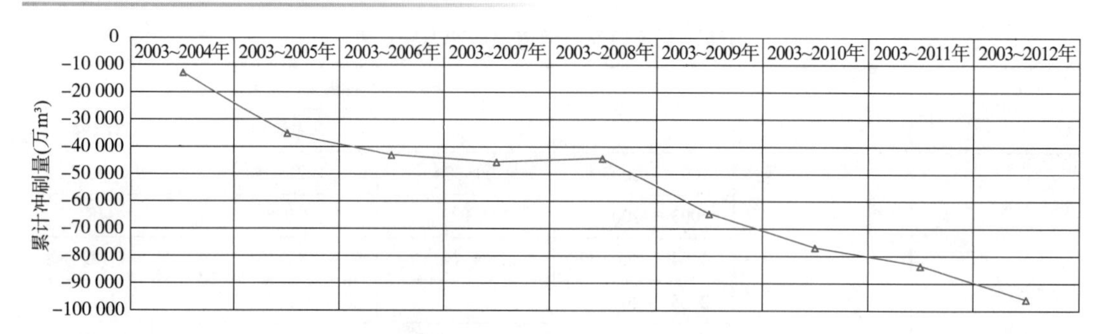

图 3–21　沙质河段累计冲淤量

3.2.2.2　河床冲刷沿程变化

枝城至城陵矶的荆江河段在蓄水后处于一致冲刷状态，但三峡水库试验性蓄水之后该河段的冲刷强度更大。图 3–22 给出的荆江四个河段 2003 ~ 2008 年和 2008 ~ 2012 年冲刷量对比柱状图可以看出，每个河段试验性蓄水期的冲刷量均大于 2003 ~ 2008 年间的冲刷量。

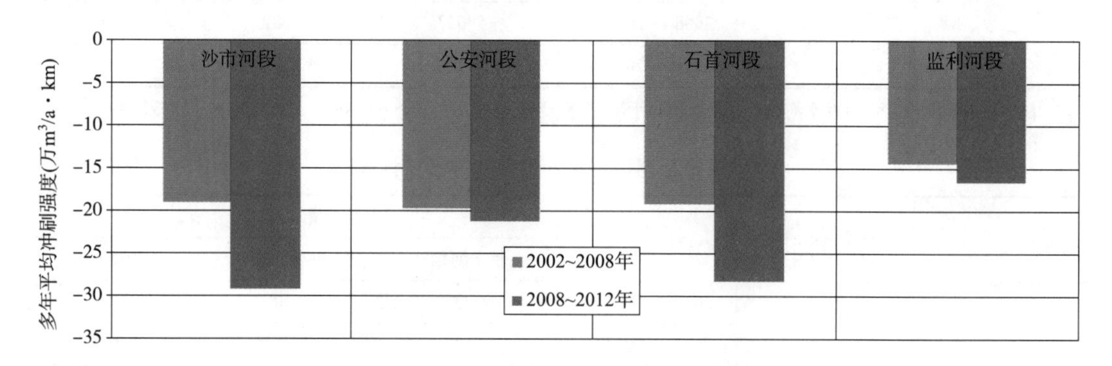

图 3–22　江口—城陵矶河段累计冲淤量

2003 年 10 月—2008 年 10 月，城陵矶至汉口河段的上段总体表现为淤积，其中白螺矶河段（城陵矶—杨林山）、界牌河段（杨林山—赤壁）、陆溪口河段和嘉鱼河段河床淤积明显，嘉鱼河段以下则以冲刷为主，主要在簰洲河段和武汉河段（上）。2008 年 10 月 ~ 2012 年 10 月，城汉河段沿程呈冲刷状态，其中白螺矶河段、界牌河段、陆溪口河段、嘉鱼河段和武汉河段均表现为冲刷，并且以白螺矶河段和嘉鱼河段冲刷最为剧烈，见图 3–23。

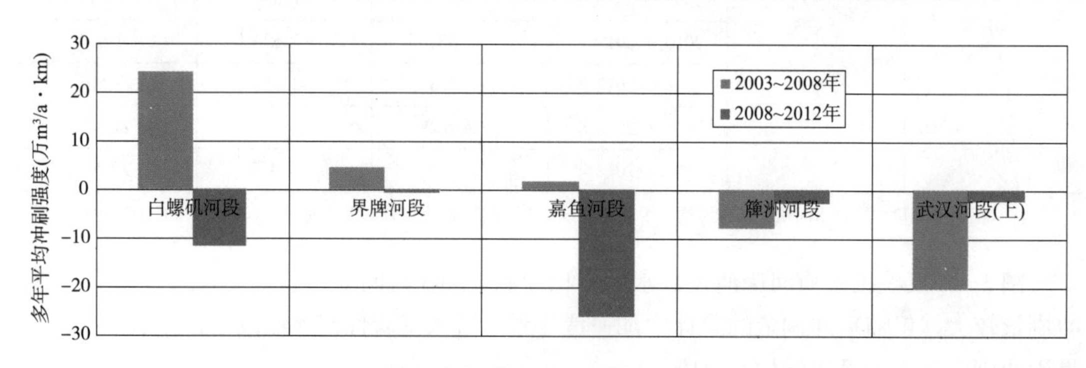

图 3–23　城汉河段累计冲淤量

在 2003 ~ 2008 年期间，汉湖河段沿程冲淤相间，总体上表现为冲刷；2008 年之后该河床表现为沿程以冲刷为主，见图 3-24。

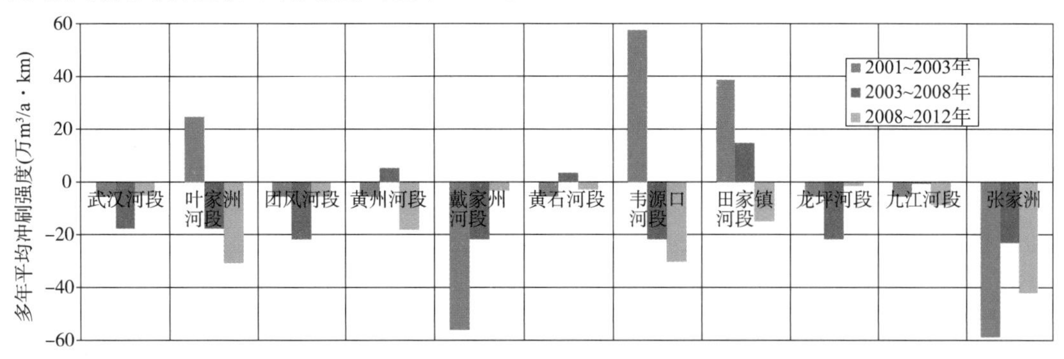

图 3-24　汉湖河段冲刷强度

3.3　三峡水库运行后长江中游泥沙粒径的时空变化

3.3.1　三峡水库运行初期长江中游悬沙级配的变化

3.3.1.1　悬沙级配随时间的变化

表 3-10、表 3-11 给出了三峡水库运行前后，坝下游主要水文站悬移质泥沙中值粒径及粒径大于 0.125mm 的沙重百分数，依此绘制三峡水库运行前及蓄水后不同时期坝下游主要水文站悬移质泥沙中值粒径及粒径大于 0.125mm 的沙重百分数对比图（图 3-25、图 3-26）。

三峡水库坝下主要水文站悬移质泥沙中值粒径对比（单位：mm）　　表 3-10

年份＼水文站	黄陵庙	宜昌	枝城	沙市	监利	螺山	汉口	大通
2002 年前	—	0.009	0.009	0.012	0.009	0.012	0.01	0.009
2003 年	0.007	0.007	0.011	0.018	0.021	0.014	0.012	0.01
2004 年	0.006	0.005	0.009	0.022	0.061	0.023	0.019	0.006
2005 年	0.005	0.005	0.007	0.013	0.025	0.01	0.011	0.008
2006 年	0.003	0.003	0.006	0.099	0.15	0.026	0.011	0.008
2007 年	0.003	0.003	0.009	0.017	0.056	0.018	0.012	0.013
2008 年	0.003	0.003	0.006	0.017	0.109	0.012	0.01	0.012
2009 年	0.003	0.003	0.005	0.012	0.067	0.007	0.007	0.01
2010 年	0.006	0.006	0.007	0.01	0.015	0.011	0.013	0.013
2011 年	0.008	0.007	0.008	0.018	0.065	0.014	0.021	0.009
2012 年	0.007	0.007	0.009	0.012	0.017	0.012	0.021	0.011
2003 ~ 2007 年	0.005	0.005	0.008	0.034	0.063	0.018	0.013	0.009
2008 ~ 2012 年	0.005	0.005	0.007	0.014	0.055	0.011	0.014	0.011

注：宜昌、监利站多年平均统计年份为 1986 ~ 2002 年；枝城站多年平均统计年份为 1992 ~ 2002 年；沙市站多年平均统计年份为 1991 ~ 2002 年；螺山、汉口、大通站多年平均统计年份为 1987 ~ 2002 年。

三峡水库坝下主要水文站悬移质泥沙（D>0.125mm）沙重百分数对比（%）　　表 3-11

水文站 年份	黄陵庙	宜昌	枝城	沙市	监利	螺山	汉口	大通
2002 年前	—	9	6.9	9.8	9.6	13.5	7.8	7.8
2003 年	10.8	14	25.8	26.6	19.4	21	16.2	0.4
2004 年	4.2	8.9	22.5	31.7	39.7	28	25	4.5
2005 年	1	5.4	12.6	23.9	28.4	22.9	18.6	7.6
2006 年	0.3	2.2	16.8	45.7	57	36.2	25.6	8.8
2007 年	1.4	2.5	19	32.2	41.5	29.1	24.3	10.4
2008 年	0.4	1.4	5.1	33.8	46.8	13.5	7.8	10.1
2009 年	0.2	1.5	9.6	29.5	43.6	22.5	18.7	10
2010 年	0.3	1.4	6.2	18.8	26.5	14.9	15.9	10.3
2011 年	2	1.1	7.3	26.8	41.7	20.6	21.6	3.5
2012 年	—	1.2	2.6	13.1	21.8	16.6	24.2	9.0
2003 ~ 2007 年	3.5	6.6	19.3	32.0	37.2	27.4	21.9	6.3
2008 ~ 2012 年	0.7	1.3	6.2	24.4	36.1	17.6	17.6	8.6

注：宜昌、监利站多年平均统计年份为 1986 ~ 2002 年；枝城站多年平均统计年份为 1992 ~ 2002 年。

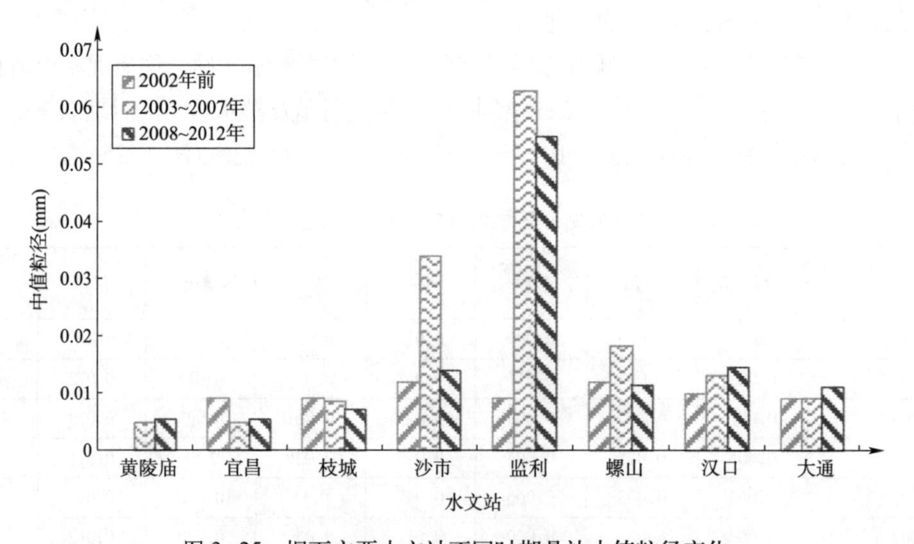

图 3-25　坝下主要水文站不同时期悬沙中值粒径变化

由表 3-10 和表 3-11、图 3-25 和图 3-26 分析可知：由于水库蓄水，大量粗粒泥沙拦截在库内，下泄泥沙明显细化。蓄水后，宜昌站与黄陵庙站相比悬沙中值粒径相差不大，粗沙比例略有上升，故基本可以用宜昌站的悬沙级配作为出库悬沙级配进行分析。2003 ~ 2007 年，出库泥沙变细，宜昌站的悬沙中值粒径由蓄水前的多年均值 0.009mm 减小到 5 年平均的 0.005mm，悬沙中粗粒泥沙（d>0.125mm）的沙重百分数由蓄水前的 9% 减少到 6.6%。2008 ~ 2012 年，黄陵庙站和宜昌站的粗沙比例再次明显减小至 1.3%，而中值粒径基本不变，可以看出试验性蓄水后，对粗颗粒泥沙的拦截作用有所增强，分选作用显著。

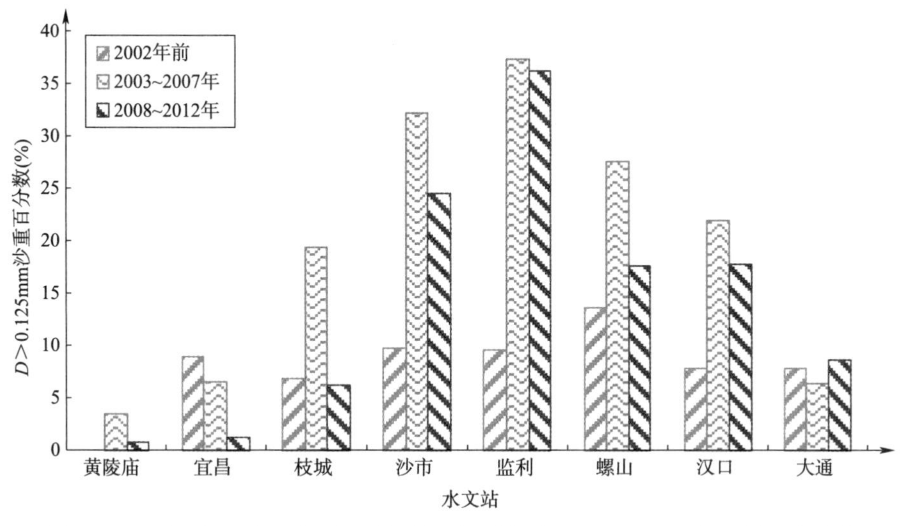

图 3–26　坝下主要水文站不同时期悬沙粗颗粒（$D>0.125$mm）泥沙含量变化

水库下泄的“清水细沙”由于不饱和输沙，从近坝河段开始导致河床冲刷，原本为河床质的较粗的泥沙被不断冲起，补给被水库拦截的悬移质泥沙，而较细的冲泄质及细颗粒床沙质却很难得到恢复，故悬沙组成变粗。随着冲刷进一步发展，河床表面形成抗冲粗化层而阻止进一步的冲刷，使该河段的悬沙组成再次变细。且随着冲刷、粗化先后向下游的推进，坝下河段悬沙组成依次完成上述变粗—变细的过程。枝城站悬沙中值粒径蓄水前后基本保持不变，粗粒泥沙（$d>0.125$mm）的沙重比例在前两个蓄水阶段的 2003 ~ 2007 年有明显的增大，进入试验性蓄水期后又基本恢复到蓄水前的水平。沙市、监利、螺山三站在蓄水后悬沙中值粒径都有不同程度的增大，之后又有所恢复。其中监利站变化最为显著，蓄水前多年平均值为 0.009mm，蓄水后 2003 ~ 2007 年增大到 0.063mm，为蓄水前的 7 倍左右，2008 ~ 2012 年略有减小至 0.055mm。粗粒泥沙（$d>0.125$mm）的沙重比例也遵循相似的变化规律。

汉口站和大通站蓄水前后中值粒径变化不大，粗粒泥沙（$d>0.125$mm）的沙重比例汉口站略有增加，大通站无明显变化。可见目前三峡水库蓄水对这两个水文站附近河段的悬沙组成影响还并不大。

3.3.1.2　悬沙级配的沿程变化

图 3–27、图 3–28 分别给出了蓄水前后坝下主要水文站悬沙中值粒径和粗颗粒（$d>0.125$mm）泥沙含量的沿程变化情况，分析可知：

自然状态下长江中游河段悬移质泥沙组成的沿程变化主要受悬沙输移沿程分选作用、河床边界条件、分汇流以及流域产沙等的影响，在这些因素的综合作用下，三峡水库蓄水以前河段悬沙中值粒径大小以及粗粒泥沙（$d>0.125$mm）沙重比例沿程均无太大变化。

2003 ~ 2007 年，出库泥沙变细，至枝城站中值粒径基本与蓄水前持平，而粗沙（$d>0.125$mm）比例已经大大超过了蓄水前的情况。以监利站为分界，监利站以上各站中值粒径大小以及粗沙（$d>0.125$mm）比例沿程增大，监利站以下各站沿程减小。究其原因，监利以上河段主要由于悬沙沿程冲刷恢复且床沙组成较粗，大量粗粒泥沙沿程被冲起导致悬沙级配沿程不断变粗；监利站以下河段水流挟沙饱和度已显著恢复，且床沙组成较细，主要由于悬沙中粗粒泥沙不断与床沙中较细的泥沙发生交换，使得悬沙级配沿程变细，但总体看来枝城站至汉口站与蓄水前情况相比悬沙均有所粗化，大通站暂无明显变化。可见在此阶段冲刷影响主要在监利站以上河段，且河床粗化基本发展到枝城站附近。

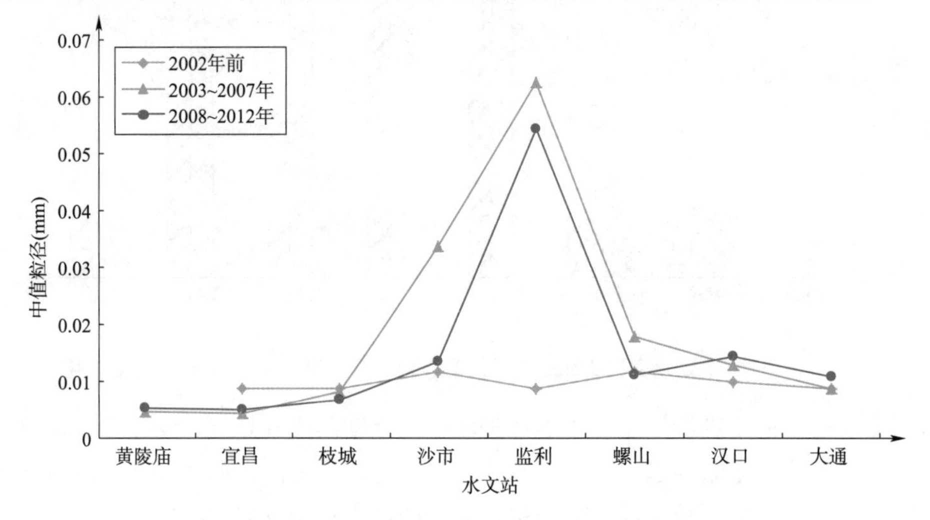

图 3-27　坝下主要水文站悬沙中值粒径沿程变化

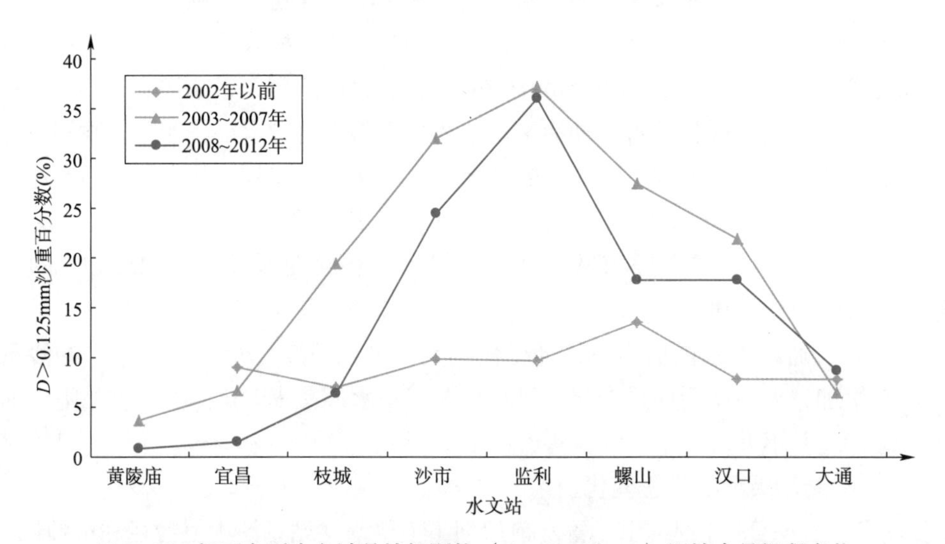

图 3-28　坝下主要水文站悬沙粗颗粒（$d>0.125$mm）泥沙含量沿程变化

2008～2012年，与前两个蓄水阶段相比，悬沙级配的沿程变化整体趋势并未改变，其中沙市站的悬沙中值粒径显著减小，沙市站及其上游各站粗沙（$d>0.125$mm）比例显著降低，可见在此阶段河床粗化已发展至沙市站附近。

3.3.2　三峡水库运行初期长江中游床沙粒径的时空变化

根据宜昌站汛后实测床沙资料分析，三峡水库蓄水前99%的床沙粒径在0.062～0.50mm之间，而在三峡水库135～139m运行期，99%的床沙粒径在0.125～1.00mm之间，其粒径约为蓄水前的 2 倍。在三峡水库 144 ~ 156m 运行期，床沙粗化趋势更加明显，更粗一级的粒径组所占的比重有逐年上升趋势。2008 年汛后三峡水库进入 175m 试验性蓄水运行期，2009 年宜昌站断面床沙粗化更进一步，卵石为床沙主要成分（表 3–12，图 3–29）；2010 年、2011 年由于宜昌河段连续表现泥沙淤积的现象，宜昌站床沙中细颗粒粒径的泥沙略有增加，最大粒径也从 2009 年的 74.9mm 降至 2010 年的 45.1mm；2011 年最大粒径略降至 41.5mm，64.0 ~ 128.0mm 之间的泥沙含量从 2009 年的 75.8% 明显下降至 0.0%，16.0 ~ 64.0mm 之间的泥沙含量则逐年增加；2010 年为 69.1%，2011 年达到 95.2%，床沙的变化随河床冲淤变化而改变。

三峡水库蓄水运行期以来宜昌站汛后床沙组成级配变化情况统计表（%）　　表 3–12

时间 \ 粒径组（mm）	0.016 ~ 0.031	0.031 ~ 0.062	0.062 ~ 0.125	0.125 ~ 0.25	0.25 ~ 0.5	0.5 ~ 1	1 ~ 2	2 ~ 4	4 ~ 8	8 ~ 16	16 ~ 32	32 ~ 64	64 ~ 128
2001 年 12 月	0	0.5	19.5	73.9	5.7	0.4	0	0	0	0	0	0	0
2002 年 12 月	0	0.6	27.2	55.1	16.3	0.8	0	0	0	0	0	0	0
2003 年 12 月	0	0	1.2	25.4	68.8	4.4	0.2	0	0	0	0	0	0
2004 年 12 月	0	0	0.9	16.9	71.2	10.7	0.3	0	0	0	0	0	0
2005 年 12 月	0	0	0.2	3.6	65.8	29.3	1.1	0	0	0	0	0	0
2006 年 12 月	0	0	0.6	4.3	15.5	6.3	2.8	1.4	2.7	5.7	15.1	45.6	0
2007 年 12 月	0	0	0	2	7.3	8.1	6.7	4.2	12.1	20.5	17.4	21.3	0
2008 年 12 月	0	0	0	0.5	3.1	3.0	4.0	1.7	7.9	19.5	49.1	11.2	0
2009 年 12 月	0	0	0	0	0.5	2.0	0.7	0.2	0.8	2.3	6.4	11.2	75.8
2010 年 12 月	0	0.1	0.6	5.4	10.5	7.3	1.5	0.4	1.4	3.7	20.3	48.8	0
2011 年 12 月	0	0	0.1	0.1	0.3	0.3	0.2	0.0	0.3	3.5	52.6	42.6	0
2012 年 12 月	0	0	0.3	1.0	5.0	20.5	9.1	2.1	3.3	19.8	38.9	0	0

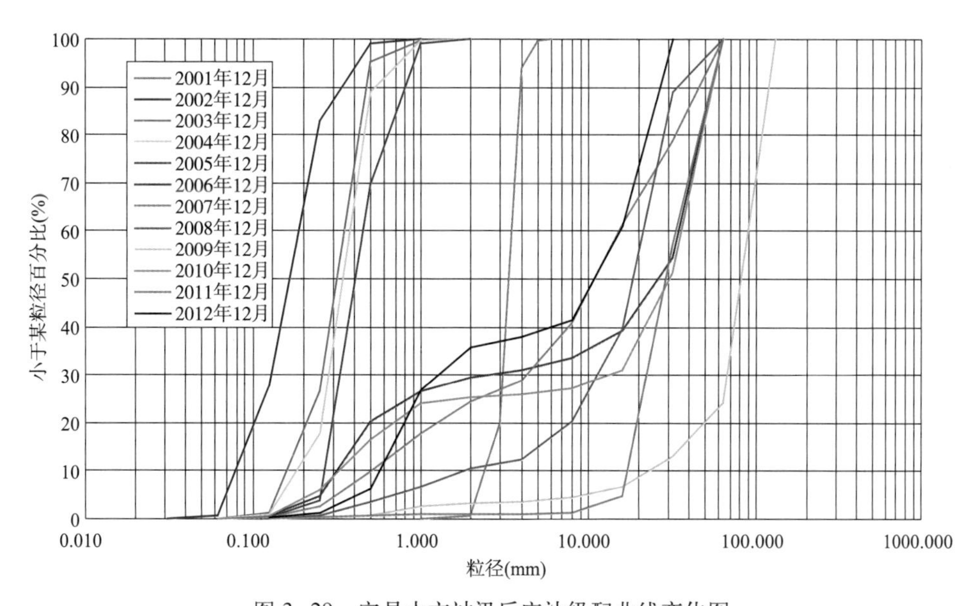

图 3–29　宜昌水文站汛后床沙级配曲线变化图

2012 年虽然宜昌河段发生冲刷，但冲刷幅度较小，河段横向变化并不明显，宜昌站水文断面汛后床沙粒径表现为更进一步的细化，床沙最大粒径下降至 16.2mm，8.0 ~ 16.0mm 之间的泥沙含量从 2011 年的 3.5% 增加至 2012 年的 19.8%。宜昌水文断面床沙呈细化的趋势。

三峡水库工程蓄水后，随着河道冲刷宜昌至杨家脑河段河床逐步由蓄水前的沙质河床或沙夹卵石河床逐步演变为卵石夹沙河床。床沙组成逐年粗化和沿程粗化的趋势明显，与河床演变趋势大致相应，也与推移质粒径变化趋势基本一致（表 3–13）。

宜昌至杨家脑河段床沙 D_{50} 变化统计表（单位：mm） 表 3–13

断面	距坝里程（km）	2001 年 9 月	2003 年 11 月	2004 年 12 月	2007 年 10 月	2008 年 10 月	2009 年 10 月	2010 年 10 月	2011 年 10 月	2012 年 10 月
宜 34	4.85	0.266	0.293	0.338	52.200	57.300	34.500	37.300	29.000	—
宜 37	6.19	0.277	7.410	1.740	72.800	39.400	—	58.200	19.000	—
宜昌站	8.95	0.261	0.320	0.402	28.400	26.800	33.600	26.100	24.000	25.100
昌 13	10.89	2.510	0.343	10.900	28.400	70.400	69.000	33.700	24.200	38.900
昌 15	13.45	0.253	0.513	7.290	30.280	43.700	37.200	19.600	30.800	—
宜 45	15.5	0.241	0.280	9.310	24.000	23.700	25.900	23.800	无	16.200
宜 47	18.47	0.254	0.268	1.660	23.900	23.500	52.000	16.200	1.580	—
宜 49	21.49	0.254	0.243	4.680	5.600	0.503	37.800	20.800	卵石	34.500
宜 51	24.27	0.228	0.227	3.310	12.200	2.800	39.800	44.400	1.930	—
宜 53	27.17	0.490	0.575	0.692	0.543	57.700	21.000	28.200	18.400	—
宜 55	30.47	0.253	0.314	0.417	30.120	0.898	21.800	26.600	20.200	—
宜 57	33.08	0.252	0.279	0.355	28.100	22.500	65.600	71.700	23.300	—
宜 59	36.2	0.201	0.201	0.331	13.910	2.780	52.600	60.100	23.500	—
宜 61	38.94	0.309	0.417	3.020	25.690	32.100	40.000	16.100	19.800	—
宜 63	41.31	0.186	0.336	5.010	26.080	13.800	5.620	32.700	17.600	—
宜 65	42.95	0.589	0.352	3.470	15.720	—	46.600	80.600	0.557	20.200
宜 67	44.33	0.321	0.498	1.940	35.340	0.507	64.500	15.100	18.100	—
宜 69	46.7	0.316	0.296	2.820	0.395	42.400	58.100	54.700	66.800	—
宜 71	49.01	0.191	0.286	0.363	0.443	—	12.600	32.700	0.366	—
宜 73	51.63	0.302	0.380	1.700	0.300	4.090	0.343	0.395	0.705	—
宜 75	54.65	0.151	0.249	1.350	0.410	0.418	0.370	0.353	11.500	—
枝 2	57.89	0.302	0.309	0.324	0.315	—	1.190	0.365	13.300	6.670
荆 3	63.84	0.204	0.273	0.292	0.391	0.338	0.319	0.261	0.297	—
关 01	66.75	9.200	0.217	21.700	0.320	23.100	0.332	0.419	15.900	—
荆 5	68.33	0.266	0.281	0.262	0.300	2.150	0.446	0.522	9.940	28.200
荆 6	71.38	0.221	0.232	0.234	0.290	8.920	0.282	0.364	0.966	66.200
关 10	73.87	0.150	0.231	0.207	0.240	0.221	—	0.337	0.295	—

续上表

断面	距坝里程(km)	2001 年 9 月	2003 年 11 月	2004 年 12 月	2007 年 10 月	2008 年 10 月	2009 年 10 月	2010 年 10 月	2011 年 10 月	2012 年 10 月
董 2	78.56	0.236	0.217	0.216	0.290	0.342	0.275	0.287	0.331	—
董 5	82.97	0.183	0.159	16.400	0.280	42.000	—	0.311	0.348	0.347
董 8	87.96	0.204	0.156	0.209	0.230	0.264	0.273	0.260	0.313	
董 10	91.88	0.375	0.179	33.500	0.250	56.000	46.900	59.200	36.900	22.300
董 12	94.57	0.256	0.185	20.300	0.190	26.000	0.351	0.294	64.000	—
荆 15	98.67	18.200	0.188	23.600	0.250	11.300	0.258	0.254	0.363	—
荆 16	99.82	0.226	0.212	0.257	0.240	33.400	60.000	17.700	0.943	—
荆 17	104.41	19.100	0.208	21.700	0.250	17.500	39.900	0.338	23.700	—
荆 18	108.42	0.238	0.181	13.500	0.240	0.261	0.281	0.292	19.400	—
荆 21	115.25	0.140	0.238	19.600	0.260	7.090	0.292	0.288	32.700	16.000
荆 25+1	120.36	0.222	0.171	0.222	0.240	0.267	0.247	0.242	—	
概略平均	1.522	0.466	6.148	12.090	19.841	24.865	20.555	15.871	—	

由于 2012 年仅对部分节点河段的断面进行了床沙取样，因此只对节点河段断面的床沙进行对比分析。从床沙中值粒径变化情况看，各节点河段的床沙组成变化不一，其中宜昌河段沿程床沙以卵石居多，河床组成为卵、砾石与少量沙质，与上年度相比，节点河段的床沙有一定程度的粗化；宜都河段中南阳碛节点断面宜 65 的床沙中值粒径变粗，外河坝的枝 2 断面的床沙和上年度相比，有一定的变细，但床沙最大粒径仍达 47.0mm，卵、砾石含量达 52%。枝江河段中关洲以上河段节点断面的床沙均表现为粗化，尤其是关洲河段，床沙粗化明显加剧，关洲以下董市洲至杨家脑段，河床组成中多为粒径大于 19.00mm 的卵石，说明河段冲刷带的下移对枝江河段床沙组成的影响较大。

总之，三峡水库蓄水前宜昌至杨家脑河段的粒径虽在一定范围变化，总体上属于沙砾河床，局部河段为砾石河床。三峡水库蓄水运行后，随着宜昌至杨家脑河段逐年冲刷，河床组成也明显粗化，已由沙砾质河床逐步演变为卵砾石河床。

3.4　三峡水库运行后长江中游泥沙沿程冲刷恢复分析

3.4.1　不同粒径组泥沙输沙量的时空变化

图 3–30 给出了坝下主要水文站不同时期分组悬移质泥沙输沙量的变化。

3.4.1.1　沿程变化

不同粒径组泥沙沿程恢复过程有所不同：

(1) 蓄水后 2003 ~ 2007 年和 2008 ~ 2012 年，不同阶段粒径小于 0.031mm 以及粒径为 0.031 ~ 0.125mm 的泥沙从宜昌到大通递增，因此该粒径组泥沙恢复距离到大通站以下。

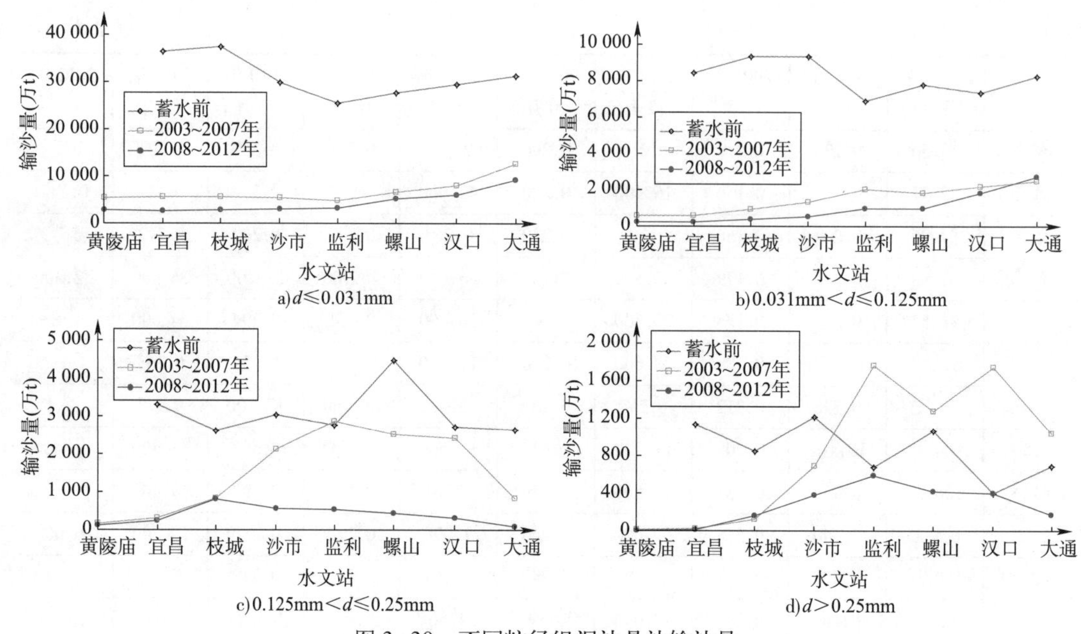

图 3-30 不同粒径组泥沙悬沙输沙量

(2) 粒径为 0.125 ~ 0.25mm 的泥沙，2003 ~ 2007 年从宜昌到监利递增，监利以下递减；2008 ~ 2012 年从宜昌到枝城递增，枝城以下递减。说明试验性蓄水期后，该粒径组泥沙恢复距离有缩短的现象。

(3) 粒径大于 0.25mm 的泥沙，2003 ~ 2007 年恢复距离为宜昌到监利站附近，且 2008 ~ 2012 年保持不变。

蓄水后长江中下游不同粒径恢复距离不同，粒径越粗，恢复距离越短。

3.4.1.2 随时间变化

不同粒径组的泥沙输沙量随时间变化也有所不同：

(1) 各水文站粒径小于 0.031mm 的悬移质泥沙输沙量蓄水后较蓄水前均大幅度减小，试验性蓄水期较 2003 ~ 2007 年进一步减小。2008 ~ 2012 年年均输沙量分别为蓄水前多年平均值的 7.47% ~ 29.80%，近期难以恢复。

(2) 粒径为 0.031 ~ 0.125mm 悬沙的变化规律与小于 0.031mm 的类似。2008 ~ 2012 年年均输沙量分别为蓄水前的 2.61% ~ 32.98%，近期同样难以恢复。

(3) 粒径 0.125 ~ 0.25mm 的泥沙，2003 ~ 2007 年监利站输沙量已恢复到蓄水前的水平，2008 ~ 2012 年试验性蓄水期年均输沙量各站减小至蓄水前的 7.15% ~ 30.85%。

(4) 粒径大于 0.25mm 的泥沙，2003 ~ 2007 年监利站以下各站该组泥沙的输沙量大于蓄水前多年平均值，进入试验性蓄水期后，该组粒径悬沙的输沙量有所减少，但监利、汉口仍能恢复至蓄水前的水平。2008 ~ 2012 年，各站年均输沙量分别为蓄水前的 1.41% ~ 100.87%。

3.4.2 三峡水库运行初期长江中游水流挟沙饱和度的时空变化

枢纽运行后，大量泥沙拦蓄在库内，下泄水流处于不饱和状态。与之前分析相同，依然采用水沙搭配系数来分析长江中游河段水流挟沙饱和度的时空变化特点。

1990 年以前，可以认为长江属于基本冲淤平衡的河流，因此可将多年平均悬沙含沙量与多年平均流量的比值作为其饱和时的水沙搭配系数。1990 年至三峡水库运行前，上游来沙减少，三峡水库运行后进一步减少，其年平均含沙量与年平均流量的比值小于多年平均含沙量与多年平均流量的比值，水流处于不饱和状态，因而引起下游河段的冲刷。

以长江中游各水文站年平均含沙量与年平均流量的比值计算该站当年的水沙搭配系数，同时按照 0.125mm 以上悬沙近似计算床沙质的水沙搭配系数来进一步分析床沙质的水流挟沙饱和度（表 3–14）。

不同时段长江中游主要水文站水沙搭配系数统计结果　　表 3–14

水沙搭配系数 (g·s·m) ＼ 水文站 / 时段		宜昌	枝城	沙市	监利	螺山	汉口	大通
悬沙	三峡运行前	0.081 3	0.079 6	0.088 1	0.088 3	0.030 9	0.024 8	0.016 4
	2003 年	0.018 3	0.023 1	0.028 3	0.030 8	0.011 3	0.009 6	0.007 6
	2004 年	0.011 8	0.014 3	0.019 8	0.024 0	0.010 8	0.009 3	0.007 5
	2005 年	0.016 5	0.017 9	0.023 5	0.027 1	0.011 2	0.009 9	0.008 4
	2006 年	0.003 5	0.004 4	0.009 9	0.016 6	0.008 5	0.006 4	0.005 6
	2007 年	0.013 8	0.015 4	0.021 6	0.024 6	0.011 6	0.010 1	0.008 7
	2008 年	0.005 8	0.006 7	0.010 1	0.016 6	0.007 8	0.007 0	0.006 0
	2009 年	0.007 6	0.007 9	0.011 7	0.016 7	0.007 9	0.007 0	0.005 7
	2010 年	0.006 3	0.006 8	0.010 4	0.014 0	0.006 3	0.006 3	0.005 6
	2011 年	0.001 7	0.002 4	0.005 1	0.012 7	0.006 6	0.007 2	0.005 1
	2012 年	0.006 2	0.006 8	0.010 9	0.014 3	0.006 4	0.007 1	0.005 1
床沙质	三峡运行前	0.007 3	0.005 5	0.008 6	0.008 5	0.004 2	0.001 9	0.001 3
	2003 年	0.002 6	0.006 0	0.007 5	0.006 0	0.002 4	0.001 5	0.000 0
	2004 年	0.001 0	0.003 2	0.006 3	0.009 5	0.003 0	0.002 3	0.000 3
	2005 年	0.000 9	0.002 3	0.005 6	0.007 7	0.002 6	0.001 8	0.000 6
	2006 年	0.000 1	0.000 7	0.004 5	0.009 5	0.003 1	0.001 6	0.000 5
	2007 年	0.000 3	0.002 9	0.007 0	0.010 2	0.003 4	0.002 5	0.000 9
	2008 年	0.000 1	0.000 3	0.003 4	0.007 8	0.001 1	0.000 5	0.000 6
	2009 年	0.000 1	0.000 8	0.003 5	0.007 3	0.001 8	0.001 3	0.000 6
	2010 年	0.000 1	0.000 4	0.002 0	0.003 7	0.000 9	0.001 0	0.000 6
	2011 年	0.000 0	0.000 2	0.001 4	0.005 3	0.001 4	0.001 5	0.000 2
	2012 年	0.000 1	0.000 2	0.001 4	0.003 1	0.001 1	0.001 7	0.000 5

图 3–31 给出了三峡水库运行前及运行后不同时期长江中游水流挟沙饱和度的变化，表 3–15 给出了三峡水库运行后不同时期水沙搭配系数占三峡水库运行前值的百分数，由图 3–31、表 3–15 可知：

三峡水库运行后，坝下游水流挟沙饱和度大幅度减小，悬沙和床沙质的水沙搭配系数均大幅小于三峡水库运行前值。随水库蓄水运用时间延长，各站水流挟沙饱和度均进一步减小，说明河床的补充呈现减小的趋势。

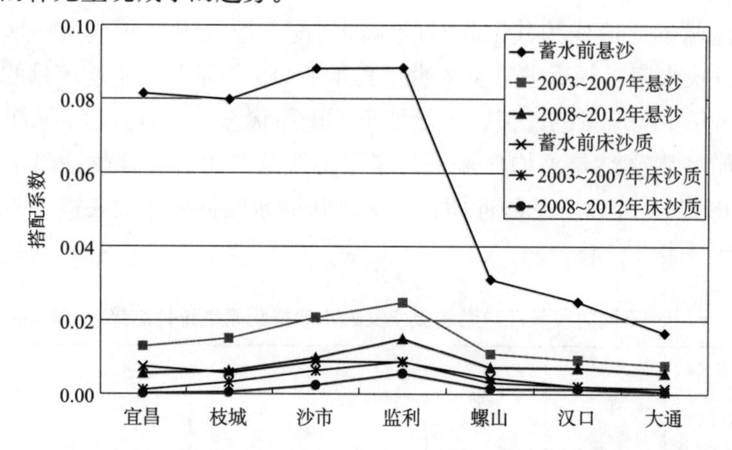

图 3-31　三峡水库运行前及蓄水后不同时期长江中游水流挟沙饱和度变化

三峡水库运行后不同时期水沙搭配系数占三峡水库运行前值百分数　　表 3-15

占三峡运行前值百分数（%）/ 水文站 / 时段		宜昌	枝城	沙市	监利	螺山	汉口	大通
悬沙	2003 ~ 2007 年	15.7	18.8	23.4	27.9	34.6	36.5	45.9
	2008 ~ 2012 年	6.8	7.7	11.0	16.9	22.7	27.8	33.4
床沙质	2003 ~ 2007 年	13.5	54.9	71.6	101.2	69.1	101.4	37.5
	2008 ~ 2012 年	1.0	6.8	27.0	64.2	29.7	63.1	37.2

2003 ~ 2007 年，沿程冲刷甚至可以使得监利、汉口的床沙质的水沙搭配系数恢复到与三峡水库运行前相同，在进入试验性蓄水期以后，床沙质水沙搭配系数沿程再也没有完全恢复，即试验性蓄水期以后水流沿程不饱和。

从沿程变化来看，水沙搭配系数沿程增大，水流沿程恢复饱和。悬沙中的床沙质沿程恢复明显快于悬沙整体。

第4章　三峡水库上游建库后长江中游水沙输移特性的变化趋势研究

三峡水库上游修建梯级水库后，水库的蓄水拦沙影响，势必引起中游水沙条件的新变化，进而对长江中游的河床演变、航道条件等产生影响。本节主要通过一维河网水沙数学模型，考虑不同水沙系列，分析三峡水库上游向家坝、溪洛渡水库建库后长江中游的水沙变化趋势。

4.1　三峡水库下游一维河网水沙数学模型的建立

一维数学模型是发展最早，也是最简单的数学模型，它是以断面平均的河床、水流及泥沙因素作为研究对象，不论是理论基础还是数值离散格式都相对比较成熟。目前常见的一维水沙数学模型的主要用途是进行长河段长时段的河床变形计算，以往工程实践中为节省计算量，人为地将连续的不恒定水沙过程概化为梯级式的恒定水沙过程进行计算，这种概化在计算河段较短，河道槽蓄量较小的情况下，是基本正确的；但在计算区域较大，河道的槽蓄量影响较大的情况下，流量沿程变化较大，若假定流量沿程不变，与实际情况有较大的差异，其计算结果往往不能正确模拟实际水沙运动过程，甚至无法应用。长江中下游水系众多，支流分汇频繁，洪水、枯水传播时间不同，采用恒定流模型计算时，往往长河段水面线验证就很困难，更难以保证河床冲淤计算结果的正确性。因此，为了准确合理的模拟和预测长江中下游长河段水沙冲淤过程，必须采用非恒定流模型。

由于长江中下游河道以分汊河型为主，尤其是城陵矶以下河段，单一段和分汊段相间分布，部分河段江面较宽，多汊相互连接，结构较为复杂。为更好地模拟分汊河段的分流分沙及冲淤变化，研究采用了河网模型。和常见分汊河道处理模式相比，河网模型更能反映汊道的实际情况，处理更为方便，分流比无须试算，可直接求出。同时，河网计算在隐式解法基础上采取分级分组求解，模型稳定、收敛快，并不会因为河段和断面数目的增多而使计算耗时明显增加，满足长系列计算的要求。

4.1.1　基本方程

一维河网水沙数学模型所依据的主要方程组为圣维南方程、泥沙连续方程及河床变形方程等。基本公式分别如下：

水流连续方程：

$$\frac{\partial Q}{\partial x}+B\frac{\partial Z}{\partial t}=0 \tag{4-1}$$

水流运动方程：

$$\frac{\partial Q}{\partial t}+\frac{\partial}{\partial x}\left(\beta\frac{Q^2}{A}\right)+gA\left(\frac{\partial Z}{\partial x}+J_{\mathrm{f}}\right)=0 \tag{4-2}$$

河床变形方程：

$$\frac{\partial (QS)}{\partial x}+\frac{\partial (AS)}{\partial t}+\rho'\frac{\partial A_0}{\partial t}=0 \tag{4-3}$$

水流挟沙力方程：

$$S_*=S_*(U,h,\omega,\cdots) \tag{4-4}$$

泥沙连续方程：

$$\frac{\partial (QS)}{\partial x}+\frac{\partial (AS)}{\partial t}=-\alpha\omega B(S-S_*) \tag{4-5}$$

以上5式中，x为流程（m）；Q为流量（m^3/s）；Z为水位（m）；B为河宽（m）；t为时间（s）；A为过水断面面积（m^2）；A_0为河床变形面积（m^2）；S为含沙量（kg/m^3）；S_*为水流挟沙力（kg/m^3）；ω为泥沙颗粒沉速（m/s）；ρ'为泥沙干密度（kg/m^3）；α为恢复饱和系数；J_{f}为能坡。

由于长江中下游河道宽窄相间，支汊众多，沿程断面形态变化较大，因此需要在上述简单一维河道模型的基础上构造河网模型来描述这种复杂的水沙输移特征。在单一河道基础上建立具有河网结构的一维水沙数学模型，需要补充汊点上的水量、沙量与动量连续方程。

汊点水量连续条件：

$$\sum_{l=1}^{L(m)}Q_{m,l}^{n+1}=0,\ m=1,2,\cdots,M \tag{4-6}$$

汊点动量守恒条件：

$$Z_{m,1}=Z_{m,2}=\cdots=Z_{m,L(m)}=Z_m,m=1,2,\cdots,M \tag{4-7}$$

汊点沙量守恒：

$$\sum_{l=1}^{L_{in}(m)}Q_{m,l}^{n+1}S_{m,l}^{n+1}=\sum_{l=1}^{L_{out}(m)}Q_{m,l}^{n+1}S_{m,l}^{n+1},\ m=1,2,\cdots,M \tag{4-8}$$

以上3式中，M为河网中的汊点数，L（m）为与汊点m相连接的河段数，$Z_{m,\ l}$为与汊点m相连的第l条河段端点的水位；$Q_{m,\ l}^{n+1}$为与汊点m相接的第l条河段流进（或流出）该汊点的流量（m^3/s），$S_{m,\ l}^{n+1}$为与该流量相对应的含沙量（kg/m^3）。

4.1.2 水流方程组求解

利用线性化的Preissmann四点偏心隐格式离散式（4-1）、式（4-2）可得：

$$a_i\Delta Z_{i+1}+b_i\Delta Q_{i+1}=c_iZ_i+d_i\Delta Q_i+e_i \tag{4-9}$$

$$a_i'\Delta Z_{i+1}+b_i'\Delta Q_{i+1}=c_i'Z_i+d_i'\Delta Q_i+e_i' \tag{4-10}$$

以上两式中，系数 a, b, c, d, e，及 a', b', c', d', e' 仅与第 n 时间层的水位、流量有关。

对于河网水流模拟，分级解法在当前得到了普遍应用。分级解法的基本思路是将式 (4–9)、式 (4–10) 中河段内部各计算断面的未知数通过变量代换消去，将未知数集中到汊点上，形成下式：

$$\Delta Q_1 = E_1 \Delta Z_1 + F_1 + H_1 \Delta Z_{I(1)} \quad (4\text{–}11)$$

$$\Delta Q_{I(1)} = E_1' \Delta Z_1 + F_1' + H_1' \Delta Z_{I(1)} \quad (4\text{–}12)$$

可见，第 l 条河段上、下端点的流量增量与水位增量之间的关系具有相同的表达式，且形式简单。将以上两式代入汊点水流连续方程 (4–6)，并注意汊点处各河段端点之间的水位增量关系 (4–7)，就形成汊点方程组：

$$[\boldsymbol{A}]\{\Delta \boldsymbol{Z}\} = \{\boldsymbol{B}\} \quad (4\text{–}13)$$

式中，$\boldsymbol{A}$ 为系数矩阵；$\{\Delta \boldsymbol{Z}\}$ 为汊点水位增量矢量；$\{\boldsymbol{B}\}$ 为常数项组成的矢量。

如何压缩系数矩阵尺度，一直是河网非恒定流水力计算的核心问题。河网非恒定流计算经历了从直接的“一级解法”到“二级解法”、“三级解法”的过程。三级解法通过消元将未知量集中于汊点上，由于矩阵阶数得到了压缩，因而该方法在国内外得到了大量应用。然而，对于超大型河网区，高阶矩阵运算问题仍然存在，直接求逆，不仅计算量及储存量很大，而且计算精度也难以保证，若用迭代法求解，由于系数矩阵的对角元素往往是非对角占优的，计算中仍有很多困难，其计算量也非常巨大。本研究在三级解法的基础上，基于汊点方程组自身的结构特点，参照线性代数理论中的矩阵分块运算方法，采用了汊点分组解法。这种解法的基本思想是根据河网中的汊点分布情况，按照一定原则将汊点划分为若干组，除第一组和最后一组（第 NG 组）外，其余各汊点组的汊点方程组均可写为：

$$[R]_{ng}\{\Delta Y\}_{ng-1} + [S]_{ng}\{\Delta Y\}_{ng} + [T]_{ng}\{\Delta Y\}_{ng+1} = \{V\}_{ng} \quad (4\text{–}14)$$

式中，$\{\Delta Y\}_{ng}$ 为第 ng 组汊点的水位增量；$ng-1$、$ng+1$ 分别表示与第 ng 组汊点相邻的前一组及后一组汊点。

对于第一组汊点（$ng=1$），汊点方程组可写为：

$$[S]_1\{\Delta Y\}_1 + [T]_1\{\Delta Y\}_2 = \{V\}_1 \quad (4\text{–}15)$$

对最后一组汊点（$ng=\mathrm{NG}$），其汊点方程组为：

$$[R]_{\mathrm{NG}}\{\Delta Y\}_{\mathrm{NG}-1} + [S]_{\mathrm{NG}}\{\Delta Y\}_{\mathrm{NG}} = \{V\}_{\mathrm{NG}} \quad (4\text{–}16)$$

求解时，从第一组汊点开始，逐步运用变量替换法，将各汊点组中的未知量消去，通过回代求出各汊点的水位及各河段端点的流量，进而可求出河网中各计算断面的水位、流量。

采用汊点分组的方法可根据实际计算需要，将汊点划分为任意多组，将系数矩阵阶数降低到任意阶数，节省了计算储存量，提高了计算速度和精度，具有明显的优越性。本项研究模型计算采用了汊点分组解法求解河网水流运动方程。

4.1.3 泥沙连续方程求解

通过求解泥沙连续方程式 (4–5) 可以得到悬移质的分组含沙量。该方程对数值解法的精度要求较高，采用一般的差分模式，精度不能保证，含沙量的计算结果有时可能会出现不合理的情况，而采用高精度的数值格式，不仅计算复杂，而且计算量太大。本计算相临时层之间采用差分法求解，在同一时间层上求分析解，可得含沙量表达式：

$$S_{i+1}=S_i e^{-\left(\frac{\alpha\omega}{\overline{q}}+\frac{1}{\overline{u}^{n+1}\Delta t}\right)\Delta x_i}+\frac{\alpha\omega\overline{u}^{n+1}\Delta t\overline{S}_{*i+1}^{n+1}+\overline{q}\overline{S}_{*i+1}^{n}}{\alpha\omega u^{n+1}\Delta t\overline{q}}\left[1-e^{-\left(\frac{\alpha\omega}{\overline{q}}+\frac{1}{\overline{u}^{n+1}\Delta t}\right)\Delta x_i}\right] \quad (4\text{–}17)$$

式中，$\overline{u}$为Δx_i河段内的平均流速；$\overline{q}$为Δx_i河段内的平均单宽流量；$\overline{S}_*$为Δx_i河段内的平均挟沙力；$\overline{S}$为Δx_i河段内的平均含沙量；S_i为进口断面含沙量；S_{i+1}为出口断面含沙量；ΔX_i为计算河段长度。

4.1.4 河床变形方程求解

在河道冲淤计算时，通常可以忽略水体中含沙量的因时变化，将河床变形方程式（4–3）离散为：

$$\Delta Z_k=(G_{1,k}-G_{2,k})\Delta t/\Delta x/\gamma/B \quad (4\text{–}18)$$

河床变形包括各组泥沙引起的河床变形之和：

$$\Delta Z=\sum_{k=1}^{n}Z_k \quad (4\text{–}19)$$

式中，k代表第k组泥沙。

4.1.5 模型关键问题处理

4.1.5.1　糙率的处理模式

阻力系数是反映水流条件和河床形态的综合系数，其合理与否直接影响到水力计算的精度，进而影响到含沙量及河床变形计算结果的合理性。从长江中下游河道实际特性来看，分汊河道众多，洲滩密布，不少河段河道宽度较大，滩面与主槽、主汊与支汊阻力不一致，高水过滩，低水落槽，不同时期阻力差别大。如果将断面糙率固定为某一确定值，则无法反映出高、低水时糙率的变化。当前的模型中，大多是通过实测资料拟合出流量和糙率之间的相关关系，根据流量的变化调整阻力，某些情况下还需要考虑影响阻力的其他因素，如涨落率、下游水位等，建立多元的相关关系。这些方法虽也能取得较好的效果，然而经验性较强，而且经验关系的修正不够方便，应用存在一定困难。本模型中对糙率的处理采用糙率沿河宽不均匀分布的处理方法，相应于不同水位取不同的糙率值，具体实现采取以下模式：每个计算断面存在一个糙率基值n_T；断面地形数据中，每对起点距、高程附加一个相对糙率系数a_i，将这些系数按照它们各自控制的河宽比例加权求和，得到一个综合系数，该系数与糙率基值的乘积便决定了该水位下的综合糙率（图4–1）。采用此种处理方法后，随着水位的升降，断面自动表现出不同的阻力。该模式中，利用糙率基值实现对糙率的粗调，利用沿河宽分布的权重系数实现对糙率的微调，可根据需要对任意断面糙率进行修正，确定出沿河宽分布的权重后，计算过程中糙率可根据水位高低实现自动调节。

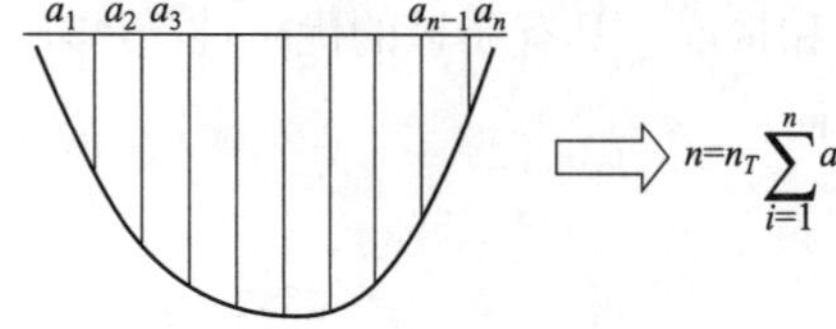

图4–1　断面综合糙率处理模式示意图

4.1.5.2　水流挟沙力及挟沙力级配计算

挟沙力反映了水流处于饱和状态的临界含沙量，是数学模型中判断河床冲淤和模拟泥沙输移的基础。水流挟沙力采用张瑞瑾公式计算：

$$S_{*}=k\left(\frac{u^{3}}{ghw}\right)^{m} \tag{4-20}$$

挟沙能力系数 K 及指数 m 用河段含沙量 S 与 $(u^3/ghw)^m$ 之间的关系确定。由于长江中下游河段演变情况非常复杂，洪枯期的冲淤规律不断改变，如果仅仅采用一套固定的系数模拟该河段的冲淤变化，难以很好地反映河床冲淤过程。本模型结合水库下游河段在不同时期演变特点，分流量级分河段来确定挟沙能力公式系数 K、m。

对于非均匀沙挟沙力级配，目前较通用的有美国的 HEC–6 模型、韩其为计算方法、李义天计算方法等相应模式。其中李义天提出的准平衡状态下挟沙力级配计算方法不仅考虑了河床组成，还考虑了水流条件，同时不需要试算，得到了广泛应用。本项研究的非均匀沙分组水流挟沙力级配计算采用该方法：

$$P_{*k}=P_{\mathrm{b}k}\frac{\dfrac{1-A_{k}}{\omega_{k}}\left(1-e^{-\frac{6\omega_{k}}{\kappa u_{*}}}\right)}{\sum\limits_{k=1}^{n}P_{\mathrm{b}k}\dfrac{1-A_{k}}{\omega_{k}}\left(1-e^{-\frac{6\omega_{k}}{\kappa u_{*}}}\right)} \tag{4-21}$$

$$A_{k}=\frac{\omega_{k}}{\dfrac{\sigma_{\mathrm{v}}}{\sqrt{2\pi}}e^{-\frac{\omega_{k}^{2}}{2\sigma_{\mathrm{v}}^{2}}}+\omega_{k}\Phi\left(\dfrac{\omega_{k}}{\sigma_{\mathrm{v}}}\right)} \tag{4-22}$$

式中，P_{*k} 为挟沙力级配；$P_{\mathrm{b}k}$ 为床沙级配；u_* 为摩阻流速（m/s）；κ 为卡门常数；n 为粒径总分组数；σ_{v} 为垂向紊动强度（m/s），$\sigma_{\mathrm{v}}=u_*$；$\Phi\left(\dfrac{\omega_k}{\sigma_{\mathrm{v}}}\right)$ 可通过数值积分求解。

在已知床沙级配的条件下，根据式（4–21）计算出挟沙力级配后，再由全沙挟沙力乘以挟沙力级配 $P_{*\mathrm{k}}$ 即可得出分组挟沙力。

4.1.5.3　河床质和冲泻质的划分

由于悬移质中的冲泻质不参与河床变形，在模型计算中应该划分出去。利用悬浮指标的相关概念，通过整理长江中游河段的实测资料，得出这两个分界粒径对应的沉速与水深、流速的关系分别为：

$$\omega_{\min}=\frac{65\left(\dfrac{h}{d_{\mathrm{p}j}}\right)^{\frac{1}{6}}}{\bar{u}} \tag{4-23}$$

$$\omega_{\max}=\frac{3\left(\dfrac{h}{d_{\mathrm{p}j}}\right)^{\frac{1}{6}}}{\bar{u}} \tag{4-24}$$

$$\omega=\sqrt{\left(13.95\frac{\nu}{d}\right)^{2}+1.09\frac{\rho_{\mathrm{s}}-\rho}{\rho_{\mathrm{s}}}gd}-13.95\frac{\nu}{d} \tag{4-25}$$

式中，v 为黏滞系数（m^2/s）；ρ_s、ρ 分别为泥沙和水的密度（kg/m^3）；d 为泥沙粒径（m）；ω 为沉速（m/s）。

4.1.5.4　床沙混合层厚度及床沙级配

床沙混合层厚度与床沙特性以及水流条件等因素有关。根据丹江口和已有水库下游计算成果表明，混合层厚度：卵石夹沙河床为 1 ~ 2m；砾石夹沙河床为 2 ~ 3m；中细沙河床为 3 ~ 4m。因此，根据河床组成，宜昌—陈家湾卵石夹沙河床混合层厚度取为 1 ~ 1.5m；陈家湾—藕池口（粗沙、中细沙）取为 1.5 ~ 2.5m；藕池口—城陵矶取为 2 ~ 3m；城陵矶以下取为 2 ~ 3.5m。

初始床沙级配根据计算河段近期河床洲滩地质钻孔资料整理，并结合已有成果的床沙级配资料综合分析得到。考虑到上荆江河段卵石埋藏深度有限，为更好地模拟冲刷过程中床沙粗化现象，计算中考虑其分层特性，对冲淤后的床沙级配调整。将河床组成概化为表、中、底三层，各层的厚度和平均粒配分别记为 h_u、h_m、h_b 和 P_{uk}、P_{mk}、P_{bk}。表层为泥沙的交换层，中间层为过渡层，底层为泥沙冲刷极限层。规定在每一计算时段内，各层间的界面都固定不变，泥沙交换限制在表层内进行，中层和底层暂时不受影响。在时段末，根据床面的冲刷或淤积往下或往上移动表层和中层，保持这两层的厚度不变，而令底层厚度随冲淤厚度的大小而变化。具体的计算过程为：设在某一时段的初始时刻，表层粒配为 P_{uk}^0，该时段内的总冲淤厚度和第 k 组泥沙的冲淤厚度分量分别为 ΔZ_b 和 ΔZ_{bk}，则时段末新表层粒配变为：

$$P_{uk}' = \frac{h_u' P_{uk}^0 + \Delta Z_{bk}}{h_u + \Delta Z_b} \tag{4-26}$$

然后在式（4-26）的基础上重新定义各层的位置和组成，由于表层和中层的厚度保持不变，所以它们的位置随底层厚度的变化而上下移动。

4.2　模型验证

4.2.1　率定验证条件

4.2.1.1　河段概况

计算河段为宜昌—大通河段（长约 1 015km），沿程有清江、汉江支流以及洞庭湖、鄱阳湖出流的入汇，同时还有松滋口、太平口、藕池口分流入洞庭湖，构成了复杂的江湖关系。各河段的基本概况如下：

宜昌至松滋口长约 75km，为山区丘陵地带向平原过渡的河道，河床床面由卵石夹沙或沙夹卵石组成，一般表层为沙，下层为卵石，表层床沙粒径较大，最大中值粒径可达 100mm 以上。两岸为低山丘陵、多级阶地和人工护岸，抗冲能力强，岸线稳定，河床横向变化小，枯水期河宽一般在 1 000m 左右。

松滋口至藕池口长约 147km，为微弯分汊河道。河床有较厚的中细沙覆盖，覆盖层自上而下逐渐增厚，其中郝穴以上中、粗沙较多，以下则主要为细沙和粉沙。两岸河岸黏性土层较厚并有护岸工程控制，河道外形稳定。河段自上而下逐渐展宽，平均河宽约 1 400m。

藕池口至城陵矶长约 160km，为蜿蜒型河道。1967 ~ 1972 年期间由于人工和自然裁弯，该河段九曲回肠的河道形态有所改变。河床组成为中细沙，床沙平均中值粒径为 0.165mm 左右。两岸土层多为二元结构，抗冲性差，边滩发育，河道冲淤多变。

城陵矶至武汉长约 210km，该段除簰牌洲湾河段是弯道外，上下段均为顺直河道，江面开阔。床沙组成为细沙，中值粒径界于 0.14 ~ 0.196mm 之间。

武汉至大通长约 450km，属分汊河道，河道宽窄相间，平面形态呈藕节状。河床主要是由疏松的河流冲积物组成，中值粒径在 0.165 ~ 0.21mm 之间。

4.2.1.2　河段概化

根据河道中实际的洲滩分布进行河网结构的概化，如图 4-2 所示。整个计算范围概化为 81 条河段，60 个汊点，共计 2 120 个断面。为适应河网计算的要求，将汊点分为 5 组。率定及验证计算初始地形为 2003 年的地形。

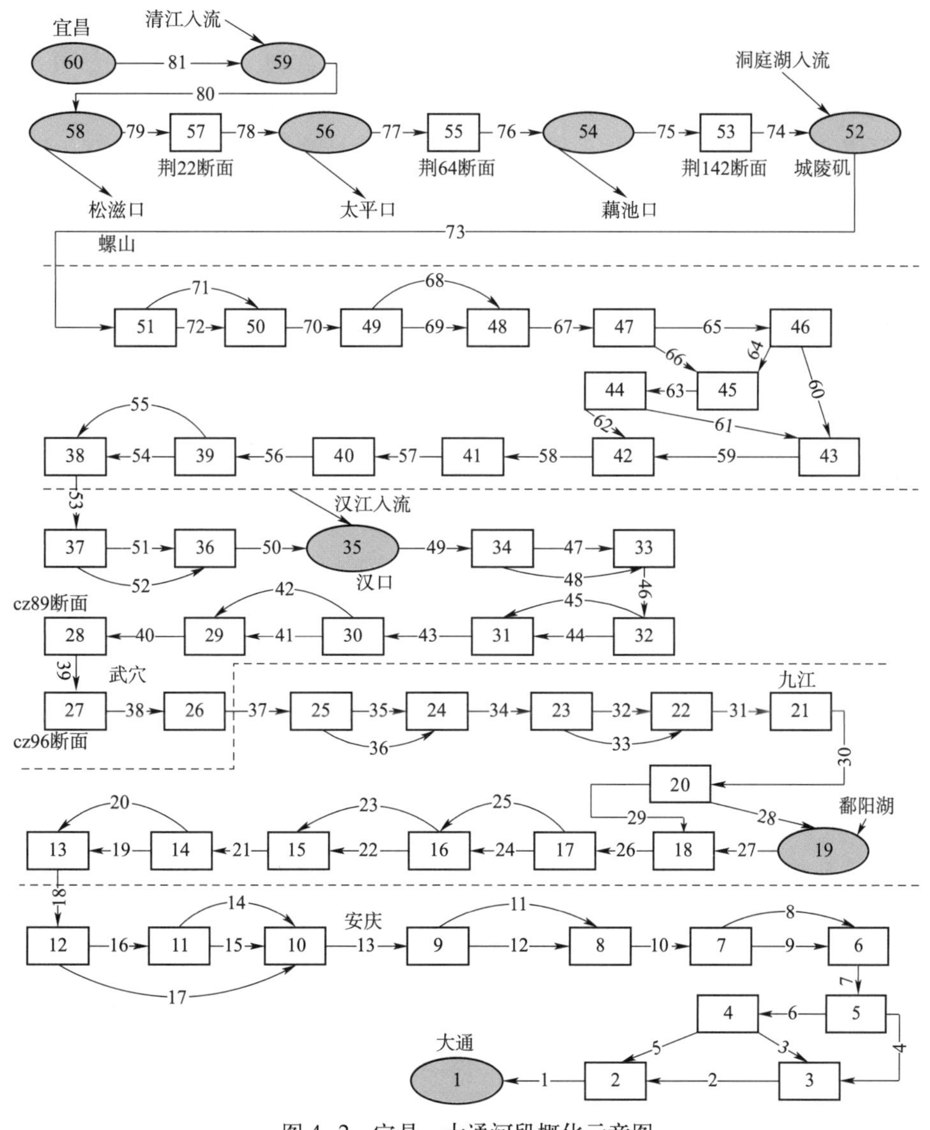

图 4-2　宜昌—大通河段概化示意图

4.2.1.3　进出口边界条件

为更好地反映三峡水库蓄水运用后的实际情况，为下游长距离冲刷的模拟预测提供合理参数，本模型从2003年开始进行率定计算，采用2003～2006年实测资料率定模型参数，进而采用2006～2008年实测资料进行验证。验证内容包括宜昌—大通河段沿程代表站的水位、流量变化以及河床冲淤变化等。

（1）上游边界条件为：宜昌2003～2008年的逐日平均水沙过程，含沙量级配采用2003～2008年平均值。

（2）下游边界条件为：大通站2003～2008年的逐日平均水位过程。

（3）沿程三口分流、清江、汉江以及洞庭湖、鄱阳湖入汇均采用同时段的相应水沙过程。

4.2.2　率定验证结果

4.2.2.1　水位流量过程

分别对2003～2008年主要测站宜昌、枝城、沙市、监利、螺山、汉口、九江、大通的水位、流量过程进行了验证，部分站点验证图见图4–3。从图中可以看出，水位和流量过程的计算值和实测值吻合的较好，模型参数满足相关计算精度要求。

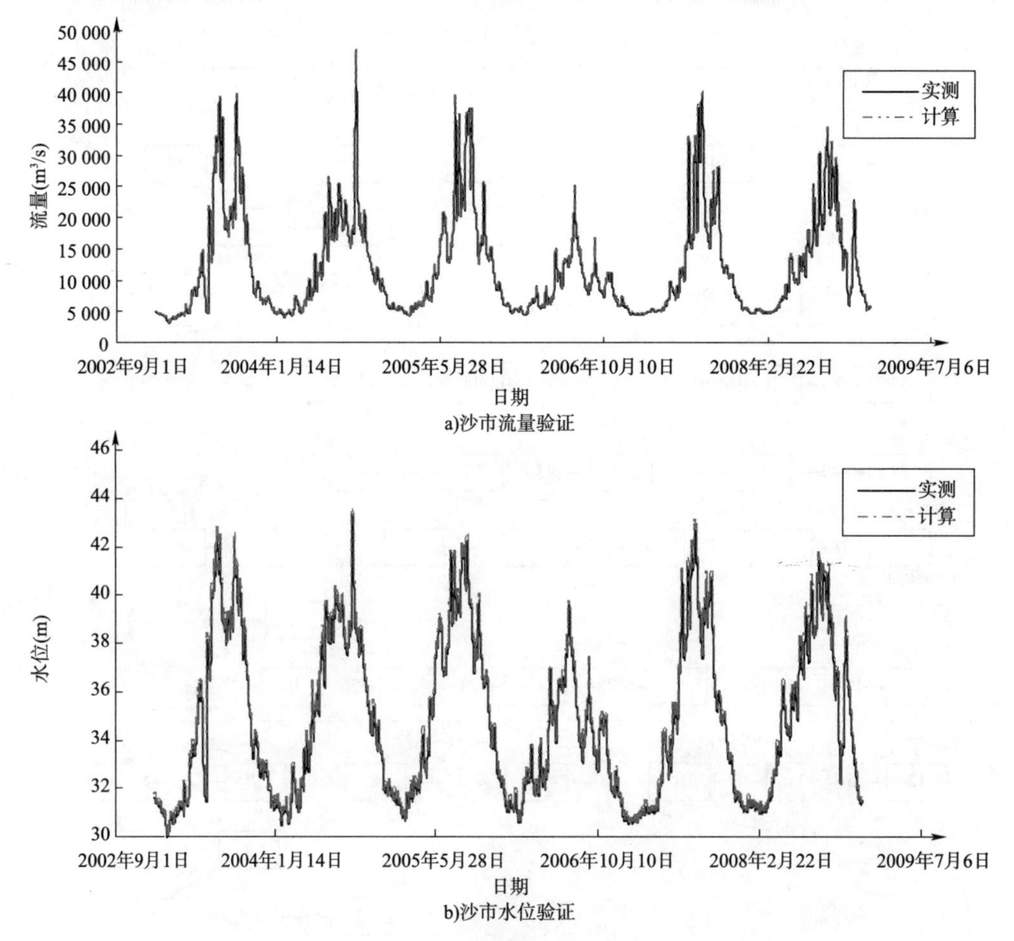

a)沙市流量验证

b)沙市水位验证

图　4–3

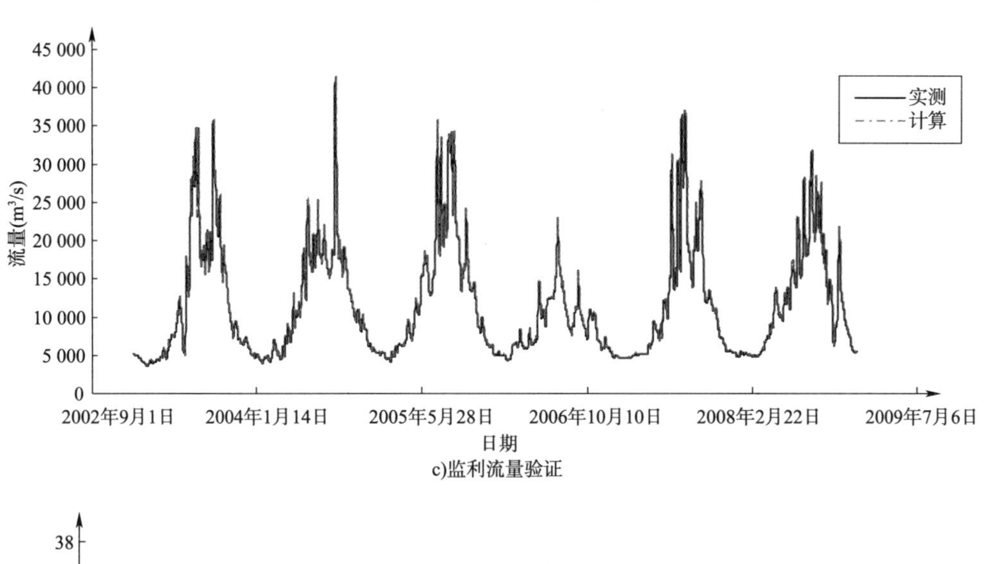

c)监利流量验证

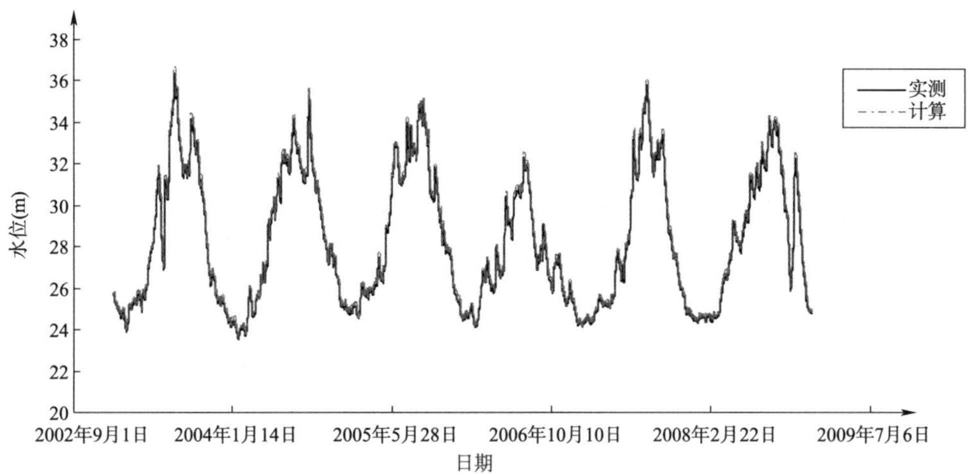

d)监利水位验证

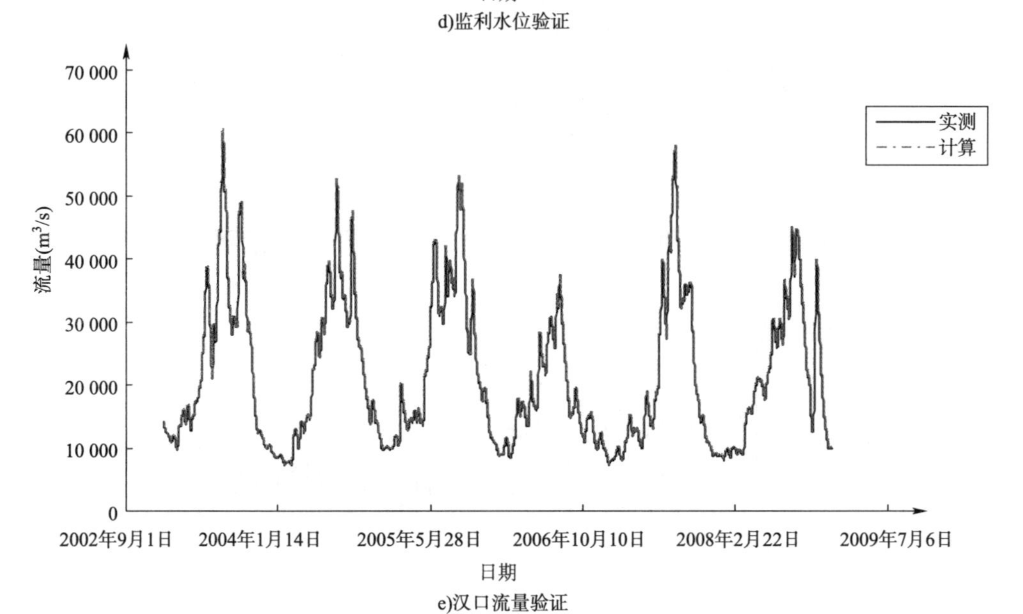

e)汉口流量验证

图　4-3

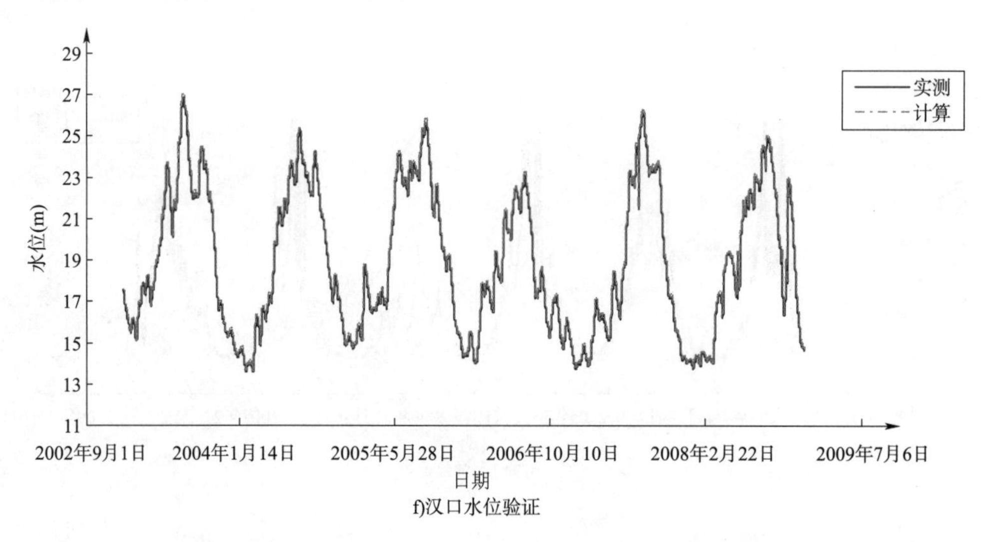

f)汉口水位验证

图 4-3　2003 ~ 2008 年长江中游典型站点水位流量过程验证

4.2.2.2　河床冲淤

重点进行了基于输沙量法的冲淤量验证。图 4-4 给出了 2003 ~ 2008 年宜昌—大通河段沿程主要站点的年分组输沙量验证图。由该图可知，各站分组输沙量计算值和实测值差别较小，基本能反映河段的冲淤变化情况，满足长系列河床冲淤模拟计算要求。

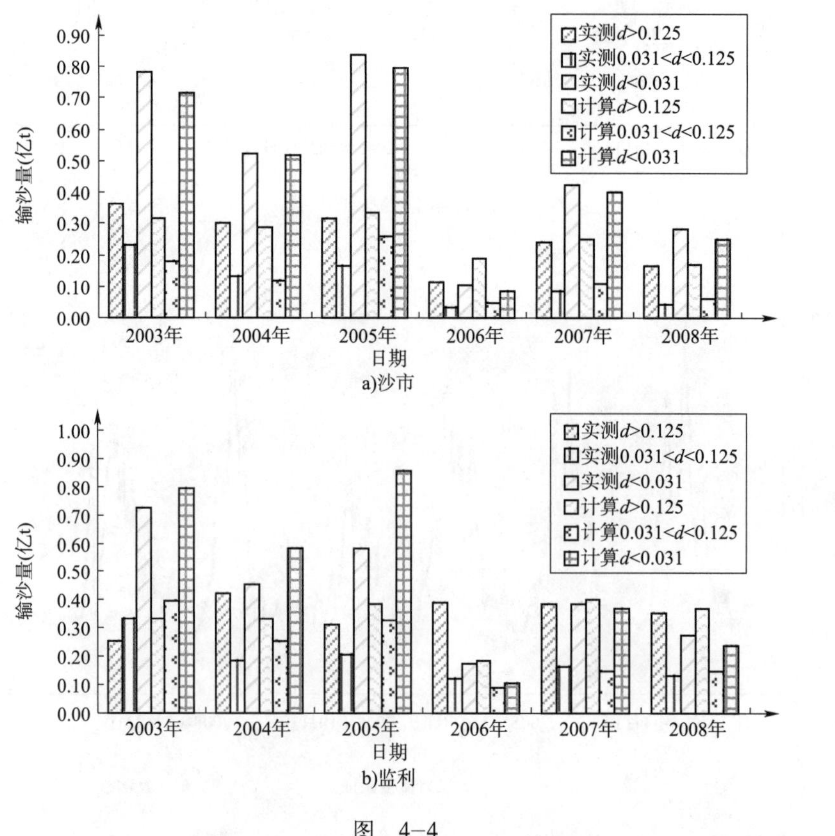

图　4-4

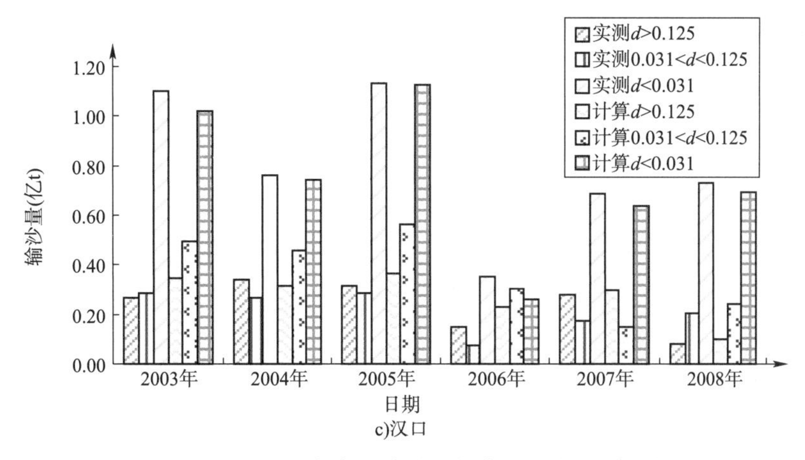

图 4-4　2003 ~ 2008 年长江中游沿程典型测站分组输沙量验证

4.3　三峡水库运行后长河段计算条件

4.3.1　计算条件

计算河段进口水沙条件依据武汉大学三峡水库淤积计算提供的相关成果，其中水库调度方式采用三峡水库"九五"研究成果中的调度方案，即：2003 年 6 月 16 日 ~ 2006 年 9 月 30 日，坝前水位按 139 ~ 135m 运用；2006 年 10 月 1 日 ~ 2008 年 9 月 30 日，坝前水位按 156 ~ 135 ~ 140m 运用；2009 年 10 月 1 日以后，坝前水位按 175 ~ 145 ~ 155m 运用。将三峡水库淤积计算得到的出库水沙过程（分为 90 系列与 03 系列）作为坝下游宜昌至大通河段冲淤计算的上边界条件。

向家坝和溪洛渡水库是长江上游梯级滚动开发的两个重要水利工程。它们将在一定时期内拦截部分泥沙，改变三峡水库的来水来沙条件，影响三峡水库泥沙淤积及出口水沙过程变化，从而影响长江中下游的河床冲刷。因此，研究同时考虑了三峡水库蓄水运用 10 年后，上游水库投入运用后对下游河道冲淤的影响。

计算河段河网概化同验证，计算初始地形采用 2008 年实测地形。计算河段内沿程支流（清江、汉江）入汇以及鄱阳湖入流的水沙过程均相应于该典型系列年。下游水位控制条件为假设大通站水位流量关系保持不变。根据大通站实测资料来看，大通站多年水位流量关系保持稳定。

4.3.2　内边界处理

4.3.2.1　三口分流分沙处理

荆江三口（松滋口、太平口、藕池口）是联系长江和洞庭湖的纽带。长江经三口向洞庭湖分流，湖泊接纳三口和四水水沙后由城陵矶处重新汇入长江。19 世纪 50 年代以后，荆江三口分流分沙呈递减趋势，尤其是 1967 ~ 1972 年荆江裁弯和 1980 年葛洲坝运用以后，加速了递减的趋势，特别是藕池口，分流分沙锐减，给江湖关系带来了一定影响。三峡水库运用后，随着荆江河道冲刷的发展，三口分流分沙情况也将随之变化。由于江湖相互影响，情况复杂，加之资料较少，难以精确计算，因此根据已有研究成果来看，多是采用简化的方式来处理。

根据已有研究，长江干流水位与三口口门高程的差值是决定三口分流比的最直接的因素。从荆江裁弯前后的实际现象来看，裁弯前的自然情况下荆江河段水位变化不大而三口洪道河床缓慢抬高，三口分流比缓慢减小；裁弯后干流水位下降而三口洪道河床抬高，三口分流比急剧减小。这些现象说明了冲淤所造成的口门高程变化、干流水位变化与分流比之间的紧密相关性。考虑到三口分流量与长江干流口门附近测站水位的一元二次形式拟合较好，可用下式估算三口的分流比：

$$Q_{分流量}=a(Z_{干流}-Z_{河床})^2+b(Z_{干流}-Z_{河床})+c \tag{4-27}$$

式中，系数 a、b 以及 c 可根据三峡水库运行后的实测资料，将各个分流洪道流量、河床高程以及相应口门附近长江干流水位代入上述公式反求确定。

4.3.2.2　洞庭湖出流处理

根据已有研究情况，洞庭湖的淤积率与进口沙量、径流量、出口水位有直接关系，其中进口输沙量的影响最大。图 4–5 给出了洞庭湖三口入湖的粗沙和细沙与淤积率的关系。由 4–5 图可知，洞庭湖的淤积率与三口入湖粗沙的数量呈正比关系，入湖粗沙数量越多，湖区的泥沙淤积率越大，而随着三口入湖细沙比例的增加（相应的粗沙比例减少），则湖区的淤积率降低，说明入湖泥沙越细，湖区淤积越少，出湖的沙量越多。

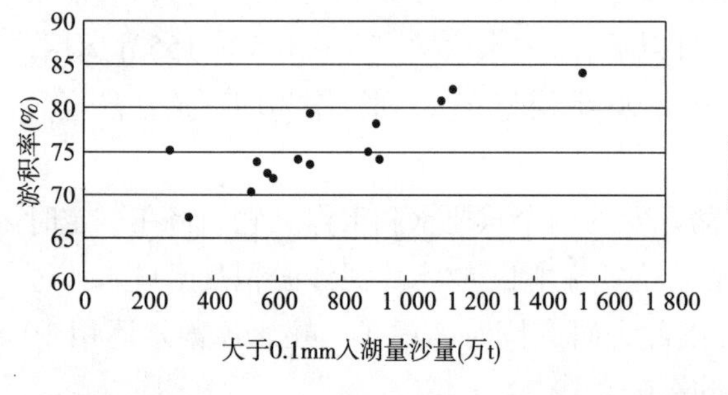

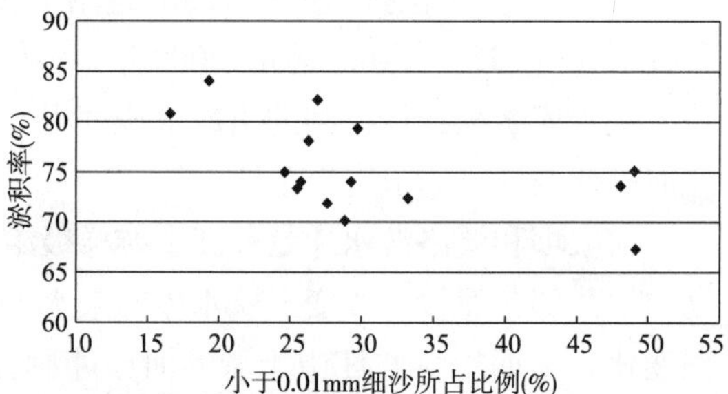

图 4–5　洞庭湖三口入湖粗沙与细沙与淤积率的关系

三峡水库蓄水运用后，由于水库的拦蓄作用，相当长的时期内，下泄的沙量减少，颗粒较三峡水库运行前明显细化。图 4–6 给出了 2004 年三口颗粒级配与 1973 ~ 1988 年级配的比较。由图可知，三峡水库运行后，三口入湖泥沙级配较三峡水库运行前明显细化，细颗粒的含量增加，小于 0.01mm 的较细颗粒约占总量的 60%。由此，将造成洞庭湖的淤积率的降低，出库排沙比较三峡水库运行前将有所增加。

根据三峡水库运行后 2003 ~ 2007 年的实测资料，除 2006 年外，洞庭湖泥沙淤积率平均为 47%，较三峡水库运行前的 74% 大为减少。考虑到随着三峡水库蓄水进程的发展，洞庭湖入湖沙量逐渐增加，其淤积率也将存在向三峡水库运行前状态逐渐恢复的过程。为了简化计算的需要，同时又考虑到泥沙颗粒细化的实际情况，本项研究将洞庭湖淤积率与三峡水库出库排沙比建立直线相关关系（洞庭湖淤积率的变化区间介于 47% 和 74%，分别对应着三峡水库的初期排沙比和平衡排沙比 100%)，在长系列计算的过程中，根据三峡水库淤积计算结果，采用水库逐年排沙比对洞庭湖淤积率进行插值，可获得每年的洞庭湖泥沙淤积率。因此，本项研究对洞庭湖出流的处理模式即为：洞庭湖出湖水量为系列年相应时段四水（湘江、资水、沅江、澧水）流量与三口分流量之和，出湖沙量采用计算时段四水实际沙量和三口分沙量进入洞庭湖后，每年按一定淤积率淤积在湖区的剩余值。

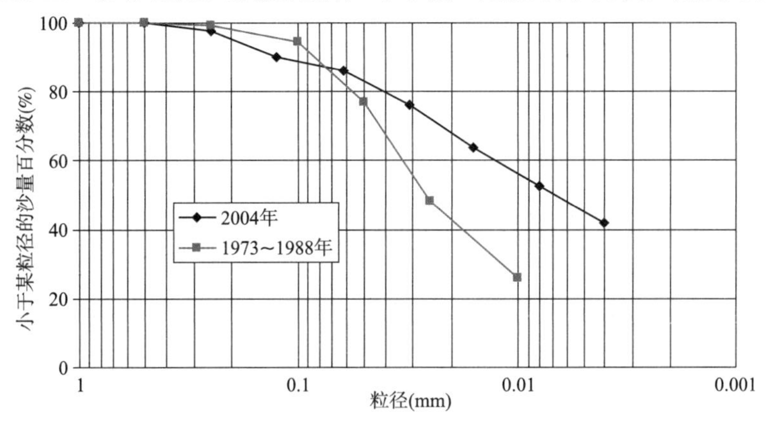

图 4-6　三口入湖泥沙级配比较

根据 1981 ~ 1993 年多年平均出湖泥沙级配情况看（图 4-7），出湖泥沙粒径较细，小于 0.1mm 的细沙约占总量的 97%，中值粒径约在 0.01mm 左右。三峡水库蓄水以后，虽然由三口进入湖区的沙量减少，但减少的主要是粗沙部分，细沙含量变化不大，因此三峡水库运行后出湖泥沙级配近似采用 1981 ~ 1993 年多年平均泥沙级配是合理的。

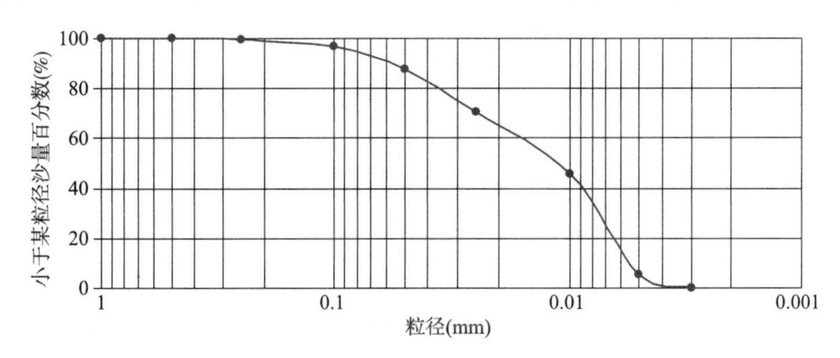

图 4-7　洞庭湖 1981 ~ 1993 年出湖泥沙级配曲线

4.3.3　糙率变化模式

三峡水库蓄水后，由于河床冲刷，床面粗化，将使糙率变大，为了反映这种现象，本模型计算中对三峡水库运行后的下游河道断面综合糙率采用下式进行修正：

$$n = \frac{n_b}{n_{b0}} n_0 \tag{4-28}$$

式中，n_{b0} 和 n_0 分别是初始床面糙率和初始综合糙率；n_b 和 n 分别是床面糙率和综合糙率。

n_b 的计算采用长江科学院研究成果：

$$n_b = \frac{d_{50}^{\frac{1}{6}}}{K\sqrt{g}} \tag{4-29}$$

式中，d_{50} 为床沙中值粒径(m)；K 为系数，根据河床组成的不同取值范围为 3.65 ~ 7.3。

4.4 90 系列计算成果

4.4.1 径流时空变化

三峡水库及上游水库（溪洛渡、向家坝水库）运用后，由于水库的蓄水拦沙作用，使得下泄径流过程有所变化。前文 2.2 节已经重点对不同情况下的宜昌下泄流量过程进行了分析，这里对长江中游沿程的测站（沙市、监利、螺山、汉口）的径流时空变化进行分析。

表 4–1 给出了长江中游径流量时空变化特征值的对比。由表 4–1 可知：

（1）从沿程各站来看，自宜昌至监利，由于三口分流的影响，同时期径流量有所减小；自螺山往下，由于洞庭湖和汉江的入汇，径流量有所增大。

（2）对同一测站不同时期对比，随着水库蓄水运用时间的延长，每 10 年平均的径流总量变化不大，差异均在 5% 以内，这也和前文对宜昌径流变化特征分析的规律一致。

（3）上游建库和上游无库相比，对于径流总量的改变同样较小，差异也均在 5% 以内。

长江中游径流量时空变化（单位：亿 m^3） 表 4–1

水文站点	时　期	90 无 库	90 建 库
宜昌	1 ~ 10 年	3 837.39	3 837.37
	11 ~ 20 年	3 758.83	3 757.66
	21 ~ 30 年	3 699.98	3 698.15
沙市	1 ~ 10 年	3 614.79	3 613.99
	11 ~ 20 年	3 569.90	3 569.57
	21 ~ 30 年	3 527.91	3 527.09
监利	1 ~ 10 年	3 499.73	3 498.47
	11 ~ 20 年	3 465.26	3 464.85
	21 ~ 30 年	3 428.27	3 427.40
螺山	1 ~ 10 年	5 810.25	5 810.50
	11 ~ 20 年	5 733.75	5 732.62
	21 ~ 30 年	5 687.22	5 685.36
汉口	1 ~ 10 年	6 136.58	6 135.81
	11 ~ 20 年	6 051.75	6 050.58
	21 ~ 30 年	6 002.10	6 000.27

为分析沿程各站年内流量过程的变化，这里首先针对航道部门所关注的枯水流量变化

进行分析。表 4–2 给出了计算 30 年中每年枯期(1 ～ 4 月)平均流量的变化情况。由表 4–2 可知：

(1) 从沿程空间分布看，枯期平均流量的变化为自宜昌向沙市、监利逐渐减小；自监利以下逐渐增大，这主要是由于江湖分汇的影响导致的。

枯期（1 ～ 4 月）**平均流量变化**（单位：m^3/s）　　表 4–2

年	90 建库					90 无库				
	宜昌	沙市	监利	螺山	汉口	宜昌	沙市	监利	螺山	汉口
2	5 719	5 272	5 247	11 581	12 001	5 716	5 270	5 244	11 577	11 996
3	4 638	4 290	4 273	7 741	9 240	4 645	4 296	4 280	7 748	9 089
4	4 658	4 300	4 283	7 843	9 460	4 640	4 291	4 275	7 743	9 158
5	4 859	4 545	4 538	10 262	12 225	4 902	4 589	4 582	10 305	12 268
6	5 345	5 048	5 036	8 550	9 985	5 354	5 057	5 046	8 559	9 304
7	5 495	5 215	5 209	10 475	12 374	5 480	5 200	5 194	10 460	12 359
8	5 060	4 768	4 762	9 667	11 466	5 075	4 783	4 777	9 682	11 481
9	4 998	4 559	4 544	6 690	9 571	5 001	4 562	4 546	6 692	9 573
10	5 475	5 088	5 072	9 797	12 692	5 467	5 080	5 065	9 789	12 685
11	5 129	5 661	5 571	12 429	12 826	5 085	5 617	5 527	12 385	12 782
12	6 169	4 509	4 487	8 337	11 966	5 890	4 230	4 208	8 059	11 688
13	5 218	4 509	4 487	8 337	11 110	5 176	4 468	4 445	8 296	11 068
14	5 245	4 692	4 662	10 923	12 251	5 145	4 593	4 562	10 824	12 151
15	5 381	5 064	5 062	8 915	10 389	5 267	4 950	4 948	8 800	10 275
16	5 205	5 234	5 227	10 808	12 526	5 154	5 182	5 175	10 756	12 475
17	5 580	4 847	4 838	12 958	13 669	5 489	4 756	4 748	12 867	13 579
18	5 148	4 578	4 522	7 053	9 839	5 083	4 513	4 458	6 989	9 775
19	5 332	5 452	5 393	10 509	12 081	5 298	5 417	5 358	10 475	12 046
20	6 012	6 471	6 303	10 131	12 391	5 950	6 410	6 242	10 070	12 330
21	5 134	4 853	4 790	9 145	11 715	5 090	4 809	4 746	9 101	11 671
22	6 169	4 953	4 890	9 847	11 028	5 890	4 575	4 511	9 387	10 750
23	5 218	4 871	4 839	11 196	12 316	5 176	4 829	4 797	11 155	12 274
24	5 244	5 258	5 196	9 457	12 567	5 145	5 158	5 096	9 358	12 467
25	5 382	5 569	5 478	11 759	12 785	5 267	5 455	5 363	11 644	12 671
26	5 345	4 981	4 937	9 275	10 976	5 292	4 928	4 884	9 222	10 923
27	5 495	5 183	5 083	7 982	10 141	5 406	5 093	4 993	7 893	10 051
28	5 147	5 900	5 846	11 289	12 282	5 083	5 835	5 781	11 224	12 217
29	5 331	5 324	5 189	10 963	11 405	5 297	7 289	7 155	10 929	11 370
30	6 011	5 294	5 241	10 152	12 515	5 950	5 232	5 179	10 090	12 453

(2) 对于 90 无库系列，随着水库运用时间的增加，调度方式逐渐由 135m、156m 过渡到 175m 运用，前 10 年中各年的枯期流量较后期流量过程略小。

（3）上游建库和上游无库相比，虽然径流总量相差较小，但由于上游建库后水库年内调节能力的增强，上游建库条件下的枯期流量较上游无库条件下略大，增大 0 ~ 460m³/s。

为进一步分析各站年内流量分配变化的情况，图 4-8 给出了沙市、监利和汉口站的不同流量级频率的变化。

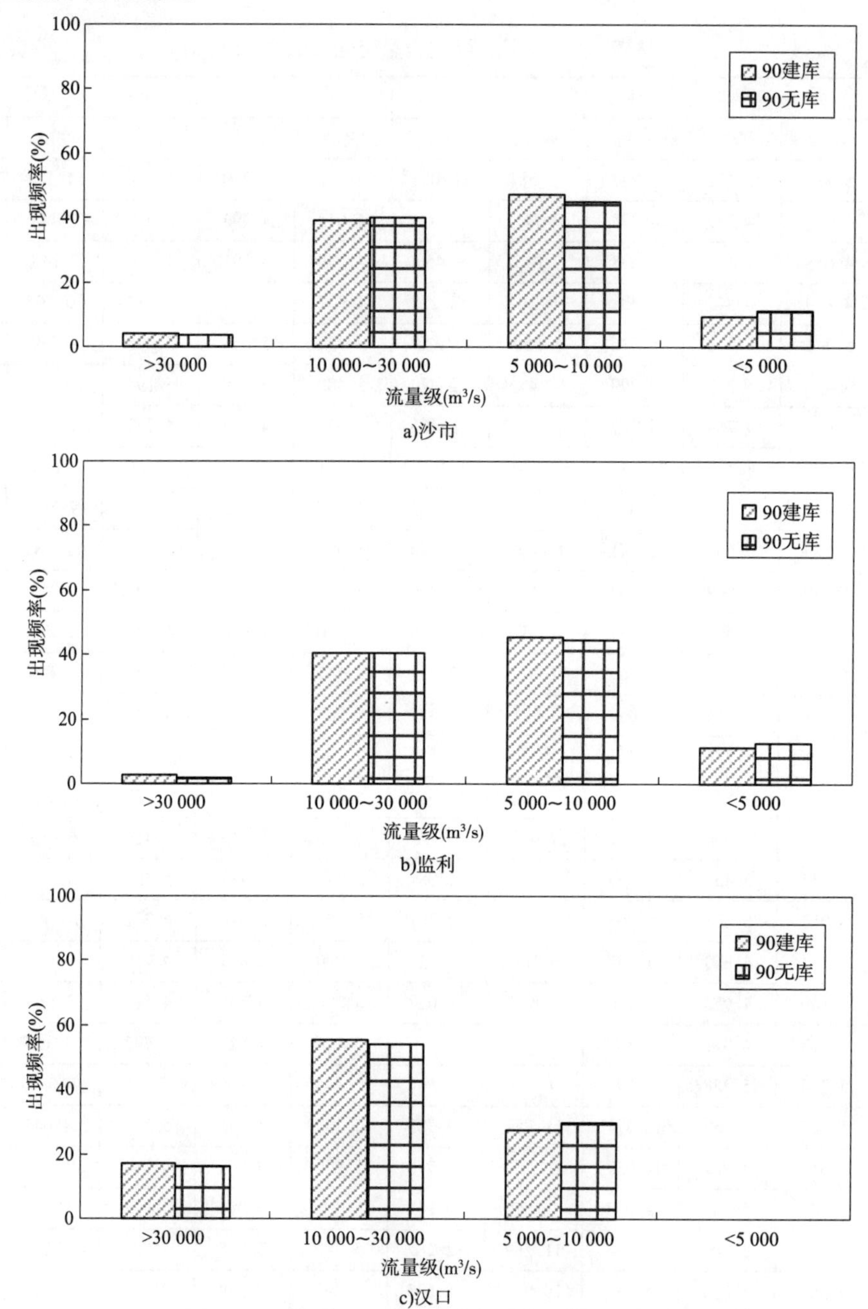

图 4-8 长江中游沿程各站流量频率变化

由图 4-8 可知：

（1）上游建库和上游无库相比，小于 5 000m³/s 的流量出现频率有所减少，中等流量

(沙市和监利 5 000 ～ 10 000m³/s、汉口 10 000 ～ 30 000m³/s）出现频率有所增加，这也反映了上游建库后水库的年内调整作用有所增强。

(2) 从沿程变化来看，受分流的影响，沙市、监利小于 5 000m³/s 流量出现频率较宜昌站增加；受汇流的影响，汉口站最小流量均大于 5 000m³/s，10 000 ～ 30 000m³/s 的流量出现频率比明显增加。

4.4.2 输沙时空变化

三峡水库及上游水库蓄水运用后，由于水库淤积，下泄泥沙总量大幅度减小，泥沙粒径细化，这也将造成不饱和水流从下游河道中冲刷补给。为了分析 90 系列上游无库及上游建库条件下的长江中游输沙的时空变化特点，表 4-3 给出了长江中游各站不同时段的输沙量变化。由表 4-3 可知：

(1) 长江中游沿程来看，存在输沙量的恢复过程，自宜昌往下，水流从河床上补给泥沙，各站输沙量有所增加，螺山站的输沙量已经超过了宜昌站，但各站相较三峡水库运行前而言，仍未恢复到三峡水库运行前的水平。

长江中游输沙量时空变化（单位：亿 t）　　表 4-3

水文站点	年	90 无库	90 建库
宜昌	1 ～ 10 年	1.36	1.36
	11 ～ 20 年	1.35	0.85
	21 ～ 30 年	1.35	0.86
沙市	1 ～ 10 年	1.32	1.32
	11 ～ 20 年	1.21	0.80
	21 ～ 30 年	1.18	0.77
监利	1 ～ 10 年	1.50	1.50
	11 ～ 20 年	1.31	1.00
	21 ～ 30 年	1.21	0.93
螺山	1 ～ 10 年	1.70	1.70
	11 ～ 20 年	1.47	1.18
	21 ～ 30 年	1.36	1.07
汉口	1 ～ 10 年	1.84	1.84
	11 ～ 20 年	1.69	1.40
	21 ～ 30 年	1.59	1.30

(2) 上游建库和上游无库相比，由于上游水库的拦沙作用增强，使得进入三峡水库的沙量以及宜昌下泄的沙量均有大幅度的减少，各站的情况基本类似。这也说明，上游建库后水流的次饱和程度有所加大，输沙量恢复的时间将会更长。

从分粒径组来看，图 4-9 ～图 4-12 给出了三峡水库蓄水后 90 系列上游建库及上游无库条件下长江中游沿程各站分组沙量沿程恢复情况。图 4-13 ～图 4-14 给出了长江中游沿程各站不同粒径泥沙的恢复过程。

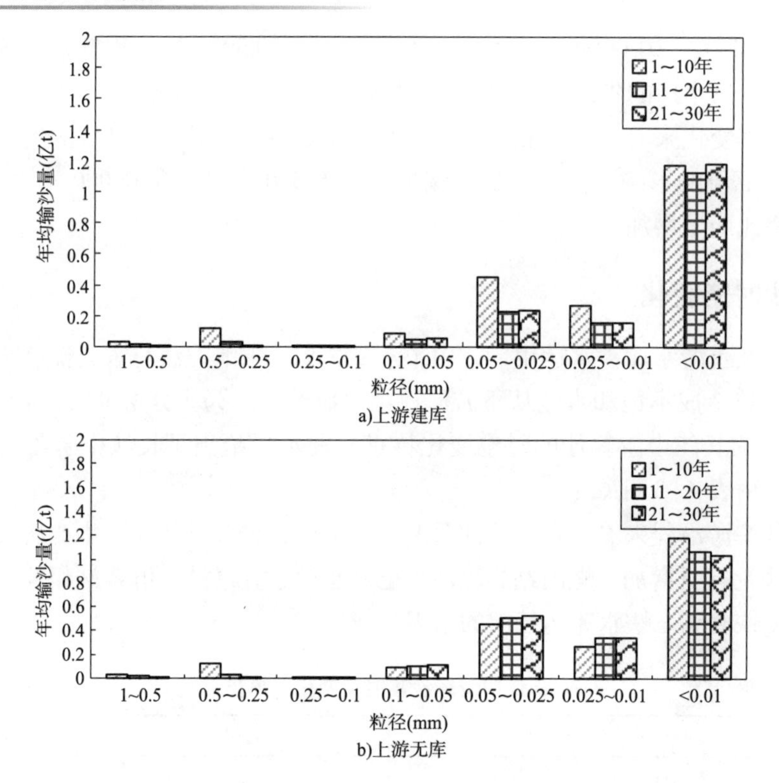

图 4-9　沙市站分组输沙量（90 系列）

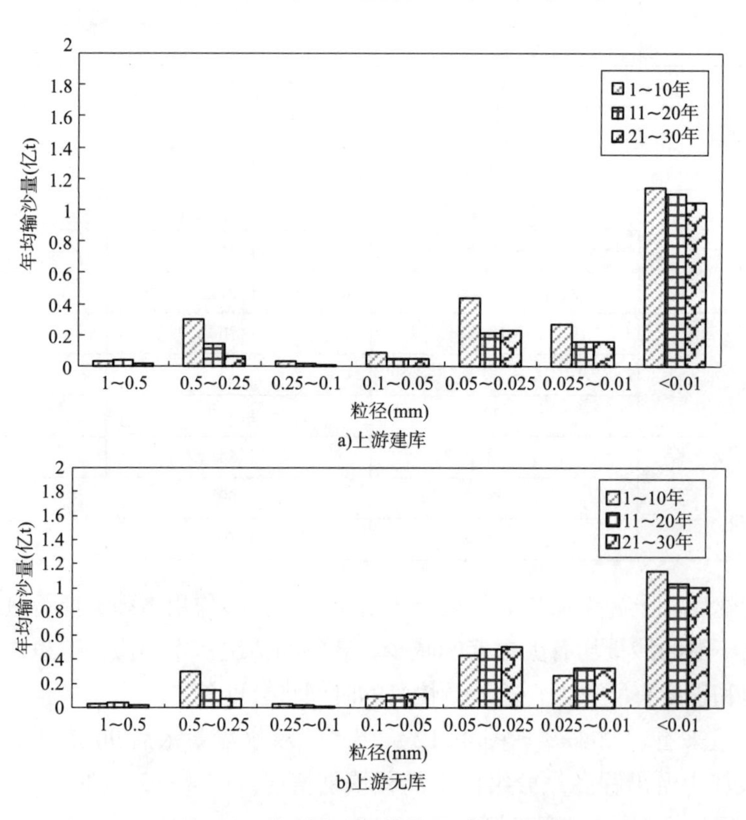

图 4-10　监利站分组输沙量（90 系列）

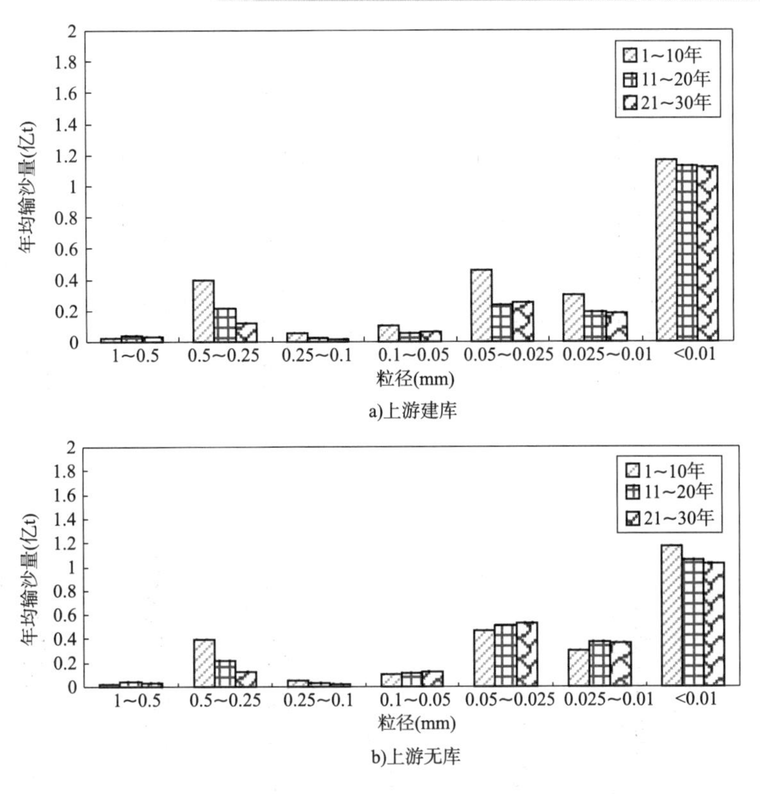

图 4-11　螺山站分组输沙量（90 系列）

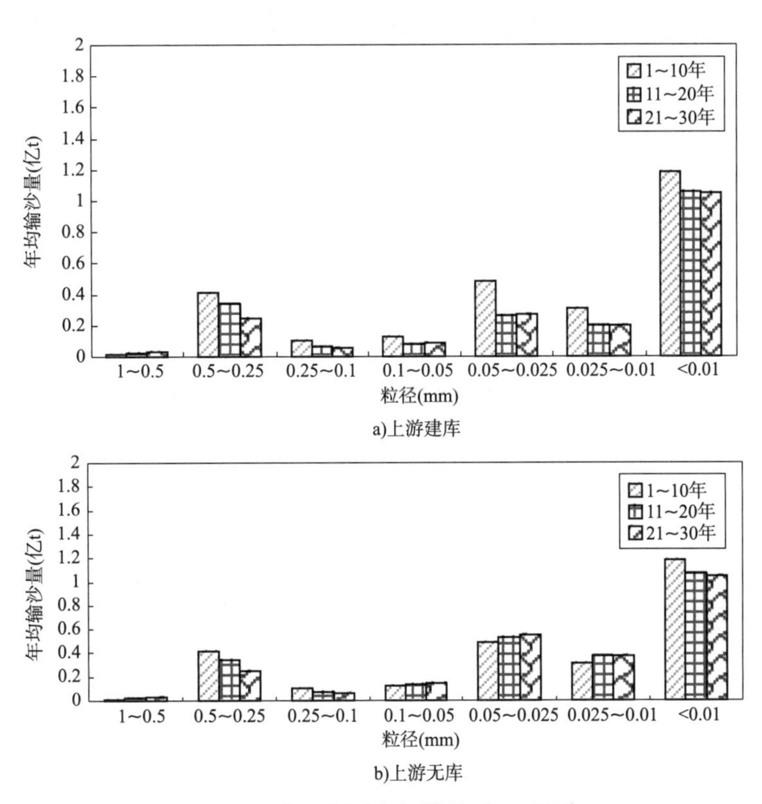

图 4-12　汉口站分组输沙量（90 系列）

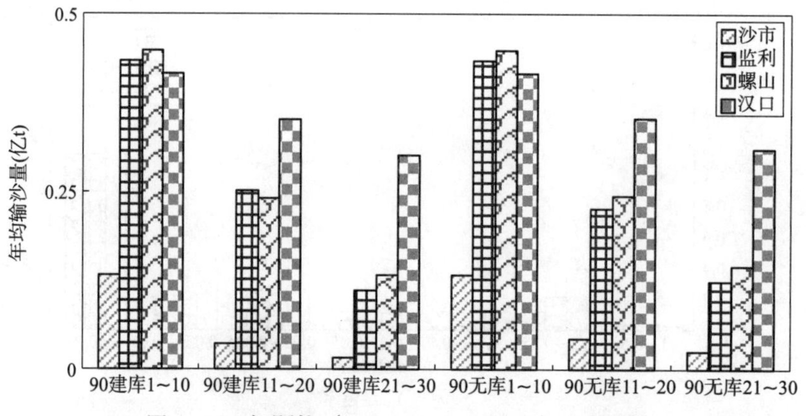

图 4-13 粗颗粒（$0.5\text{mm}>d>0.1\text{mm}$）沿程变化

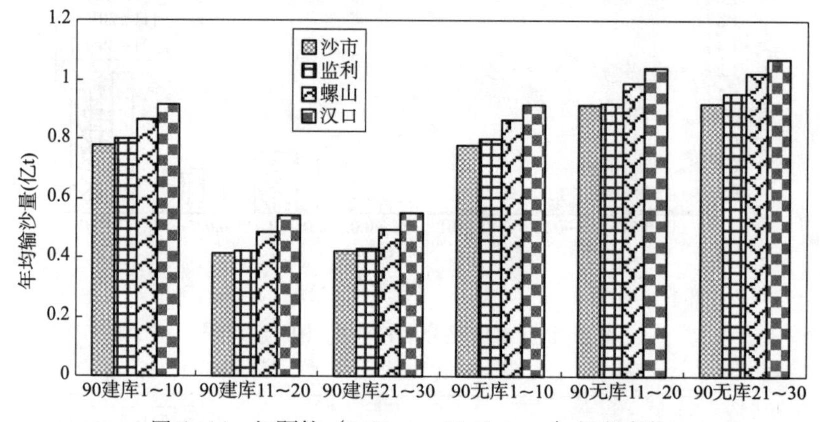

图 4-14 细颗粒（$0.01\text{mm}<d<0.1\text{mm}$）沿程变化

从图 4-13 ～图 4-15 可以看出：

（1）对于 $d>0.1\text{mm}$ 的粗沙，该部分泥沙在宜昌下泄水体中含量甚少，但是长江中游尤其是荆江河段河床组成的主体，沿程各站主要靠河床冲刷补给使得含沙量逐渐恢复。从图 4-11 可以看出，自宜昌往下，该部分泥沙恢复较快，含量逐渐增加。水库运用 1 ～ 10 年，该部分泥沙在监利附近即基本恢复，而后输沙量有所减小；水库运用 20 年、30 年，该部分泥沙恢复距离进一步延长。上游建库和上游无库相比，对于该部分泥沙的补给和恢复影响很小，因此，在两种条件下，沿程各站该组分泥沙的输沙量相当。

（2）对于 $0.1\text{mm}>d>0.01\text{mm}$ 的细沙，该部分泥沙在宜昌下泄水体中泥沙的重要组成部分，而且长江中游河床组成中也有该部分组成的泥沙颗粒，因此，在三峡水库下游河床冲刷过程中，主要以“淤粗悬细”的方式冲刷，该部分细颗粒的含量沿程有所增加，如图 4-14 所示。上游建库和上游无库条件相比，宜昌站该组分泥沙的含量减少 40% 左右，同样的，虽然存在沿程的恢复过程，但沿程各站该组成泥沙的输沙量均较上游无库条件下为小。

（3）对于 $d<0.01\text{mm}$ 的细沙，该部分泥沙是宜昌下泄水体中泥沙的主体，但在长江中游河床组成中的含量相对较少，基本可视为冲泻质，该部分泥沙在长江中游沿程各站的含量基本相当，变化不大。上游建库和上游无库相比，宜昌下泄水体中该组分泥沙相差不大，在 10% 以内，沿程各站的含量也基本相当。

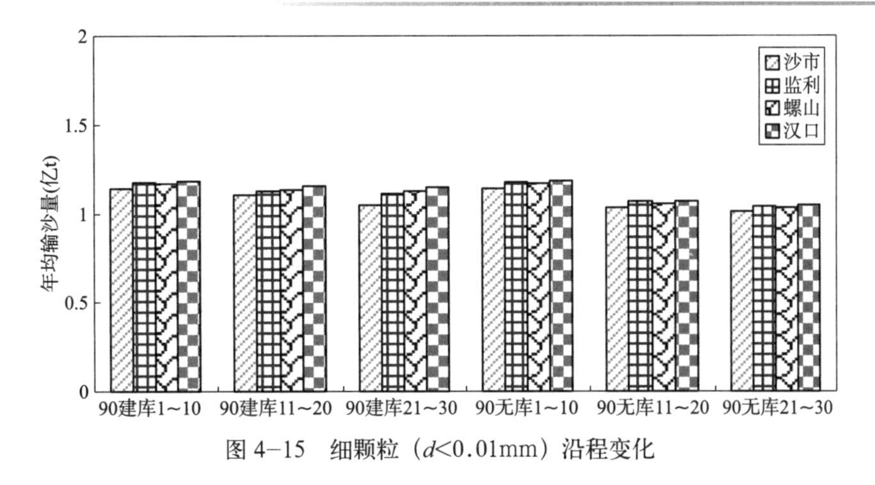

图 4-15　细颗粒（d<0.01mm）沿程变化

4.4.3　冲刷过程

表 4-4 分别列出了 90 系列上游建库和上游无库条件下各计算时段宜昌—大通河段分段冲淤量变化情况，图 4-16 给出了 90 系列上游建库和上游无库条件下宜昌—城陵矶河段以及城陵矶以下河段冲淤量的对比情况。图 4-17 给出了 90 系列上游建库条件下各河段的累积冲淤变化情况。

三峡水库蓄水后 30 年 90 系列宜昌—大通分段冲淤量表（单位：亿 t）　　表 4-4

运用条件		10		20		30	
		建库	无库	建库	无库	建库	无库
河段	宜昌—松滋口	−0.69	−0.69	−0.88	−0.86	−0.95	−0.95
	松滋口—太平口	−0.82	−0.82	−1.09	−1.06	−1.19	−1.18
	太平口—藕池口	−2.30	−2.30	−3.56	−3.42	−4.08	−3.96
	藕池口—城陵矶	−6.62	−6.62	−11.34	−11.05	−14.69	−14.02
	城陵矶—汉口	−1.22	−1.22	−3.63	−3.28	−5.99	−5.87
	汉口—九江	0.14	0.14	−0.24	−0.23	−0.85	−0.78
	九江—大通	−0.39	−0.39	−0.86	−0.84	−1.52	−1.43
	宜昌—城陵矶	−10.42	−10.42	−16.87	−16.39	−20.91	−20.11
	宜昌—汉口	−11.64	−11.64	−20.50	−19.67	−26.91	−25.98
	宜昌—大通	−11.90	−11.90	−21.60	−20.74	−29.27	−28.19

从表 4-4、图 4-16 和图 4-17 中可以看出：

三峡水库蓄水后，坝下游河段发生长时间长距离的冲刷，该冲刷过程自上而下逐步发展。三峡水库运用后，下泄挟沙不饱和水流首先从近坝段挟带泥沙，以满足其挟沙能力，该段河床冲刷剧烈。由于陈家湾以上均为卵石夹沙河床，冲刷使河床发生粗化，形成抗冲保护层，该河段较早达到冲刷平衡，促使冲刷下移。当冲刷发展到沙市以下沙质河床时，河床主要是通过调整断面水力特性，增加水深，减小流速，使比降变缓等措施来抑制本河段冲刷的发展，这需要较长的时间来完成。分河段具体来看（以上游建库情况为例）：

（1）宜昌—松滋口河段：河床由卵石夹沙组成，表层粒径较粗，冲刷后河床粗化很快，经过 10 年冲刷，河床已基本平衡。该河段 30 年最大冲刷量约为 0.95 亿 t，按平均河宽 1 100m 计，平均冲深约 1.1m。

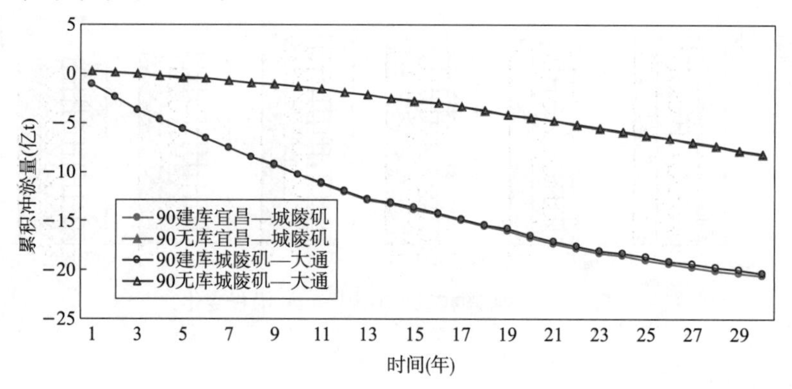

图 4-16　90 系列上游建库及上游无库条件下宜昌—大通河段冲淤变化

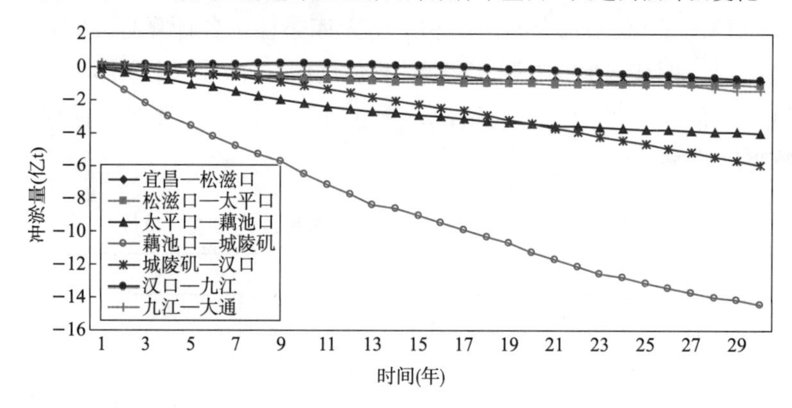

图 4-17　90 系列宜昌—大通各河段冲淤变化（上游建库）

（2）松滋口—太平口河段：河床大埠街以上由卵石夹沙构成，大埠街以下为沙质河床，经过 20 年冲刷，河床冲刷也基本结束。30 年末该河段冲刷量约为 1.19 亿 t，按平均河宽 1 400m 计，平均冲深 1.4m。

（3）太平口—藕池口河段：该河段主要是沙质河床，当上游河段冲刷完成后，该河段冲刷较多，20 年后该河段的冲刷速度也有所减缓。该河段 30 年冲刷量为 4.08 亿 t，按平均河宽 1 400m 计，平均冲深 3.3m。

（4）藕池口—城陵矶河段：三峡水库蓄水后 20 年，上游河段冲刷基本完成，本河段处于持续冲刷状态，至水库蓄水后 30 年末，该河段仍在继续冲刷过程中，但后期冲刷速度有所减缓。该河段 30 年末冲刷量约为 14.69 亿 t，按河宽 1 400m 计，平均冲深约 5.3m。

（5）城陵矶—大通河段：由于上游河床的大量冲刷，大量的泥沙从河床冲起补给，含沙量沿程逐渐恢复，下游河段水流冲刷能力逐渐减弱。城陵矶—汉口河段在三峡水库蓄水初期冲刷较少，前 10 年冲刷量为 1.22 亿 t，平均冲深约 0.29m，20 年后冲刷速度有所加大，至 30 年末冲刷量为 5.99 亿 t。汉口以下河段与上游各段相比，水库蓄水后 30 年内有冲有淤，以冲刷为主，冲刷数量及幅度均相对较小。水库蓄水后 30 年末，汉口—大通河段冲刷量为 2.37 亿 t。

上游建库和上游无库条件相比，三峡水库蓄水后坝下游河段的冲刷过程基本类似。三峡水库蓄水后 30 年末，上游建库条件下宜昌—大通河段总冲刷量为 29.27 亿 t，上游无库条件下的宜昌—大通河段总冲刷量为 28.19 亿 t。相同系列条件下的上游建库的冲刷量大于上游无库情况。从各河段的冲淤量的对比来看，宜昌—太平口河段大部分以卵石夹沙河床为主，卵石顶板以上的可冲沙层有限，无论是上游建库还是上游无库条件，上述河段 20 年末基本达到冲刷平衡，冲刷总量基本相同。沙市以下的沙质河段，上游建库条件下的冲刷量略大于上游无库条件的冲刷量，但其差值较总量而言相对较小，太平口—藕池口河段、藕池口—城陵矶河段以及城陵矶—汉口河段的相对差值占各河段总冲刷量的比例分别为 3%、5%、2%。这主要是由于无论上游建库还是上游无库情况，三峡水库蓄水后初期，宜昌基本为清水下泄，下泄水体中下游河床上有的造床质泥沙含量均较少（大于 0.062mm），相差不大，差别主要在于较细颗粒的泥沙（小于 0.062mm），因此，坝下游的粗颗粒泥沙主要由河床上冲刷来补充恢复，河床冲刷量相差不大。

4.4.4　河床粗化

三峡水库下游河道冲刷过程中，上段输出沙量中较粗颗粒与本段河床中的细颗粒泥沙进行交换，使得河床粗化。随着冲刷的自上而下发展，各断面的床沙中值粒径不断变粗。图 4–18 ~图 4–22 分不同河段给出了宜昌—汉口河段的床沙级配变化。

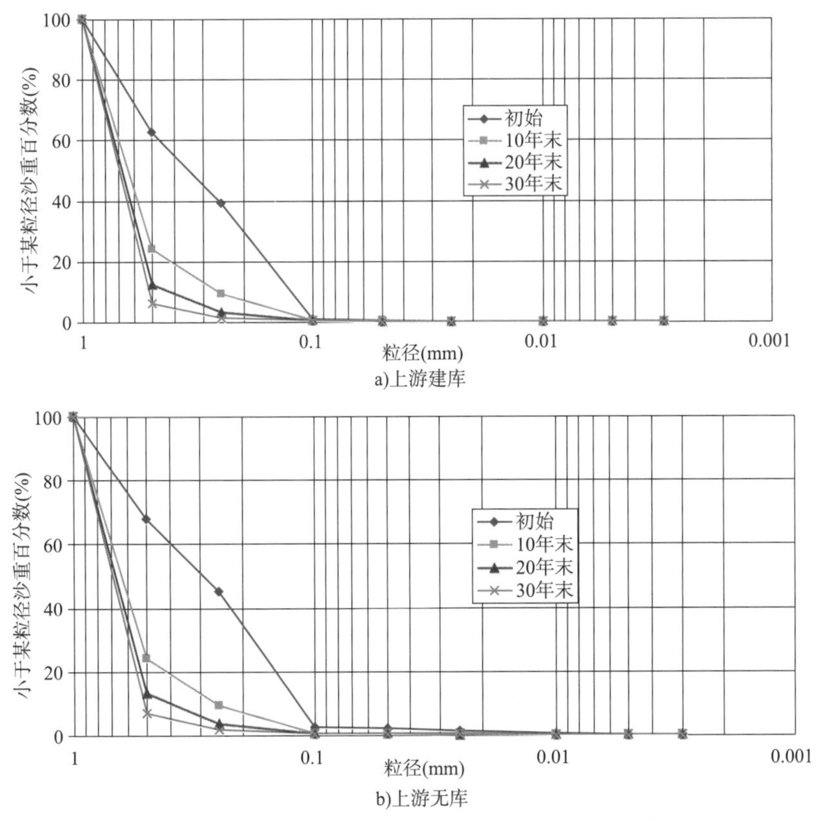

图 4–18　宜昌—松滋口（枝城站）床沙粗化过程

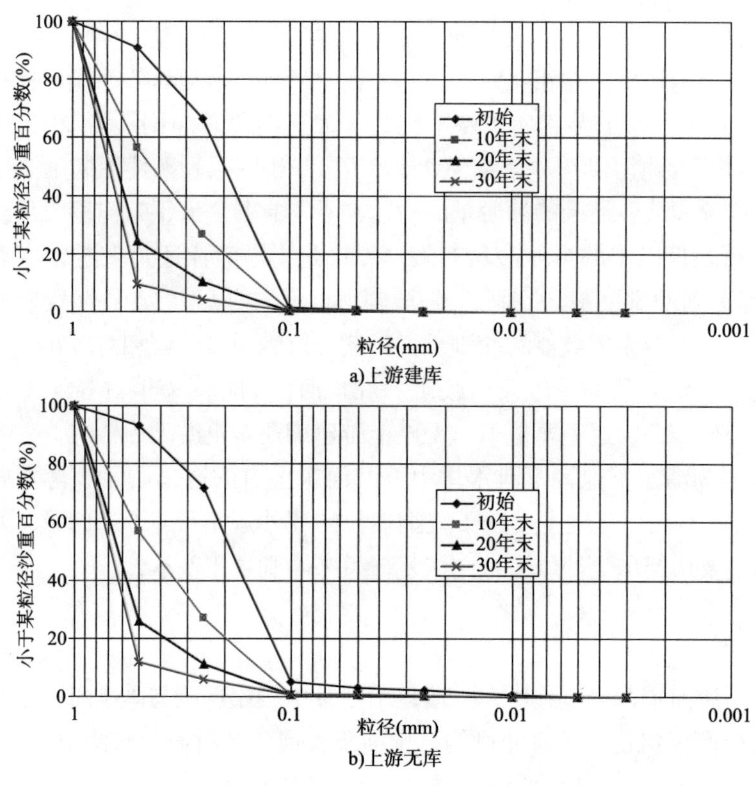

图 4-19　松滋口—太平口（陈家湾站）床沙粗化过程

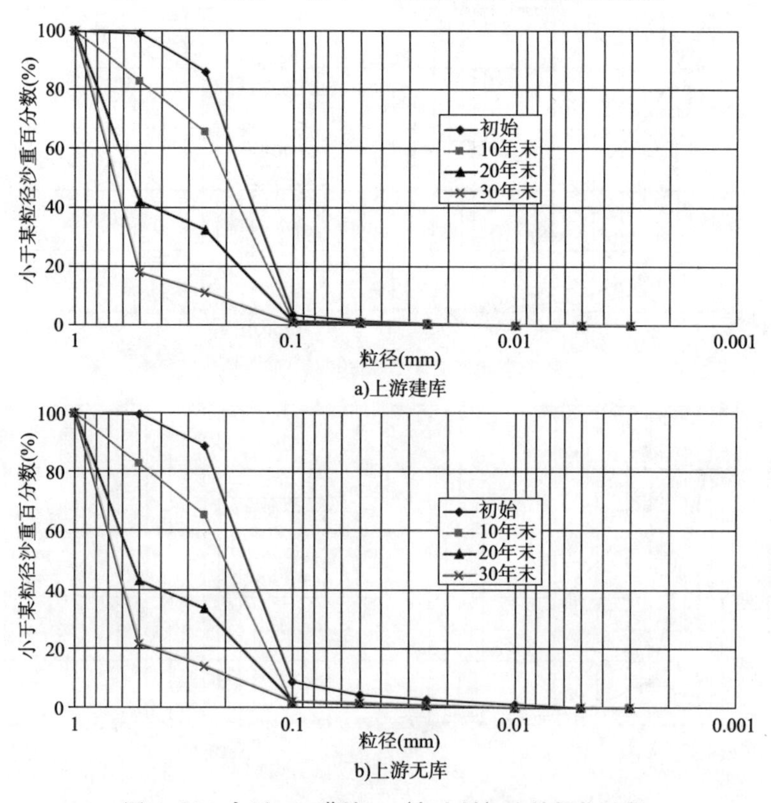

图 4-20　太平口—藕池口（郝穴站）床沙粗化过程

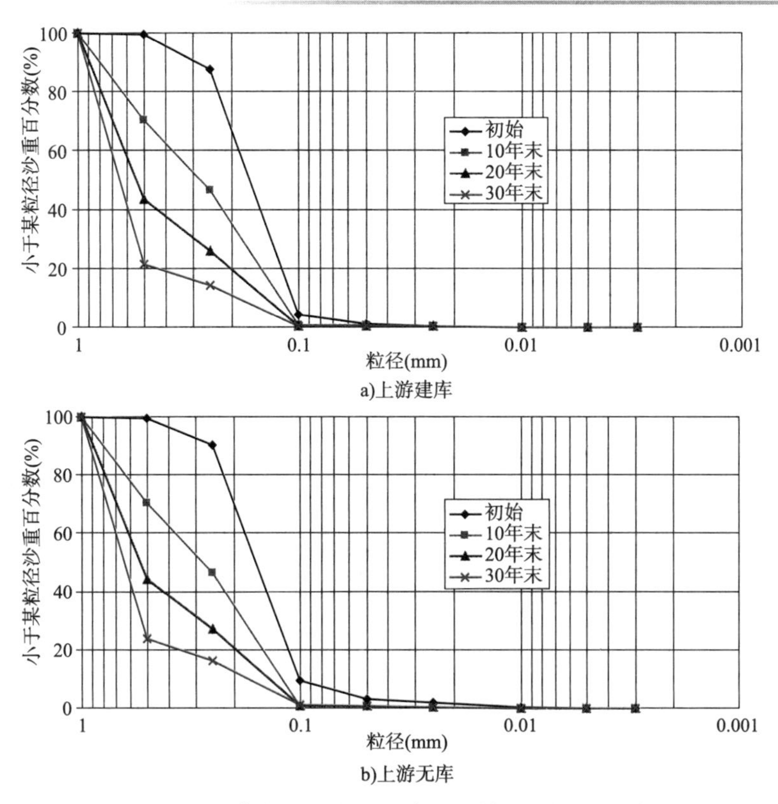

a)上游建库

b)上游无库

图 4–21　藕池口—城陵矶（监利站）床沙粗化过程

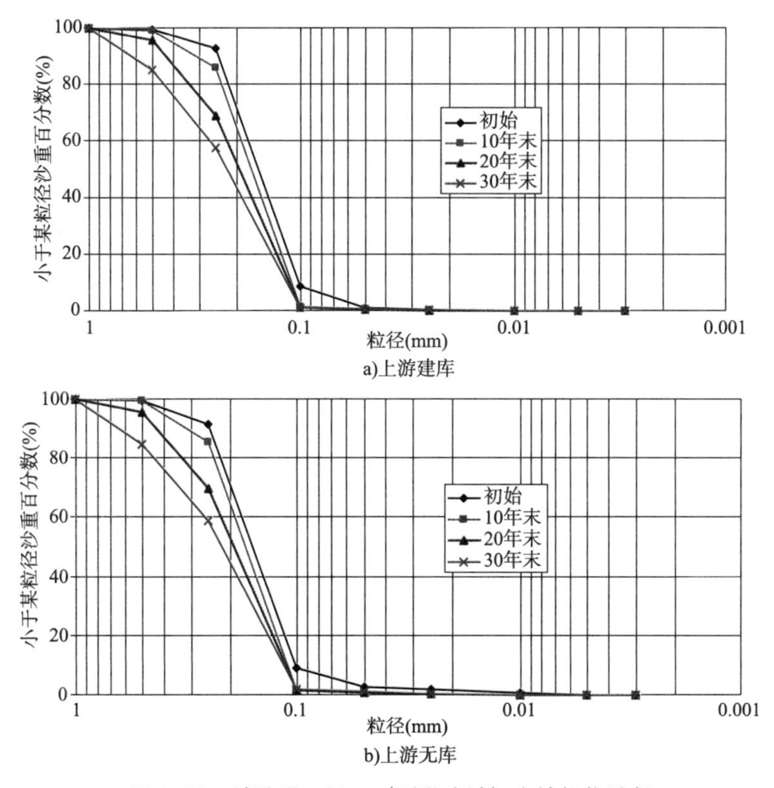

a)上游建库

b)上游无库

图 4–22　城陵矶—汉口（石叽头站）床沙粗化过程

从图 4–16 ~图 4–20 可以看出：

宜昌—松滋口河段为卵石夹沙河床，经过 10 年冲刷，河床已经形成卵石粗化层。后期由于形成粗化保护层，有效地遏制了河床的冲刷。

松滋口—太平口河段冲刷同样较快，河床粗化明显，不过由于上游河床的剧烈冲刷，本河段河床粗化完成时间稍滞后，20 年末粗化基本完成。

太平口—藕池口河段为中细沙河床，经过 20 年冲刷，河床冲深，床沙明显粗化，其后冲刷速度渐趋缓慢。

藕池口—城陵矶河段为沙质河床，床沙为细沙。蓄水后初期冲刷较少，河床粗化和上游河段相比不明显。随着上游冲刷下移，该河段受到剧烈冲刷，河床继续冲深，20 年以后河床冲刷速度变缓。

城陵矶—汉口河段为沙质河床，河床组成较细。三峡水库运行后 30 年有所冲刷，主要表现为淤粗冲细，河床有所粗化，但没有荆江河段显著。

为了细致比较上游建库和上游无库条件下河床粗化的差异，图 4–23、图 4–24 给出了枝城、监利两站不同时期上述两种情况下的床沙级配变化的比较。上述两站分别位于砂卵石河段以及下游的沙质河段。从图 4–23 和图 4–24 可以看出，上游建库条件下由于来沙量的偏少，河床冲刷相对较大，其河床床沙的粗化较上游无库条件更为明显。枝城站属于近坝段的砂卵石河段，其冲刷 10 年左右即可完成，因此上游建库或无库对该河段河床粗化的影响不显著。监利站位于沙质河段，其冲刷 30 年仍未达到最大冲刷，因此，上游建库条件下的河床粗化更为显著。

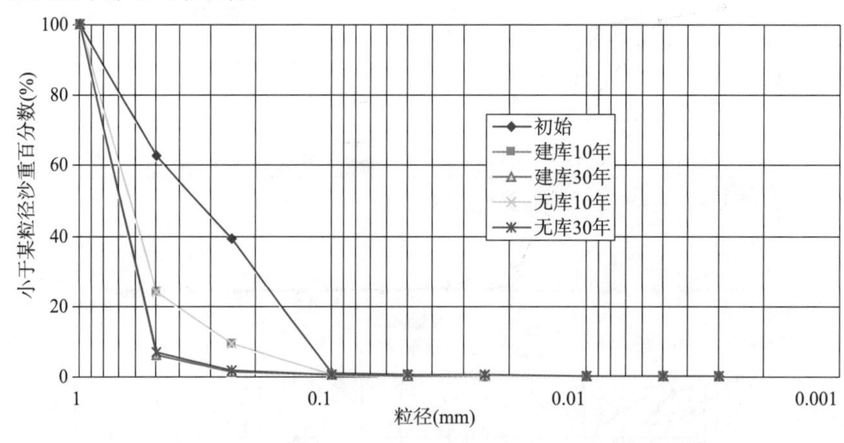

图 4–23　上游建库和上游无库条件下枝城床沙粗化比较

4.4.5　水位下降

三峡水库运行后前 20 年，近坝段冲刷较剧烈，河床下切，宜昌至沙市河段水位下降较快。水位下降除受本河段冲刷影响外，还受下游河段的冲刷影响。随着水库运用时间的增加，冲刷下移，下荆江河段发生强烈的冲刷，河床冲深，水位下降，不仅引起本河段水位下降，上游水位受其影响也有进一步降落，但降落幅度较小。表 4–5 ~表 4–9 给出了长江中游沿程主要水文站的水位下降情况。

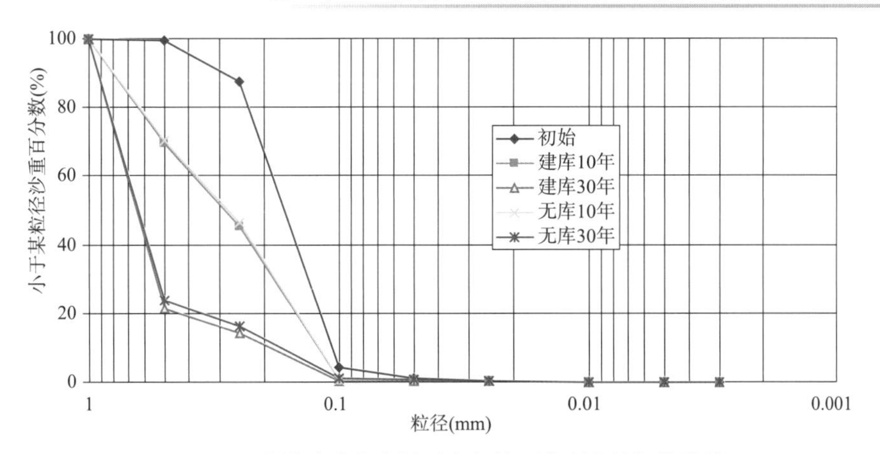

图 4−24 上游建库和上游无库条件下监利床沙粗化比较

90 系列宜昌水位变化值（单位：m） 表 4−5

时段 \ 流量(m^3/s)	5 500		10 000		30 000		50 000	
	无库	建库	无库	建库	无库	建库	无库	建库
10 年末	−0.69	−0.69	−0.60	−0.61	−0.26	−0.26	−0.06	−0.06
20 年末	−0.87	−0.89	−0.79	−0.81	−0.33	−0.34	−0.09	−0.09
30 年末	−0.92	−0.94	−0.89	−0.91	−0.38	−0.39	−0.15	−0.16

注：“−”代表水位下降，下同。

90 系列沙市水位变化值（单位：m） 表 4−6

时段 \ 流量(m^3/s)	5 500		10 000		30 000		50 000	
	无库	建库	无库	建库	无库	建库	无库	建库
10 年末	−1.32	−1.32	−1.06	−1.06	−0.54	−0.54	−0.22	−0.22
20 年末	−1.82	−1.84	−1.62	−1.65	−0.71	−0.73	−0.34	−0.36
30 年末	−1.95	−1.98	−1.80	−1.82	−0.80	−0.81	−0.40	−0.43

90 系列监利水位变化值（单位：m） 表 4−7

时段 \ 流量(m^3/s)	5 500		10 000		30 000		50 000	
	无库	建库	无库	建库	无库	建库	无库	建库
10 年末	−1.25	−1.26	−1.14	−1.15	−0.49	−0.49	−0.17	−0.17
20 年末	−1.87	−1.89	−1.75	−1.79	−0.65	−0.68	−0.29	−0.31
30 年末	−2.47	−2.49	−2.26	−2.29	−0.78	−0.80	−0.33	−0.36

90 系列螺山水位变化值（单位：m） 表 4−8

时段 \ 流量(m^3/s)	7 500		10 000		30 000		50 000	
	无库	建库	无库	建库	无库	建库	无库	建库
10 年末	−0.49	−0.50	0.34	−0.35	−0.16	−0. 16	−0.05	−0.05
20 年末	−1.07	−1.09	−0.68	−0.70	−0.35	−0.37	−0.18	−0.19
30 年末	−1.46	−1.49	−1.17	−1.20	−0.66	−0.67	−0.28	−0.30

90 系列汉口水位变化值（单位：m）　　表 4-9

时段 \ 流量(m³/s)	7 500		10 000		30 000		50 000	
	无库	建库	无库	建库	无库	建库	无库	建库
10 年末	−0.18	−0.19	−0.13	−0.14	−0.05	−0.05	−0.01	−0.01
20 年末	−0.48	−0.50	−0.48	−0.49	−0.11	−0.12	−0.06	−0.07
30 年末	−0.87	−0.90	−0.79	−0.81	−0.29	−0.30	−0.12	−0.13

由表 4–5 ～表 4–9 可知：随着三峡水库下游河床冲刷的不断发展，沿程各站水位经历了水位下降的过程。宜昌河段位于砂卵石河段，其 10 年左右冲刷基本完成，5 500m³/s 时水位下降 0.69m，之后的水位下降幅度相对较小，后期主要是受下游河床冲刷水位下降而导致的溯源下降。沙市、监利站位于荆江河段，属于三峡水库蓄水后 30 年主要冲刷的河段，而且该河段主要为沙质河床，冲刷量大，水位下降也最大，5 500m³/s 流量下沙市、监利 30 年末的水位下降分别为 1.95 ～ 1.98m、2.47 ～ 2.49m（分别为上游无库和上游建库情况，下同）。螺山、汉口河段位于荆江河段的下游，水库蓄水初期冲刷较小，水位下降不大，后期（20 ～ 30 年）随着冲刷的继续向下游发展，冲刷速率增大，水位较初期有明显的下降。7 500m³/s 流量下，螺山站蓄水后 10 年水位下降 0.49 ～ 0.5m，30 年末水位下降 1.46 ～ 1.49m。

不同流量级相比，小流量时同流量下水位下降较大，大流量时同流量下水位下降较小。以宜昌为例，5 500m³/s 流量下，30 年末水位下降 0.92 ～ 0.94m；50 000m³/s 流量下，10 年末水位下降 0.06 ～ 0.07m，30 年末水位下降 0.15 ～ 0.16m。

上游建库和上游无库相比，由于下游冲刷过程类似，冲刷量相差不大，因此沿程各站的水位下降相差不大，上游建库条件下各站的同流量水位较上游无库条件下下降 0 ～ 0.4m，而且大流量时差别较小（0 ～ 0.2m），小流量时差别略大（0.2 ～ 0.4m）。

4.5 03 系列计算成果

4.5.1 径流时空变化

如前文所示，03 系列和 90 系列相比，径流总量偏小约 10%，为了分析 03 系列条件下长江中游沿程各站的径流变化，表 4–10 给出了长江中游径流量时空变化特征值的对比。

由表 4–10 可知：

（1）从沿程各站来看，自宜昌至监利，由于三口分流的影响，同时期径流量有所减小；自螺山往下，由于洞庭湖和汉江的入汇，径流量有所增大。

（2）对同一测站不同时期对比，随着水库蓄水运用时间的延长，每 10 年平均的径流总量变化不大，差异均在 5% 以内，这也和前文对宜昌径流变化特征分析的规律一致。

（3）上游建库和上游无库相比，对于径流总量的改变同样较小，差异也均在 5% 以内。上述规律与 90 系列基本一致。

长江中游径流量时空变化（单位：亿 m^3）　　表 4-10

水文站点	时期	03 无库	03 建库
宜昌	1 ~ 10 年	3 690.10	3 690.09
	11 ~ 20 年	3 604.60	3 603.60
	21 ~ 30 年	3 544.44	3 542.44
沙市	1 ~ 10 年	3 505.19	3 504.87
	11 ~ 20 年	3 446.11	3 445.01
	21 ~ 30 年	3 400.44	3 399.96
监利	1 ~ 10 年	3 408.88	3 408.74
	11 ~ 20 年	3 357.32	3 356.99
	21 ~ 30 年	3 316.40	3 315.57
螺山	1 ~ 10 年	5 662.95	5 662.59
	11 ~ 20 年	5 578.42	5 577.78
	21 ~ 30 年	5 532.91	5 531.39
汉口	1 ~ 10 年	5 989.28	5 989.18
	11 ~ 20 年	5 896.42	5 895.53
	21 ~ 30 年	5 847.79	5 846.08

表 4-11 给出了 03 系列计算 30 年中每年枯期（1 ~ 4 月）平均流量的变化情况。

枯期（1 ~ 4 月）平均流量变化（单位：m^3/s）　　表 4-11

年	03 建库					03 无库				
	宜昌	沙市	监利	螺山	汉口	宜昌	沙市	监利	螺山	汉口
2	5 903	5 486	5 474	10 946	12 166	5 913	5 496	5 484	10 960	12 183
3	6 136	5 772	5 765	8 978	10 328	6 127	5 763	5 756	8 971	10 321
4	6 136	5 772	5 765	9 008	10 328	6 128	5 764	5 757	9 001	10 321
5	5 351	5 022	5 012	10 204	11 324	5 364	5 035	5 025	10 217	11 337
6	6 125	5 806	5 791	8 804	9 894	6 110	5 791	5 776	8 789	9 879
7	6 156	5 848	5 830	10 517	12 017	6 135	5 827	5 809	10 496	11 996
8	4 885	4 578	4 570	11 240	12 910	4 894	4 587	4 579	11 249	12 919
9	6 191	5 729	5 720	7 325	8 325	6 180	5 718	5 709	7 314	8 314
10	5 590	5 222	5 221	8 581	10 181	5 598	5 230	5 229	8 589	10 189
11	4 677	4 324	4 322	9 566	11 146	4 576	4 223	4 221	9 465	11 045
12	5 899	5 505	5 490	10 933	12 153	5 779	5 385	5 370	10 813	12 033

续上表

年	03建库					03无库				
	宜昌	沙市	监利	螺山	汉口	宜昌	沙市	监利	螺山	汉口
13	6 137	5 793	5 787	8 976	10 326	6 007	5 663	5 657	8 846	10 196
14	6 100	5 692	5 662	9 720	11 040	5 266	4 858	4 828	8 886	10 206
15	5 346	5 025	5 016	10 199	11 319	5 306	4 985	4 976	10 159	11 279
16	6 122	5 814	5 798	8 796	9 886	6 036	5 728	5 712	8 710	9 800
17	6 156	5 856	5 836	10 511	12 011	5 926	5 626	5 606	10 281	11 781
18	4 882	4 576	4 568	11 237	12 907	4 842	4 536	4 528	11 197	12 867
19	6 191	5 734	5 725	7 321	8 321	6 071	5 614	5 605	7 201	8 201
20	5 588	5 221	5 221	8 576	10 176	5 493	5 126	5 126	8 481	10 081
21	4 699	4 372	4 406	9 732	11 312	4 598	4 271	4 305	9 631	11 211
22	5 896	5 504	5 489	10 927	12 147	5 774	5 382	5 367	10 805	12 025
23	6 140	5 799	5 792	8 976	10 326	6 010	5 669	5 662	8 846	10 196
24	6 103	5 697	5 665	9 716	11 036	5 262	4 856	4 824	8 875	10 195
25	5 343	5 024	5 014	10 197	11 317	5 300	4 981	4 971	10 154	11 274
26	6 125	5 806	5 791	8 804	9 894	6 038	5 719	5 704	8 717	9 807
27	6 156	5 848	5 830	10 517	12 017	5 924	5 616	5 598	10 285	11 785
28	4 878	4 572	4 565	11 233	12 903	4 830	4 524	4 517	11 185	12 855
29	6 191	5 734	5 726	7 318	8 318	6 067	5 610	5 602	7 194	8 194
30	5 585	5 219	5 218	8 572	10 172	5 492	5 126	5 125	8 479	10 079

由表4–11可知：

（1）从沿程空间分布情况看，由于江湖分汇的影响，枯期平均流量的变化为自宜昌向沙市、监利逐渐减小，自监利以下逐渐增大。

（2）对于上游无库03系列，随着水库运用时间的增加，前10年的枯期流量较后期流量过程略小。

（3）上游建库和上游无库相比，虽然径流总量相差较小，但由于上游建库后水库年内调节能力的增强，上游建库条件下的枯期流量较上游无库条件下略大，增大0～830m³/s。

图4–25给出了03系列沙市、监利和汉口站的不同流量级频率的变化。由图4–25可知：

（1）上游建库和上游无库相比，小于5 000m³/s的流量出现频率有所减少，中等流量（沙市和监利5 000～10 000m³/s、汉口10 000～30 000m³/s）出现频率有所增加。

（2）沿程变化来看，由于分流的影响，沙市、监利小于5 000m³/s流量出现频率较汉口站［图4–25a)］大；受汇流的影响，汉口站中等流量10 000～30 000m³/s出现频率比明显增加。

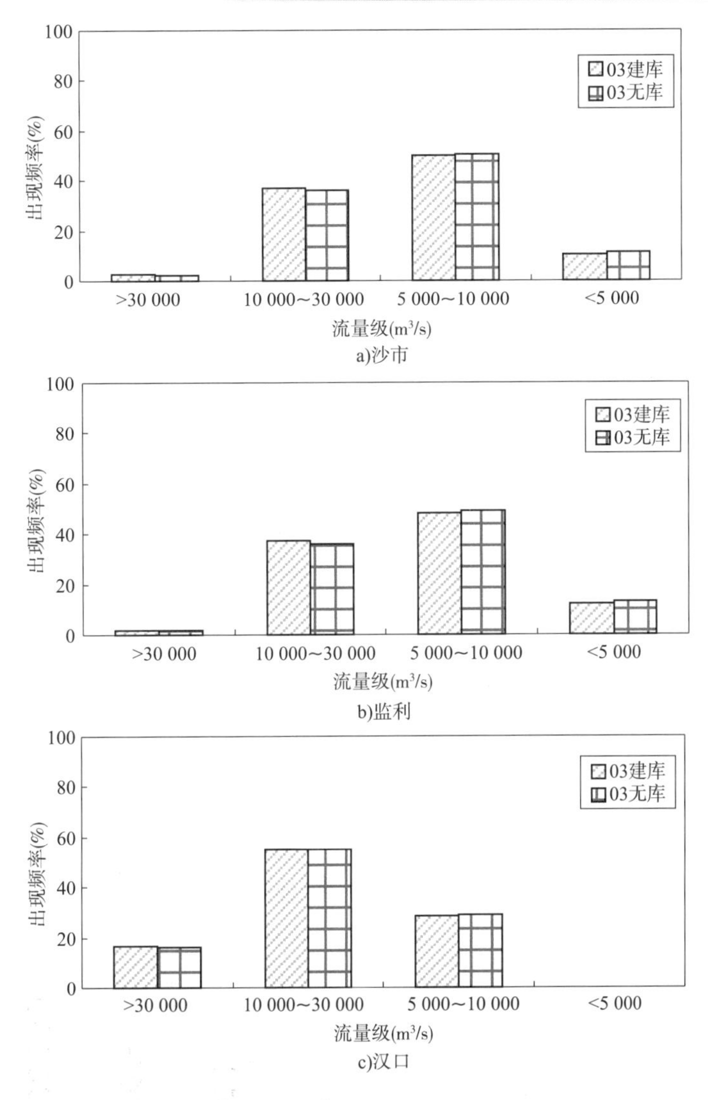

图 4-25　长江中游沿程各站流量频率变化

4.5.2　输沙时空变化

为了分析03系列上游无库及上游建库条件下的长江中游输沙的时空变化特点，表4-12给出了长江中游各站不同时段的输沙量变化。

由表 4-12 可知：

(1) 从长江中游沿程来看，存在输沙量的恢复过程，自宜昌往下，水流从河床上补给泥沙，各站输沙量有所增加，螺山站的输沙量已经超过了宜昌站，但各站相较三峡水库运行前，仍未恢复到三峡水库运行前的水平。

(2) 上游建库和上游无库相比，由于上游水库的拦沙作用增强，使得进入三峡水库的沙量以及宜昌下泄的沙量均有大幅度的减少，减少幅度为 40% ~ 50%，各站的情况基本类似。这也说明，上游建库后水流的次饱和程度有所加大，输沙量恢复的时间将会更长。

长江中游输沙量时空变化（单位：亿 t）　　表 4-12

水文站点	时期	03 无库	03 建库
宜昌	1 ~ 10 年	0.77	0.77
	11 ~ 20 年	0.76	0.49
	21 ~ 30 年	0.77	0.49
沙市	1 ~ 10 年	0.81	0.81
	11 ~ 20 年	0.96	0.43
	21 ~ 30 年	0.99	0.45
监利	1 ~ 10 年	0.80	0.80
	11 ~ 20 年	0.92	0.42
	21 ~ 30 年	0.95	0.43
螺山	1 ~ 10 年	0.86	0.86
	11 ~ 20 年	0.99	0.49
	21 ~ 30 年	1.02	0.50
汉口	1 ~ 10 年	0.92	0.92
	11 ~ 20 年	1.04	0.54
	21 ~ 30 年	1.07	0.55

图 4-26 ~图 4-29 给出了三峡水库蓄水后 03 系列上游建库和上游无库条件下沿程各站分组沙量沿程恢复情况。

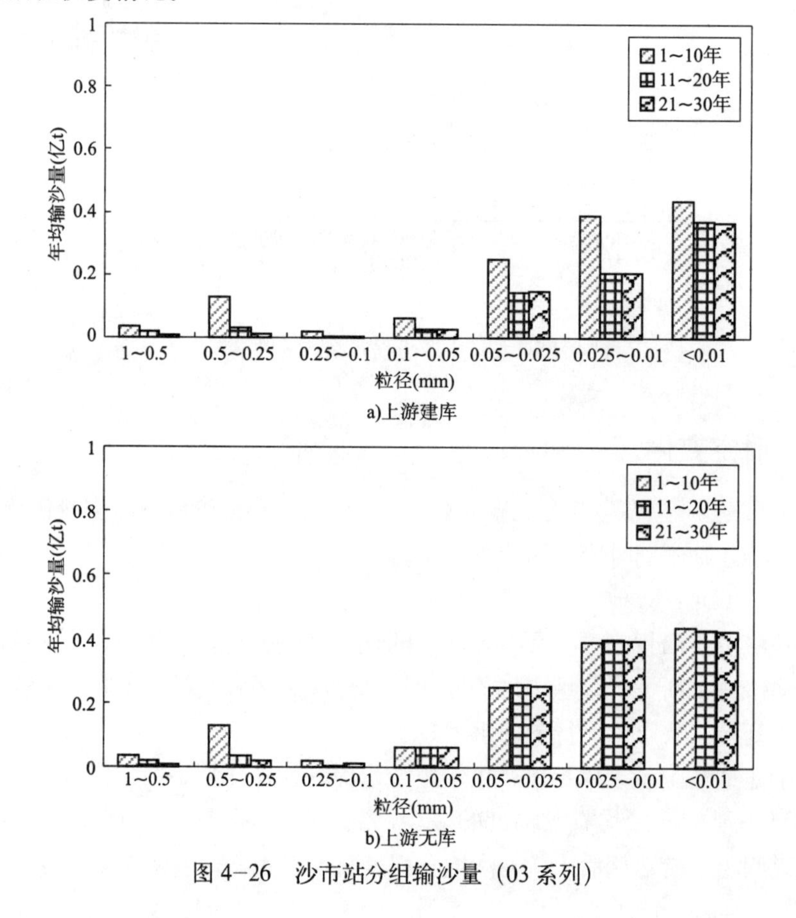

图 4-26　沙市站分组输沙量（03 系列）

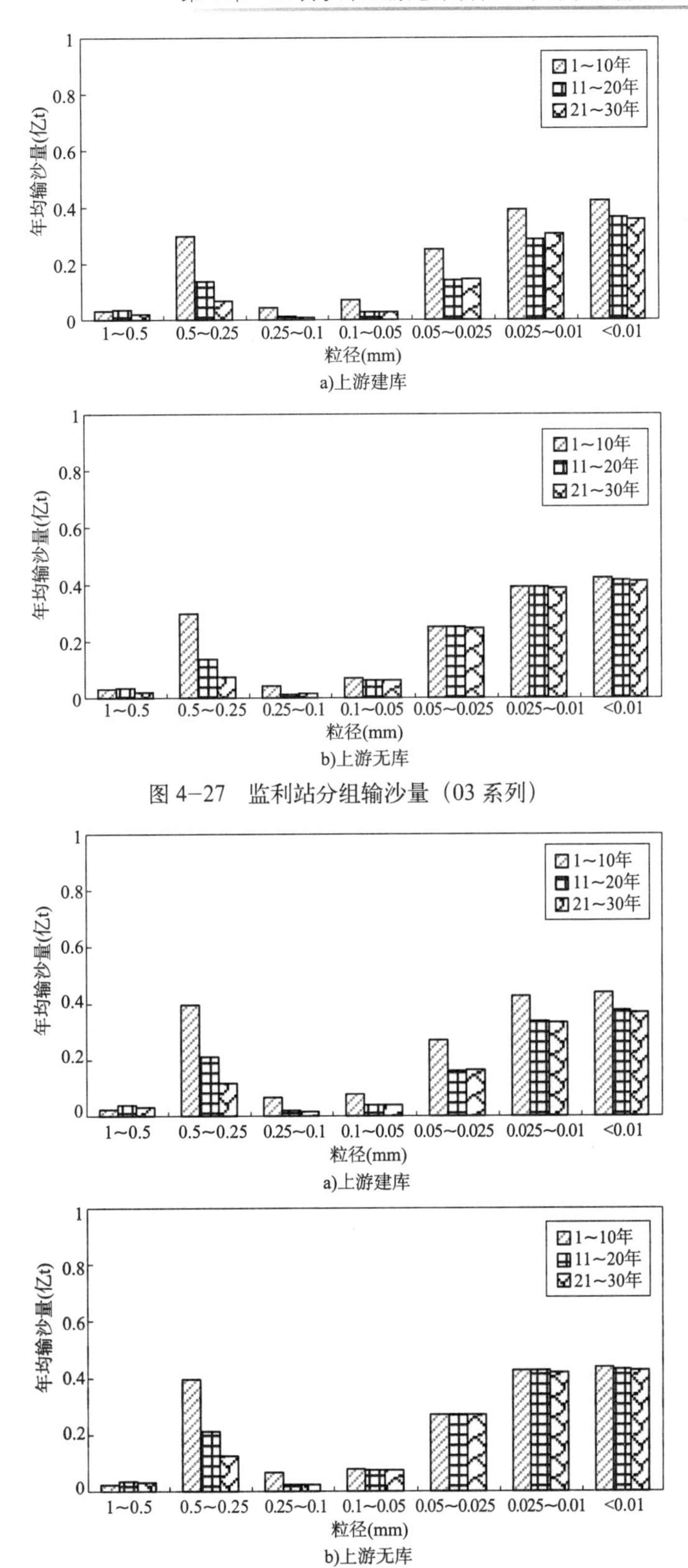

图 4-27　监利站分组输沙量（03 系列）

图 4-28　螺山站分组输沙量（03 系列）

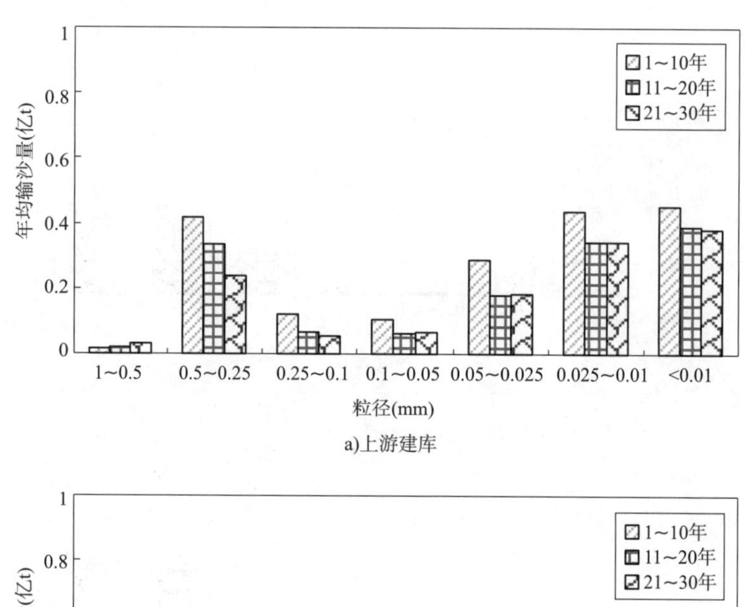

a)上游建库

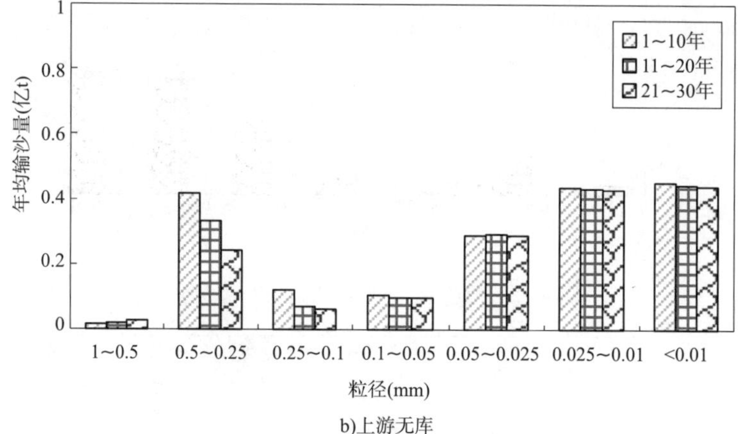

b)上游无库

图 4–29　汉口站分组输沙量（03 系列）

由图 4–26 ~图 4–29 可知：

（1）长江中游沿程泥沙存在恢复现象。对于粒径大于 0.1mm 的粗沙，主要从下游河床冲刷补给，自宜昌往下输沙量逐步恢复；对于粒径小于 0.1mm 的细沙，同样存在输沙量恢复的过程，该过程主要是通过“淤粗悬细”的方式实现。对于河床组成中较少、而水库下泄水体中含量较大的极细颗粒，主要以冲泻质的形式往下游传递，沿程各站变化不大。

（2）上游建库和上游无库相比，各站输沙量差别较大的主要体现在 0.1 ~ 0.01mm 的粒径区间，上游建库后，该组分的泥沙含量有所减少。虽然存在沿程的恢复过程，但沿程各站建库条件下泥沙的输沙量均较上游无库条件下的小。

4.5.3　冲刷过程

图 4–30 给出了 03 系列上游建库和上游无库条件下的宜昌—大通累积淤积量的对比，图 4–31 给出了 03 系列上游建库条件下宜昌—大通不同分段的累积冲淤变化图。表 4–13 给出了 03 系列上游建库和上游无库 10 年累积淤积量的对比表。

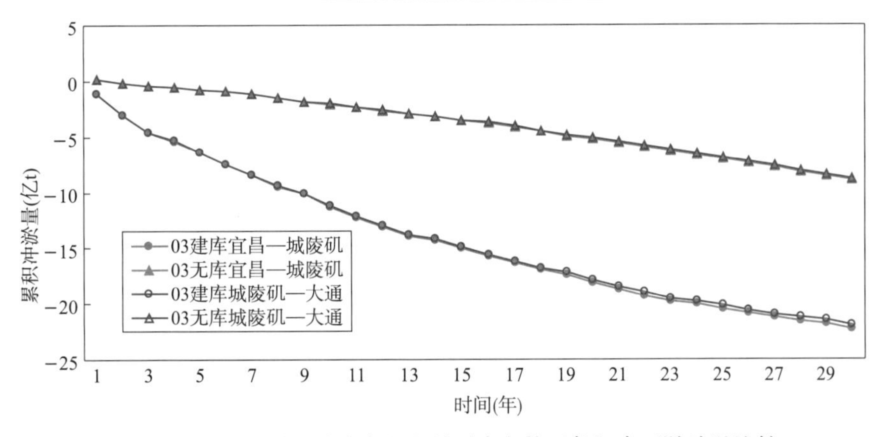

图 4-30　03 系列上游建库和上游无库条件下长江中下游冲淤比较

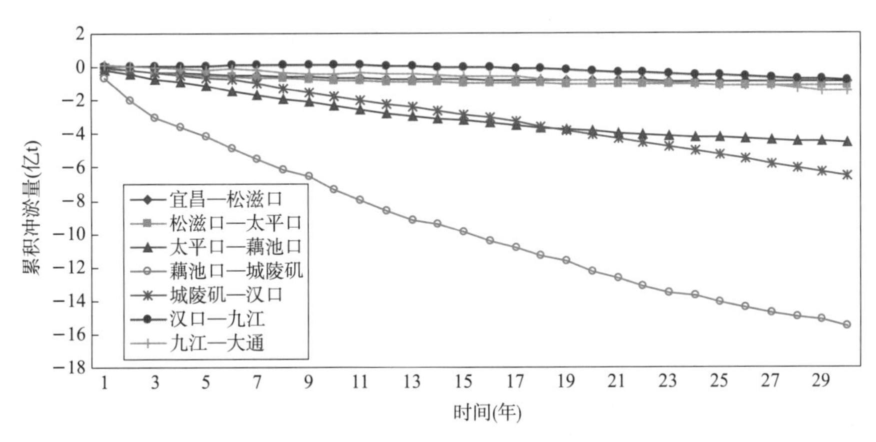

图 4-31　03 系列上游建库条件分段累积淤积量变化图

三峡水库运行后 30 年 03 系列宜昌—大通分段冲淤量表（单位：亿 t）　　表 4-13

运用条件		10		20		30	
		建库	无库	建库	无库	建库	无库
河段	宜昌—松滋口	−0.70	−0.70	−0.89	−0.88	−0.96	−0.96
	松滋口—太平口	−0.84	−0.84	−1.10	−1.00	−1.20	−1.20
	太平口—藕池口	−2.42	−2.42	−3.93	−3.88	−4.61	−4.42
	藕池口—城陵矶	−7.40	−7.40	−12.32	−12.22	−15.57	−15.42
	城陵矶—汉口	−1.79	−1.79	−4.12	−4.07	−6.58	−6.52
	汉口—九江	0.09	0.09	−0.28	−0.28	−0.87	−0.86
	九江—大通	−0.44	−0.44	−0.88	−0.87	−1.50	−1.48
	宜昌—城陵矶	−11.35	−11.35	−18.23	−17.97	−22.34	−22.00
	宜昌—汉口	−13.14	−13.14	−22.35	−22.04	−28.92	−28.52
	宜昌—大通	−13.48	−13.48	−23.51	−23.18	−31.29	−30.86

由图 4-30、图 4-31 和表 4-13 可知：

（1）与90系列下的冲刷规律类似，03系列条件下宜昌—大通河段发生了自上而下的长距离冲刷。90系列和03系列相比，由于03系列的来沙更少，其冲刷量较90系列条件下更大。上游建库条件下，90系列、03系列30年末宜昌—城陵矶河段的冲刷量分别为20.91亿t、22.34亿t，宜昌—大通河段的冲刷量分别为29.27亿t、31.29亿t，03系列下冲刷量宜昌—城陵矶河段增加了1.43亿t，宜昌—大通河段增加了2.02亿t。与之类似，上游无库条件下，90系列、03系列30年末宜昌—城陵矶河段的冲刷量分别为20.11亿t、22亿t，宜昌—大通河段的冲刷量分别为28.19亿t、30.86亿t，03系列下冲刷量宜昌—城陵矶河段增加了1.89亿t，宜昌—大通河段增加了2.67亿t。

（2）三峡水库运行后30年，宜昌—大通河段的冲刷仍主要以荆江河段为主，近坝段的砂卵石河段达到了冲刷平衡，城陵矶—汉口河段也有一定程度的冲刷，而汉口以下河段的冲刷相对较小。分河段具体分析情况如下（上游建库条件为例）：

①宜昌—松滋口河段：卵石夹沙河床，表层粒径较粗，冲刷后河床粗化很快，经过10年冲刷，河床冲刷基本平衡。该河段30年最大冲刷总量约为−0.96亿t，按平均河宽1 100m计，平均冲深约1.15m。

②松滋口—太平口河段：上部为卵石夹沙河床，下部为沙质河床，经过20年冲刷，河床冲刷也基本结束。30年末该河段最大冲刷量约为1.2亿t，按平均河宽1 400m计，平均冲深1.4m。

③太平口—藕池口河段：沙质河床，该河段冲刷相对上游砂卵石河段明显增加。该河段30年最大冲刷量为4.04亿t，按平均河宽1 400m计，平均冲深3.8m。

④藕池口—城陵矶河段：三峡水库运行后本河段处于持续冲刷状态。该河段30年最大冲刷量约为15.57亿t，按平均河宽1 600m计，平均冲深约5.71m。

⑤城陵矶—武汉河段：三峡水库前10年冲刷较少，10年末累积冲刷量为1.79亿t，随着上游冲刷往下游传递，后期冲刷速率增大，30年末最大冲刷量为6.58亿t，按平均河宽1 800m计，平均冲深约1.58m。

⑥武汉以下河段：由于距坝较远，汉口以下河段在三峡水库运行前30年有冲有淤，以冲刷为主，总体冲淤幅度不大。前30年最大累积冲刷量为2.36亿t。

（3）上游建库和上游无库条件相比，宜昌—大通河段的冲淤量的差异较小。宜昌—大通全河段20年、30年末的累积冲淤量的差异分别为0.33亿t、0.43亿t，仅占总量的1.5%左右。分河段来看，宜昌—大埠街为砂卵石河床，由于较快达到冲刷平衡，上游建库和上游无库条件下的冲刷总量基本一致；汉口以下河段由于距离大坝较远，且沿程含沙量逐步恢复，其蓄水后30年内冲刷幅度不大，上游建库和无库相比，其冲淤量也差别不大。上游建库和上游无库条件下的冲刷量的差异主要体现在荆江河段以及城陵矶—汉口河段。

4.5.4 河床粗化

随着冲刷的自上而下发展，各断面的床沙中值粒径不断变粗。图4−32～图4−36分不同河段给出了宜昌—汉口床沙级配变化。

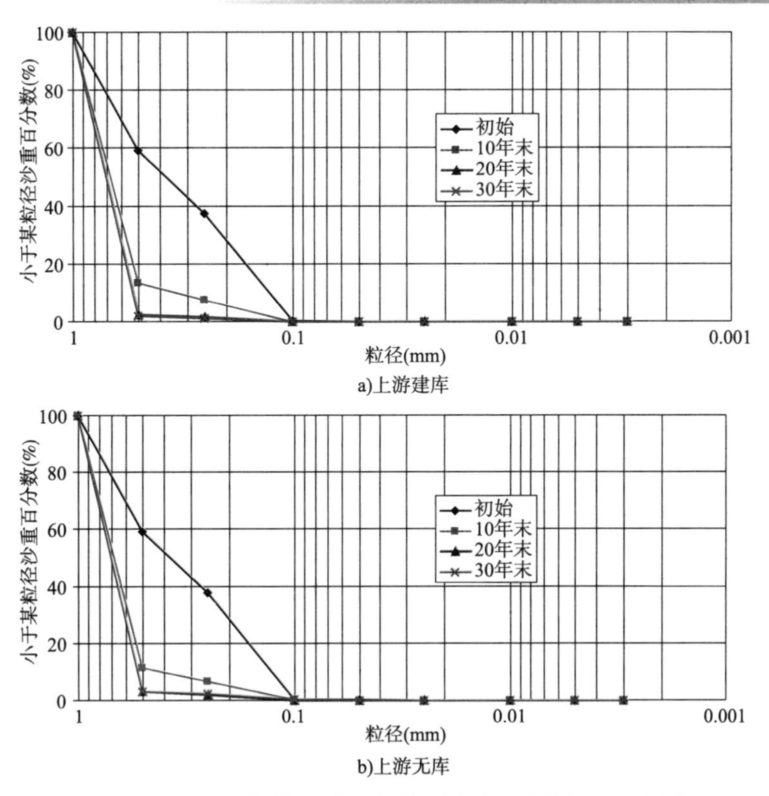

a)上游建库

b)上游无库

图 4-32　宜昌—松滋口（枝城站）床沙粗化过程（03 系列）

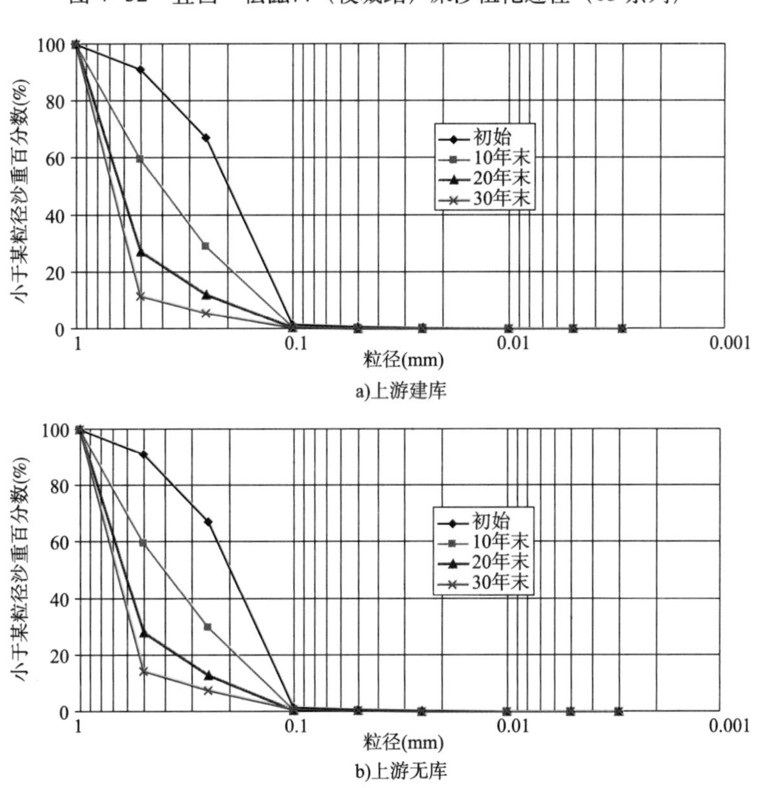

a)上游建库

b)上游无库

图 4-33　松滋口—太平口（陈家湾站）床沙粗化过程（03 系列）

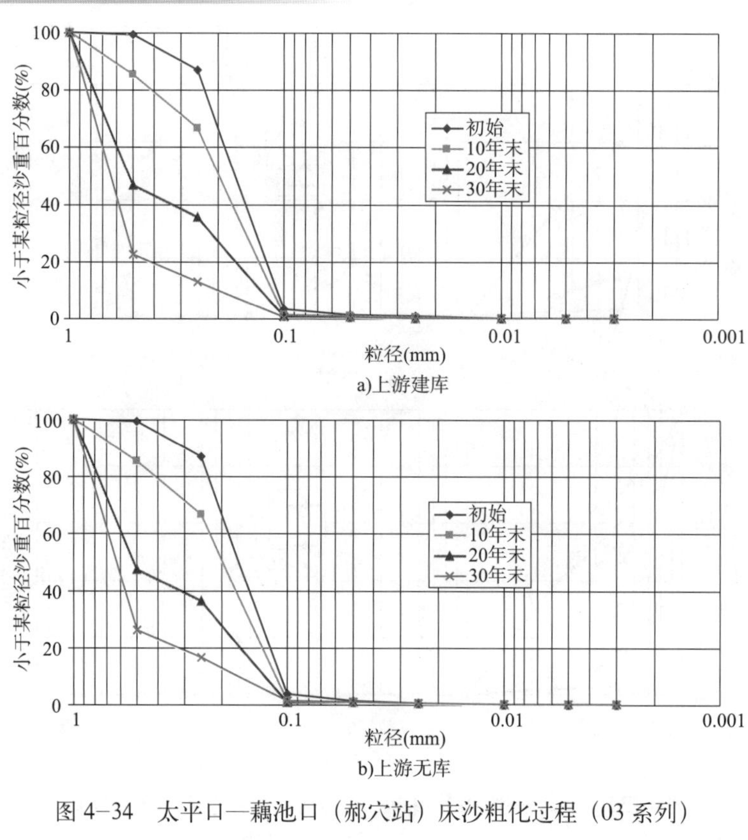

a)上游建库

b)上游无库

图 4-34　太平口—藕池口（郝穴站）床沙粗化过程（03 系列）

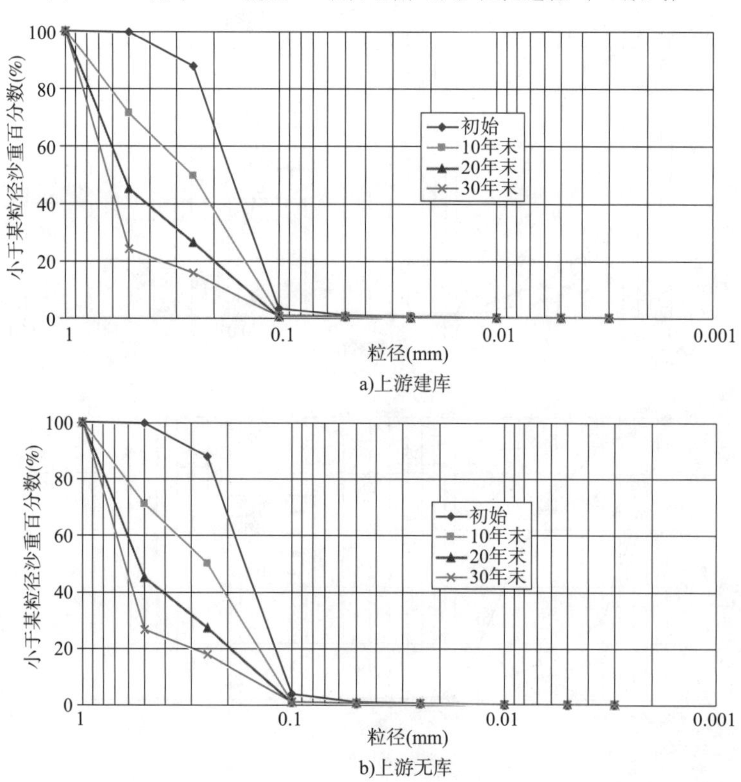

a)上游建库

b)上游无库

图 4-35　藕池口—城陵矶（监利站）床沙粗化过程（03 系列）

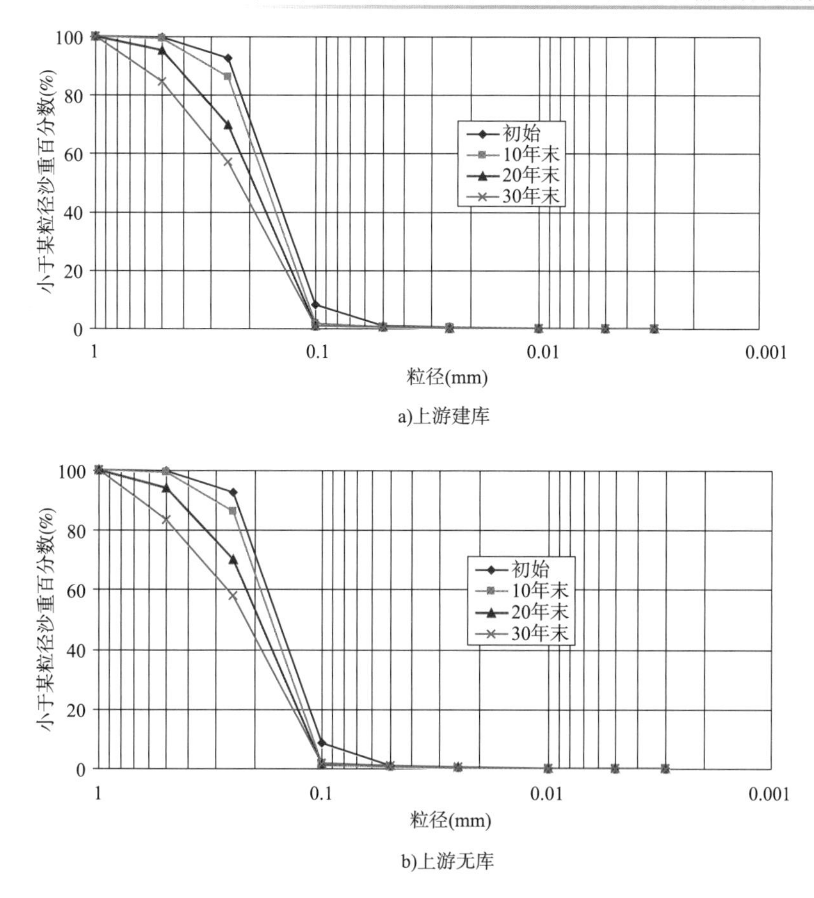

图 4–36　城陵矶—汉口（石叽头站）床沙粗化过程（03 系列）

从图 4–32 ～图 4–36 可以看出：

（1）宜昌—太平口河段，经过 20 年冲刷，河床已经形成卵石粗化层。其中宜昌—松滋口河段卵石埋藏较浅，河床冲刷发展更快，仅 10 年左右的时间就已冲到卵石河床。后期由于形成粗化保护层，有效地遏制了河床的冲刷。松滋口—太平口河段冲刷同样较快，河床粗化明显，不过由于上游河床的剧烈冲刷，本河段河床粗化完成时间稍滞后，20 年末粗化基本完成。

（2）太平口—藕池口河段，经过 30 年冲刷，河床冲深，床沙明显粗化，其后冲刷速度渐趋缓慢。

（3）藕池口—城陵矶河段为细沙沙质河床。蓄水后初期冲刷较少，河床粗化和上游河段相比不明显。随着上游冲刷下移，该河段受到剧烈冲刷，河床继续冲深，30 年以后河床冲刷速度变缓。

（4）城陵矶—汉口河段。三峡水库运行后 30 年有所冲刷，河床粗化不明显。

4.5.5　水位下降

表 4–14 ～表 4–18 给出了 03 系列长江中下游沿程主要水文站的水位下降值。由表 4–14 ～表 4–18 可以看出：

（1）03 系列条件下，宜昌河段 10 年末 5 500m³/s 时水位下降 0.72m，之后的水位下降幅度相对较小，后期主要是受下游河床冲刷水位下降而导致的溯源下降。沙市、监利站位于荆江河段，属于三峡水库蓄水后 30 年主要冲刷的河段，而且该河段主要为沙质河床，冲刷量大，水位下降也最大，5 500m³/s 流量下沙市、监利 30 年末的水位下降分别为 2.03 ~ 2.06m、2.55 ~ 2.58m（分别为上游无库和上游建库情况）。螺山、汉口河段位于荆江河段的下游，水库蓄水初期冲刷较小，水位下降不大，后期（20 ~ 30 年）随着冲刷的继续向下游发展，冲刷速率增大，水位较初期有明显的下降。7 500m³/s 流量下，螺山站蓄水后 10 年水位下降 0.6 ~ 0.62m，30 年末水位下降 1.51 ~ 1.55m。

03 系列不同时段宜昌水位变化值（单位：m） 表 4-14

流量(m³/s) 时段	5 500		10 000		30 000		50 000	
	无库	建库	无库	建库	无库	建库	无库	建库
10 年末	−0.72	−0.72	−0.64	−0.64	−0.29	−0.29	−0.08	−0.08
20 年末	−0.89	−0.92	−0.83	−0.85	−0.36	−0.38	−0.10	−0.11
30 年末	−0.95	−0.98	−0.92	−0.94	−0.40	−0.41	−0.18	−0.20

03 系列不同时段沙市水位变化值（单位：m） 表 4-15

流量(m³/s) 时段	5 500		10 000		30 000		50 000	
	无库	建库	无库	建库	无库	建库	无库	建库
10 年末	−1.35	−1.35	−1.12	−1.13	−0.58	−0.58	−0.25	−0.25
20 年末	−1.86	−1.88	−1.67	−1.69	−0.73	−0.76	−0.39	−0.41
30 年末	−2.03	−2.06	−1.85	−1.89	−0.82	−0.85	−0.44	−0.46

03 系列不同时段监利水位变化值（单位：m） 表 4-16

流量(m³/s) 时段	5 500		10 000		30 000		50 000	
	无库	建库	无库	建库	无库	建库	无库	建库
10 年末	−1.32	−1.33	−1.21	−1.21	−0.55	−0.55	−0.20	−0.20
20 年末	−1.95	−1.99	−1.87	−1.89	−0.72	−0.76	−0.33	−0.35
30 年末	−2.55	−2.58	−2.38	−2.41	−0.83	−0.86	−0.38	−0.39

03 系列不同时段螺山水位变化值（单位：m） 表 4-17

流量(m³/s) 时段	7 500		10 000		30 000		50 000	
	无库	建库	无库	建库	无库	建库	无库	建库
10 年末	−0.60	−0.62	0.38	−0.39	−0.22	−0. 22	−0.08	−0.08
20 年末	−1.12	−1.15	−0.73	−0.75	−0.43	−0.45	−0.21	−0.23
30 年末	−1.51	−1.55	−1.22	−1.25	−0.70	−0.73	−0.32	−0.34

03 系列不同时段汉口水位变化值（单位：m）　　表 4-18

时段 \ 流量(m^3/s)	7 500		10 000		30 000		50 000	
	无库	建库	无库	建库	无库	建库	无库	建库
10 年末	−0.25	−0.27	−0.16	−0.17	−0.08	−0.08	−0.02	−0.02
20 年末	−0.57	−0.59	−0.53	−0.55	−0.16	−0.19	−0.08	−0.09
30 年末	−0.96	−0.99	−0.84	−0.86	−0.34	−0.36	−0.15	−0.17

（2）与 90 系列相比，03 系列下由于坝下游的冲刷量较大，其水位下降也相对较大，各站较 90 系列下同流量水位降低 0.01 ~ 0.09m。其中最大差异位于监利站，上游建库条件下蓄水后 30 年末 5 500m^3/s 流量下的 90 系列、03 系列水位下降分别为 2.49m、2.58m，相差 0.09m。

（3）不同流量级相比，小流量时同流量下水位下降较大，大流量时水位下降较小。以宜昌为例，5 500m^3/s 流量下，30 年末水位下降 0.95 ~ 0.98m；50 000m^3/s 流量下，30 年末水位下降 0.18 ~ 0.20m。

（4）上游建库和上游无库相比，由于下游冲刷过程类似，冲刷量相差不大，因此沿程各站的水位下降相差不大。03 系列上游建库条件下各站的同流量水位较上游无库条件下下降 0 ~ 0.4m，而且大流量时差别较小（0 ~ 0.2m），小流量时差别略大（0.2 ~ 0.4m）。

第5章　长江中游水位变化、设计水位及航行基面研究

5.1　三峡水库运行前后长江中游流量、水位变化

5.1.1　枯水流量变化

5.1.1.1　枯水流量的年际变化

（1）1954 ~ 2012 年平均流量及最小流量变化

统计1954 ~ 2012年间宜昌、螺山、汉口三站的平均流量及最小流量见图5-1和图5-2，并以三峡水库运行前后两个时段来统计各站的多年平均流量及多年平均径流量，见表5-1。由图5-1、图5-2和表5-1可见：从平均流量变化来看，1954 ~ 2012年间，宜昌、螺山、汉口三站年平均流量总体上没有明显的趋势性变化，但从三峡水库运行前后两个时段来看，三峡水库运行前的1954 ~ 2002年间，宜昌站、螺山站、汉口站平均流量分别为13 840m^3/s、20 468m^3/s、22 605m^3/s，三峡水库运行后的2003 ~ 2012年间，宜昌站、螺山站、汉口站三站平均流量分别为12 544m^3/s、18 668m^3/s、21 186m^3/s，比前一阶段分别减少1 296m^3/s、1 800m^3/s、1 419m^3/s，减少幅度为9.36%，8.80%、6.28%。因此从多年平均情况来看，长江干流的来流条件相对稳定，但近期，长江干流宜昌以上河段的来流总体上偏枯5% ~ 10%。

从年最小流量变化来看，宜昌站最小流量变化可以分为两个阶段，三峡水库运行前没有明显的趋势性变化，三峡水库运行后最小流量逐渐增加；螺山站、汉口站的最小流量也可分为三个阶段，1980年前没有明显的趋势性变化，1981 ~ 2002年间总体比前一阶段有所增加，2003 ~ 2012年三峡水库运行后的阶段呈现明显上升趋势。

三峡水库运行前后长江干流来流量变化　　表5-1

时段	年平均流量（m^3/s）			年平均径流量（亿m^3）		
	宜昌	螺山	汉口	宜昌	螺山	汉口
1954 ~ 2002年	13 840	20 468	22 605	4 364	6 455	7 129
2003 ~ 2012年	12 544	18 668	21 186	3 956	5 887	6 681
变化幅度（%）	−9.36	−8.79	−6.28	−9.35	−8.80	−6.28

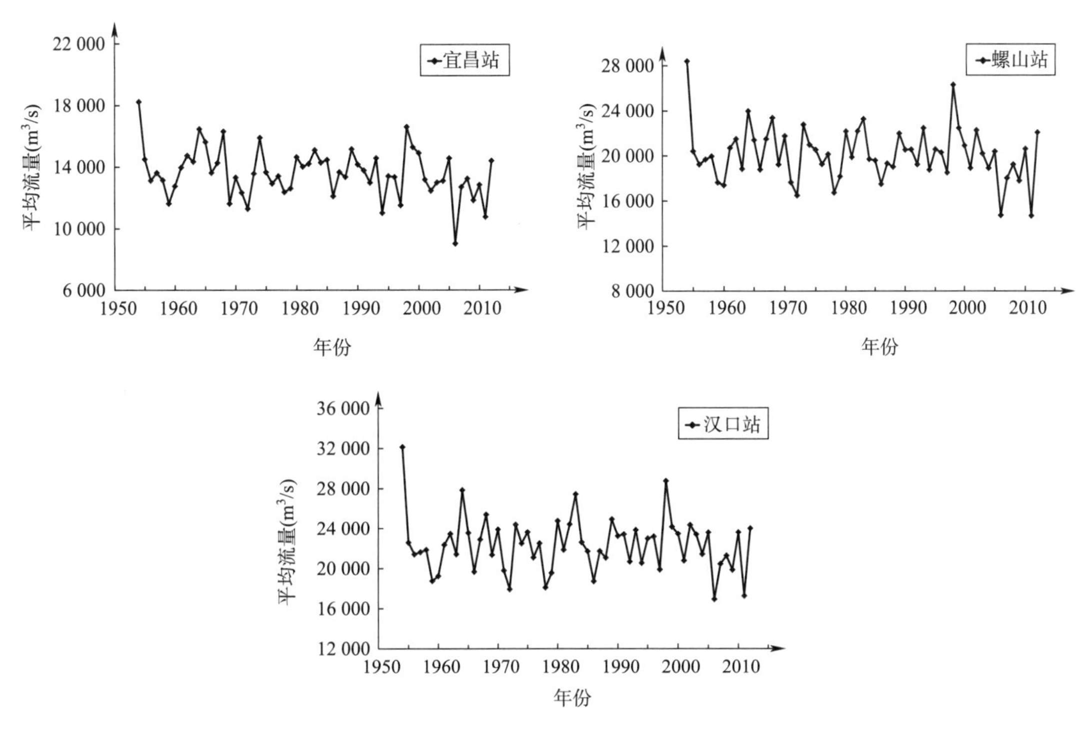

图5-1 长江宜昌—武汉河段代表性水文站年平均流量变化图

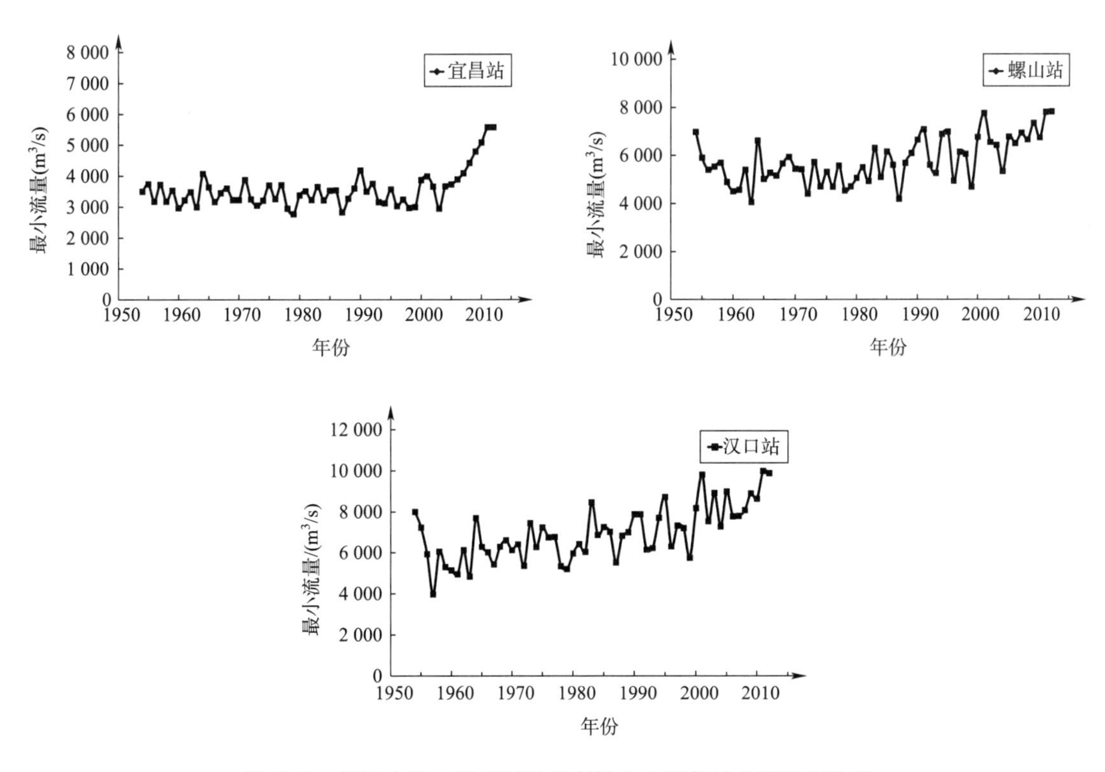

图5-2 长江宜昌—武汉河段代表性水文站年最小流量变化图

(2) 1981 ~ 2012 年 98% 保证率流量变化

将 1981 年以来宜昌、沙市、监利、城陵矶、螺山、汉口 6 个水文站每年 98% 保证率的流量进行统计并绘制成图（图 5–3）。由图 5–3 可见，各站年保证率 98% 的流量变化主要呈现如下特点：

①三峡水库运行前，各站 98% 保证率的流量变化虽有一定波动，但没有明显的趋势性变化。

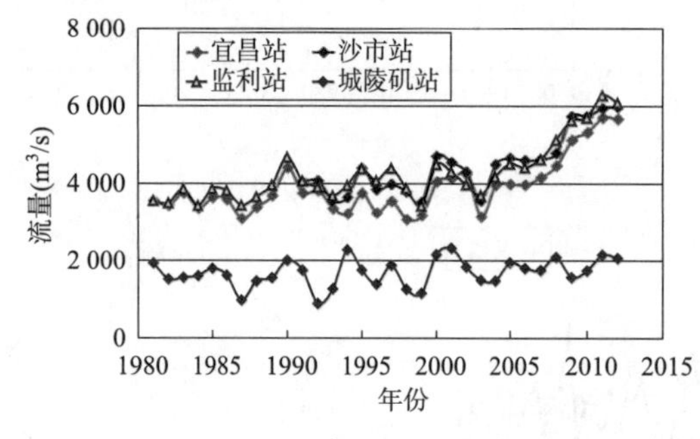

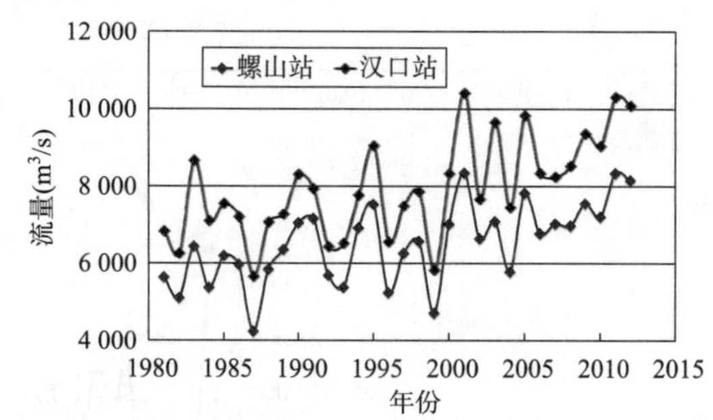

图 5–3　长江宜昌—武汉河段代表性水文站年保证率 98% 流量的逐年变化图

②三峡水库运行后，宜昌、沙市、监利、螺山和汉口 5 站年保证率 98% 的流量均呈现整体增加的趋势。

③在三峡水库运行前后，城陵矶站年保证率 98% 的流量均没有明显的趋势性变化。

5.1.1.2　不同系列年的特征流量变化

为分析不同时期长江中游宜昌至武汉河段枯水流量变化，选择 1954 ~ 1970 年，1954 ~ 1981 年，1982 ~ 2002 年，2003 ~ 2012 年 4 个系列年，计算宜昌、螺山和汉口 3 站的特征流量变化。主要特征流量为：综合历时 98% 保证率流量与最小流量。

由表 5–2 可见，对于三峡水库运行前的 3 个系列年，宜昌、螺山两站的综合历时 98% 保证率流量及最小流量变化均较小；汉口站的综合历时 98% 保证率流量呈现逐渐增加的趋势，1982 ~ 2002 系列年比 1954 ~ 1981 系列年增加了 1 200m^3/s，比 1954 ~ 1970 系列年增加了 1 550m^3/s；三峡水库运行后，宜昌、螺山及汉口三站的综合历时 98% 保证率流量均有明显增加，2003 ~ 2012 系列年与 1982 ~ 2002 系列年相比，宜昌站增加 830m^3/s、螺山站增加 1 360m^3/s、汉口站增加 1 660m^3/s。

代表性水文站不同时段的特征流量变化（单位：m^3/s）　　表 5–2

特征流量 / 水文站 / 时段	宜昌		螺山		汉口	
	计算 98%	最小	计算 98%	最小	计算 98%	最小
1954 ~ 1970 年	3 280	2 970	5 250	4 060	5 140	3 970
1954 ~ 1981 年	3 240	2 770	5 150	4 060	5 490	3 970
1982 ~ 2002 年	3 370	2 830	5 410	4 190	6 690	5 520
2003 ~ 2012 年	4 200	3 670	6 770	5 340	8 350	7 290

以上分析表明，在 2003 年后，由于三峡水库的枯水补偿作用，长江中游宜昌至武汉河段的枯水流量增加明显，从宜昌—螺山—武汉河段的沿程变化情况来看，枯水流量增加

除干流宜昌来流增加外，下游河段的区间来流增加也占有较大比重。

5.1.2　枯水水位变化

5.1.2.1　枯水水位的年际变化

为分析长江中游宜昌至武汉河段的枯水水位变化趋势，采用实测资料来分析 1954 ~ 2012 年各控制性水文站的最低水位变化及 1980 ~ 2012 年各站的年 98% 保证率水位变化。

（1）1954 ~ 2012 年最低水位变化

将长江中游宜昌、沙市、监利、城陵矶、螺山、汉口 6 个水文站的逐年最低水位点绘成图，见图 5–4，并统计各站逐年最低水位平均值，见图 5–5。

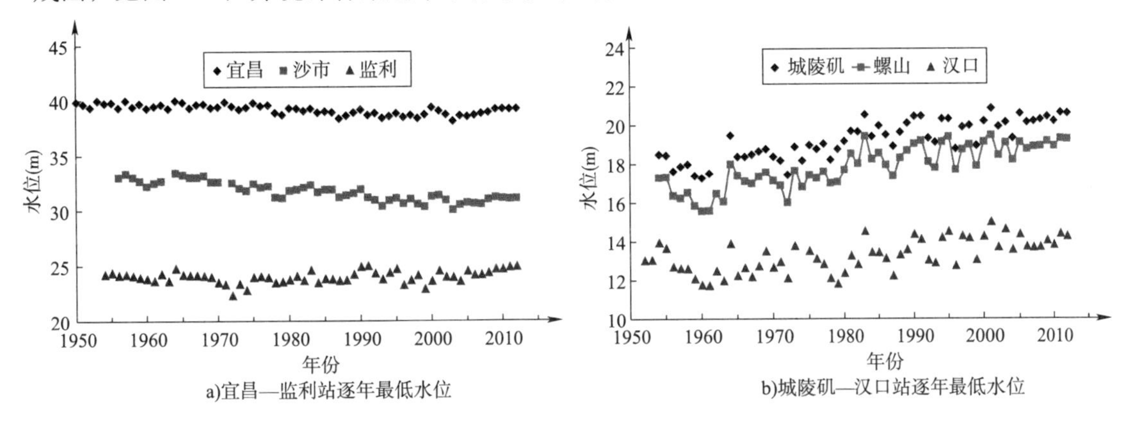

图 5–4　长江 1954 ~ 2012 年中游各站历年最低水位

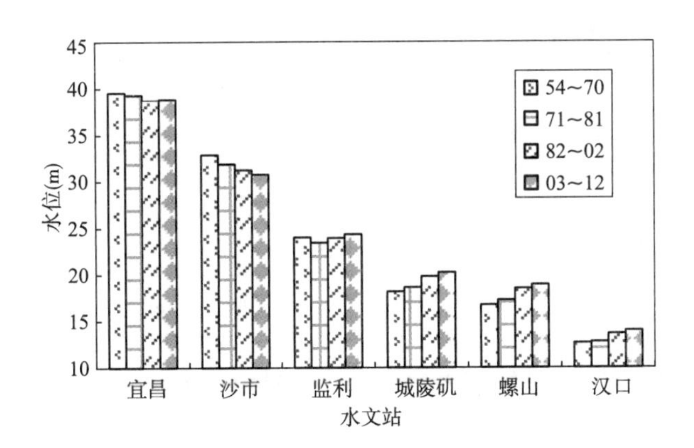

图 5–5　不同时段中游各站最低水位平均值比较

由图 5–4 和图 5–5 可见：

三峡水库运行前，宜昌、沙市站在 20 世纪 70 年代初期水位开始降低，并持续到 20 世纪 90 年代中后期，其中沙市站降低幅度较大；监利站在 1970 年左右出现短暂水位下降现象，但在 20 世纪 80 年代以后便开始回升；城陵矶、螺山站呈现相同的水位变化趋势，自 20 世纪 70 年代开始有所上升，并持续到三峡水库运行前，其中 20 世纪 70 ~ 80 年代初期水位上升幅度较大，20 世纪 80 年代中后期至三峡水库运行前水位变化幅度较小。

三峡水库运行后，宜昌站最低水位与三峡水库运行前基本一致；沙市站最低水位降低；监利站、城陵矶站、螺山站、汉口站较三峡水库运行前增加。

（2）1981 ~ 2012 年 98% 保证率水位变化

将 1981 年以来宜昌、沙市、监利、城陵矶、螺山、汉口 6 个水文站每年 98% 保证率的水位进行统计并绘制成图 5-6。由图 5-6 可见，各站年保证率 98% 的水位变化主要呈现如下特点：

①整体来看，自 1981 年以来，宜昌、监利站年保证率 98% 的水位没有明显的趋势性变化；但从三峡水库运行后的近 10 年情况来看，宜昌站年保证率 98% 的水位呈现逐渐上升的趋势，而监利站没有明显的趋势性变化。

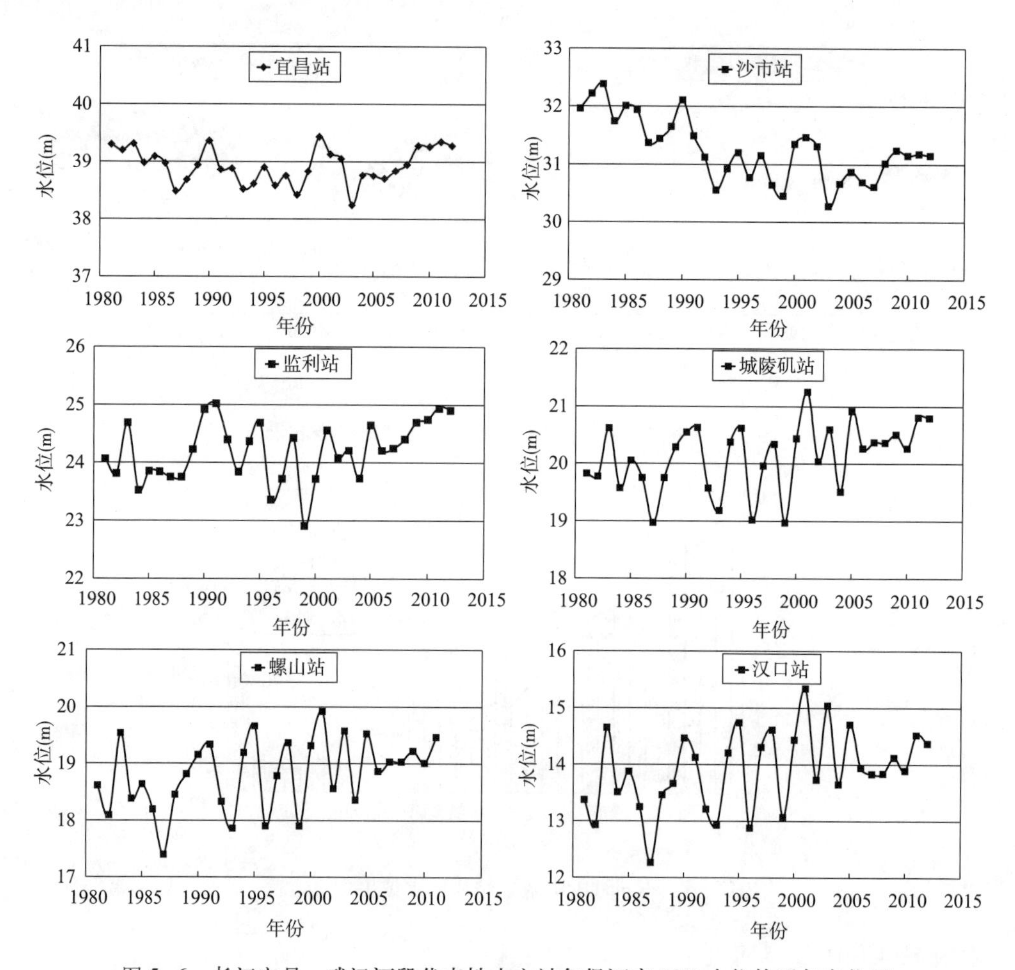

图 5-6　长江宜昌—武汉河段代表性水文站年保证率 98% 水位的逐年变化图

②沙市站年保证率 98% 的水位以 1993 年前后分为两个阶段，1993 年后年保证率 98% 水位明显低于 1993 年前，但前后两个阶段没有明显的趋势线变化。

③城陵矶、螺山、汉口站年 98% 保证率的水位在三峡水库运行后，整体上具有一定幅度的升高，但前后两个阶段内，没有明显的趋势性变化。

④各水文站年 98% 保证率水位与年最低水位变化趋势基本一致。

5.1.2.2　不同系列年的特征水位变化

为分析不同时期长江中游宜昌—武汉河段特征水位变化，选择 1954 ~ 1970 年、1954 ~ 1981 年、1982 ~ 2002 年、2003 ~ 2012 年等 4 个系列年来计算分析各水文站综合历时 98% 保证率水位的变化，见表 5–3。

沿程水文站不同时段的特征水位（98% 保证率）**变化**（单位：m）　　表 5–3

时　段	宜昌	枝城	沙市	监利	城陵矶	螺山	汉口
1954 ~ 1970 年	39.44	37.64	33.00	23.84	17.81	16.49	12.45
1954 ~ 1981 年	39.33	37.48	32.13	23.44	18.00	16.59	12.37
1982 ~ 2002 年	38.68	37.23	30.99	23.72	19.48	18.18	13.20
2003 ~ 2012 年	38.87	37.53	30.78	24.25	20.24	18.93	13.89

由表 5–3 可见，对于三峡水库蓄水以前的 3 个系列年，宜昌、枝城、沙市站的综合历时 98% 保证率水位逐渐下降，1982 ~ 2002 系列年比 1954 ~ 1981 系列年各站分别下降 0.65m、0.25m、1.14m，比 1954 ~ 1970 系列年各站分别下降 0.76m、0.41m、2.01m；城陵矶、螺山站的综合历时 98% 保证率水位逐渐上升，1982 ~ 2002 系列年比 1954 ~ 1981 年系列各站分别上升 1.48m、1.59m，比 1954 ~ 1970 系列年各站分别上升 1.67m、1.69m；监利、汉口两站综合历时 98% 保证率水位均呈现先下降、后上升，但 1982 ~ 2002 年系列与 1954 ~ 1970 年系列相比，监利站下降了 0.12m，而汉口站上升了 0.75m。

三峡水库运行后的 2003 ~ 2012 系列年与三峡水库运行前的 1982 ~ 2002 系列年相比，除沙市站下降 0.22m 外，其余各站综合历时 98% 保证率的水位均有所上升，宜昌站上升 0.19m、枝城站上升 0.3m、监利站上升 0.53m、城陵矶站上升 0.76m、螺山站上升 0.75m、汉口站上升 0.69m。

5.1.3　水位流量关系变化

自 1950 年以来，长江中游河势发生了较为明显的变化。1967 年、1969 年下荆江的中洲子和上车湾河段实施了人工裁弯工程，1972 年沙洲子发生自然裁弯，1994 年石首撇弯，4 处裁弯共缩短河长近 80km。葛洲坝水利枢纽于 1974 年动工，1981 年开始蓄水运用；三峡水利枢纽 1994 年 12 月正式开工，2003 年 6 月 1 日开始蓄水发电。

在上述自然及人为因素的影响下，长江中游宜昌至武汉河段的河床冲淤变形明显，各水文站的水位流量关系发生了显著变化，进而使得各站枯水位发生变化。分析长江中游河段多年的枯水水位流量关系变化规律，有助于分析不同系列年间各站的水位变化原因，对进一步把握长江中游河段未来的枯水位变化趋势也有重要的参考价值。

研究以葛洲坝和三峡水库蓄水为时间节点，分析 1960 ~ 1980 年、1980 ~ 2002 年、2002 ~ 2012 年共三个阶段内各主要水文站的水位流量变化规律，为便于实测数据间的比较及反映枯水的变化规律，各站的特征流量，三峡水库运行前宜昌—监利河段流量取 5 000m^3/s，螺山流量取 7 000m^3/s，汉口流量取 8 000m^3/s，三峡水库运行后宜昌—监利河段流量取 6 000m^3/s，螺山流量取 8 000m^3/s，汉口流量取 10 000m^3/s。同流量下的水位累积变化情况见表 5–4。

各水文站同流量下的水位累积变化表（单位：m） 表 5–4

水文站	宜昌	枝城	沙市	监利	螺山	汉口
1960 ~ 1980 年						
流量 (m^3/s) / 年份	5 000	5 000	5 000	5 000	7 000	8 000
1960	—	—	—	—	—	—
1965	−0.13	—	0.24	−0.3	1.08	0.49
1970	−0.26	—	−0.14*	−1.17	1.09	0.26
1975	−0.2	—	−0.71	−0.92	1.29	0.34
1980	−0.62	—	−1.06	−0.53	1.66	−0.3
1980 ~ 2002 年						
流量 (m^3/s) / 年份	5 000	5 000	5 000	5 000	7 000	8 000
1980	—	—	—	—	—	—
1985	−0.35	−0.18	−0.19	−0.13	0.36	0.93
1990	−0.61	−0.39	−0.73	0.14	0.5	1.19
1995	−0.83	−0.46	−1.41	0.23	0.84	0.54
2000	−0.43	−0.41	−1.44	−0.83	0.65	0.98
2002	−0.97	−0.72	−1.45	−0.32	0.04	0.64
2002 ~ 2012 年						
流量 (m^3/s) / 年份	6 000	6 000	6 000	6 000	8 000	10 000
2002	—	—	—	—	—	—
2005	−0.57	−0.07	−0.57	0.14	0.54	0.08
2008	−0.15	0.03	−0.59	−0.02	0.33	−0.29
2012	−0.61	−0.12	−1.28	−0.43	0.08	−0.42

注：1970 年沙市站资料缺失，故采用 1971 年数据。

5.1.3.1 1960 ~ 1980 年水位流量关系变化

选择 1960 年、1965 年、1970 年、1975 年、1980 年共 5 个代表性年份点绘其枯水流量与水位关系图，如图 5–7 所示。

（1）宜昌站

宜昌站分析流量小于 20 000m^3/s，1960 ~ 1980 年同流量下的水位呈现明显下降，其中：在 1960 ~ 1965 年间，流量小于 9 000m^3/s 时，水位有小幅下降，流量大于 9 000m^3/s 时，水位变化不大；在 1965 ~ 1970 年间，流量小于 9 000m^3/s 时，变化较小，流量大于 9 000m^3/s 时，水位有一定程度的下降；1970 ~ 1975 年间，在流量小于 15 000m^3/s 时，水位变化不大，流量大于 15 000m^3/s 时，水位回升至 1960 年水平；1975 ~ 1980 年间，分析流量下的水位均有较为明显的下降。

以特征流量 5 000m^3/s 对应的水位变化来看，1960 ~ 1980 年同流量下的水位共下降

0.62m，其中，1960 ～ 1965 年下降 0.13m，1965 ～ 1970 年下降 0.13m，1970 ～ 1975 年升高 0.06m，1975 ～ 1980 年下降 0.42m。

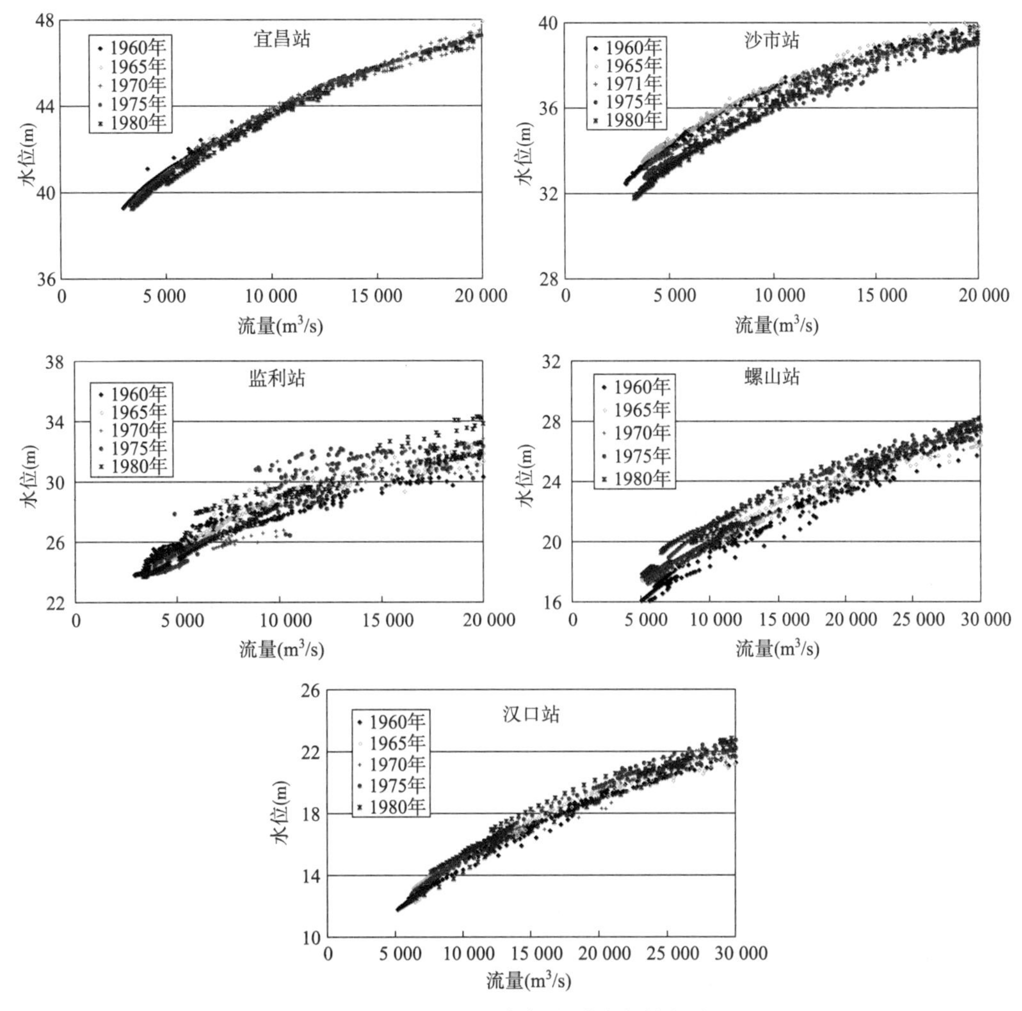

图 5-7　1960 ～ 1980 年间各站水位流量关系图

(2) 沙市站

沙市站分析流量小于 20 000m³/s，1960 ～ 1980 年同流量下的水位呈现明显下降，其中：在 1960 ～ 1965 年间，流量小于 8 000m³/s 时，水位上升，流量大于 8 000m³/s 时，水位变化不大；在 1965 ～ 1971 年及 1971 ～ 1975 年间，分析流量下的水位均呈现整体下降趋势；1975 ～ 1980 年间，流量小于 6 000m³/s 时，水位有一定降幅，而在流量大于 6 000m³/s 时，水位变化不明显。

以特征流量 5 000m³/s 对应的水位变化来看，1960 ～ 1980 年同流量下的水位共下降 1.06m，其中：1960 ～ 1965 年上升 0.24m，1965 ～ 1971 年下降 0.38m，1971 ～ 1975 年下降 0.57m，1975 ～ 1980 年下降 0.35m。

(3) 监利站

监利站分析流量小于 20 000m³/s，1960 ～ 1980 年同流量下的水位在不同年份间有摆动，但总体上没有明显的趋势性变化。

以特征流量5 000m^3/s对应的水位变化来看，1960～1980年同流量下的水位共下降0.53m，其中：1960～1965年下降0.3m，1965～1970年下降0.87m，1970～1975年上升0.25m，1975～1980年上升0.39m。

（4）螺山站

螺山站分析流量小于20 000m^3/s，1960～1980年，螺山站同流量下的水位有明显上升，其中：1960～1965年间，水位上升明显；1965～1970年间，在流量小于7 000m^3/s时，水位有一定幅度的下降，在流量大于7 000m^3/s时，水位变化不大；1970～1975年及1975～1980年间，水位均有一定幅度上升。

以特征流量7 000m^3/s对应的水位变化来看，1960～1980年同流量下的水位共上升1.66m，其中：1960～1965年上升1.08m，1965～1970年上升0.01m，1970～1975年上升0.2m，1975～1980年上升0.37m。

（5）汉口站

汉口站分析流量小于30 000m^3/s，1960～1980年，同流量下的水位没有明显的趋势性变化。

以特征流量8 000m^3/s对应的水位变化来看，1960～1980年同流量下的水位共下降0.3m，其中：1960～1965年上升0.49m，1965～1970年下降0.23m，1970～1975年上升0.08m，1975～1980年下降0.64m。

5.1.3.2　1980～2002年水位流量关系变化

选择1980年、1985年、1990年、1995年、2002年共5个代表性年份点绘其枯水流量与水位关系图，如图5–8所示。

（1）宜昌站

宜昌站分析流量小于20 000m^3/s，1980～2002年同流量下的水位呈现明显的下降，其中：1980～1985年与1985～1990年水位逐渐下降，而1990～2002年间，不同年份间的水位虽有一定摆动，但总体上变化不大。

以特征流量5 000m^3/s对应的水位变化来看，1980～2002年同流量下的水位共下降0.97m，其中：1980～1985年下降0.35m，1985～1990年下降0.26m，1990～1995年下降0.22m，1995～2002年下降0.14m。

（2）枝城站

枝城站分析流量小于20 000m^3/s，1980～2002年同流量下的水位呈现明显的下降，其中：1980～1985年间，在流量5 000～10 000m^3/s间时，同流量下的水位有明显下降，其余流量下变化不大；1985～1990年及1990～1995年，同流量下的水位持续下降；1995～2002年间，不同年份间的水位有一定摆动，但总体上并无趋势性变化。

以特征流量5 000m^3/s对应的水位变化来看，1980～2002年同流量下的水位共下降0.72m，其中：1980～1985年下降0.18m，1985～1990年下降0.21m，1990～1995年下降0.07m，1995～2002下降0.26m。

（3）沙市站

沙市站分析流量小于 20 000m³/s，1980 ~ 2002 年间，同流量下的水位呈现明显下降；其中：在 1981 ~ 1995 年间，流量小于 10 000m³/s 时水位呈现逐渐下降态势，而流量大于 10 000m³/s 时，除在 1980 ~ 1985 年间，水位有所下降外，其余年份间无明显趋势性变化；在 1995 ~ 2002 年间，同流量下的水位变幅较小，水位流量关系逐渐趋于稳定。

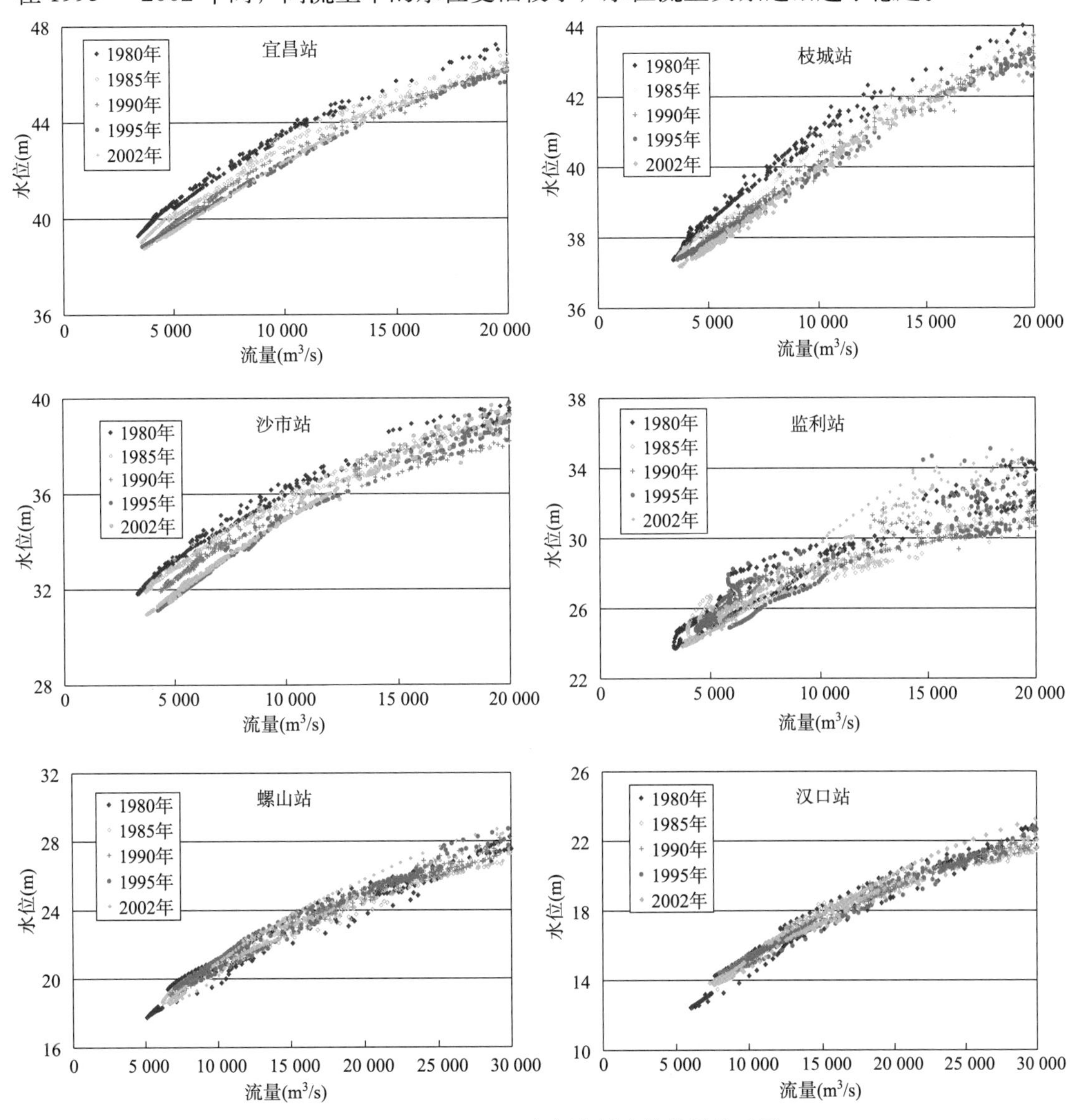

图 5-8　1980 ~ 2002 年间各站水位流量关系图

以特征流量 5 000m³/s 对应的水位变化来看，1980 ~ 2002 年同流量下的水位共下降 1.45m，其中：1980 ~ 1985 年下降 0.19m，1985 ~ 1990 年下降 0.54m，1990 ~ 1995 年下降 0.68m，1995 ~ 2002 下降 0.04m。

（4）监利站

监利站分析流量小于 20 000m³/s，1980 ~ 2002 年间，同流量下的水位虽在不同年份间有较大摆动，但总体上没有明显的趋势性变化。

以特征流量 5 000m³/s 对应的水位变化来看，1980 ~ 2002 年同流量下的水位共下降 0.32m，其中：1980 ~ 1985 年下降 0.13m，1985 ~ 1990 年上升 0.27m，1990 ~ 1995 年上升 0.09m，1995 ~ 2002 下降 0.55m。

（5）螺山站

螺山站分析流量小于 30 000m³/s，1981 ~ 2002 年，同流量下的水位没有明显的趋势性变化。

以特征流量 7 000m³/s 对应的水位变化来看，1980 ~ 2002 年同流量下的水位共上升 0.04m，其中：1980 ~ 1985 年上升 0.36m，1985 ~ 1990 年上升 0.14m，1990 ~ 1995 年上升 0.34m，1995 ~ 2002 下降 0.8m。

（6）汉口站

汉口站分析流量小于 30 000m³/s，1980 ~ 2002 年，同流量下的水位没有明显的趋势性变化。

以特征流量 8 000m³/s 对应的水位变化来看，1980 ~ 2002 年同流量下的水位共上升 0.64m，其中：1980 ~ 1985 年上升 0.93m，1985 ~ 1990 年上升 0.26m，1990 ~ 1995 年下降 0.65m，1995 ~ 2002 上升 0.1m。

5.1.3.3　2002 ~ 2012 年水位流量关系变化

三峡水库于 2003 年 6 月蓄水至 135m，2006 年 10 月蓄水至 156m，2008 年 9 月在 175m 试验性蓄水阶段最高蓄水至 172m，2010 年 10 月蓄水至 175m。为分析每阶段各站水位流量关系的变化，选择 2002 年、2005 年、2008 年、2012 年 4 个代表性年份点绘其枯水流量与水位关系图，如图 5-9 所示。

（1）宜昌站

宜昌站分析流量小于 20 000m³/s，2002 ~ 2012 年同流量下的水位呈现明显的下降，其中：2002 ~ 2005 年间，宜昌站同流量下的水位有明显下降；2005 ~ 2008 年间，同流量下的水位有一定幅度的回升；2008 ~ 2012 年，宜昌站同流量下的水位有明显下降。

以特征流量 6 000m³/s 对应的水位变化来看，2002 ~ 2012 年同流量下的水位共下降 0.61m，其中：2002 ~ 2005 年下降 0.57m，2005 ~ 2008 年上升 0.42m，2008 ~ 2012 年下降 0.46m。

（2）枝城站

枝城站分析流量小于 20 000m³/s，2002 ~ 2008 年间同流量下的水位没有明显的趋势性变化。在 2002 ~ 2005 年间，同流量下的水位变化不大；2005 ~ 2008 年间，在流量大于 8 000m³/s 时，同流量下的水位有一定程度的下降，在流量小于 8 000m³/s 时，同流量下的水位变化不大。

以特征流量 6 000m³/s 对应的水位变化来看，2002 ~ 2012 年同流量下的水位共下降 0.12m，其中：2002 ~ 2005 年下降 0.07m，2005 ~ 2008 年上升 0.1m，2008 ~ 2012 年下降 0.15m。

（3）沙市站

沙市站分析流量小于 20 000m³/s，2002 ~ 2012 年间同流量下的水位呈现明显下降。

当流量大于 8 000m³/s 时，2002 ~ 2012 年间，同流量下的水位总体上呈现持续下降趋势；当流量小于 8 000m³/s 时，在 2002 ~ 2005 年间的三峡水库蓄水初期和 2008 ~ 2012 年间三峡水库在 175m 试验性蓄水后，同流量下的水位明显下降，而在 2005 ~ 2008 年间，同流量下的水位变化不大。

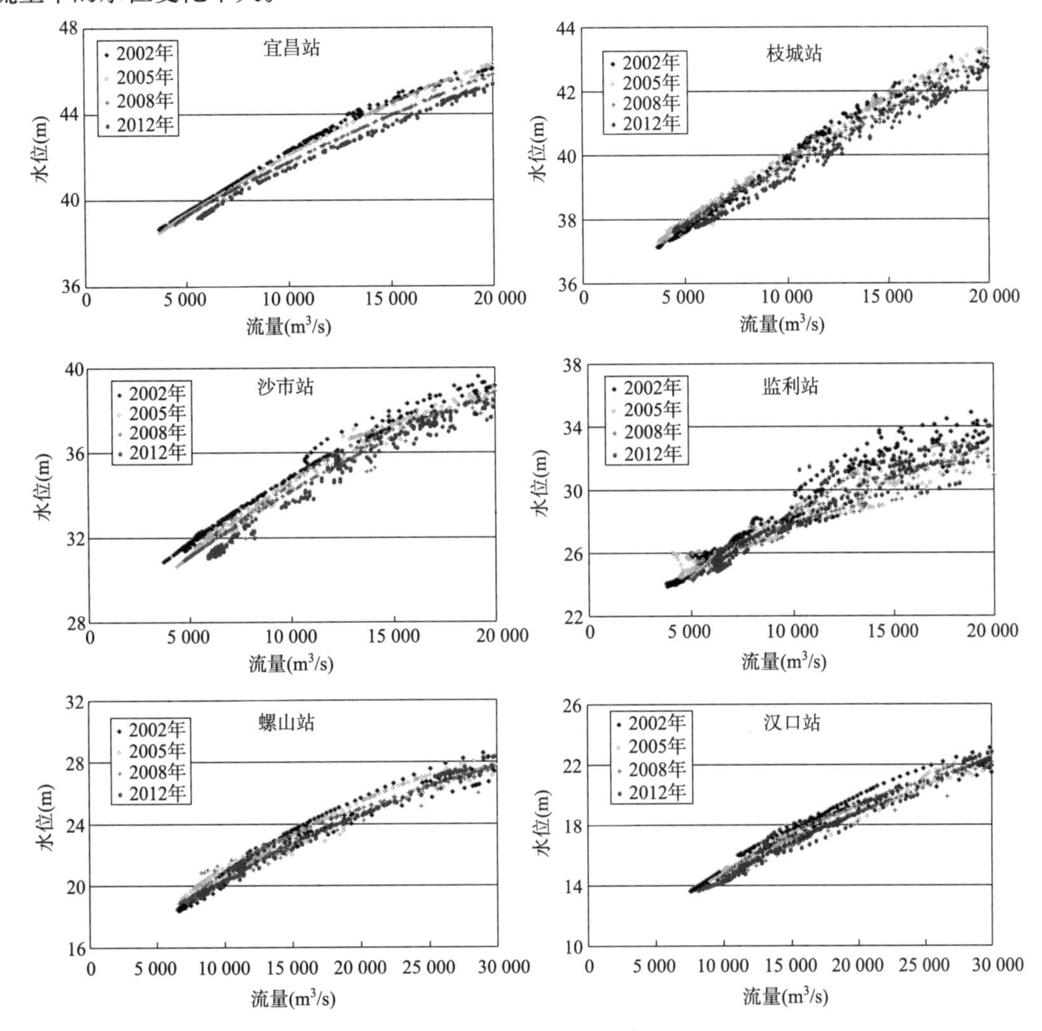

图 5–9　长江宜昌—武汉河段代表性水文站枯水水位流量关系图

以特征流量 6 000m³/s 对应的水位变化来看，2002 ~ 2012 年同流量下的水位共下降 1.28m，其中：2002 ~ 2005 年下降 0.57m，2005 ~ 2008 年下降 0.02m，2008 ~ 2012 年下降 0.69m。

（4）监利站

监利站分析流量小于 20 000m³/s，由于受洞庭湖湖口出流的顶托作用影响，水位流量关系较为散乱。整体来看，当流量小于 8 000m³/s 时，2010 年同流量下的水位有一定幅度的下降；当流量大于 8 000m³/s 时，2002 ~ 2012 年间同流量下的水位没有明显的趋势性变化。

以特征流量 6 000m³/s 对应的水位变化来看，2002 ~ 2012 年同流量下的水位共下降 0.43m，其中：2002 ~ 2005 年上升 0.14m，2005 ~ 2008 年下降 0.16m，2008 ~ 2012 年下降 0.41m。

(5) 螺山站

螺山站分析流量小于 30 000m³/s，2002 ~ 2012 年间同流量下的水位变化趋势不明显。当流量大于 20 000m³/s 时，总体来看，2008 年和 2012 年两年同流量下的水位要低于 2002 年和 2005 年；当流量在 10 000 ~ 20 000m³/s 之间时，同流量下的水位变化不大；当流量小于 10 000m³/s 时，同流量下水位变化趋势不明显。

以特征流量 8 000m³/s 对应的水位变化来看，2002 ~ 2012 年同流量下的水位共上升 0.08m，其中：2002 ~ 2005 年上升 0.54m，2005 ~ 2008 年下降 0.21m，2008 ~ 2012 年下降 0.25m。

(6) 汉口站

汉口站分析流量小于 30 000m³/s，总体来看，2002 ~ 2012 年间同流量下的水位呈现明显的下降。当流量大于 15 000m³/s 时，2002 ~ 2005 年间，同流量下的水位有一定幅度的下降，2005 ~ 2012 年，同流量下的水位变化不明显；当流量小于 15 000m³/s 时，尤其是在 10 000 ~ 13 000m³/s 之间，2002 ~ 2012 年，同流量下的水位呈现较为明显的下降趋势。

以特征流量 10 000m³/s 对应的水位变化来看，2002 ~ 2012 年同流量下的水位共下降 0.42m，其中：2002 ~ 2005 年上升 0.08m，2005 ~ 2008 年下降 0.37m，2008 ~ 2012 年下降 0.13m。

5.1.4 三峡水库运行后近期年内流量、水位变化特征

为分析长江中游宜昌至武汉河段的枯水期流量、水位变化特征，选取 2009 年 11 月 ~ 2010 年 4 月、2010 年 11 月 ~ 2012 年 4 月、2011 年 11 月 ~ 2012 年 4 月三个枯水时段，统计沿程各站的逐月流量及水位情况，见表 5-5 ~ 表 5-10。总体上看，2009 年 11 月 ~ 2010 年 4 月相对偏枯，2011 年 11 月 ~ 2012 年 4 月相对较丰，由于三个时段的枯水变化规律基本相似，以 2011 年 11 月 ~ 2012 年 4 月为例进行分析。

2011 ~ 2012 年各站枯水期流量统计值（单位：m³/s） 表 5-5

站点/月份	宜昌站		枝城站		沙市站		监利站		螺山站		汉口站	
	平均值	最小值	平均值	最小值	平均值	最小值	平均值	最小值	平均值	最小值	平均值	最小值
11 月	10 910	6 280	10 729	6 890	11 049	7 230	11 456	7 770	14 337	10 100	16 927	13 000
12 月	5 929	5 580	6 292	5 750	6 387	5 790	6 738	6 230	8 735	7 810	11 053	9 980
1 月	6 118	5 930	6 152	5 860	6 246	5 930	6 477	6 280	9 020	7 830	10 784	9 870
2 月	6 106	5 880	6 105	5 840	6 175	5 910	6 304	6 090	9 122	7 950	11 017	10 400
3 月	5 948	5 690	5 926	5 670	6 130	5 980	6 429	6 110	11 714	8 960	13 653	11 200
4 月	6 325	5 750	6 526	5 650	6 549	5 920	6 916	6 190	14 323	11 100	16 540	12 800

2011 ~ 2012 年各站枯水期水位统计值（单位：m）　　表 5-6

站点 月份	宜昌站		枝城站		沙市站		监利站		螺山站		汉口站	
	平均值	最小值	平均值	最小值	平均值	最小值	平均值	最小值	平均值	最小值	平均值	最小值
11 月	41.85	39.72	39.66	38.23	34.23	32.18	27.63	26.11	22.4	20.87	17.22	15.85
12 月	39.48	39.25	38	37.82	31.48	31.05	25.29	24.84	19.88	19.3	14.96	14.37
1 月	39.5	39.37	37.96	37.87	31.36	31.19	25.13	24.88	19.78	19.26	14.7	14.24
2 月	39.51	39.35	37.94	37.88	31.32	31.16	25.18	24.99	19.94	19.56	14.91	14.64
3 月	39.44	39.29	37.89	37.82	31.29	31.14	25.64	25.12	21.43	19.94	16.8	15.08
4 月	39.68	39.32	38.07	37.81	31.62	31.07	26.14	25.39	22.35	20.95	17.25	16.19
82 基面	39.35		37.43		31.56		23.06		16.75		12.0	

2010 ~ 2011 年各站枯水期流量统计值（单位：m^3/s）　　表 5-7

站点 月份	宜昌站		枝城站		沙市站		监利站		螺山站		汉口站	
	平均值	最小值	平均值	最小值	平均值	最小值	平均值	最小值	平均值	最小值	平均值	最小值
11 月	7 259	5 910	7 898	6 620	7 777	6 430	8 250	6 970	10 786	8 520	13 137	10 400
12 月	5 410	5 150	5 937	5 700	6 001	5 530	6 251	5 930	9 775	7 190	12 177	10 000
1 月	6 665	5 840	7 162	6 210	7 124	6 250	7 218	6 080	10 431	9 570	12 210	11 700
2 月	5 834	5 660	6 153	5 970	6 222	5 950	6 760	6 060	9 205	8 280	11 232	10 300
3 月	6 379	5 690	6 763	6 070	7 023	6 260	7 013	6 420	10 220	8 890	11 906	10 900
4 月	7 328	6 040	7 690	6 360	8 231	6 610	8 179	6 790	10 685	9 600	12 740	12 000

2010 ~ 2011 年各站枯水期水位统计值（单位：m）　　表 5-8

站点 月份	宜昌站		枝城站		沙市站		监利站		螺山站		汉口站	
	平均值	最小值	平均值	最小值	平均值	最小值	平均值	最小值	平均值	最小值	平均值	最小值
11 月	40.43	39.71	38.64	38.17	32.92	32.11	26.62	25.68	21.31	20.15	16.46	15.09
12 月	39.42	39.27	37.91	37.84	31.48	31.31	25.42	24.95	20.59	19.38	15.39	14.29
1 月	40.09	39.62	38.34	38.00	32.23	31.61	25.91	25.52	20.92	20.63	15.67	15.48
2 月	39.56	39.46	37.97	37.91	31.54	31.40	25.37	25.13	20.32	19.87	15.04	14.52
3 月	39.86	39.47	38.18	37.94	31.89	31.41	25.67	25.25	20.67	20.12	15.26	14.81
4 月	40.38	39.67	38.53	38.04	32.63	31.63	26.13	25.57	21.00	20.57	15.66	15.26
82 基面	39.35		37.43		31.56		23.06		16.75		12.0	

2009 ~ 2010 年各站枯水期流量统计值（单位：m^3/s）　　表 5-9

站点 月份	宜昌站		枝城站		沙市站		监利站		螺山站		汉口站	
	平均值	最小值	平均值	最小值	平均值	最小值	平均值	最小值	平均值	最小值	平均值	最小值
11 月	6 595	5 550	7 285	5 840	7 072	5 850	7 165	5 960	8 794	7 510	10 916	9 050
12 月	5 285	5 110	5 741	5 640	5 863	5 660	5 890	5 750	7 746	7 350	9 646	8 890
1 月	5 370	5 120	5 786	5 620	5 932	5 840	5 963	5 760	8 134	7 460	9 724	8 910
2 月	5 283	5 140	5 891	5 800	6 021	5 880	6 039	5 590	8 081	6 800	10 314	8 860
3 月	5 282	5 080	5 896	5 760	5 961	5 740	5 991	5 590	8 487	6 740	11 067	8 630
4 月	5 512	5 330	6 231	5 900	6 434	5 850	6 280	5 960	16 621	8 410	19 190	10 500

2009 ~ 2010 年各站枯水期水位统计值（单位：m）　　表 5-10

站点/月份	宜昌站		枝城站		沙市站		监利站		螺山站		汉口站	
	平均值	最小值	平均值	最小值	平均值	最小值	平均值	最小值	平均值	最小值	平均值	最小值
11 月	40.04	39.49	38.35	37.95	32.33	31.64	25.55	24.9	20.07	19.27	15.07	14.23
12 月	39.32	39.21	37.86	37.79	31.32	31.17	24.75	24.66	19.32	19.15	14.24	14.03
1 月	39.31	39.21	37.82	37.76	31.24	31.15	24.88	24.66	19.42	19.07	14.16	13.82
2 月	39.29	39.22	37.82	37.78	31.29	31.18	25.04	24.78	19.56	18.94	14.48	13.87
3 月	39.27	39.18	37.82	37.76	31.24	31.08	25.1	24.75	19.95	18.9	15.27	13.79
4 月	39.37	39.25	37.98	37.83	31.67	31.18	26.67	25.08	23.33	19.91	18.38	15.25
82 基面	39.35		37.43		31.56		23.06		16.75		12.0	

宜昌站、枝城站、沙市站、监利站除 11 月初及 4 月末流量有较大波动外，枯期的流量总体上变化比较平稳，12 月～次年 3 月，宜昌站、枝城站、沙市站最小流量在 5 600 ~ 6 000m^3/s，监利站最小流量为 6 100 ~ 6 300m^3/s，与上游各站相比，螺山站、汉口站枯期的流量有一定波动，且流量有一定增加，螺山站流量一般在 8 000m^3/s 以上，汉口站流量一般在 10 000m^3/s 以上。从流量的沿程变化来看，宜昌 – 监利河段枯期流量主要来自长江干流，且枯期河段分汇流较小，螺山站、汉口站流量明显要大于上游各站，表明监利 – 螺山、螺山 – 汉口区间河段枯期也有较大来流量。同时，螺山站、汉口站 4 月中旬后流量迅速增加，早于上游各站，表明监利以下河段的区间来流汛期要早于上游河段。

长江中游宜昌至汉口各站的枯期水位与流量变化过程基本相似，12 月～次年 3 月，宜昌站各月月最低水位基本维持在 39.3m，枝城站各月月最低水位基本维持在 37.8m，沙市站各月月最低水位基本维持在 31.1m，监利站、螺山站、汉口站最低水位波动范围稍大，监利站在 25.1 ~ 25.6m 之间，螺山站在 19.8 ~ 21.4m 之间，汉口站在 14.7 ~ 16.8m 之间。

从月最低水位与 82 基面的比较来看，宜昌站基本相当，枝城站高 0.46m，监利站高约 1.78m，螺山站高 2.51m，汉口站高 2.24m，沙市站大部分时间水位低于 82 基面，其中 3 月的月平均水位比 82 基面低 0.27m，12 月的月最低水位比 82 基面低 0.51m。

5.2 长江中游宜昌至武汉河段设计水位计算

5.2.1 研究方法

5.2.1.1　设计水位的主要影响因素分析

根据内河通航标准，枢纽下游河段设计最低通航水位应根据与航道等级相对应的多年历时保证率，分析选定设计流量，并考虑河床冲淤变化和电站日调节的影响推算确定。在计算通航水位时，水位和流量资料应选取近期不短于 20 年的连续系列，且所选用的资料应具备良好的一致性。然而，在三峡水库蓄水运用后，由于采用调蓄运行的水库调度方式，径流下泄过程与建库前有较大不同，枯期由于水量补偿作用流量明显增加，对于下游水位具有一定的抬升作用。同时，坝下河床由于“清水下泄”而发生长距离冲刷，同流量下的水位出现不同程度的下降。在枯期水量增加引起的水位抬升和河床冲刷引起的水位下降的双重作用下，下游河道的枯水水文情势将会发生持续的变化，进而对设计水位产生影响。

对于三峡枢纽下游宜昌至武汉河段，除需考虑上述枯水期流量补偿和河床冲刷产生的水位变化外，还需要考虑两方面的因素，一是近坝段需要考虑电站的日调节波引起的水位变化，二是沿程支流分汇流及调水工程的影响。因此，在推求长江中游宜昌至武汉河段设计水平年的设计水位时，主要考虑了水库调度造成的径流过程变化、河床变形、支流及调水工程产生的分汇流变化、电站日调节等因素的影响。

（1）水库调度造成径流过程变化

①三峡水库。三峡水库是长江中游的一座大型水利工程，总库容为 393 亿 m^3，防洪库容为 211.5 亿 m^3，水库正常蓄水位为 175m，防洪限制水位为 145m，枯季消落水位为 155m。三峡水库于 2003 年 6 月 1 日开始蓄水运行，经过 135 ～ 139m、144 ～ 156m 调度运行阶段后，于 2008 年 9 月底进入了 175 ～ 145 ～ 155m 试验性蓄水阶段，并于 2010 年 10 月 26 日首次蓄水至 175m。

三峡水库设计调度方式为：汛期 6 ～ 9 月一般按防洪限制水位运行；10 月初开始蓄水，至 10 月底蓄至正常水位；一般情况下，1 ～ 4 月为水库消落期，库水位不低于枯水期消落低水位，5 月底库水位消落至枯水期消落低水位，6 月上旬末库水位降至防洪限制水位。三峡水库的水库调度，兼顾了防洪、发电和航运效益，自 2003 年蓄水运用以来，下游防洪形势明显缓解，枯水补偿流量逐渐增加，航运效益日趋显著。总体来看，三峡水库运行后，长江中游的高水位和枯水位时间缩短，中水位时间延长，三峡水库的蓄泄调度一定程度上改变了长江中游河段来流的年内分配。尤其是在三峡水库 175m 蓄水运用后，出库最小流量明显加大，对于下游沿程各水文站的枯水期流量有明显的补偿作用。

②溪洛渡水电站。溪洛渡水电站位于四川省雷波县和云南省永善县交界的金沙江下游溪洛渡峡谷，坝址控制流域面积 45.44 万 km^2，约占金沙江流域面积的 96%。坝址下游距离三峡枢纽 770km，是金沙江下游河段规划的第三个梯级。水库正常蓄水位 600m，总库容 126.7 亿 m^3，正常蓄水位以下库容 115.7 亿 m^3，调节库容 64.6 亿 m^3，具有不完全年调节能力。溪洛渡水电站已于 2013 年 5 月 4 日开始第一阶段蓄水，计划 2015 年全部竣工。

水库设计调度原则为：汛期（6 月～ 9 月 10 日）按汛期限制水位 560m 运行；9 月 11 日开始蓄水，9 底水库水位蓄至 600m，每旬水库水位平均上升 20m；12 月下旬～ 5 月底为消落期，5 月底水库水位降至死水位 540m。

③向家坝水电站。向家坝水电站位于金沙江下游峡谷出口的川滇交界河段，地处云贵高原向四川盆地的过渡地带，是金沙江最下游一级电站，电站上距溪洛渡坝址 156.6km，控制流域面积 45.88 万 km^2，约占金沙江流域面积的 97%，控制多年平均流量 4 630m^3/s，多年平均年径流量 1 460 亿 m^3。水库正常蓄水位 380m，死水位 370m，总库容 61.63 亿 m^3，调节库容 9.03 亿 m^3，具有不完全调节能力。向家坝水电站已于 2012 年 10 月开始第一阶段蓄水，2013 年蓄水至正常蓄水位 380m，计划 2015 年全部竣工（升船机

除外）。

水库设计调度原则为：汛期6月中旬～9月上旬按汛期限制水位370m运行，9月11日开始蓄水，9月底蓄至正常蓄水位380m；10～12月一般维持在正常蓄水位或附近运行；12月下旬～6月上旬为消落期，一般在4、5月份来水较丰时段回蓄部分库容，至6月上旬末水库水位降至370m。

由于三峡水库的水库调度对于天然来流过程有较大影响，在运用建库前的流量系列时，需要根据三峡水库的调度方式对来流过程进行修正，为推求出库最小通航流量提供基础。

三峡水库上游的溪洛渡、向家坝两座大型水电站已分别于2012年10月、2013年5月蓄水运行，将不可避免地对三峡水库入库水文条件带来一定影响，从而间接影响到下游出库水文条件及设计水位的变化。

（2）河床冲淤变化

河床冲淤变化包括处于动态平衡状态下的河床年际间的冲淤变化，以及由于三峡水库运行而造成坝下游的清水冲刷，其中处于动态平衡状态下的河床年际间的冲淤变化是河床在天然状态下的一种内在变化，而由于三峡水库蓄水运行而造成坝下游的清水冲刷是天然河床在水库拦蓄运行后而产生的一种趋势性变化。

天然状态下，河床往往处于动态平衡之中，虽然年际间的水位流量关系有时并不单一，却没有明显的趋势性变化。但由于河床的动态调整、河床阻力变化，即使在相同年份，相同流量下的水位也并非是单值，尤其是对于监利以下河段，由于河床年际的变形较大等原因，同流量下的水位存在较为明显的年际变化，从而使得不同水平年下设计流量对应的水位存在明显的差别。

三峡水库运行后，由于水库的蓄水拦沙和枯水补偿作用，出库的泥沙急剧减少，枯水流量大幅增加，下游河床将发生冲刷调整，水位流量关系将发生趋势性变化。一般情况下，水流在向下游运动的过程中，由于含沙量的逐渐恢复，冲刷一般向下游逐渐减弱，但随着冲刷的逐渐发展，上游的床沙质粒径将会逐渐粗化，形成抗冲保护层，其冲刷也将随之减弱，而下游的冲刷将会发展。由于坝下河流的这种演变特性，在三峡水库蓄水运行后的相当长时间内，坝下河道将处于非平衡状态，沿程各水文站的水位流量关系变化将具有较大的时空差异，从而给长江中游宜昌至武汉河段的设计水位计算带来困难。

（3）重要支流及调水工程产生的分汇流变化

长江中游宜昌至武汉河段全长约659km，中间接纳清江、洞庭湖、汉江等入汇，又由松滋口、藕池口、太平口分泄长江水入洞庭湖，并在沙市河段通过引江济汉引水补给汉江。支流及调水工程产生的分汇流不同程度的影响干流沿程的流量，造成沿程各水文站设计流量的变化，从而对设计水位产生影响。

为便于处理，将宜昌以下各站来流分解为干流来流和区间来流两部分，干流的初始来流为宜昌站流量，区间来流分为宜昌—枝城河段的清江来流、枝城—沙市河段的松滋口、太平口及引江济汉分流、沙市—监利河段的藕池口分流、监利—螺山河段的洞庭湖来流、螺山—武汉河段的汉江来流等。

（4）电站日调节的影响

三峡水电站在电力系统中承担调峰任务，基荷与峰荷流量循环下泄会引起下游水位周期性波动。葛洲坝作为三峡水库电站的反调节工程，在三峡水电站调峰运行阶段担负着对三峡水库下泄非恒定流削峰填谷的反调节任务。由于葛洲坝反调节库容仅为 0.85 亿 m^3，反调节能力有限，三峡水库下泄流量经反调节后葛洲坝出库流量日内变幅仍较大。由于当前对设计水位的讨论均是基于日平均水位的概念，一日之内的水位变幅难以反映。考虑到葛洲坝近坝段水位变幅较大，有可能对通航构成影响，需要根据电站日调节波动的特性，对设计水位给予适当修正，以便客观地反映近坝段的通航条件。

5.2.1.2　技术路线

考虑到三峡水库运行后下游来流过程发生较大改变，且三峡水库 175m 蓄水方案运行时间尚短的实际情况，通过水库调度模型对 1990 ~ 2012 年的库区来流系列进行修正，以获得 175m 蓄水方案下三峡水库的出库流量系列。在此基础上，进一步将长江中游宜昌至汉口各水文站的流量分解为干流来流和区间来流两部分，干流的初始来流为宜昌站流量，然后根据综合历时法计算各水文站的设计通航流量。

由各水文站的设计流量及基础水平年水位流量关系，考虑统计期内年最低水位，计算各水文站设计流量对应的水位。

采用本书第 4 章推荐的一维水流泥沙数学模型，预测三峡水库下游河床的冲淤变形及设计流量下的水位趋势性变化。数学模型在支流及调水工程分汇流所引起河段来流变化的基础上，进一步考虑了江湖关系变化所引起的三口分流变化。

根据三峡水库运行后不同时期的水位下降趋势性预测，计算设计水平年长江中游宜昌至武汉河段的设计水位。同时根据实测资料分析三峡水库电站日调节引起的近坝段水位周期性波动，对设计水位进行修正。具体技术路线见图 5-10。

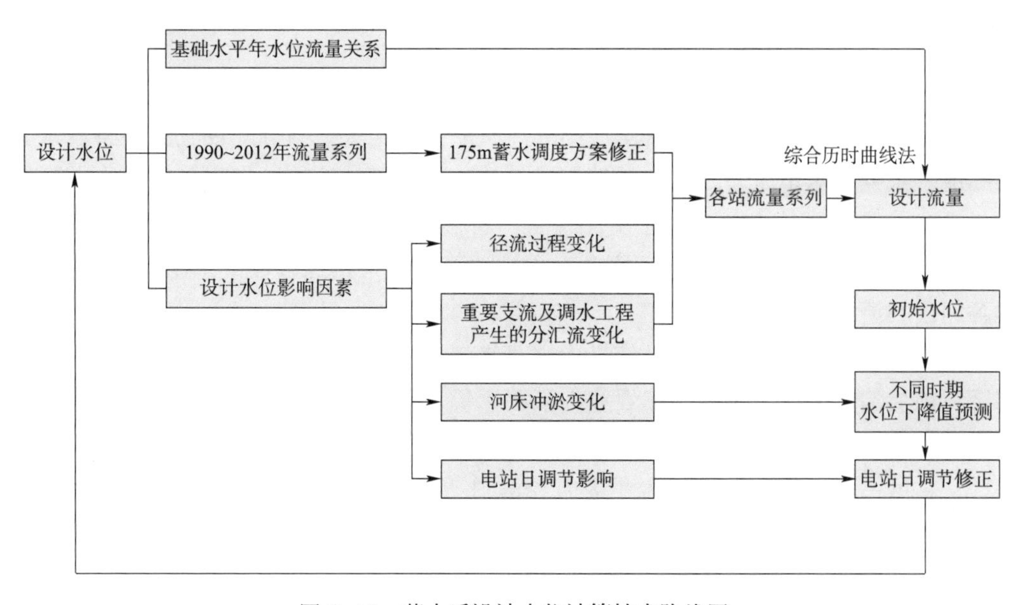

图 5-10　蓄水后设计水位计算技术路线图

5.2.2 沿程各主要水文站设计通航流量计算

5.2.2.1 设计通航流量的计算方法

三峡水利工程建成后，由于水库的水量调节，宜昌站来流已不满足流量的一致性要求，其设计通航流量不能直接采用综合历时曲线法计算。同时，由于三峡水库运行的各试验阶段的下泄流量变化较大，且现有175m蓄水运行时间较短，蓄水后流量系列在系列长度和一致性方面均无法满足规范要求。因此，采用1990～2012年共23年作为典型系列，根据三峡水库175m调度方式，推求出库的日平均流量系列，并根据各水文站间的区间分汇流，计算长江干流宜昌—武汉河段主要水文站日平均流量系列，最后以综合历时曲线法计算沿程各站的设计最低通航流量。

5.2.2.2 出库宜昌站设计最低通航流量计算

将1990～2012年三峡水库库区来流量采用三峡水库175m运行调度方式进行修正，可以得到三峡水库单库运行时的出库流量；通过三峡水库上游一维模型，考虑上游溪洛渡、向家坝运行调度的影响，经三峡水库175m运行调度方式修正后，得到梯级水库调度后的出库流量。

由表5-11可见，由于水库的调蓄，三峡水库出库宜昌站的流量明显增加，在溪洛渡、向家坝、三峡水库等多梯级水库联合调度时，同样保证率下三峡水库的出库流量要大于三峡水库单库运行条件下的流量，可见，梯级水库联合调度对于长江中游枯期的补水作用更大。

单库和梯级水库调度情况下三峡水库出库设计最低通航流量（单位：m^3/s）　　表5-11

运行条件 / 系列年 / 保证率(%)	单库运行	梯级水库调度
	1990～2012（共23年）	1990～2012（共23年）
98	5 571	5 578
99	4 311	5 570
99.5	3 730	4 214

5.2.2.3 沿程各主要水文站设计最低通航流量计算

根据上述1990～2012年三峡水库出库流量的修正结果，结合同期长江中游各水文站的实际流量系列，对下游各站的来流过程进行修正，进而计算下游沿程各主要水文站的设计最低通航流量。具体方法为：水文站流量＝干流来流＋区间来流，干流的初始来流为修正后的宜昌站流量，再对修正后的各水文站流量系列采用综合保证率法推求设计流量。具体各河段的情况如下：

(1) 宜昌—枝城河段。枝城站流量由宜昌来流和宜昌—枝城区间来流组成，假设三峡水库运行前后清江来流量不变，工农业生活用水等其他区间流量也不变，蓄水后枝城站逐日流量等于宜昌对应时段下泄流量加上区间来流。

(2) 枝城—沙市河段。河段内主要有松滋口、太平口分流，以及引江济汉入口分流，在计算河段通航流量时需要考虑区间流量变化的影响。已有研究表明，随着水库蓄水长江干流河道的冲刷，三口分流量是逐渐增加的，但变化幅度较小，不超过400m^3/s。且由于枯水流量下三口分流总量较小，建库后8 000m^3/s 以下分流量的变化微乎其微；引江济汉洪季最大引水量为 500m^3/s，枯期最大引水量为 200m^3/s。影响通航流量的主因是河段枯期流量，因此枝城—沙市河段设计最低通航流量计算应修正区间流量变化。

（3）沙市—监利河段。河段内区间流量变化主要由藕池口分流引起，前文分析建库后三口分流 8 000m^3/s 以下变化不大，而藕池口断流时干流流量大于上游松滋口、太平口，因此，假设计算期内枯期分流量基本不变。

（4）监利—螺山河段。河段内有洞庭湖出流与干流交汇，以宜昌与螺山流量差作为区间流量，同时考虑三口分流入洞庭湖水量的增加，导致相应洞庭湖出流增加影响。由于城陵矶出流较大，其流量大小与长江干流相互独立，因此螺山设计流量是干流流量与城陵矶出流共同作用的结果，变化规律与其上游各站有所差别。

（5）螺山—汉口河段。汉口站 1990 ~ 2012 年逐日区间来流系列采用各站逐日流量减去干流流量得到，三峡水库运行后该站流量系列等于调节后的螺山站流量加上对应的区间流量。

由表 5-12 可见，在三峡水库 175m 蓄水调度方案下，多梯级调度运行方式要比单库运行方式对下游河道的调蓄能力要强，表现为对于各站相同保证率的通航流量，梯级调度运行方式要大于单库运行方式。就宜昌至汉口各站相同保证率流量的沿程变化来看，宜昌—枝城，相同保证率的流量略有增加；枝城—沙市与沙市—监利河段，由于三口分流及引江济汉工程的分流作用，枝城、沙市、监利相同保证率的流量向下游逐渐减小；监利—汉口，由于洞庭湖、汉江等支流的入汇，相同保证率的流量呈现逐渐增加趋势。

1990 ~ 2012 年长江中游各站综合历时保证率的流量（单位：m^3/s）　　表 5-12

站名 ＼ 调度方式 / 保证率	三峡单库运行			梯级调度运行		
	98%	99%	99.5%	98%	99%	99.5%
宜昌	5 571	4 311	3 730	5 578	5 570	4 214
枝城	5 635	4 620	4 320	5 650	5 532	4 800
沙市	5 460	4 280	4 065	5 530	5 320	4 230
监利	5 270	4 386	3 850	5 380	5 045	4 250
螺山	7 346	7 125	6 930	7 464	7 394	7 180
汉口	8 432	7 950	7 645	8 545	8 120	7 768

5.2.2.4　计算成果与实测资料的对比分析

三峡水库蓄水运行后的近 10 年间，随着蓄水位的逐步提高，蓄水库容逐渐增大，枯水调节能力逐渐增强。为便于分析不同的蓄水调度方式对于下游通航流量的影响，将三峡水库蓄水运行后自 2003 ~ 2012 年间在不同蓄水阶段内的通航流量进行统计。同时，对比分析三峡水库近期 175m 蓄水阶段长江中游各站的通航流量与 1990 ~ 2012 年水文系列修正结果的差别。

（1）三峡水库运行后不同蓄水调度方式对设计最低通航流量的影响

由表 5-13 可见，135m 蓄水阶段，宜昌站 98% 保证率的流量变化不大；156m 蓄水阶段，宜昌站 98% 保证率的流量增加有限，比前一阶段仅增加约 200m^3/s；175m 蓄水阶段，宜昌站 98% 保证率的流量大幅增加，尤其是在三峡水库 175m 蓄水调度方式逐渐趋于稳定的2011年1月～2012年12月，达到5 690m^3/s，比135m、156m蓄水阶段分别增加1 710m^3/s、1 480m^3/s，增加百分比达43%、35%。

宜昌站在三峡水库不同蓄水阶段的综合保证率流量（单位：m^3/s）　表5-13

蓄水阶段	系列年限	98	99	99.5
宜昌站				
135m蓄水	2003年6月～2006年9月	3 980	3 860	3 780
156m蓄水	2006年10月～2008年9月	4 210	4 170	4 150
175m试验蓄水	2009年1月～2012年12月	5 250	5 180	5 130
175m近期蓄水	2011年1月～2012年12月	5 690	5 660	5 650
三峡蓄水以来	2003年6月～2012年12月	4 200	4 060	3 960
枝城站				
135m蓄水	2003年6月～2006年9月	4 300	4 140	4 060
156m蓄水	2006年10月～2008年9月	4 670	4 640	4 640
175m试验蓄水	2009年1月～2012年12月	5 630	5 500	5 410
175m近期蓄水	2011年1月～2012年12月	5 710	5 650	5 630
三峡蓄水以来	2003年6月～2012年12月	4 640	4 390	4 240
沙市站				
135m蓄水	2003年6月～2006年9月	4 560	4 500	4 380
156m蓄水	2006年10月～2008年9月	4 670	4 630	4 600
175m试验蓄水	2009年1月～2012年12月	5 830	5 800	5 740
175m近期蓄水	2011年1月～2012年12月	5 960	5 930	5 910
三峡蓄水以来	2003年6月～2012年12月	4 700	4 600	4 530
监利站				
135m蓄水	2003年6月～2006年9月	4 360	4 180	4 130
156m蓄水	2006年10月～2008年9月	4 640	4 630	4 630
175m试验蓄水	2009年1月～2012年12月	5 760	5 650	5 580
175m近期蓄水	2011年1月～2012年12月	6 140	6 100	6 080
三峡蓄水以来	2003年6月～2012年12月	4 630	4 420	4 300
螺山站				
135m蓄水	2003年6月～2006年9月	6 270	5 920	5 730
156m蓄水	2006年10月～2008年9月	6 940	6 790	6 740
175m试验蓄水	2009年1月～2012年12月	7 540	7 360	6 830
175m近期蓄水	2011年1月～2012年12月	8 210	8 060	7 980
三峡蓄水以来	2003年6月～2012年12月	6 770	6 310	5 900
汉口站				
135m蓄水	2003年6月～2006年9月	7 770	7 560	7 370
156m蓄水	2006年10月～2008年9月	8 200	7 940	7 830
175m试验蓄水	2009年1月～2012年12月	9 400	9 310	8 990
175m近期蓄水	2011年1月～2012年12月	10 200	10 000	10 000
三峡蓄水以来	2003年6月～2012年12月	8 350	7 860	7 690

从各阶段内分析水文站相同保证率的流量变化来看，宜昌—枝城河段，相同保证率的流量略有增加；枝城—沙市及沙市—监利河段，相同保证率的流量变化不大，表明枯期三口分流量较小；监利—螺山河段及螺山—武汉河段，相同保证率的流量均有较大幅度增加，对于三峡水库蓄水运行后 2003 ~ 2012 年的 98% 保证率流量，分别增加约 2 100m³/s、1 600m³/s，表明长江中游宜昌至武汉河段枯季区间来流主要集中在监利以下河段，尤以洞庭湖七里山出流和汉江来流为主。

总体来看，在三峡水库投入运行的近 10 年间，随着蓄水位的抬高，宜昌站的通航流量逐渐增加，枯水补偿作用逐渐增强。不同阶段内，下游各水文站相同保证率的通航流量与宜昌站具有相似的变化规律。

（2）计算成果与实测资料的对比分析

根据 175m 蓄水调度方式对 1990 ~ 2012 年间的库区来流进行修正，推求的三峡水库单库运行时出库 98% 保证率的流量与三峡水库 175m 实际运行情况比较，修正系列推求的出库宜昌站 98% 保证率的流量比 2009 年 1 月 ~ 2012 年 12 月相同保证率的流量大约 300m³/s，但比 2011 年 1 月 ~ 2012 年 12 月要小约 100m³/s，总体来看，修正系列推求的出库 98% 保证率流量与实际情况基本相当。

由图 5-11 可见，与 2011 年 1 月 ~ 2012 年 12 月间三峡水库 175m 实际运行时各站 98% 保证率通航流量比较，对于修正的 1990 ~ 2012 年系列，宜昌—枝城段的变化规律基本相同；枝城—监利河段，流量向下游逐渐减小的趋势与实际略有不同，主要是由于修正系列考虑了三峡水库 175m 运行引起的江湖关系变化以及引江济汉工程的分流作用；监利—螺山河段、螺山—武汉河段，修正系列均比实际运行的要小，这可能与实际的水文系列年限较短有关，各支流近年来兴建的梯级水库枯季流量的补偿作用也有一定的影响。

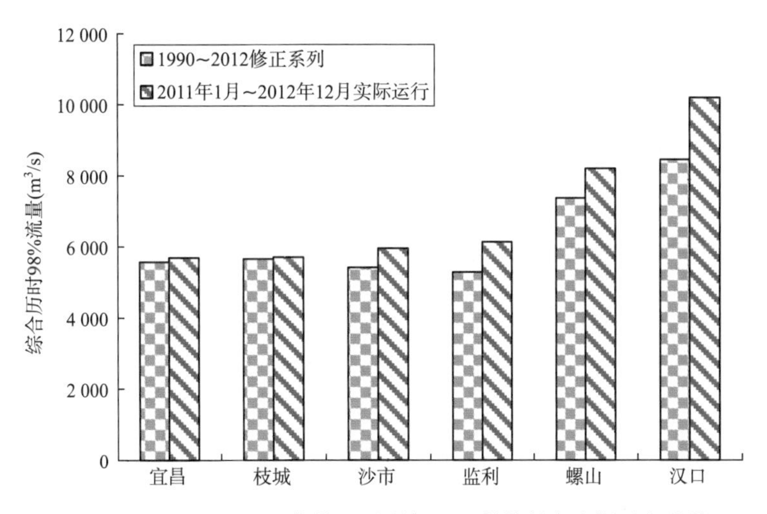

图 5-11　1990 ~ 2012 年修正系列年 98% 的流量与实际运行比较

5.2.3　电站日调节对近坝段设计水位的影响

三峡水库水电站在电力系统中承担调峰任务，基荷与峰荷流量循环下泄会引起下游水位周期性波动。葛洲坝作为三峡水库电站的反调节工程，在三峡水库电站调峰运行阶段担负着对三峡水库下泄非恒定流削峰填谷的反调节任务。由于葛洲坝反调节库容仅为0.85亿m^3，反调节能力有限，三峡水库下泄流量经反调节后葛洲坝出库流量日内变幅仍较大。由于当前对设计水位的讨论均是基于日平均水位的概念，一日之内的水位变幅难以反映。考虑到葛洲坝近坝段水位变幅较大，有可能影响通航，因而需要根据电站日调节波传播特性，对设计水位进行适当修正，以客观地反映近坝段的通航条件。

（1）电站日调节影响下设计水位的修正方法

电站枯水期日调节时，日瞬时下泄流量一般有较大变幅，水库下游水位随之波动，设计水位确定难度较大。迄今为止，见于规范或标准的关于日调节电站下游设计水位确定方法几乎是凤毛麟角。《航道工程手册》对于枢纽下游河段设计最低通航水位规定如下："有些日调节变化较大的枢纽，在推算滩险河段的设计水位时，不宜采用瞬时水位法，而需在滩段适当位置设立水尺，进行一定时期的水位观测后，采用综合历时曲线法计算确定，计算不宜采用日平均水位，可采用日调节中的最低水位进行计算"。

李天碧将以保证率频率法计算得出的水位值减去实测枯水期日均水位与波谷水位的平均差值作为设计最低通航水位，长江航道规划设计研究院等根据三峡—葛洲坝电站联合调度的实际运行过程中2003～2008年葛洲坝实际下泄时均流量资料，运用一维非恒定水流模型模拟坝下游河段日内水位过程，取与设计流量对应的逐时水位平均值，并计算其与波谷水位的差值，以此对以日均流量计算的设计水位进行修正。

由于在枢纽实际运行中，电站调峰量除受到三峡水库电站、葛洲坝电站调峰容量不同外，还会受到三峡水库机组和葛洲坝机组的实际运行台数、电网日内负荷运行方式、机组运行特性、日内上游来水变化过程、航运部门的运用要求、实际水库水位等条件制约，出库流量过程变化存在很大的随机性。考虑到三峡水库175m运行逐渐趋于常态化，本研究收集2011年11月～2012年4月、2012年11月～2013年4月的枯季实测瞬时水位资料，通过系统的统计分析确定三峡水库电站日调节过程产生的非恒定流影响范围，并根据日调节过程中日平均水位与谷值的差值对设计水位进行修正。

（2）日调节波动影响范围确定

电站日调节下泄非恒定流在传播过程中不断衰减，波动影响逐渐减弱，直至消失，其传播距离与流量、水深、河道形态等因素均有关系。图5-12点绘了同一时间序列下各水文站时均流量与实测水位变化关系。由图5-12可以看出，各水文站水位与流量变化同步，枝城站因距坝较远其水位与宜昌流量的相关关系不如宜昌站明显，但仍随着宜昌站流量波动而波动，只是存在一定滞后性。沙市站、监利站水位变化与宜昌站流量没有明显相应关系。

图5-13给出了2011年11月～2013年4月枯水期日水位均谷差变化图。由图5-13可以看出：

①宜昌站。枯水期最大日水位变幅为1.5m，对应枝城站日水位变幅为0.55m，沙市站0.25m，监利站0.04m，相应宜昌站日平均流量为6 711m^3/s。

②枝城站。枯水期最大日水位变幅为0.73m，对应宜昌站日水位变幅为1.23m，沙市站0.42m，监利站0.03m，相应宜昌站日平均流量为7 058m^3/s。

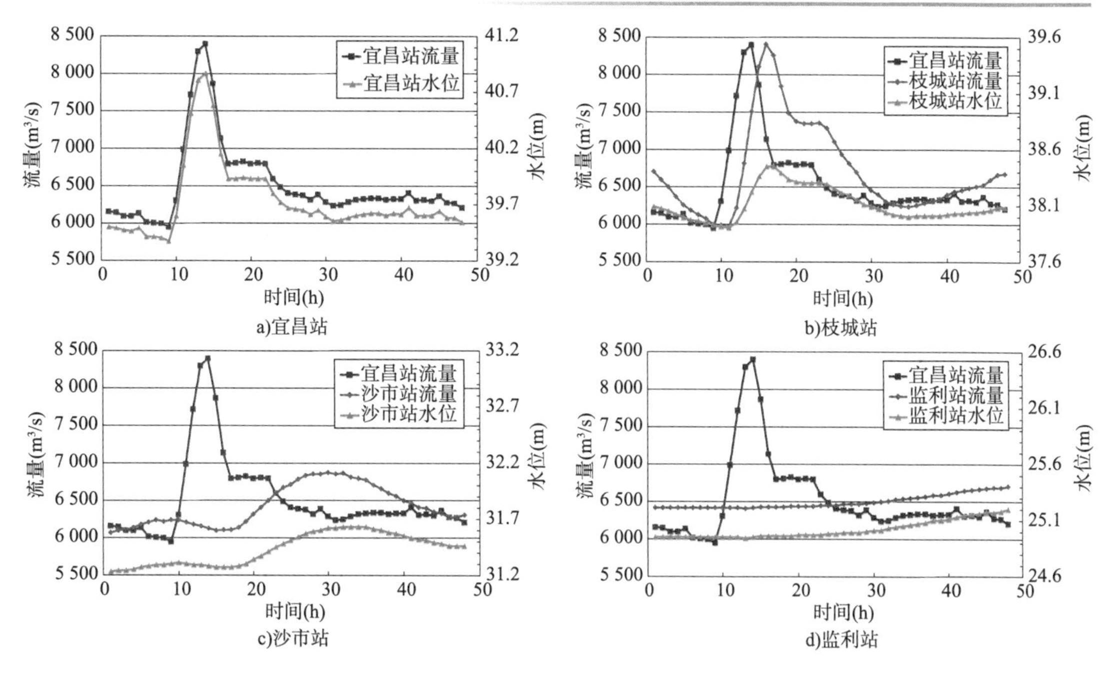

图 5-12　典型水文站时均流量及水位变化关系

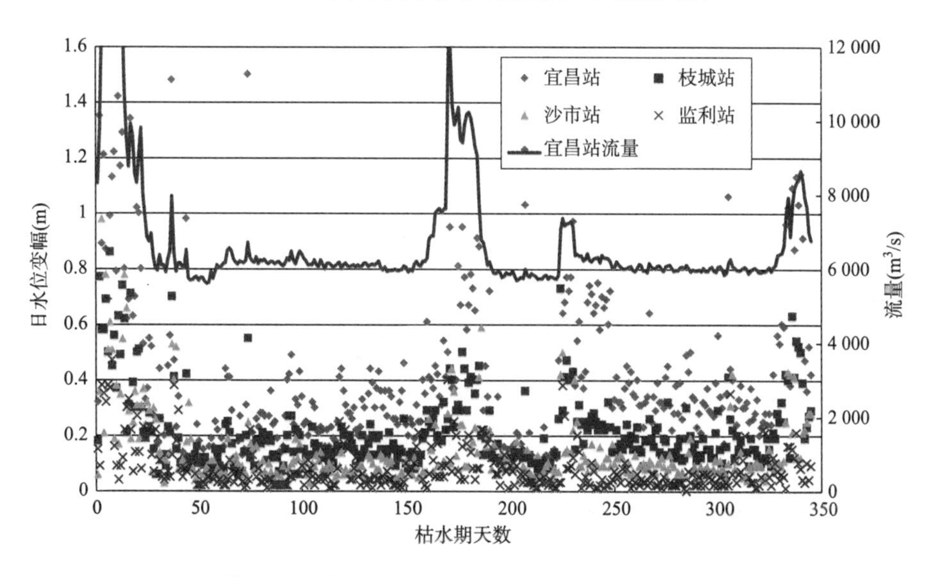

图 5-13　典型水文站 2011 年 11 月～2013 年 4 月小时水位日变幅图

③从平均日水位变幅情况看，宜昌站流量 10 000m³/s 下，宜昌站、枝城站、沙市站，监利站的平均日水位变幅分别为：0.38m、0.19m、0.12m、0.07m；宜昌站流量 8 000m³/s 下，宜昌站、枝城站、沙市站、监利站的平均日水位变幅分别为：0.34m、0.18m、0.11m、0.07m。

由上述分析，可以认为，沙市站基本已不受日调节波影响，日内水位波动是由天然来流引起的，电站日调节非恒定流影响至沙市站。

(3) 坝下游河段电站日调节影响下的设计水位修正

采用实测资料进行系统统计分析，即从目前已观测到实际流量过程中选取代表流量过程，分别考察它们所引起的水位波动值。选取 2011 年 11 月 ~ 2012 年 4 月与 2012 年 11 月 ~ 2013 年 4 月两枯水期时段内的 2 次相对比较典型的日调节波影响，分别对这两次日调节影响进行统计。

表 5–14 给出了两次典型流量过程。其中 1 月、12 月日均流量分别为 6 793m^3/s、6 042m^3/s，流量变幅分别为 2 450m^3/s、1 750m^3/s。表 5–15 比较了宜昌、枝城站两种实测波形下日均水位与谷值水位之差。由表 5–14 和表 5–15 可见，电站实际运行过程中水位波动幅度变化较大。但从航道设计水位计算角度考虑，上述两次典型波形中，1 月份宜昌站在日平均水位 39.92m 基础上减去均谷差 0.54m 后，日内最低水位 39.38m 仍然高于现行宜昌站 82 基面 39.35m，非恒定流船舶不会对航行安全产生不利影响；12 月份宜昌站在日平均水位 39.49m 基础上减去均谷差 0.24m 后，日内最低水位 39.25m 低于现行宜昌站 82 基面 39.35m，需要至少修正 0.10m 以满足船舶航行安全。

实测宜昌站典型流量过程（单位：m^3/s） 表 5–14

时 间	1 月份	12 月份	时 间	1 月份	12 月份
8:00 ~ 9:00	5 940	5 650	20:00 ~ 21:00	6 800	6 200
9:00 ~ 10:00	6 300	5 660	21:00 ~ 22:00	6 790	6 100
10:00 ~ 11:00	6 980	5 750	22:00 ~ 23:00	6 590	6 100
11:00 ~ 12:00	7 710	5 710	23:00 ~ 0:00	6 480	5 920
12:00 ~ 13:00	8 290	5 780	0:00 ~ 1:00	6 400	5 860
13:00 ~ 14:00	8 390	5 720	1:00 ~ 2:00	6 380	5 880
14:00 ~ 15:00	7 860	5 900	2:00 ~ 3:00	6 370	5 880
15:00 ~ 16:00	7 130	6 390	3:00 ~ 4:00	6 310	5 950
16:00 ~ 17:00	6 790	7 120	4:00 ~ 5:00	6 380	5 780
17:00 ~ 18:00	6 800	7 400	5:00 ~ 6:00	6 280	5 780
18:00 ~ 19:00	6 820	6 610	6:00 ~ 7:00	6 230	5 760
19:00 ~ 20:00	6 790	6 390	7:00 ~ 8:00	6 240	5 720

不同实测波形下宜昌、枝城站水位变化比较（单位：m） 表 5–15

项目 / 站名	1 月实测典型波形					12 月实测典型波形				
	平均流量 (m^3/s)	流量变幅 (m^3/s)	平均水位 (m)	水位变幅 (m)	水位均—谷差 (m)	平均流量 (m^3/s)	流量变幅 (m^3/s)	平均水位 (m)	水位变幅 (m)	水位均—谷差 (m)
宜昌	6 793	2 450	39.92	1.5	0.54	6 042	1 750	39.49	1.03	0.24
枝城	7 017	2 440	38.19	0.55	0.29	6 179	1 620	37.94	0.36	0.15

图 5–14 给出了 2011 年 11 月 ~ 2013 年 4 月枯水期期间日水位均谷差图随宜昌站日平均流量变化图。经统计，当宜昌站日均流量小于 8 000m^3/s 时，宜昌站、枝城站的平均日水位均谷差分别为 0.17m、0.10m；当宜昌站日均流量小于 6 000m^3/s 下，宜昌站、枝城站的平均日水位均谷差分别为 0.11m、0.07m。

综合上述分析，从偏安全考虑，取宜昌站 0.17m、枝城站 0.10m 作为相应的设计水位修正值。

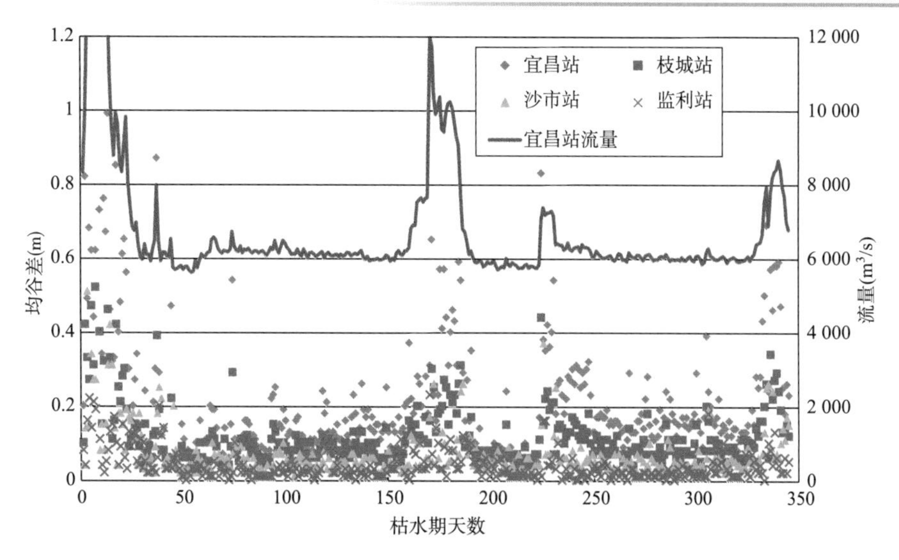

图 5–14　典型水文站 2011 年 11 月 ~ 2013 年 4 月日水位均谷差随流量变化图

5.2.4　长江中游设计最低通航水位计算

5.2.4.1　三峡水库运行后设计最低通航水位预报

以 2012 年为基础水平年：根据 1990 ~ 2012 年修正系列推求的设计最小通航流量，由 2012 年的水位流量关系下包线（兼顾统计期内最低水位），推求 2012 年基础水平年设计流量下对应的水位；考虑到上游建库条件下水位降落值略大于三峡水库单库运行水位下降值，结果偏于安全，且溪洛渡、向家坝已先后蓄水运行，采用上游建库条件下不同时期各水文站的水位下降值反映河床冲刷对设计最低通航水位的影响；采用近期实测逐日瞬时水位、流量资料分析得到的均谷差反映电站日调节对水位的影响，最终计算得到三峡水库蓄水后设计最低通航水位值，见表 5–16。

三峡水库运行后不同时段的设计最低通航水位　　　　表 5–16

类别 \ 水文站		宜昌站	枝城站	沙市站	监利站	螺山站	汉口站
流量（m³/s）		5 571	5 635	5 460	5 270	7 346	8 432
2012 年为基础水平年水位（m）		39.14	37.75	30.67	23.89	18.71	13.6
电站日调节修正值（m）		–0.17	–0.10	—	—	—	—
河床变形引起的水位下降差值(m)	至 2022 水平年	–0.18	–0.24	–0.49	–0.64	–0.53	–0.32
	至 2032 水平年	–0.24	–0.29	–0.67	–1.23	–0.93	–0.72
设计水位（m）	至 2022 水平年	38.79	37.41	30.18	23.25	18.18	13.28
	至 2032 水平年	38.73	37.36	30.00	22.66	17.78	12.88
82 基面		39.35	37.43	31.56	23.06	16.75	12

由表 5–16 可以看出，至 2022 设计水平年，宜昌至武汉河段主要控制水文站的设计最低通航水位为：宜昌站 38.79m，枝城站 37.41m，沙市站 30.18m，监利站 23.25m，螺山站 18.18m，汉口站 13.28m。

5.2.4.2 计算成果的综合分析

(1) 与实测资料的比较

利用蓄水后 2003 ~ 2012 年实测资料，分析综合历时曲线法统计得到 98% 保证率水位，一方面能够掌握近期的设计最低通航水位实际变化情况，另一方面便于对上述计算的三峡水库运行后的设计水位变化进行综合检验分析。由于收集的三峡水库蓄水以来的实测水位资料均为日均值，对比时宜昌站、枝城站设计最低通航水位没有考虑电站日调节的影响。

与三峡水库运行后 2009 ~ 2012 年各站综合历时 98% 保证率的水位相比，三峡水库蓄水 2022 设计水平年设计最低通航水位计算成果，宜昌站低 0.31m，枝城站低 0.29m，沙市站低 0.99m，监利站低 1.48m，螺山站低 1.05m，汉口站低 0.84m（表 5–17）。

沿程各站产生差异的主要原因，一方面在于本研究考虑了蓄水运行至 2022 水平年河床继续冲刷引起的水位下降；另一方面，三峡水库蓄水过程中水位和流量资料缺乏一致性带来的差异。这也表明在坝下非平衡河流中，采用设计流量推求设计最低通航水位的方式要比水位系列的综合历时保证率方法更能反映实际情况。同时 2009 ~ 2012 年系列得到的 98% 保证率水位更多地反映了三峡水库 175m 运行对宜昌 ~ 武汉河段枯水期流量补偿效果显著增加的实际情况。

计算成果与统计结果比较（单位：m） 表 5–17

类别 \ 水文站	宜昌	枝城	沙市	监利	螺山	汉口
报告计算成果 (2022 水平年)	38.96*	37.51*	30.18	23.25	18.18	13.28
2003 ~ 2012 系列年 98% 保证率水位	38.87	37.53	30.78	24.25	18.93	13.89
2009 ~ 2012 系列年 98% 保证率水位	39.27	37.8	31.17	24.73	19.23	14.12

注：数字上标 * 表示此表“报告计算成果”不考虑日调节影响。

(2) 与已有研究成果的比较

2009 ~ 2013 年已开展过长江中游河段的部分水文站的设计水位研究，与本研究成果对比见表 5–18。

计算成果与已有研究成果的对比（单位：m） 表 5–18

站点 \ 时段	报告计算成果（2012 基础水平年）	2009 年成果（宜昌—汉口）	2011 年成果（汉口—湖口）	2011 年成果（荆江河段设计最低通航水位成果）	2013 年成果（水富—江阴河段）
	2022 水平年	2020 水平年	2010 水平年		2017 水平年
宜昌	38.96*	38.89			38.68*
枝城	37.51*	37.4		37.79	37.168*
沙市	30.18	31.04		30.45	30.473
监利	23.25	24.03		23.21	23.964
螺山	18.18	18.9			18.988
汉口	13.28	14.02	13.67		13.815

注：1.2009 年成果考虑了电站日调节影响，宜昌站修正值为 0.62m，枝城站为 0.41m。

2. 数字上标 * 表示不考虑电站日调节成果。

由表 5-18 可见，本报告计算成果与已有研究成果相比，虽然对坝下河床清水冲刷以及水位下降的规律认识上基本一致，但对于三峡水库电站日调节变化和水位下降预测方面还存在一定差别，本次利用近期实测资料对三峡水库电站日调节设计水位的修正值（宜昌站 0.17m、枝城站 0.10m）明显小于以往研究成果（宜昌站 0.62m、枝城站 0.41m）；但本次数模计算的河床变形及水位下降幅度略大于以往研究成果，主要是采用的三峡水库出库水沙系列为 03 系列，三峡水库 175m 运行后坝下河床的冲刷范围及幅度要大于初期的估计，水位下降值也相应略大。

5.3　长江中游宜昌至武汉河段现有航行基面适应性分析

5.3.1　长江中游航行基面概况

5.3.1.1　长江中游航行基面变化情况

设计最低通航水位是计算航道标准尺度的起算水位，即在通航期内某一河段或具体部位允许标准船舶或船队正常通航的最低水位。当实际水位低于设计最低通航水位时，航道不能保证标准维护水深，大型船舶（船队）需减载控制吃水方可航行。

天然河流中，设计最低通航水位一般随航道沿程变化，不同地点有不同的高程值，将航道沿程的最低通航水位进行连线可组成一个连续的不同斜率的基面，称航行基面。航行基面是一个相对基面，是不包括河口潮流段航道测图上所载水深的起算面，也称为绘图水位。

长江干流的航行基面主要由各基本水文站的设计最低通航水位的连线构成。1971 年前，长江中游的设计水位大多具有 98.0% ~ 98.5% 的保证率。由于天然情况下河床演变缓慢，一般 10 ~ 20 年对航行基面进行一次修正校核。至今，长江中游河段广泛采用的基面主要有 71 基面、82 基面。

（1）71 基面

1971 年前，长江中游的设计水位大多具有 98.0% ~ 98.5% 的保证率。由于天然情况下河床演变缓慢，一般 10 ~ 20 年对航行基面进行一次修正校核。但 1967 年、1969 年下荆江的中洲子和上车湾实施了两次人工裁弯，荆江河段流路变短，比降加大，荆江上游发生溯源侵蚀，荆江河段水位明显下降，而其他河段受影响程度较小，考虑到各个河段受影响程度不一，采用统一系列年的水位资料按相同保证率推算各站设计最低通航水位并不合理，因此分河段对航行基面进行了修正。修正的基本思路是：以水位流量关系较为稳定的汉口站为基准，首先根据设计最低通航水位的常规计算方法得到汉口站设计最低通航水位，其次建立汉口站水位与宜昌、沙市、监利等站的水位相关关系，然后根据此相关关系以及汉口站设计水位，计算得到宜昌—汉口区间内各站的设计最低通航水位，同理也可得到汉口以下各站的设计水位。新的设计最低通航水位于 1971 年 7 月 1 日正式启用，称 1971 年基面，简称 71 基面。

（2）82 基面

1971 年以后，下荆江进一步受到上述两个人工裁弯的影响，枝城至石首河段的水面线发生了明显变化，1973 年 7 月调整了枝城、沙市、郝穴、新厂，石首等站的设计水位。

其后，由于1972年8月沙滩子自然裁弯，沙市水位继续降低，1973年修订值仍偏高，同时还考虑到葛洲坝截流后对长江中游水面线发生变化的影响，1981年7月再次修订宜昌至汉口航行基面，称1982年基面，简称82基面。长江中游宜昌至武汉河段不同基面的关系图如图5–15所示。

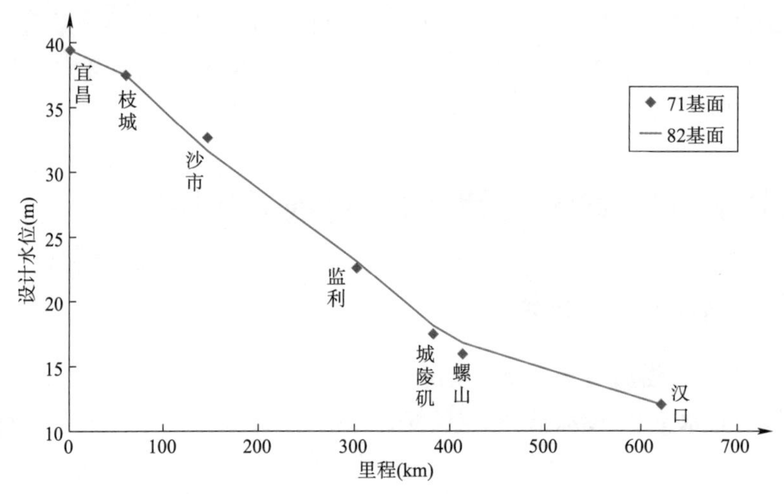

图5–15　长江中游宜昌至武汉河段不同基面的关系图

5.3.1.2　不同年代航行基面校核

在71基面、82基面调整过程中，由于考虑到荆江河段裁弯等因素的影响，根据各站相关关系法计算设计最低通航水位的方法使得不同位置设计水位的保证率不统一，该方法并不完全符合《内河通航标准》（GB 50139—2014）的要求，为了使得不同年代的设计最低通航水位的比较能有统一标准，需要对以往基面的保证率进行校核。

利用1954 ~ 1970年、1954 ~ 1981年各站水位资料，采用综合历时曲线法分别计算了长江中游主要站点不同保证率通航水位，见表5–19。

71基面、82基面与验证值比较（单位：m）　　表5–19

水文站	宜昌	枝城	沙市	监利	城陵矶	螺山	汉口
71基面	39.35	37.41	32.58	22.54	17.44	15.89	12.01
54–70计算98%	39.44	37.64	33.00	23.84	17.81	16.49	12.45
54–70计算99%	39.38	37.57	32.91	23.69	17.61	16.23	12.17
54–70计算99.5%	39.32	37.51	32.78	23.58	17.47	15.98	11.99
71基面对应保证率（%）	99.25	99.79	99.81	100	99.62	99.45	99.25
71基面与54–70计算98%差值	−0.09	−0.23	−0.42	−1.3	−0.37	−0.6	−0.44
82基面	39.35	37.43	31.56	23.06	18.07	16.75	12.00
54–81计算98%	39.33	37.48	32.13	23.44	18.00	16.59	12.37
54–81计算99%	39.17	37.32	31.74	22.97	17.76	16.38	12.12
54–81计算99.5%	38.98	37.22	31.53	22.83	17.57	16.09	11.97
82基面对应保证率（%）	97.82	98.35	99.44	98.81	97.27	99.41	99.5
82基面与54–81计算98%差值	0.02	−0.05	−0.57	−0.38	0.07	0.16	−0.37
82基面与71基面差值	0	0.02	−1.02	0.52	0.63	0.86	−0.01

从 71 基面与对应 1954 ～ 1970 年系列综合历时 98% 保证率水位的比较来看，宜昌站、枝城站、沙市站、监利站、城陵矶站、螺山站、汉口站的 71 基面设计水位均比对应的 98% 保证率水位低，各站 71 基面对应的保证率均超过 99%，满足 1 级航道通航保证率 98% 的要求。

从 82 基面与对应 1954 ～ 1981 年系列综合历时 98% 保证率水位的比较来看，宜昌站、城陵矶站、螺山站 82 基面各站的设计水位比对应的 98% 保证率水位高，达不到 I 级航道通航保证率水位要求，枝城站、沙市站、监利站、汉口站 82 基面各站的设计水位比对应的 98% 保证率水位低，可以满足 1 级航道通航保证率要求。

5.3.1.3　已有航行基面调整特点分析

由表 5.3-1 可见，在由 71 基面向 82 基面调整过程中，宜昌、枝城、汉口 3 站的设计水位基本没变，沙市、监利、城陵矶、螺山四站有较大的调整，其中沙市站降低了 1.02m、监利站升高了 0.52m、城陵矶站升高了 0.63m、螺山站升高了 0.86m。由各站不同年代基面与对应综合历时 98% 保证率的水位情况来看，82 基面的修订主要有如下特点：

（1）宜昌、枝城、汉口三站 1954 ～ 1981 年系列与 1954 ～ 1970 年系列的综合历时 98% 保证率水位变化不大，82 基面对这 3 站的基面仅做了微幅调整或是保持不变。

（2）城陵矶、螺山两站 1954 ～ 1981 年系列与 1954 ～ 1970 年系列的综合历时 98% 保证率水位虽然变化不大，城陵矶站仅升高 0.19m，螺山站仅升高 0.1m，但 82 基面对城陵矶站和螺山站的基面做了较大的调整，其中城陵矶站升高了 0.63m，螺山站升高了 0.86m，调整后 82 基面的基面比其对应的综合历时 98% 的水位要高，不能满足规范要求的 I 级航道 98% 通航保证率以上的要求。但结合同期该河段的水文条件来看，1960 ～ 1980 年间，宜昌—螺山河段的枯水来流较为稳定，而螺山站流量 6 000m^3/s 对应的水位累积上升了 1.93m，在采用水位相关法制定 82 基面时，应是考虑了此种因素，使得 82 基面的基面值比采用综合历时曲线法求算的 98% 水位值高。

（3）沙市站 1954 ～ 1981 年综合历时 98% 保证率水位比 1954 ～ 1970 年大幅下降，主要是因为在 71 基面运用的 10 年间，由于荆江河段裁弯及江湖关系变化影响，同流量下的水位大幅降低（图 5-16），大部分年份的最低水位均大幅低于 71 基面的基面，使得 82 基面的基面比 1954 ～ 1981 的综合历时 98% 保证率的水位还低 0.57m。

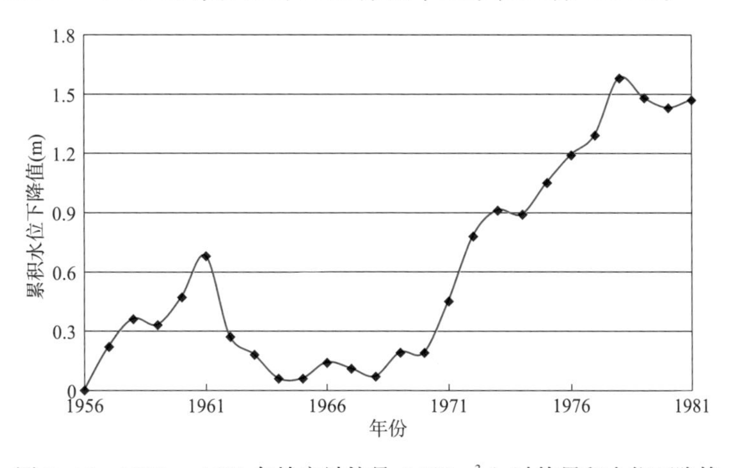

图 5-16　1956 ～ 1981 年沙市站流量 4 000m^3/s 时的累积水位下降值

(4) 监利站71基面的基面比1954～1970年综合历时98%保证率水位低1.3m，应主要为监利站预留的水位下降值，但由于在71基面运行期间，枯水水位下降小于预期，因此82基面对其进行了一定修正。

(5) 从82基面与1954～1981年综合历时98%的水位比较来看，宜昌站、枝城站、城陵矶站基本相当，沙市站低0.57m，监利站、汉口站分别高0.38m、0.37m。

以上分析可见，在71基面到82基面的修订过程中，各站不仅考虑了多年历时保证率水位的变化，还考虑了河床变形及其对枯水位的影响，各站基面与同期对应系列年综合历时98%保证率水位值并不一致（图5–17）。71基面使用过程中，由于局部河段枯水位的持续变化，航行基面较大地偏离实际情况，同时，葛洲坝运行将给长江中游的航道条件带来一些新的变化，如果继续采用71基面，不仅不符合实际情况，也会给船舶的安全航行造成一定的影响，这可能是推动71基面修订的主要原因。

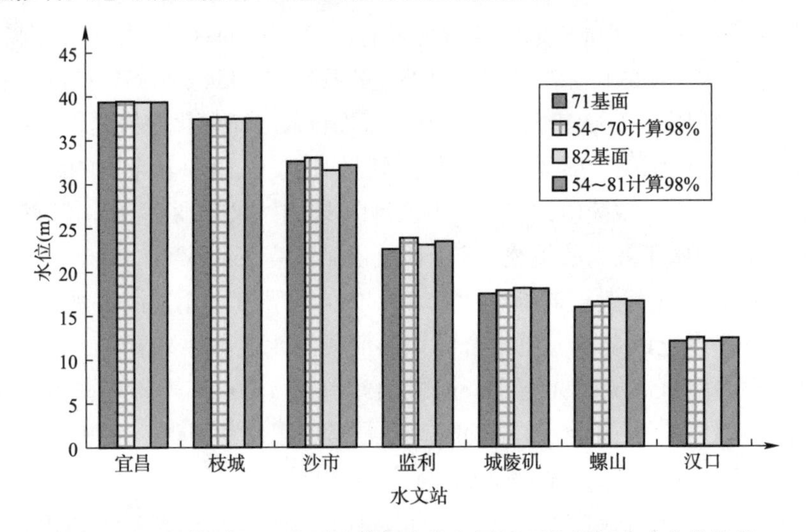

图5–17　71基面、82基面及其相应综合历时98%保证率水位的比较

5.3.2　不同系列年设计最低通航水位的变化趋势及原因分析

5.3.2.1　不同系列年设计最低通航水位变化趋势

不同系列年综合历时98%保证率的水位变化一定程度上可以反映一定时期实际设计水位的变化情况，对比1954～1970年、1954～1981年、1982～2002年、2003～2012年的综合历时98%保证率的水位变化，可以反映长江中游宜昌—武汉河段各主要水文站的设计水位近60年间的总体变化趋势，从而为航行基面的调整与否提供一定的参考。

由图5–18可见，在三峡水库蓄水以前，宜昌、枝城、沙市不同系列年的设计最低通航水位呈现逐渐下降态势，在三峡水库运行后，宜昌、枝城设计最低通航水位有所回升，但沙市站仍延续下降态势；城陵矶、螺山设计最低通航水位在不同系列年间均呈现上升态势，2003～2012系列年比1954～1970系列年已经分别高2.43m、2.44m；监利、汉口站的设计最低通航水位在1954～1981系列年间均有所下降，其余系列年有所上升，但总体来看，监利站的设计最低通航水位在不同系列年间的变化幅度相对较小，而汉口站在

1982 ~ 2002 系列年及 2003 ~ 2012 年系列年间的变化幅度相对较大，与前一系列年相比，分别上升 0.83m、0.69m，2003 ~ 2012 系列年已比 1954 ~ 1970 系列年高 1.44m。

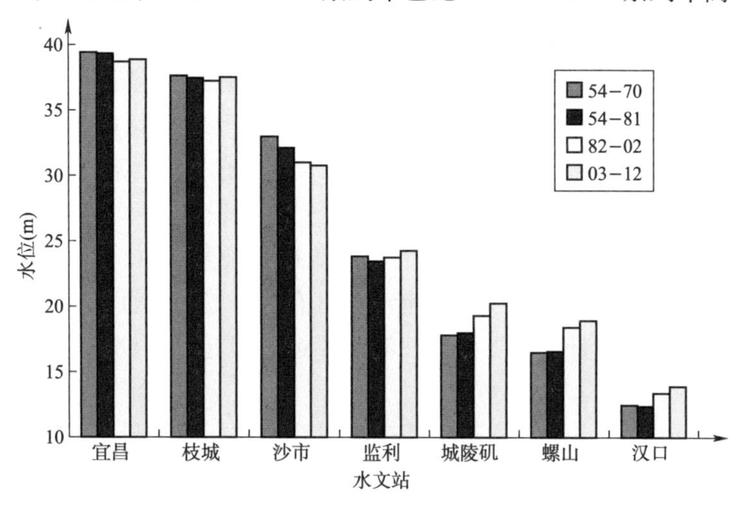

图 5-18　各站设计水位变化

5.3.2.2　设计最低通航水位变化原因

不同系列年间相同保证率的水位变化成因主要可分为流量变化或是水位流量关系变化两方面，结合流量分析成果，对长江中游宜昌至武汉各主要水文站的设计最低通航水位变化原因进行探讨分析，结果见表 5-20。

各水文站在不同阶段的设计最低通航水位变化原因　　表 5-20

类别	阶段 \ 站名	宜昌	枝城	沙市	监利	螺山	汉口
设计最低通航流量（综合历时 98% 流量）(m^3/s)	1954 ~ 1970 年	3 280	—	—	—	5 250	5 140
	1954 ~ 1981 年	3 240	—	—	—	5 150	5 490
	1982 ~ 2002 年	3 370	—	—	—	5 410	6 690
	2003 ~ 2012 年	4 200	—	—	—	6 770	8 350
设计最低通航水位（综合历时 98% 水位）（单位：m）	1954 ~ 1970 年	39.44	37.64	33	23.84	16.49	12.45
	1954 ~ 1981 年	39.33	37.48	32.13	23.44	16.59	12.37
	1982 ~ 2002 年	38.68	37.23	30.99	23.72	18.18	13.2
	2003 ~ 2012 年	38.87	37.53	30.78	24.25	18.93	13.89
设计最低通航水位变化原因	1954 ~ 1981 年 至 1982 ~ 2002 年	(1) 宜昌、枝城两站设计最低通航水位下降主要是由于葛洲坝运行造成的坝下冲刷所致； (2) 沙市站设计最低通航水位下降主要是由于荆江河段的裁弯及葛洲坝运行共同造成的河床冲刷所致； (3) 监利站设计最低通航水位变化主要是由于荆江河段的裁弯及江湖关系变化所引起的河床变形及流量变化所致； (4) 螺山站设计最低通航水位升高主要是由于荆江河段裁弯及江湖关系变化所引起的河床淤积，进而使得同流量下的水位升高所致； (5) 汉口站设计最低通航水位升高主要是由于枯水流量增加，以及河床淤积所引起的同流量下的水位升高所致					
	1982 ~ 2002 年 至 2003 ~ 2012 年	(1) 宜昌、枝城两站是流量增加与三峡清水冲刷共同所致，其中枯水流量增加引起的水位上升为主要因素； (2) 沙市站由于清水冲刷所引起的同流量下的水位下降已经抵消由于流量增加引起的水位上升，同流量下的水位下降是主要因素； (3) 监利站、螺山站、汉口站枯水流量增加是设计最低通航水位升高的主要原因					

（1）宜昌—监利河段

从综合历时98%保证率流量的变化来看，在三峡水库运行前的3个系列年，宜昌站综合历时98%保证率流量变化不大，三峡水库运行后，则有相应增加。三峡水库运行前，长江中游宜昌至武汉河段年均流量多年来较为稳定，三峡水库运行后，宜昌以上来流总体上偏枯。显然，年均流量变化并非是引起宜昌站综合历时98%保证率流量变化的主要原因。对比各阶段枯期各月的月平均流量变化，在三峡水库运行前的3个系列，宜昌站的枯期1～3月各月的月平均流量变化不大，而在三峡水库运行后，虽然年平均径流量有所减小，但枯期由于水库的调蓄作用，1～3月各月的月平均流量有较大增加，各阶段枯期各月的月平均流量变化与同期的综合历时98%保证率流量具有较好的一致性，表明宜昌站各系列年的综合历时98%保证率流量变化主要受三峡水库运行引起的枯期流量增加的影响，而与年径流量的变化关系不大。

宜昌站、枝城站、沙市站、监利站等在不同系列年间同流量下的枯水位均呈现下降趋势，其中1960～1980年宜昌站、沙市站、监利站累积下降0.62m、1.06m、0.53m，1980～2002年宜昌站、枝城站、沙市站、监利站累积下降0.97m、0.72m、1.45m、0.32m，2002～2012年，宜昌站、枝城站、沙市站、监利站累积下降0.61m、0.12m、1.28m、0.43m。

①三峡水库运行前设计最低通航水位变化原因：三峡水库运行前，宜昌站、枝城站、沙市站的设计最低通航水位逐渐降低，同期宜昌来流及综合历时98%保证率流量均没有明显变化，而同流量下的水位逐渐下降，表明三峡水库运行前，宜昌站、枝城站、沙市站设计最低通航水位的变化主要由河床变形引起，其中宜昌站和枝城站主要影响因素为葛洲坝运行造成的近坝段河床冲刷，沙市站不仅有葛洲坝运行的影响，还有荆江河段裁弯引起的枯水同流量下的水位下降。

监利站设计最低通航水位1954～1981年系列比1954～1970年系列降低0.4m，1982～2002年系列比1954～1981年系列升高0.29m，而不同阶段监利站同流量下的水位逐渐下降，因此，监利站设计最低通航水位变化，除河床变形引起的水位流量关系变化外，江湖关系变化引起的不同阶段监利站的流量变化也是设计最低通航水位变化过程中较为重要的因素，尤其是对于1982～2002年系列，监利站综合历时98%流量增加使得设计最低通航水位抬高不仅抵消了同流量下河床水位下降因素，还使得设计水位总体上有所升高。在不同系列年中，引起监利河段同流量下水位变化的主要原因为荆江河段裁弯和江湖关系变化。

②三峡水库运行后设计最低通航水位变化原因：三峡水库运行后，由于三峡水库运行的枯水补偿作用，宜昌站枯水流量有明显增加，综合历时98%保证率的流量由1982～2002年系列的3 370m^3/s增加到2003～2012年的4 200m^3/s，增加达830m^3/s。枯水流量的增加，不仅弥补了同流量下的水位下降，还使得设计最低通航水位有所抬高。对宜昌站、枝城站、监利站，设计最低通航水位变化是枯水流量增加与同流量下的水位下降两个因素共同作用的结果，且目前枯水流量增加的影响更加明显。沙市站同流量下的水位下降幅度大，抵消了由于枯水流量增加引起的水位升高，从而使设计最低通航水位趋于下降。可见，三峡水库运行后，宜昌站、枝城站、监利站设计最低通航水位变化中目前流

量的补偿作用占优，而对于沙市站，由于清水冲刷剧烈，同流量下的水位下降已大幅抵消了流量增加因素，设计最低通航水位趋于下降。

（2）城陵矶—汉口河段

①螺山站。在三峡水库运行前的 3 个系列年，螺山站综合历时 98% 保证率流量变化不大。三峡水库运行后，螺山站综合历时 98% 保证率流量由 1982 ~ 2002 年系列的 5 410m^3/s 增加到 2003 ~ 2012 年系列的 6 770m^3/s，有较大幅度增加；从螺山站各阶段的年均径流量来看，近期虽然由于宜昌以上来流偏枯，2003 ~ 2012 年系列的年均径流量偏少，但总体上没有大的变化；就各阶段枯期各月的月均径流量来看，1984 年以后，螺山站枯期 1 ~ 3 月流量均有所增加。因此，螺山站综合历时 98% 保证率流量变化，主要受枯期来流增加的影响所致，而在 1984 年后城陵矶下游河段枯期来流的普遍增加，应是流域水库调蓄作用的结果。

螺山站不同系列年间的设计最低通航水位呈现逐渐升高的趋势，1954 ~ 1970 年系列、1954 ~ 1981 年系列、1982 ~ 2002 年系列、2003 ~ 2012 年系列间分别升高 0.1m、1.59m、0.75m。

三峡水库运行前设计最低通航水位变化原因：螺山站设计最低通航水位的变化，对于 1954 ~ 1970 年系列与 1954 ~ 1981 年系列，虽在 1960 ~ 1980 年间，同流量下的水位有较大幅度上升，但两个系列年间螺山站的综合历时 98% 保证率流量变化不大，且由于资料年限的问题，这两个系列间的设计最低通航水位变化不大；1954 ~ 1981 年系列与 1982 ~ 2002 年系列，综合历时 98% 保证率的流量由 5 150m^3/s 增加到 5 410m^3/s，对于 1996 年，可以抬高水位约 0.17m，而 1960 ~ 2002 年，特征流量对应的水位累积升高 1.7m，可见，对于这两个系列年，同流量下的水位升高是设计最低通航水位升高的主要原因。而引起该时期同流量下水位变化的主要原因是荆江河段裁弯和江湖关系变化，进而使得城陵矶至汉口河段河床淤积所致。

三峡水库运行后设计最低通航水位变化原因：1982 ~ 2002 年系列与 2003 ~ 2012 年系列，综合历时 98% 保证率流量由 5 410m^3/s 增加到 6 770m^3/s，对于 1996 年，可以抬高水位约 0.59m，两个系列年由于流量增加引起的设计最低通航水位抬高值与同期的设计最低通航水位变化值基本相当，同时，在两个系列年间，螺山站特征流量下的水位均有升有降，无明显的趋势性变化，累积变化值也较小，表明螺山站在三峡水库运行后设计最低通航水位的升高主要是由于枯水流量的增加引起，目前三峡水库运行后清水冲刷对于该河段的枯水位影响还尚小。

②汉口站。从综合历时 98% 保证率的流量变化来看，汉口站在 1954 ~ 1970 年系列与 1954 ~ 1981 年系列间变化不大，但 1954 ~ 1981 年系列、1982 ~ 2002 年系列、2003 ~ 2012 年系列间均有较大增加。这主要也是受枯期来流增加的影响所致，尤其是在 1984 年以后，汉口站枯期 1 ~ 3 月流量明显增加。

汉口站特征流量对应的水位在不同年份有较大的变化，总体来看，1960 ~ 1980 年间下降 0.3m，1980 ~ 2002 年间，累积升高 0.64m，2002 ~ 2012 年间，累积下降 0.42m。

对比不同系列年间汉口站的设计水位变化，1954 ~ 1970 年系列、1954 ~ 1981 年系列、

1982 ~ 2002 年系列、2003 ~ 2012 年系列；汉口站的设计最低通航水位分别降低 0.08m、升高 0.83m 和升高 0.69m。

三峡水库运行前设计最低通航水位变化原因：汉口站设计最低通航水位的变化，对于 1954 ~ 1970 年系列与 1954 ~ 1981 年系列，由于同期两个系列的综合历时 98% 保证率的流量有小幅增加，但增幅有限，而 1960 ~ 1980 年间汉口站特征流量下的水位没有明显的趋势性变化，因此，两个系列年的设计最低通航水位变化不大；1954 ~ 1981 年系列与 1982 ~ 2002 年系列，综合历时 98% 保证率的流量由 5 490m^3/s 增加到 6 690m^3/s，对于 1987年，可以抬高水位约0.65m，特征流量下，对应的两个系列年年间平均水位增加0.42m，表明，两个系列年间，同流量下的水位升高对于设计最低通航水位值升高也具有较大的贡献，由流量因素和水位流量关系因素引起的枯水位升高值合计为 1.07m，可见，在该阶段设计最低通航水位变化中，除枯水流量增加外，河床淤积引起的同流量下的水位抬高也具有不可忽视的作用。

三峡水库运行后设计水位变化原因：1981 ~ 2002 年系列与 2003 ~ 2012 年系列，综合历时 98% 保证率的流量由 6 690m^3/s 增加到 8 350m^3/s，对于 1996 年，可以抬高水位 1.06m，而同期特征流量下，对应的两个系列年间的平均水位降低 0.34m，综合作用下，两个阶段的设计最低通航水位上升 0.5m，可见，在该阶段设计最低通航水位变化中，流量增加引起的水位上升起主导作用。

5.3.3 现行航行基面的适应性分析

5.3.3.1 不同系列年 98% 保证率水位与 82 基面的比较

目前，长江中游宜昌至武汉河段仍采用 82 基面，82 基面自 1981 年 7 月使用至今已超过 30 年。在近 30 年间，在葛洲坝及三峡水库运行、江湖关系变化以及流域水沙变化等一系列因素影响下，长江中游宜昌至武汉河段的河道及水文特性已发生了显著变化，枯水位也随之发生了不同程度的变化，目前各水文站的 98% 保证率水位以及实际的枯水位与 82 航行基面有不同程度的偏离。

由图 5-19 可见，从 82 基面与各系列年 98% 保证率水位的对比来看，宜昌站、枝城站、监利站、螺山站与汉口站 1954 ~ 1981 年系列的 98% 保证率水位与 82 基面所采用的设计最低通航水位值相差不大，均小于 0.4m，沙市站相差稍大，为 0.57m，总体来看，82 基面基本能反映 1954 ~ 1981 年间各水文站的枯水位情况。

葛洲坝运行后，随着长江中游枯水位的进一步变化，各站的实际枯水位情况与 82 基面逐渐发生偏离，尤其是沙市以下各站，1982 ~ 2002 年系列的 98% 保证率水位与 82 基面的差最小的为 −0.57m，出现在沙市站；最大的为 1.43m，出现在螺山站。

三峡水库运行后，随着枯水流量的增加以及清水冲刷的发展，长江中游宜昌至武汉河段的枯水水情进一步发生了新的变化，2003 ~ 2012 年系列的 98% 保证率水位与 82 基面的差对于宜昌与枝城两站有所减小，而沙市以下各站明显增大，沙市以下各站差值最小的 −0.78m，出现在沙市站；最大的为 2.18m，出现在螺山站。

以上表明，随着长江中游宜昌至汉口各站枯水水情的变化，实际枯水情况与 82 基面发生了不同程度的偏离。

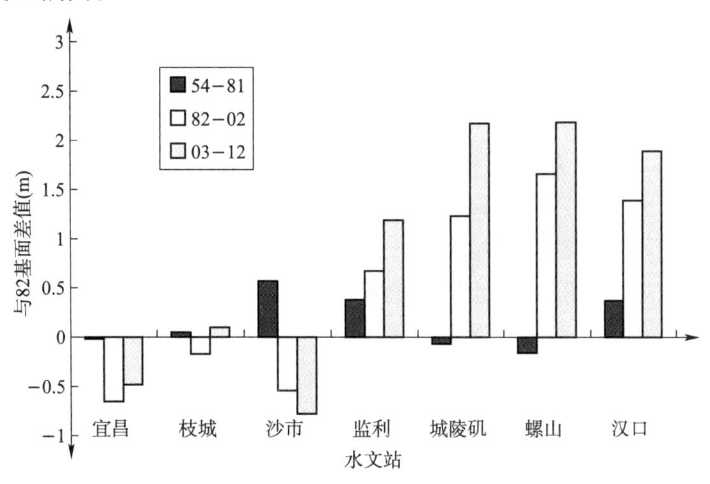

图 5-19　不同系列年综合历时 98% 保证率水位与 82 基面之差

5.3.3.2　82 基面使用后不同阶段的保证率

为分析长江中游实际枯水水情的变化以及理论设计水位与 82 基面的偏差对航运的影响，选择 82 基面运用后的 4 个时段，来计算 82 基面在不同时段的通航保证率，见表 5-21。

82 基面与不同系列年综合历时 98% 水位的比较　　　　表 5-21

类别 \ 站名	宜昌	枝城	沙市	监利	城陵矶	螺山	汉口
82 基面与 1982 ～ 2002 年比较							
82 基面	39.35	37.43	31.56	23.06	18.07	16.75	12.00
1982 ～ 2002 年计算 98% 保证率水位	38.68	37.23	30.99	23.72	19.48	18.18	13.2
82 基面对应 1982 ～ 2002 保证率（%）	85.8	94.1	91.8	99.8	100	100	100
82 基面与 2003 ～ 2008 年比较							
2003 ～ 2008 年计算 98% 保证率水位	38.82	37.5	30.66	24.16	20.05	18.81	13.85
82 基面对应 2003 ～ 2008 保证率（%）	80.7	99.2	80.9	100	100	100	100
82 基面与 2009 ～ 2012 年比较							
2009 ～ 2012 年计算 98% 保证率水位	39.27	37.80	31.17	24.73	20.54	19.23	14.12
82 基面对应 2009 ～ 2012 保证率（%）	90.4	100	76.5	100	100	100	100
82 基面与 2011 年 1 月 -2012 年 12 月比较							
2011 年 1 月～ 2012 年 12 月计算 98%	39.29	37.83	31.16	24.96	20.79	19.44	14.41
82 基面对应 2011 年 1 月～ 2012 年 12 月保证率（%）	95.6	100	94.1	100	100	100	100

由表 5-21 可见，1982 ～ 2002 系列年，宜昌站综合历时 98% 保证率的水位比 82 基面低 0.67m，82 基面在 1982 ～ 2002 年间的保证率仅为 85.8%；同期，沙市站综合历时 98% 保证率的水位比 82 基面低 0.57m，82 基面在 1982 ～ 2002 年间的保证率仅为 91.8%；枝城站 82 基面在 1982 ～ 2002 年间的保证率为 94.1%。监利、城陵矶、螺山、

汉口四站对应的保证率均达到98%,其综合历时98%保证率的水位比82基面分别高0.66m、1.41m、1.43m、1.2m。

2003年三峡水库运行后，由于水库的蓄水拦沙及枯水补偿作用，下游河道演变及水文泥沙特性也随之发生了较为显著的变化。从三峡水库175m蓄水运行前后两个阶段来看，2003～2008年间，宜昌、枝城、沙市、监利、城陵矶、螺山、汉口等站的82基面对应保证率分别为80.7%、99.2%、80.9%、100%、100%、100%、100%。该阶段内宜昌站98%保证率的水位虽然变化不大，但其82基面的保证率进一步下降，为80.7%；沙市站98%保证率的水位比1982～2002年下降了0.33m，其82基面的保证率进一步下降到80.9%；监利、城陵矶、螺山、汉口四站98%保证率的水位分别比1982～2002年升高了0.44m、0.57m、0.63m、0.65m，比82基面分别高1.1m、1.98m、2.06m、1.85m。

2009～2012年，三峡水库175m蓄水运行期间，由于水库调节能力增强，枯季补偿流量增加，各站对应的综合历时98%保证率的水位有所回升。宜昌、枝城、沙市、监利、城陵矶、螺山、汉口五站82基面对应的保证率分别为90.4%、100%、76.5%、100%、100%、100%、100%。各站的综合历时98%保证率水位与82基面相比，宜昌站、沙市站分别低0.08m、0.39m,枝城站、监利站、城陵矶站、螺山站和汉口站分别高0.37m、1.67m、2.47m、2.48m、2.12m。

近期，随着三峡水库175m蓄水调度方案的逐步优化，枯水调节能力有所提高。2011年1月～2012年12月，宜昌、枝城、沙市、监利、城陵矶、螺山、汉口五站82基面对应的保证率分别为95.6%、100%、94.1%、100%、100%、100%、100%。但是，宜昌和沙市两站的水位综合历时保证率仍未达到一级航道要求的98%标准。

可见，对于长江中游宜昌至武汉河段，在82基面运用30年后，在江湖关系变化、葛洲坝和三峡水库运行等因素的综合作用下,河段的枯水水文情势已发生了较为显著的变化，现行航行基面与目前枯水期航道实际设计水位发生了不同程度的偏差。

5.3.4 航行基面的调整及其影响分析

5.3.4.1 航行基面的建议值

按照规范，考虑航行基面的时效性，取上述以2022设计水平年设计水位计算成果为航行基面修订建议值，即：宜昌站38.79m，枝城站37.41m，沙市站30.18m，监利站23.25m，螺山站18.18m，汉口站13.28m。与现行82航行基面相比，宜昌站、枝城站、沙市站分别降低0.56m、0.02m、1.38m，监利站、螺山站和汉口站分别增加0.19m、1.43m和1.28m。

为反映各影响因素对调整幅度的贡献，将上述航行基面建议值与82基面的差值分解为流量增幅带来的水位升高、河床变形引起的水位变化（已发生和将发生）、日调节修正的水位下降等因素（表5-22）。

由表5-22可知，对82基面与2012年基础水平年的差值，流量增幅引起的水位抬升为0.81～1.63m；河床变形引起的水位下降为0.33～2.28m，其中宜昌站、枝城站、沙市站、监利站河床变形均引起水位降落，降落值分别为1.16m、0.48m、2.28m、0.33m，螺山站、汉口站河床变形引起水位抬升，分别抬升2.07m、0.33m。

影响航行基面各因素贡献值分析表　　　　表 5-22

因　素	分　项	宜昌站	枝城站	沙市站	监利站	螺山站	汉口站
流量补偿作用	1954 ~ 1981 设计流量（m^3/s）	3 240	3 556*	3 290*	3 270*	5 150	5 490
	1982 ~ 2002 设计流量（m^3/s）	3 370	3 686*	3 720*	3 700	5 410	6 690
	1990 ~ 2012 修正系列设计流量（m^3/s）	5 571	5 635	5 460	5 270	7 346	8 432
	1982 ~ 2002 流量补偿引起的水位变化（m）	0.1	0.07	0.34	0.15	0.16	0.64
	2002 ~ 2012 流量补偿引起的水位变化（m）	1.12	0.74	1.29	0.93	0.88	0.91
河床变形作用	1982 ~ 2002 河床变形引起的水位变化（m）	-0.71	-0.39	-1.34	-0.79	1.82	0.4
	2002 ~ 2012 河床变形引起的水位变化（m）	-0.45	-0.09	-0.94	0.46	0.25	-0.07
其他因素	水位变化（m）	-0.27	-0.01	-0.24	0.08	-1.15	-0.28
水位变化累计（m）（已发生）		-0.21	0.32	-0.89	0.83	1.96	1.6
河床变形作用	2012 ~ 2022 水位变化（m）	-0.18	-0.24	-0.49	-0.64	-0.53	-0.32
日调节作用	水位变化（m）	-0.17	-0.1	0	0	0	0
水位变化累计（m）（预测）		-0.35	-0.34	-0.49	-0.64	-0.53	-0.32
总变化累计（m）		-0.56	-0.02	-1.38	0.19	1.43	1.28

注：* 因流量系列不完整，根据相关关系推求。

从 2012 年基础水平年与 82 基面差值分解来看，宜昌站、枝城站、监利站枯水期流量增加引起的水位抬升均大于河床冲刷引起的水位下降，流量补偿作用占优；沙市站枯水期流量增加仅补偿了河床变形引起的水位下降值的 71.5%；螺山站流量补偿和河床变形均引起水位抬升；汉口站流量补偿作用明显大于河床变形引起的水位下降，流量补偿占优。

5.3.4.2　航行基面调整的可能影响分析

在长江干流上，航行基面一般作为绘图基面，在航行图、长河段航道图、浅滩维护图以及各种江图中广泛应用。航行基面调整后，由于绘图基面的变化，各种以航行基面为参考面的纸质图和电子图均需要以新基面为基础进行修正。

同时航行基面也是航道规划、设计、施工以及后期维护的依据。航行基面修正后，航道维护的实际水深以及工程量也将发生相应变化，船舶需要按照新维护的实际水深进行航行。

因此，长江中游航行基面的修订是一项系统工程，涉及交通管理部门、航道管理部门、水利部门以及各种在长江中游从事水运活动的企业及个人，航行基面修订前，需要做好充分的前期准备。

第 6 章　长江中游航道冲淤及滩槽变化

6.1　宜昌至大埠街砂卵石河段航道冲淤及滩槽变化

宜昌至大埠街河段，长约 116.4km，为长江出三峡水库后经宜昌丘陵过渡到江汉平原的砂卵石河段。以枝城为界，上段宜昌至枝城段简称宜枝河段，以顺直微弯河型为主；下段枝城至大埠街，以弯曲分汊河型为主，主要包括芦家河河段和枝江—江口河段。

6.1.1　中洪水河槽冲淤变化

6.1.1.1　冲淤强度沿时变化

图 6–1 给出了三峡水库运行后 2002 年 10 月至 2012 年 10 月砂卵石河段中洪水河槽（Q=30 000m^3/s）冲淤强度沿时变化，由图 6–1 可知：

（1）三峡水库运行后砂卵石河段年际间冲刷强度随水沙条件改变，总体上表现为一致性冲刷。

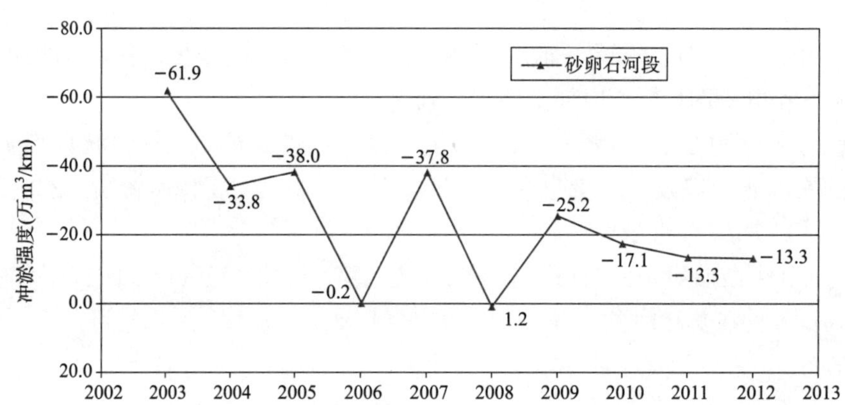

图 6–1　三峡水库运行后砂卵石河段冲淤强度沿时变化（中洪水河槽 Q=30 000m^3/s）

（注：图中横坐标 2003 年指 2002.10 ~ 2003.10 时间段，依次类推，下同）

三峡水库运行后，砂卵石河段内的中洪水河槽除了 2008 年有小幅度淤积外，其余年份均呈现冲刷。由于年际间来水来沙条件的变化，致使年际间的冲刷强度不同，但基本呈现大水年冲刷量大、小水年冲刷量小的特点。如：2006 年为小水年，冲刷量小，当年的冲刷强度仅为 0.2m^3/km，2005 年为大水年，冲刷量大，当年的冲刷强度为 38.0m^3/km。

（2）三峡水库运行后砂卵石河段中洪水河槽 175m 蓄水运用前冲深多而 175m 蓄水运用后冲深少。

砂卵石河段中洪水河槽 175m 运行前冲刷量总量为 −10 368 万 m^3，占总冲刷量的 71.2%；之后冲刷强度逐渐减弱。其中：2002 年 10 月～2003 年 10 月年平均冲刷强度为 61.9 万 m^3/km，2004 年 10 月～2005 年 10 月年平均冲刷强度为 38.0 万 m^3/km，而 2011 年 10 月～2012 年 10 月年平均冲刷强度为 13.3 万 m^3/km。

（3）三峡水库运行后砂卵石河段 175m 蓄水运用前中洪水河槽年际间冲淤强度大小交替，而 175m 蓄水运用后呈现持续性减弱趋势。

175m 试验性蓄水运用前，中洪水河槽冲淤强度年际间大小交替，即前一年份冲深多，后一年份就冲深少。如：2002 年 10 月～2003 年 10 月中洪水河槽年平均冲刷强度为 61.9 万 m^3/km，2003 年 10 月～2004 年 10 月中洪水河槽年平均冲刷强度为 33.8 万 m^3/km，2004 年 10 月～2005 年 10 月中洪水河槽年平均冲刷强度为 38.0 万 m^3/km，2005 年 10 月～2006 年 10 月中洪水河槽年平均冲刷强度为 0.2 万 m^3/km；2006 年 10 月～2007 年 10 月中洪水河槽年平均冲刷强度为 37.8 万 m^3/km，2007 年 10 月～2008 年 10 月中洪水河槽年平均淤积强度为 1.2 万 m^3/km。

175m 试验性蓄水运用后，中洪水河槽冲淤强度呈现持续性减弱的趋势。如：2008 年 10 月～2009 年 10 月中洪水河槽年平均冲刷强度为 25.2 万 m^3/km，2009 年 10 月～2010 年 10 月中洪水河槽年平均冲刷强度为 17.1 万 m^3/km，2010 年 10 月～2011 年 10 月中洪水河槽年平均冲刷强度为 13.3 万 m^3/km，2011 年 10 月～2012 年 10 月中洪水河槽年平均冲刷强度也为 13.3 万 m^3/km。

（4）河床变形与来水来沙的关系。

从对三峡水库运行后砂卵石河段水沙条件变化的分析可以看出，宜昌站三峡水库运行后径流量偏枯、最枯流量逐年增大，输沙量、含沙量大幅减小，悬沙中值粒径逐渐变细、大量粗颗粒泥沙被拦截在库内，可以认为水库下泄的“清水细沙”为不饱和输沙，致使近坝段的砂卵石河段三峡水库运行后总体呈现一致冲刷；但年际间的冲刷强度又因为年际间来水来沙条件的变化而不同，如：2005 年为大水大沙年，河段冲刷强度强；2006 年为小水小沙年，河段的冲刷强度弱，呈现冲淤强度年际间大小交替的现象；随着冲刷发展，床沙呈现一定程度的粗化，河床表面形成抗冲粗化层阻止进一步冲刷，因此 175m 蓄水前冲深多而 175m 蓄水运用后冲深少。

6.1.1.2　冲淤强度沿程变化

图 6-2 给出了三峡水库运行后 2002 年 10 月～2012 年 10 月砂卵石河段中洪水河槽（Q=30 000m^3/s）冲淤强度沿程变化，由图 6-2 可知：

（1）三峡水库运行后，宜昌至大埠街河段遵循枢纽下游自上至下冲刷强度逐渐减弱的一般规律，但砂卵石河段平面形态、河床组成沿程不均匀变化使得河床沿程冲刷也呈不均匀分布。

三峡水库运行初期，近坝处宜枝河段的冲刷总量要略大于芦家河河段的冲刷总量。但河床组成的可动性使得蓄水后的冲刷成为可能，河床组成的沿程变化也使得河段冲刷沿程呈不均匀特点：在河床组成抗冲性较强的地方，冲刷量和冲刷幅度较小；在河床组成抗冲性较弱的地方，冲刷量和冲刷幅度大。其中，宜昌河段的冲刷量较小，宜都河段和芦家河河段中洪水河槽的冲刷量占砂卵石全河段总冲刷量的90%以上，是砂卵石河段冲刷的主要部位。

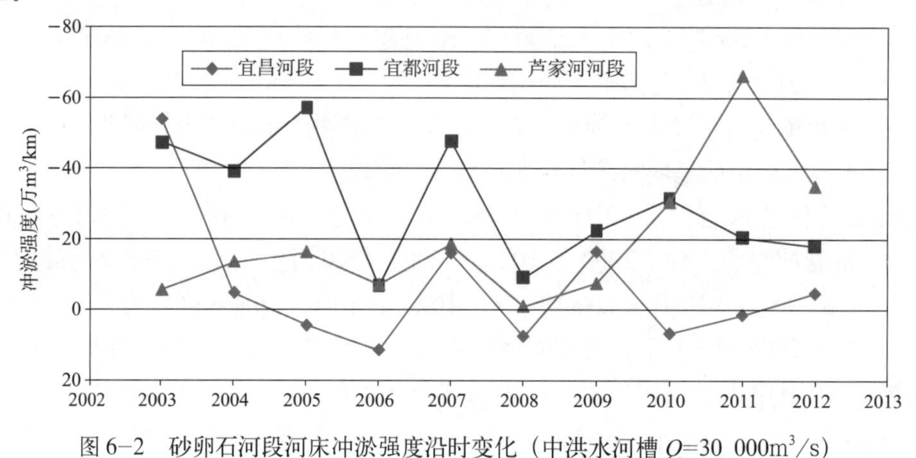

图6-2 砂卵石河段河床冲淤强度沿时变化（中洪水河槽 Q=30 000m³/s）

（2）三峡水库运行后，宜昌至大埠街河段在重建平衡的过程中，是自上而下逐渐发展的。

宜枝河段主要由宜昌和宜都两河段组成。宜昌河段的河床冲刷强度，在蓄水后的2003年表现为最大，随后几年冲淤强度逐渐减小，年际间甚至呈现冲淤交替的现象；宜都河段在2003～2009年冲刷强度最大，到2010年冲刷强度开始减弱，但受河床组成影响，冲刷强度仍明显大于宜昌河段。

芦家河河段主要由关洲水道和芦家河水道组成，芦家河河段在2009年后出现了大幅度的冲刷（表6-1）。关洲水道三峡水库运行后总体呈冲刷态势，2009年以前冲淤调整幅度较小，2009年后冲刷强度变大，尤其是进入175m试验性蓄水运行以后，冲刷强度明显增加。芦家河水道2006年前表现为淤积；2006～2009年仅表现为小幅度的累积性冲刷；2009年以后发生了明显冲刷。

枝江—江口河段2006年以前对于三峡水库运行后水沙条件的剧烈变化并没有明显的响应，河段年际间冲淤交替；2006～2009年冲刷量增大，除2009～2010年由于航道整治工程的实施略有淤积外，2010年以后，河道内的冲刷强度显著增大。

总体上看，三峡水库运行后，砂卵石河段在重建平衡的过程中是自上而下逐渐发展的，目前冲刷的主要部位已经下移至芦家河河段。

三峡水库蓄水后芦家河河段冲刷情况　　表6-1

时　段	关洲水道（14.9km）		芦家河水道（12.1km）	
	冲刷总量（10^4m^3）	冲刷强度（$10^4m^3/km$）	冲刷总量（10^4m^3）	冲刷强度（$10^4m^3/km$）
2003年3月～2004年3月	150.8	10.1	423.12	35.0
2004年3月～2005年3月	−1 075	−72.1	−901.9	−74.5
2005年3月～2006年3月	−43.4	−2.9	−121	−10.0

续上表

时　段	关洲水道（14.9km）		芦家河水道（12.1km）	
	冲刷总量（10^4m^3）	冲刷强度（$10^4m^3/km$）	冲刷总量（10^4m^3）	冲刷强度（$10^4m^3/km$）
2006 年 3 月 ~ 2007 年 3 月	65.64	4.4	165	13.6
2007 年 3 月 ~ 2008 年 3 月	−442.45	−29.7	−121.28	−10.0
2003 ~ 2008 年	−1 344.41	−90.2	−556.06	−45.9
2008 年 3 月 ~ 2009 年 3 月	58.77	3.9	−577	−47.7
2009 年 3 月 ~ 2010 年 3 月	−289.19	−19.4	−343.7	−28.4
2010 年 3 月 ~ 2010 年 11 月	−1 358	−91.1	−102	−8.4
2010 年 11 月 ~ 2012 年 3 月	−1 401	−94.0	−171	−14.1
2008 ~ 2012 年	−2 989.42	−200.6	−1 193.7	−98.6
2003 年 3 月 ~ 2012 年 3 月	−4 333.83	−290.9	−1 749.76	−144.6

6.1.2　枯水河槽冲淤变化

6.1.2.1　冲淤强度沿时变化

（1）枯水河槽冲淤沿时变化与中洪水河槽变化基本一致

图 6–3 为砂卵石河段枯水河槽（Q=5 000m^3/s）和中洪水河槽冲淤量沿时变化，可以看出，两者变化规律是一致的。

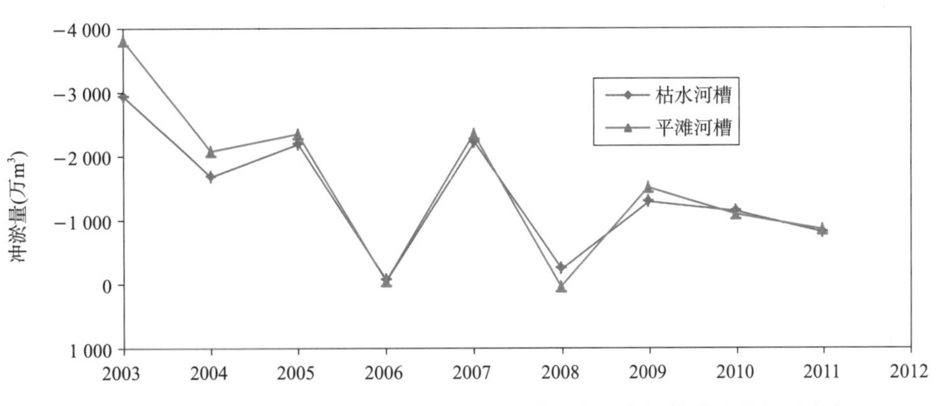

图 6–3　三峡水库运行后砂卵石河段枯水河槽和中洪水河槽冲淤量沿时变化

（2）枯水河槽是河床变形的主体

三峡水库运行后，受边界条件的限制，砂卵石河段河床冲刷主要集中在枯水河槽内。且随着三峡水库运行水位的抬高，枯水河槽冲刷量占总冲刷量的比重在不断地增大。表 6–2 为三峡水库运行后宜枝河段枯水河槽和中洪水河槽冲淤量统计表。可以看出：

宜枝河段 2002 年 10 月 ~ 2011 年 10 月枯水河槽的冲刷量 12 345 万 m^3，中洪水河槽的冲刷量 13 751 万 m^3，枯水河槽冲刷量占中洪水河槽冲刷量的 90%，滩地的冲刷量 1 406 万 m^3，占中洪水河槽冲刷量的 10%，枯水河槽的冲刷量远远大于滩地的冲刷量。

三峡水库蓄水以来宜枝河段河道泥沙冲淤统计表　　表 6–2

起止地点	长度（km）	时　段	冲淤量（万 m^3）	
			枯水河槽	中洪水河槽
宜枝河段	60.8	2002 年 10 月～2003 年 10 月	−2 911	−3 765
		2003 年 10 月～2004 年 10 月	−1 641	−2 054
		2004 年 11 月～2005 年 10 月	−2 173	−2 309
		2005 年 10 月～2006 年 10 月	−45	−10
		2006 年 10 月～2007 年 10 月	−2 199	−2 301
		2007 年 10 月～2008 年 10 月	−218	71
		2008 年 10 月～2009 年 10 月	−1 262	−1 533
		2009 年 10 月～2010 年 10 月	−1 112	−1 039
		2010 年 10 月～2011 年 10 月	−784	−811
		2002 年 10 月～2011 年 10 月	−12 345	−13 751

三峡水库运行后的两年间，枯水河槽的冲刷量占总冲刷量不到 80%；2009 年，河床的冲刷几乎全部来源于枯水河槽。

（3）砂卵石河段深泓以下切为主

图 6–4 给出了宜枝河段深泓线高程变化图。可以看出，宜昌河段冲刷主要以纵向下切为主。2002 年 10 月～2011 年 10 月，宜昌河段深泓纵剖面平均冲刷下切 1.7m，最大冲深 5.4m。同期宜都河段相对于宜昌河段冲刷更明显，深泓纵剖面平均冲刷下切 5.3m，最大冲深 18.0m。

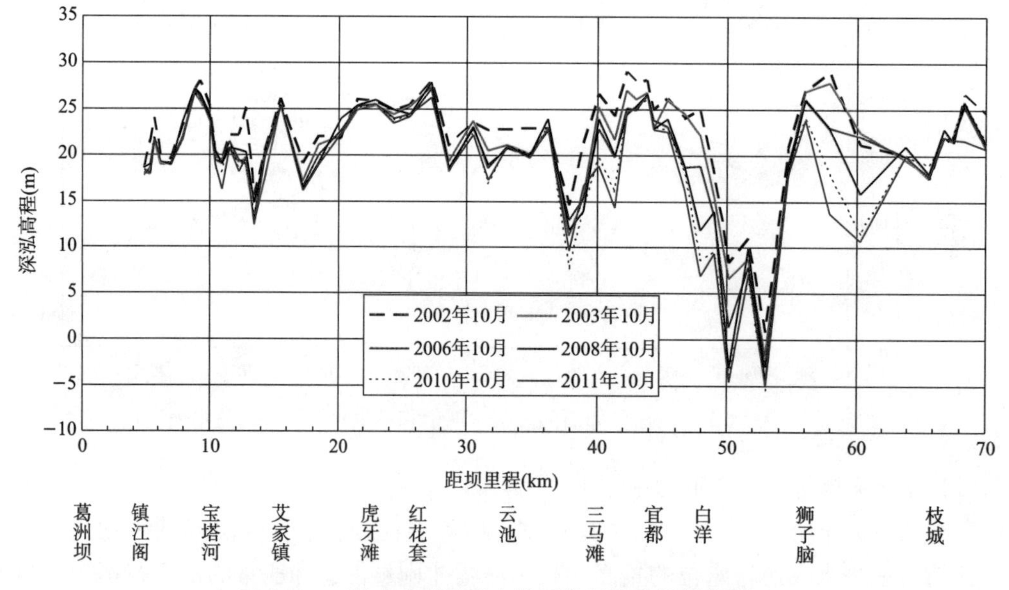

图 6–4　三峡水库蓄水后宜枝河段深泓线沿程变化图

图 6–5 给出了关洲水道左右汊历年深泓纵剖面变化图。可以看出，关洲水道右汊深泓相对较为稳定，进口段深泓高凸，且 2010～2012 年间进口区域深泓有所淤高，向下游基本呈逐渐下降态势；左汊进口相对稳定，中下段深泓大幅度冲刷下切，从 2009 年以前

的凹凸不平变化为普遍位于 10m 以下。芦家河水道由于沙、石泓深槽内可冲层有限，蓄水以来，沙、石泓的深泓高程较为稳定，仅 2005 ~ 2006 年沙泓高程变化较为明显，2006 年至今基本稳定，蓄水以来，沙、石泓深泓一直保持较大高差。

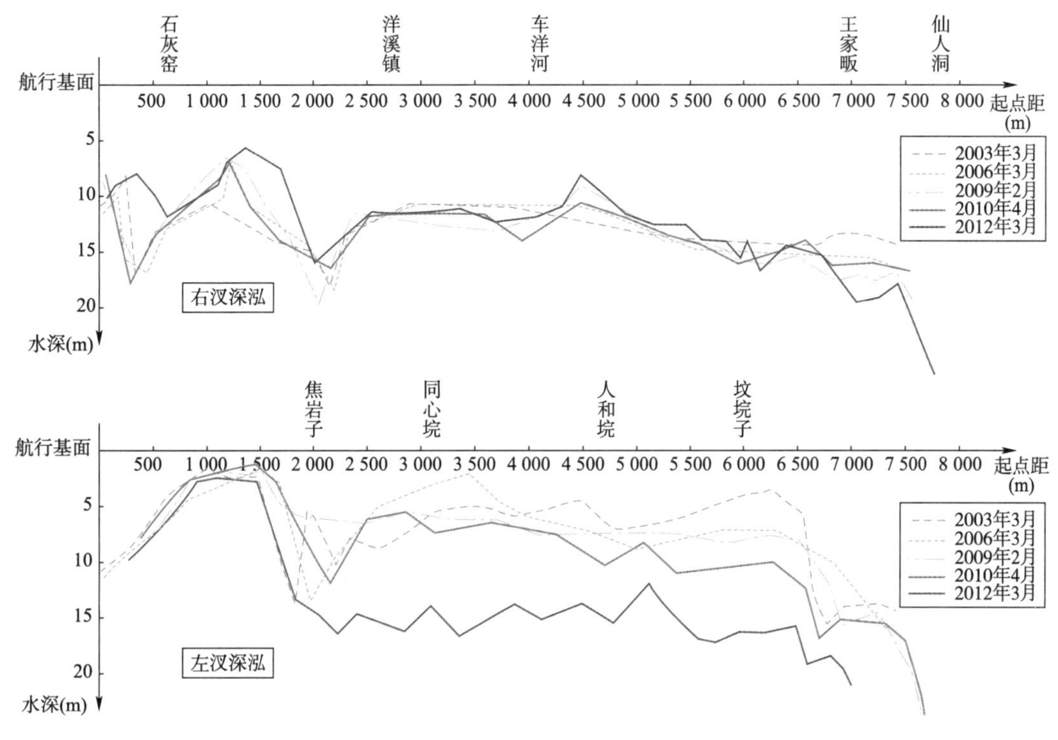

图 6-5　关洲水道左右汊历年深泓纵剖面变化图

枝江—江口河段，三峡水库蓄水后河段有冲有淤，但总体表现为冲刷，其特点是：枝江以上冲刷幅度小于枝江以下，深槽冲刷幅度大于高凸的浅滩段。枝江下浅区、江口过渡段浅滩所在位置高程较高，但由于沙质覆盖层相对较厚，年际之间冲刷较大；枝江上浅区、刘巷附近在蓄水后依然保持稳定，年际之间变化甚小。

6.1.2.2　滩地冲淤变化

（1）砂卵石河段滩地以冲为主，但冲刷强度与枯水河槽冲刷强度相比较小

三峡水库运行后，砂卵石河段滩地以冲刷为主，冲刷强度与枯水河槽冲刷强度相比较小。如：2002 年 10 月 ~ 2003 年 10 月枯水河槽年平均冲刷强度为 47.9 万 m^3/km，而中洪水河槽和枯水河槽之间的滩地年平均冲刷强度仅为 14 万 m^3/km；2004 年 10 月 ~ 2005 年 10 月枯水河槽年平均冲刷强度为 35.7 万 m^3/km，而中洪水河槽和枯水河槽之间的滩地年平均冲刷强度仅为 2.3 万 m^3/km；2006 年 10 月 ~ 2007 年 10 月枯水河槽年平均冲刷强度为 36.2 万 m^3/km，而中洪水河槽和枯水河槽之间的滩地年平均冲刷强度仅为 1.6 万 m^3/km，如图 6-6 所示。

（2）砂卵石河段中高滩（中洪水河槽与基本河槽 Q=10 000m^3/s 间）冲刷强度略大于低滩（基本河槽 Q=10 000m^3/s 与枯水河槽间）冲刷强度

砂卵石河段 2002 年 10 月 ~ 2011 年 10 月中高滩的年平均冲刷强度为 13.3 万 m^3/km；

低滩的年平均冲刷强度为 9.8 万 m^3/km，中高滩的冲刷强度略大于低滩的冲刷强度。

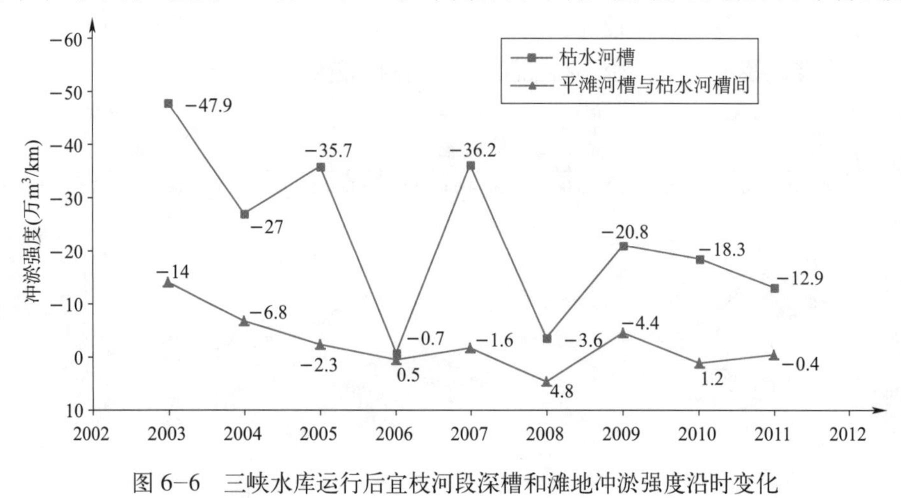

图 6-6　三峡水库运行后宜枝河段深槽和滩地冲淤强度沿时变化

6.1.3　滩槽变化

6.1.3.1　横断面变化

(1) 宜昌河段断面冲淤变化

宜昌河段内，断面形态调整幅度较小，冲刷下切主要在深槽位置，且主要发生于三峡水库蓄水后的初期（2003 ~ 2004 年），后期基本稳定，见图 6-7。

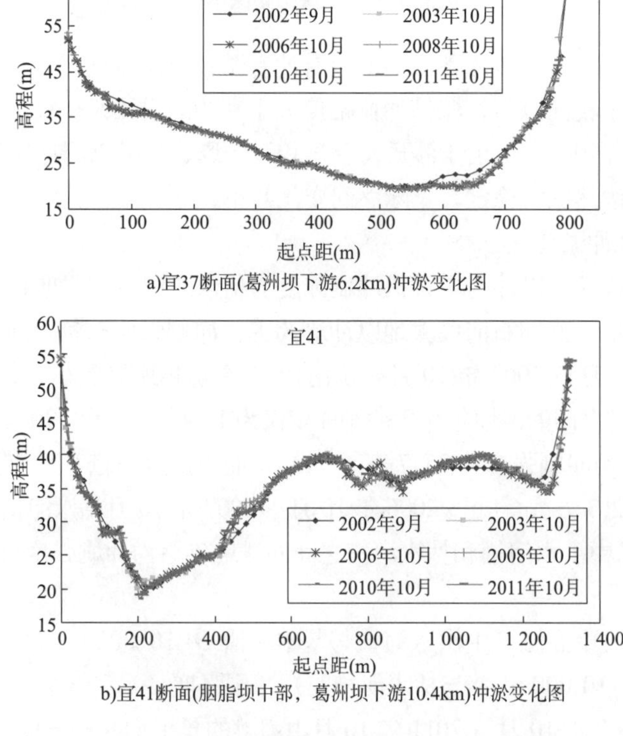

a)宜37断面(葛洲坝下游6.2km)冲淤变化图

b)宜41断面(胭脂坝中部，葛洲坝下游10.4km)冲淤变化图

图　6-7

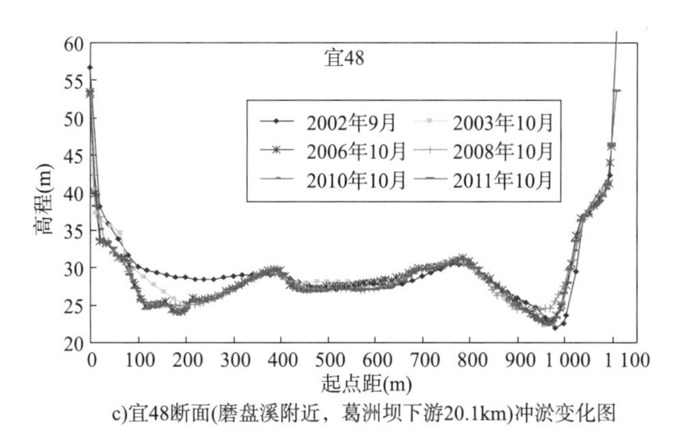

c)宜48断面(磨盘溪附近，葛洲坝下游20.1km)冲淤变化图

图 6-7　冲淤变化图

（2）宜都河段断面冲淤变化

宜都河段内，云池弯道、宜都汊道、白洋弯道及龙窝河段断面都发生明显冲刷下切，深泓下切幅度随时间呈现逐渐衰减趋势，至 2011 年末，河床虽然仍存在冲刷，但冲刷幅度相比于蓄水初期的 2003 年，已明显减慢。从宜都河段内的宜 70、宜 72 断面冲淤变化也可看出深槽发生明显冲刷下切，见图 6-8。

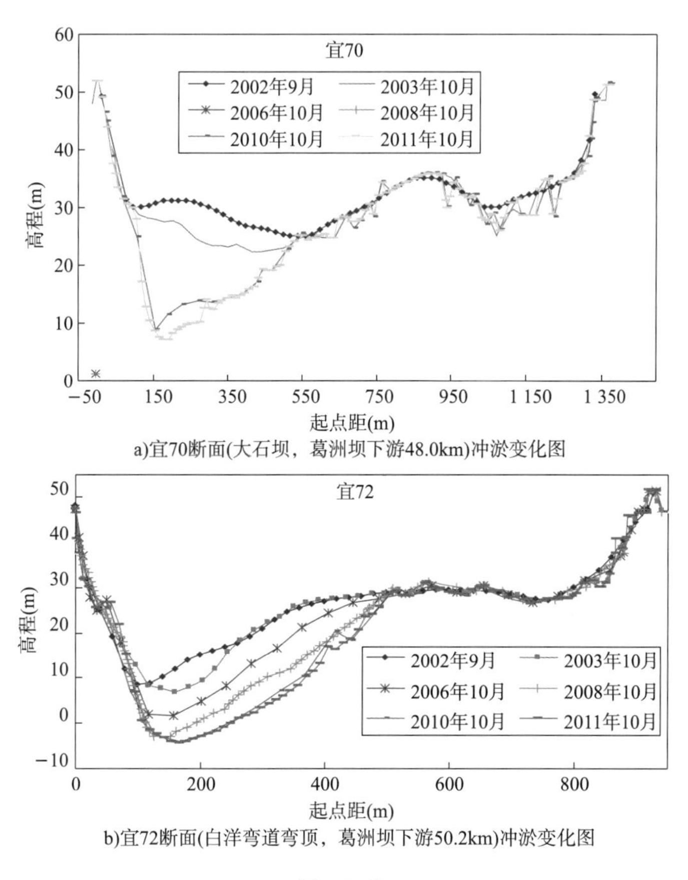

a)宜70断面(大石坝，葛洲坝下游48.0km)冲淤变化图

b)宜72断面(白洋弯道弯顶，葛洲坝下游50.2km)冲淤变化图

图　6-8

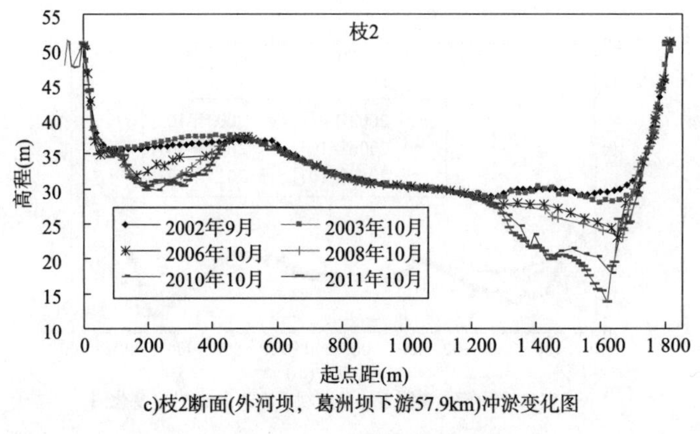

c)枝2断面(外河坝，葛洲坝下游57.9km)冲淤变化图

图 6-8　冲淤变化图

（3）关洲水道断面冲淤变化

关洲水道内，断面变化以边滩、支汊的大幅冲刷为主。关洲头部得 1 号断面，断面形态为偏“W”形，主槽贴右岸较稳定，断面左侧冲淤变化较大，见图 6-9；关洲汊道中部的 2 号断面，呈“W”形，多年来右汊基本稳定冲淤变化不大，左汊深槽冲刷明显，断面冲淤变化在 2009 年之前较缓慢，2009 年后呈现大幅度的冲刷下切。

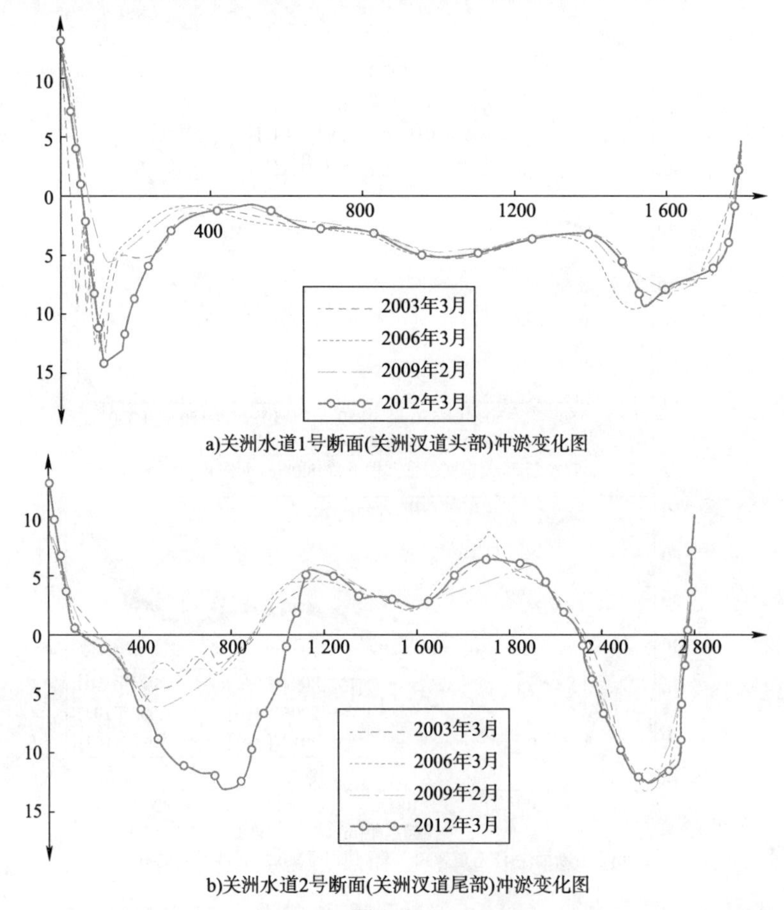

a)关洲水道1号断面(关洲汊道头部)冲淤变化图

b)关洲水道2号断面(关洲汊道尾部)冲淤变化图

图　6-9

（4）芦家河水道断面冲淤变化

位于芦家河水道进口陈二口偏下位置的 3 号断面，断面形态为偏“V”形，2003 到 2012 年，右侧主槽最大冲深 2.7m，左侧边滩最大淤高 5.4m，见图 6–10。

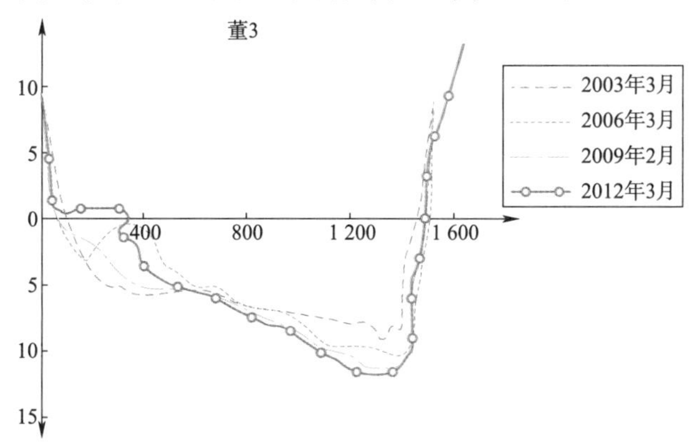

图 6–10　芦家河水道 3 号（董 3）断面冲淤变化图

6.1.3.2　洲滩冲淤变化

三峡水库运行后，砂卵石河段边滩以冲刷后退为主，心滩以滩头冲刷，洲尾上提，面积减小为主。

（1）宜都河段洲滩冲淤变化

宜都水道上迄云池，下至白洋，河道呈弯曲分汊形态，且两端窄、中间宽。河心南阳碛卵石潜洲将河道分为左右两泓，左泓习称沙泓，为枯期主流位置，右泓习称石泓，为汛期主流位置。宜都水道的洲滩呈现冲蚀现象，主要表现为：

①边滩退蚀。如宜都河段右岸的三马溪边滩、左岸的中沙嘴边滩、沙坝湾边滩均有所蚀退（图 6–11）。

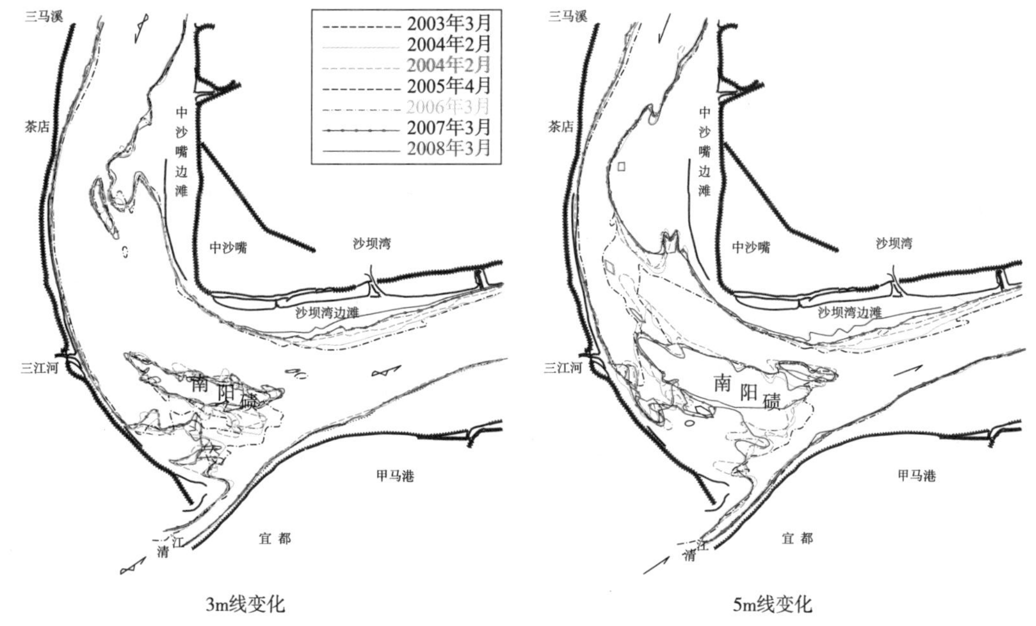

图 6–11　宜都水道河势变化图

②心滩滩头冲刷，洲尾上提，面积减小。如胭脂坝坝头和坝尾，坝尾冲刷萎缩明显；南阳碛洲头冲刷后退，洲尾上提，洲体左右缘冲刷。

（2）芦家河水道洲滩冲淤变化

芦家河水道主要存在的洲滩有鸳鸯港边滩、羊家老边滩和芦家河碛坝。

鸳鸯港边滩：蓄水前鸳鸯港边滩冲淤交替，蓄水后边滩大幅冲刷后退，2007 年 3 月比较 2006 年同期，鸳鸯港边滩近深槽侧，部分冲深在 2m 以上。2008 年，边滩淤积，滩体外缘右移，鸳鸯港边滩滩体大部分有 1m 以上的淤积。2009 年，鸳鸯港边滩上部继续淤积，3m 等深线向江中有所淤展。2010 年鸳鸯港边滩略有冲刷。

羊家老边滩：蓄水后羊家老边滩表现冲刷，受石泓出口处深槽右摆的影响，边滩滩体大幅冲刷后退，滩体外缘冲刷幅度多在 2m 以上。2008 ~ 2009 年度，羊家老边滩整体略有冲刷，滩体面积减小，高程也有所降低。2009 ~ 2010 年度羊家老边滩变化较小。

芦家河碛坝：2004 年以来芦家河碛坝洲长有较大幅度减小，洲宽往复变化，洲体长度有大幅度减小，洲体面积也有较大幅的减小，2008 年仅为 2004 年的 39%。2009 年度，碛坝受冲变小，洲头、洲尾变散，洲体高程也有所冲刷降低，2010 年度，碛坝略呈淤长之势，洲头、洲尾淤积长大，滩体高程虽未增加，但滩体面积略有增大。

（3）枝江—江口河段洲滩冲淤变化

枝江—江口河段内存在的主要洲滩有江心洲（水陆洲、柳条洲）和边滩（张家桃园、吴家渡边滩），三峡水库运行后，洲滩总体呈现冲刷萎缩态势。

水陆洲：水陆洲位于昌门溪以下的河道放宽处，三峡水库运行后及枝江—江口航道整治一期工程实施前，水陆洲洲头低滩、洲体右缘以及洲尾成型堆积体都有所冲刷萎缩，其中较为显著的洲尾成型堆积体近两年急剧萎缩的同时也趋向于散乱，尤其是洲头低滩也不断地受到水流切割，及人为挖取卵石的影响，洲体完整性受到明显破坏（表 6–3）。

水陆洲附近洲滩各等高线以上部分面积变化表（单位：km^2）　　表 6–3

时　间	水陆洲洲头低滩		水陆洲洲体			洲尾
	35m	40m	33m	35m	40m	31m
2003 年 3 月	1.060	0.165	0.386	0.210	0.171	0.027
2004 年 3 月	1.002	0.166	0.300	0.250	0.174	0.069
2005 年 3 月	0.827	0.161	0.247	0.201	0.170	0.064
2006 年 3 月	0.845	0.159	0.235	0.201	0.167	0.505
2007 年 3 月	0.725	0.412	0.213	0.150	0.140	0.205
2008 年 3 月	0.725	0.149	0.153	0.144	0.140	0.000
2009 年 3 月	0.712	0.149	0.151	0.144	0.140	0.063

注：水陆洲附近航行基准面约为 32.50m。

枝江—江口航道整治一期工程对水陆洲头实施了护滩守护，工程实施后，护滩范围内滩体整体有所回淤。2010 年 3 月与 2009 年 3 月相比，水陆洲洲头右缘 0m 线向外延伸约 200m，3m 线变化幅度不大；滩尾 0m 线基本不变，3m 线略有萎缩。

张家桃园边滩：张家桃园边滩位于枝江水道肖家堤拐一带的凸岸侧，三峡水库运行前，张家桃园边滩总体表现为冲刷、下移，三峡水库运行后，其先萎缩后淤长。

2006 年后，枝江—江口河段开始剧烈冲刷，张家桃源边滩迅速萎缩变小变低，至 2008 年初，0m 线以上部分的面积已不足 2003 年同期的一半，2009 年初该边滩 0m 线已基本消失（表 6–4）。张家桃园边滩头部实施护滩工程后，滩体冲刷趋势得到有效遏制，工程范围内滩体有所回淤，0m 线再度出现，目前 0m 线最大宽度位于滩体中下部，达 250m 左右。

张家桃园边滩 32m 等高线以上部分面积变化表（单位：km^2）　　表 6–4

时间	2003 年 3 月	2004 年 3 月	2005 年 3 月	2006 年 3 月	2007 年 3 月	2008 年 3 月	2009 年 3 月
面积（km^2）	0.136	0.068	0.017	0.105	0.103	0.060	0.030

注：张家桃园处航行基准面约为 32.30m。

柳条洲：三峡水库运行前，柳条洲表现为洲头和洲尾呈现此消彼长的变化，洲头中部较稳定。三峡水库运行后，柳条洲洲头与洲尾此消彼长的变化规律已发生改变，柳条洲洲头仍以冲刷为主，洲头中部继续保持稳定，但同时洲尾也呈冲刷态势。从柳条洲洲体面积的变化来看，其规律与河道的总体冲淤变化也是密切关联的，表现为 2006 年以前冲淤交替，洲体总体变化不大，甚至略有淤长；2006 年以来，洲体迅速冲刷缩小，尤以低滩变化最为明显（表 6–5）。2009 ~ 2010 年间柳条洲头部低滩淤积上延，滩体中部右缘 0m 线淤长，左缘 0m 线后退，3m 线范围基本不变。

柳条洲 35m 和 40m 等高线以上部分面积变化表（单位：km^2）　　表 6–5

时间		2003 年 3 月	2004 年 3 月	2005 年 3 月	2006 年 3 月	2007 年 3 月	2008 年 3 月	2009 年 3 月
面积	35m	1.421	1.434	1.346	1.377	1.200	1.105	1.092
	40m	0.900	0.910	0.903	0.892	0.801	0.800	0.708

注：柳条洲处航行基准面约为 32.00m。

吴家渡边滩：三峡水库运行后，至 2007 年初，吴家渡边滩有冲有淤，滩体面积变化不大；从 2007 年开始，滩体总体表现为面积急剧萎缩，滩体下移，滩形变狭长（表 6–6）。吴家渡边滩护滩带修建后，工程区域滩体平均淤高 0.15m，有效守护了吴家渡边滩头部。2014 年荆江河叉整治工程，将吴家渡边滩带加高为丁坝。吴家渡边滩明显淤长。

吴家渡边滩 30m 等高线以上部分面积变化表（单位：km^2）　　表 6–6

时间	2003 年 3 月	2004 年 3 月	2005 年 3 月	2006 年 3 月	2007 年 3 月	2008 年 3 月	2009 年 3 月
面积（km^2）	0.447	0.389	0.594	0.524	0.486	0.178	0.125

注：吴家渡边滩处航行基准面约为 31.90m。

6.1.3.3　分汊河段主支汊冲淤变化

砂卵石河段内的分汊河段，三峡水库运行后支汊呈冲刷发展态势。

（1）关洲水道左汊支汊三峡水库运行后呈现冲刷发展的态势

三峡水库运行后，关洲水道总体处于冲刷态势。2009年以前，关洲水道冲淤调整幅度较小，关洲左汊小幅度冲刷，右汊出口至芦家河石泓进口段有小幅度冲刷。冲淤调整主要集中在关洲尾部，表现为尾部岸线持续崩退。

2009年后，关洲水道出现了较大幅度的冲刷，尤其是2010～2012年出现剧烈冲刷。关洲水道的冲刷是以支汊发展、边滩退缩等侧蚀方式为主，关洲左汊为支汊，2010～2012年冲刷幅度较大，平均冲深5m以上，与之相伴而生的是左汊倒套不断上延发展，右汊主汊进口出现淤积，左岸的人和垸边滩萎缩及关洲尾部逐渐侵蚀后退。至2012年3月，关洲汊道左汊深泓已低于右汊深泓，关洲左缘及尾部护岸工程边缘岸坡陡峭。目前左汊大部分及关洲洲体左侧仍以细沙为主，河床较不稳定，仍有进一步冲刷发展的可能性。

与汊道冲淤调整相对应，近期关洲水道汊道分流比也出现了一定的调整。左汊支汊冲刷发展的同时，分流比也相应有所增加，见表6-7。由表6-7可见：关洲汊道左汊分流比明显增加，蓄水初期的2003年，左汊分流比为19.07%，175m蓄水的2009年，左汊分流比增至31.43%。例如2010年12月21日实测流量6 025m^3/s，左汊分流比29.61%，2012年11月22日实测流量6 027m^3/s，左汊分流比34.08%，2年内增加了将近5%。为了遏制关洲滩体进一步冲刷和左汊深槽上窜，目前正在实施宜昌—昌门溪一期整治工程。在关洲头部和北汊内分别实施护滩带和潜锁坝工程。

关洲汊道分流比变化

表6-7

测量日期	关洲左汊		关洲右汊		总流量(m^3/s)
	分流量(m^3/s)	分流比(%)	分流量(m^3/s)	分流比(%)	
2003年3月10日	807	19.07	3 425	80.93	4 232
2004年1月19日	844	19.29	3 532	80.71	4 376
2007年11月18日	3 043	37.84	4 999	62.16	8 042
2008年3月2日	1 078	23.61	3 488	76.39	4 566
2009年2月28日	2 225	31.43	4 855	68.57	7 080
2010年12月21日	1 784	29.61	4 241	70.39	6 025
2012年11月22日	2 054	34.08	3 973	65.92	6 027

(2)芦家河水道中洪水期主航道石泓出现较为明显的冲刷发展态势

芦家河水道是长江中游重点维护的砂卵石浅滩河段之一，水道放宽处河心有砾卵石碛坝，碛坝左右侧分别为沙泓、石泓两条航道，沙泓为枯水期主航道，石泓为中、洪水期主航道，主流流向年内洪、枯水期在沙泓、石泓之间左右摆动。

三峡水库运行后芦家河水道经历了一个先淤积后冲刷的过程，但总体呈冲刷态势。2006年以前，该水道表现淤积，2006年以来则表现为单向冲刷，其中2009年以前，冲淤调整主要表现为石泓进口及中下段的小幅度累积性冲刷及沙泓的小幅度累积性淤积，2009年以后，随着上游关洲左汊的冲刷发展，深槽走向趋向于石泓，使得石泓内部进一步冲刷发展，同时由于主流带向石泓偏移，使得沙泓进口区域出现大范围缓流区域，沙泓进口尤其是左岸鸳鸯港一带边滩大幅度淤积，挤压沙泓进口航槽。2012 年初，沙泓进口 5m 线断开达 700m，3m 线也较往年明显缩窄，从 2003 年的 400m 缩窄至 2012 年初的 190m。

与汊道冲淤调整相对应，近期芦家河水道汊道分流比也出现了一定的调整，见表 6–8。2003 年以来，沙泓分流比持续减小，表明直接分入沙泓的流量在减小。为遏制芦家河水道的不利变化，目前正在实施宜昌—昌门溪航道整治一期工程，在芦家河碛坝和右汊分别建鱼嘴工程和护滩带工程。

芦家河水道近期实测分流比　　　表 6–8

测　量　日　期	沙泓分流比（%）	石泓分流比（%）
2003 年 3 月 10 日	71.89	28.11
2004 年 2 月 19 日	65.17	34.83
2005 年 3 月 20 日	59.06	40.94
2006 年 2 月 10 日	60.67	39.33
2007 年 11 月 18 日	43.68	56.32
2008 年 3 月 2 日	59.82	40.18
2009 年 2 月 28 日	52.52	47.48
2010 年 12 月 21 日	55.02	44.98
2012 年 11 月 22 日	51.36	48.64

6.1.4　砂卵石河段冲淤变化与水沙变化的关系

该河段是三峡水库出库水沙变化的先发响应河段，三峡水库蓄水后总体表现为一致性冲刷。175m 蓄水运用前冲刷强度大而 175m 蓄水运用后冲刷强度弱；175m 蓄水运用前年际间冲淤强度大小交替，而 175m 蓄水运用后虽三峡水库出库沙量进一步减小，但却呈现持续性减弱趋势。

三峡水库初期运行以来的十年来清水冲刷的时空变化特点为：时间上，砂卵石河段冲刷强度逐步减弱，但冲刷强弱不均现象明显；空间上，砂卵石河段冲刷剧烈的河段自上而下发展，上中段已逐渐形成覆盖层而终至不冲或少冲，目前冲刷的主要部位已经下移至芦家河河段及其以下。

枯水河槽是河床变形的主体；砂卵石河段总体表现为滩槽均冲，深槽以冲刷下切为主；边滩以冲刷后退为主，心滩以滩头冲刷，洲尾上提，面积减小为主；三峡水库蓄水后分汊河段的支汊多呈冲刷发展状态。

6.2　大埠街至城陵矶河段航道冲淤及滩槽变化

大埠街至城陵矶河段，长约 279.6km，属于荆江河段，流经江汉平原与洞庭湖平原之间，为沙质河段。北岸有支流沮漳河入汇，南岸沿程有太平口、藕池口及调弦口（已于 1959 年建闸控制）分流入洞庭湖，洞庭湖又汇集湘、资、沅、澧四水的流量于城陵矶汇入长江。以藕池口为界，上段习称上荆江，以微弯分汊河型为主；下段习称下荆江，以弯曲河型为主。

6.2.1 中洪水河槽冲淤变化

6.2.1.1 冲淤强度沿时变化

图 6–12 给出了三峡水库运行后 2002 年 10 月～ 2012 年 10 月荆江河段中洪水河槽（Q=30 000m^3/s）冲淤强度随时间累积变化，图 6–13 给出了三峡水库运行后 2002 年 10 月～ 2012 年 10 月荆江河段中洪水河槽（Q=30 000m^3/s）冲淤强度沿时变化，由图 6–12 和图 6–13 可知：

（1）三峡水库运行后，荆江沙质河段总体上呈现一致性累积冲刷。

长江中游大埠街至城陵矶段是离三峡水库最近的沙质河段，受三峡水库 2003 年 6 月蓄水运用后“清水”下泄的影响，该河段呈累积性冲刷，且冲刷较为剧烈，但总体河势基本稳定。三峡水库运行后，2002 年 10 月～ 2012 年 10 月，荆江河段平滩河槽河床累计冲刷强度为 358.1 万 m^3/km（表 6–9）。

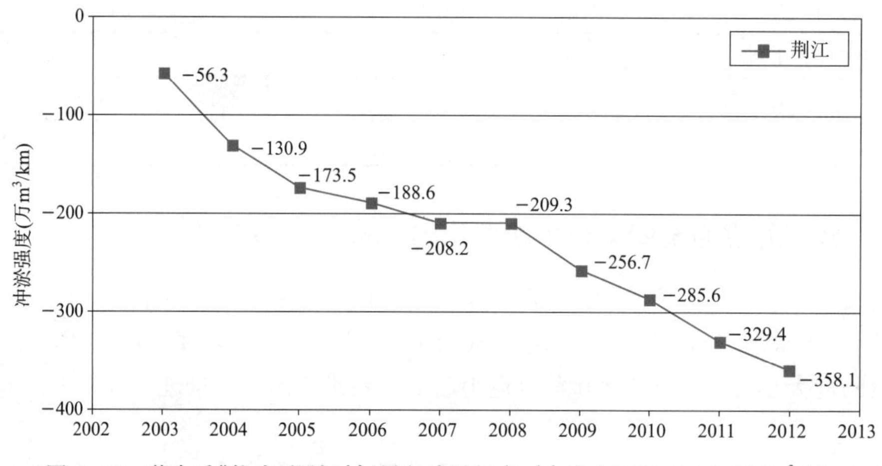

图 6–12 蓄水后荆江河段随时间累积冲淤强度（中洪水河槽 Q=30 000m^3/s）

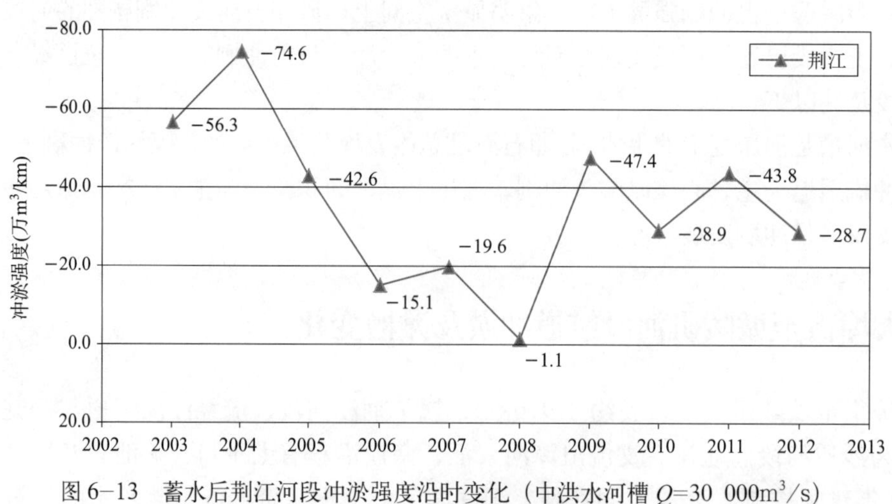

图 6–13 蓄水后荆江河段冲淤强度沿时变化（中洪水河槽 Q=30 000m^3/s）

三峡水库运行后荆江河段不同河槽冲淤强度统计表　　表 6–9

河段	长度(km)	时　段	$Q_{平均}$	Q_{max}	冲淤强度（万 m³/km）				
					枯水槽	基本河槽	中洪水槽	低滩	高滩
上荆江	171.7	2002 年 10 月～2003 年 10 月	12 296	39 800	−13.4	−12.2	−14.0	1.2	−1.7
		2003 年 10 月～2004 年 10 月	12 025	47 000	−22.7	−26.8	−29.0	−4.1	−2.2
		2004 年 10 月～2005 年 10 月	13 409	39 400	−23.9	−22.1	−29.0	1.8	−6.9
		2005 年 10 月～2006 年 10 月	9 265	25 300	5.2	4.7	3.9	−0.5	−0.8
		2006 年 10 月～2007 年 10 月	11 883	40 200	−24.7	−25.3	−23.3	−0.6	2.0
		2007 年 10 月～2008 年 10 月	11 924	33 800	−3.6	−3.3	−1.5	0.3	1.9
		2008 年 10 月～2009 年 10 月	12 236	32 800	−15.2	−15.4	−15.9	−0.2	−0.4
		2009 年 10 月～2010 年 10 月	11 863	34 900	−21.3	−22.0	−22.5	−0.8	−0.4
		2010 年 10 月～2011 年 10 月	10 308	23 800	−36.2	−36.3	−36.7	−0.1	−0.5
		2011 年 10 月～2012 年 10 月	13 271	38 100	−19.8	−23.0	−25.0		
		2002 年 10 月～2012 年 10 月	11 848	47 000	−175.6	−181.7	−193.0		
下荆江	175.5	2002 年 9 月～2003 年 10 月	11 463	35 800	−23.4	−29.6	−42.3	−6.3	−12.7
		2003 年 10 月～2004 年 10 月	11 493	41 400	−29.1	−34.8	−45.6	−5.7	−10.8
		2004 年 10 月～2005 年 10 月	12 874	35 700	−13.0	−16.0	−13.6	−3.0	2.3
		2005 年 10 月～2006 年 10 月	9 033	23 000	−15.7	−15.4	−19.0	0.3	−3.6
		2006 年 10 月～2007 年 10 月	11 442	37 000	−3.8	−1.9	3.7	1.8	5.6
		2007 年 10 月～2008 年 10 月	11 586	30 800	−0.4	−1.0	0.4	−0.7	1.4
		2008 年 10 月～2009 年 10 月	12 081	33 000	−28.5	−28.9	−31.5	−0.4	−2.6
		2009 年 10 月～2010 年 10 月	11 388	32 400	−7.3	−5.9	−6.4	1.4	−0.5
		2010 年 10 月～2011 年 10 月	10 225	23 300	−9.9	−8.4	−7.1	1.4	1.4
		2011 年 10 月～2012 年 10 月	12 792	34 900	−3.7	−4.6	−3.7		
		2002 年 10 月～2012 年 10 月	11 438	41 400	−134.8	−146.5	−165.1		
荆江	347.2	2002 年 10 月～2003 年 10 月			−36.8	−41.8	−56.3	−5.1	−14.4
		2003 年 10 月～2004 年 10 月			−51.8	−61.6	−74.6	−9.8	−13
		2004 年 10 月～2005 年 10 月			−36.9	−38.1	−42.6	−1.2	−4.6
		2005 年 10 月～2006 年 10 月			−10.5	−10.7	−15.1	−0.2	−4.4
		2006 年 10 月～2007 年 10 月			−28.5	−27.2	−19.6	1.2	7.6
		2007 年 10 月～2008 年 10 月			−4.0	−4.3	−1.1	−0.4	3.3
		2008 年 10 月～2009 年 10 月			−43.7	−44.3	−47.4	−0.6	−3
		2009 年 10 月～2010 年 10 月			−28.6	−27.9	−28.9	0.6	−0.9
		2010 年 10 月～2011 年 10 月			−46.1	−44.7	−43.8	1.3	0.9
		2011 年 10 月～2012 年 10 月			−23.5	−27.6	−28.7		
		2002 年 10 月～2012 年 10 月			−310.4	−328.2	−358.1		

（2）三峡水库运行后，荆江河段 175m 蓄水运用前中洪水河槽年际间冲淤强度呈现持续性减弱趋势，而 175m 蓄水运用后年际间冲淤强度大小交替。

175m 试验性蓄水运用前，中洪水河槽冲淤强度呈现持续性减弱的趋势。如：2003 年 10 月～2004 年 10 月中洪水河槽年平均冲刷强度为 74.6 万 m^3/km，2004 年 10 月～2005 年 10 月中洪水河槽年平均冲刷强度为 42.6 万 m^3/km，2005 年 10 月～2006 年 10 月中洪水河槽年平均冲刷强度为 15.1 万 m^3/km，2007 年 10 月～2008 年 10 月中洪水河槽年平均冲刷强度为 1.1 万 m^3/km。

175m 试验性蓄水运用后，中洪水河槽冲淤强度年际间大小交替。如：2008 年 10 月～2009 年 10 月中洪水河槽年平均冲刷强度为 47.4 万 m^3/km，2009 年 10 月～2010 年 10 月中洪水河槽年平均冲刷强度为 28.9 万 m^3/km，2010 年 10 月～2011 年 10 月中洪水河槽年平均冲刷强度为 43.8 万 m^3/km，2011 年 10 月～2012 年 10 月中洪水河槽年平均冲刷强度为 28.7 万 m^3/km。

6.2.1.2　冲淤强度沿程变化

图 6–14 给出了三峡水库运行后 2002 年 10 月～2012 年 10 月荆江沙质河段中洪水河槽（Q=30 000m^3/s）冲淤强度沿程变化。由图 6–14 可知：

三峡水库运行后，荆江沙质河段总体表现为冲刷，且自上而下冲刷强度逐渐减弱。上荆江河段平均冲刷强度为 192.8 万 m^3/km，下荆江河段平均冲刷强度为 165.1 万 m^3/km。

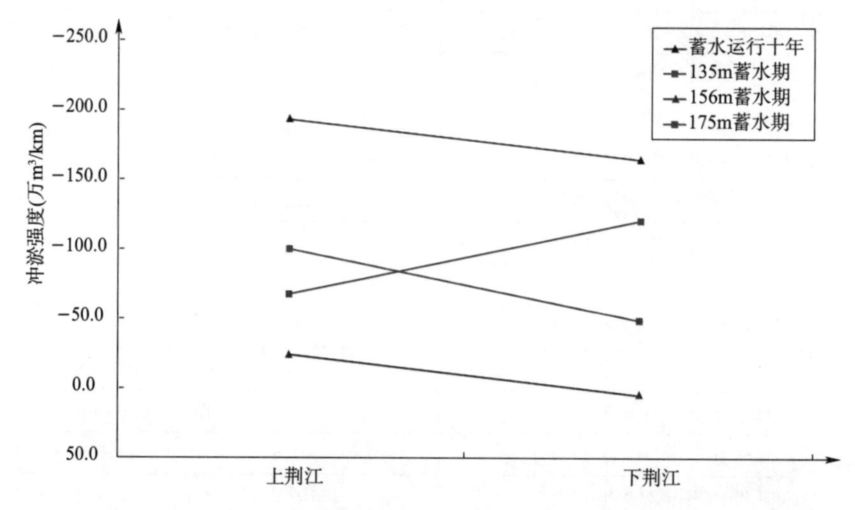

图 6–14　三峡水库运行后上、下荆江冲淤强度沿程变化（中洪水河槽 Q=30 000m^3/s）

三峡水库蓄水 135m 期间，荆江沙质河段中洪水河槽表现为上段冲深少下段冲深多的规律，其中上荆江河段中洪水河槽平均冲刷强度为 68.1 万 m^3/km，下荆江河段中洪水河槽平均冲刷强度为 120.5 万 m^3/km。

三峡水库蓄水 156m 期间，荆江沙质河段中洪水河槽表现上段冲刷，下段淤积。其中上荆江河段中洪水河槽平均冲刷强度为 24.8 万 m^3/km，下荆江河段中洪水河槽平均淤积强度为 4.1 万 m^3/km。

三峡水库蓄水 175m 期间，荆江沙质河段中洪水河槽总体表现为冲刷，呈现上段冲深多下段冲深少的规律。上荆江河段中洪水河槽平均冲刷强度为 100.1 万 m^3/km，下荆江河段中洪水河槽平均冲刷强度为 48.7 万 m^3/km。

6.2.2　枯水河槽冲淤变化

6.2.2.1　冲淤强度沿时变化

（1）枯水河槽与中洪水河槽冲淤规律基本一致

图 6–15 和图 6–16 为上荆江、下荆江河段枯水河槽（Q=5 000m^3/s）和中洪水河槽冲淤量沿时变化，可以看出，荆江沙质河段枯水河槽冲淤沿时变化规律与河床冲淤沿时变化规律也基本是一致的。

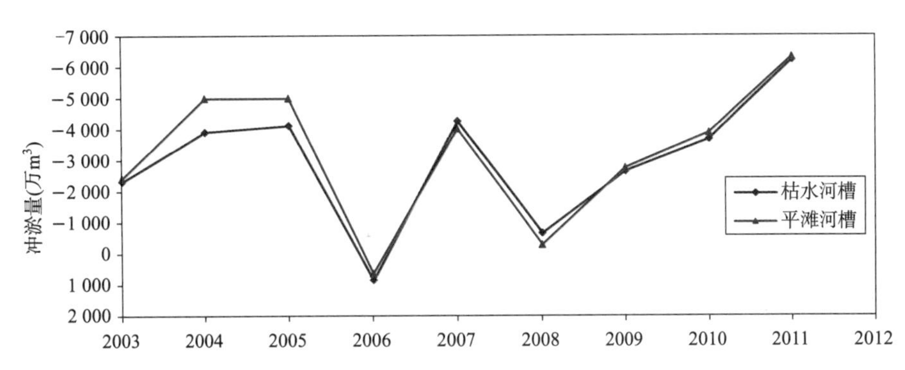

图 6–15　三峡水库运行后上荆江河段枯水河槽和中洪水河槽冲淤量沿时变化

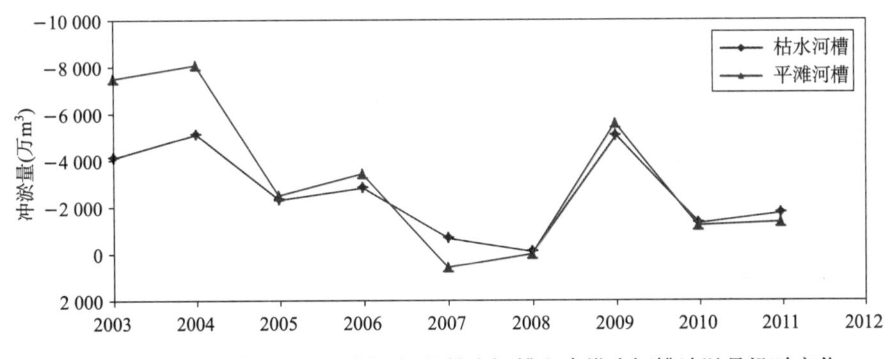

图 6–16　三峡水库运行后下荆江河段枯水河槽和中洪水河槽冲淤量沿时变化

（2）枯水河槽是河床变形的主体

表 6–10 为三峡水库运行后荆江河段枯水河槽和中洪水河槽冲淤量统计表。由表 6–10 可知：

上荆江河段 2002 年 10 月～ 2011 年 10 月枯水河槽的冲刷量 26 742 万 m^3，中洪水河槽总冲刷量 28 814 万 m^3，枯水河槽冲刷量占中洪水河槽冲刷量的 93%，滩地的冲刷量为 2 072 万 m^3，仅占中洪水河槽冲刷量的 7%，上荆江河段三峡水库运行后，以“冲槽”为主。

下荆江河段 2002 年 10 月～ 2011 年 10 月枯水河槽的冲刷量 22 968 万 m^3，中洪水河槽总冲刷量 28 322 万 m^3，枯水河槽冲刷量占中洪水河槽冲刷量的 81%，滩地的冲刷量为 5 354 万 m^3，占中洪水　河槽冲刷量的 19%，三峡水库运行后前十年，“滩槽同冲”，但深槽的冲刷量远远大于滩地的冲刷量。

三峡水库运行后荆江河段河道泥沙冲淤统计表　表 6-10

起止地点	长度（km）	时　段	冲淤量（万 m³）	
			枯水河槽	中洪水河槽
上荆江（枝城—藕池口）	171.7	2002 年 10 月～2003 年 10 月	−2 300	−2 396
		2003 年 10 月～2004 年 10 月	−3 900	−4 982
		2004 年 11 月～2005 年 10 月	−4 103	−4 980
		2005 年 10 月～2006 年 10 月	895	676
		2006 年 10 月～2007 年 10 月	−4 240	−3 996
		2007 年 10 月～2008 年 10 月	−623	−250
		2008 年 10 月～2009 年 10 月	−2 612	−2 725
		2009 年 10 月～2010 年 10 月	−3 649	−3 856
		2010 年 10 月～2011 年 10 月	−6 210	−6 305
		2002 年 10 月～2011 年 10 月	−26 742	−28 814
下荆江（藕池口—城陵矶）	175.5	2002 年 10 月～2003 年 10 月	−4 100	−7 424
		2003 年 10 月～2004 年 10 月	−5 100	−7 997
		2004 年 11 月～2005 年 10 月	−2 277	−2 389
		2005 年 10 月～2006 年 10 月	−2 761	−3 338
		2006 年 10 月～2007 年 10 月	−659	641
		2007 年 10 月～2008 年 10 月	−62	76
		2008 年 10 月～2009 年 10 月	−4 996	−5 526
		2009 年 10 月～2010 年 10 月	−1 280	−1 127
		2010 年 10 月～2011 年 10 月	−1 733	−1 238
		2002 年 10 月～2011 年 10 月	−22 968	−28 322
荆江（枝城—城陵矶）	347.2	2002 年 10 月～2003 年 10 月	−6 400	−9 820
		2003 年 10 月～2004 年 10 月	−9 000	−12 979
		2004 年 11 月～2005 年 10 月	−6 380	−7 369
		2005 年 10 月～2006 年 10 月	−1 866	−2 662
		2006 年 10 月～2007 年 10 月	−4 899	−3 355
		2007 年 10 月～2008 年 10 月	−685	−174
		2008 年 10 月～2009 年 10 月	−7 608	−8 251
		2009 年 10 月～2010 年 10 月	−4 929	−4 983
		2010 年 10 月～2011 年 10 月	−7 943	−7 543
		2002 年 10 月～2011 年 10 月	−49 710	−57 136

（3）沙质河段深泓平面位置不稳定，摆动频繁

如太平口水道，20 世纪 80 年代初期太平口心滩形成以后，三八滩北汊中下段深泓稳定，进口段横向最大摆动幅度约为 1km；三八滩南汊深泓 1985 ～ 1990 年上提 1.7km，1990 年后逐年下移，至 1998 年特大洪水前，下移约 2.3km。2000 年汛后新三八滩形成后沙市河段下段深泓小幅上提，至 2003 年，在北汊进口上下移动，移动最大幅度达 3.4km，

三八滩应急工程实施后，北汊进口深泓相对稳定，2005 年与 2004 年相比，摆动幅度不足 500m。南汊内深泓横向摆动幅度较大，最大摆幅为 700 多米。近年来太平口水道上段变化不大，但下段变化较大，主要表现在北汊进口段与南汊中段，北汊进口深泓线通常在筲箕子附近上下摆动，2007 年 9 月，北汊进口深泓线下移幅度加大，与 2006 年 9 月相比，下移幅度达 1.8km，深泓贴三八滩应急工程左缘侧进入北汊中下段；而南汊深泓线位置相对稳定。

如碾子湾水道，蓄水前深泓变化主要在两个位置，一处为石首至金鱼洲，即由石首弯道进入碾子湾弯道处，深泓摆幅在 260m；另一处为由柴码头至寡妇夹的过渡段，深泓摆动幅度为 350m。三峡水库运行后，135m 蓄水期间，深泓在鱼尾洲附近摆动加剧，摆动幅度达 550 多米，在柴码头至鲁家湾深泓摆动较大，达 360m，并在进入河口水道时有一定摆动；156m、175m 蓄水期间，与上一阶段类似，鱼尾洲处深泓摆幅增大，达 800m，而后贴北碾子湾下行后，在柴码头至寡妇夹间出现第二个大幅摆动区，深泓摆动幅度为 430m，并在进入河口水道弯道处出现摆动。

再如尺八口水道，2003 ~ 2009 年尺八口由左向右过渡段深泓左摆约 470m；七弓岭弯道凸岸侧深槽已冲深至航行基面以下 10.9m，致使过渡段以下水流向左、右两岸侧分散，其中右槽内深泓平面比较稳定，基本贴右岸侧，而左岸侧倒套向上延伸、左摆;主深泓（由上深槽过渡至右深槽）平均淤高 2 ~ 3m，且在过渡段存在很明显的浅埂；上深槽至左槽一带，二洲子附近存在浅埂，但深泓冲刷明显。

6.2.2.2　中低滩滩地冲淤变化

（1）上荆江河段中低滩滩地以冲为主，但与枯水河槽相比冲刷强度较小

如：2003 年 10 月 ~ 2004 年 10 月枯水河槽年平均冲刷强度为 22.7 万 m^3/km，而中洪水河槽和枯水河槽之间的中低滩滩地年平均冲刷强度为 6.3 万 m^3/km；2004 年 10 月 ~ 2005 年 10 月枯水河槽年平均冲刷强度为 23.9 万 m^3/km,而中低滩滩地年平均冲刷强度为 5.1 万 m^3/km；2010 年 10 月 ~ 2011 年 10 月枯水河槽年平均冲刷强度为 36.2 万 m^3/km，而中低滩滩地年平均冲刷强度为 0.5 万 m^3/km，见图 6-17。

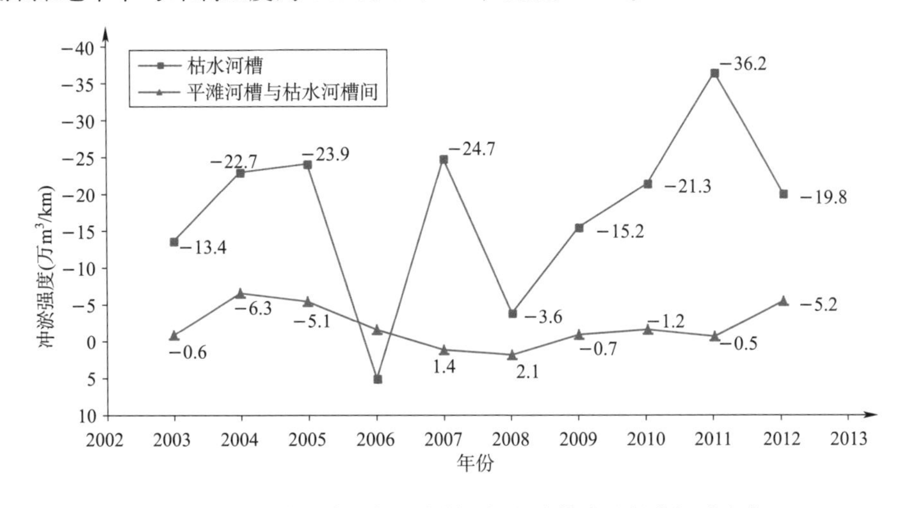

图 6-17　三峡水库运行后上荆江河段滩槽冲淤强度沿时变化

（2）下荆江河段中低滩滩地初期冲刷多后期冲刷少，甚至淤积

如：2002 年 10 月～ 2003 年 10 月中洪水河槽和枯水河槽之间的滩地年平均冲刷强度为 18.9 万 m^3/km；2005 年 10 月～ 2006 年 10 月中低滩滩地年平均冲刷强度为 3.3 万 m^3/km；而 2010 年 10 月～ 2011 年 10 月中低滩滩地年平均淤积强度为 2.8 万 m^3/km，见图 6–18。

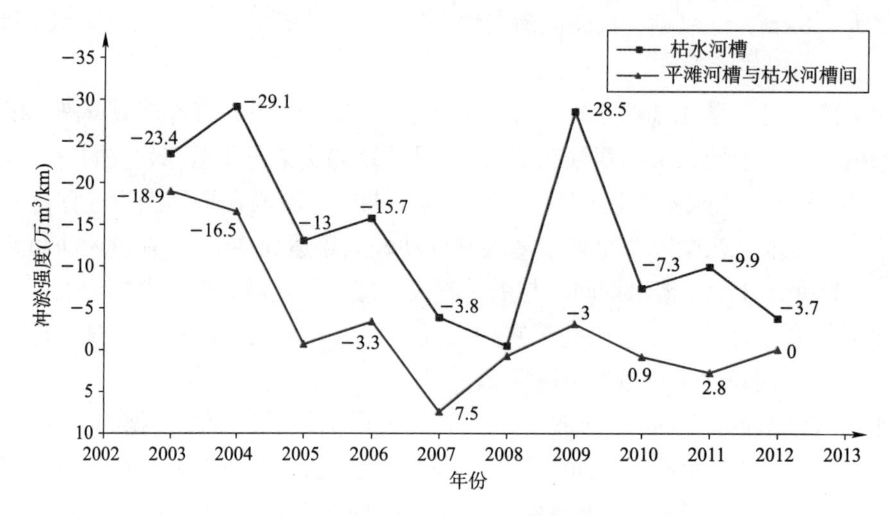

图 6–18　三峡水库运行后下荆江河段滩槽冲淤强度沿时变化

（3）荆江河段的中高滩（中洪水河槽与基本河槽 Q=10 000m^3/s 间）冲刷强度大于低滩（基本河槽 Q=10 000m^3/s 与枯水河槽间）冲刷强度

上荆江河段 2002 年 10 月～ 2012 年 10 月高滩的年平均冲刷强度为 11.3 万 m^3/km；低滩的平均冲刷强度为 6.1 万 m^3/km；下荆江河段 2002 年 10 月～ 2012 年 10 月高滩的年平均冲刷强度为 18.6 万 m^3/km；而低滩的平均冲刷强度为 11.7 万 m^3/km。

6.2.3　不同类型浅滩滩槽变化

6.2.3.1　顺直型河段滩槽变化特征

对沙质河床单一顺直型河段，河道两侧一般具有犬牙交错的边滩和深槽，上下深槽之间存在较短的过渡段称为浅滩。以周天河段为例，分析三峡水库运行后以“冲槽”为主的沙质浅滩河段滩槽变化特征。

（1）断面冲淤变化

三峡水库运行后周天河段枯水期以冲刷为主，主要表现为“冲槽”，航槽断面形态有宽浅向窄深型发展的趋势，在周天河段内布置 10 个横断面（图 6–19），其中 CS01 ～ CS05 断面位于周公堤水道，CS06 ～ CS10 断面位于天星洲水道。对典型断面地形冲淤特征进行如下分析：

戚家台边滩滩头断面（CS01）：枯水河宽约 900m。三峡水库运行后该断面地形冲淤变化幅度不大，仅深槽处发生大幅度冲刷。

九华寺边滩工程区断面（CS02）：枯水河宽约 1 100m。三峡水库运行后，尤其是 175m 试验性蓄水后，河道中部的深槽发生冲刷，最大冲深达 5.0m，左侧的边滩发生淤积。

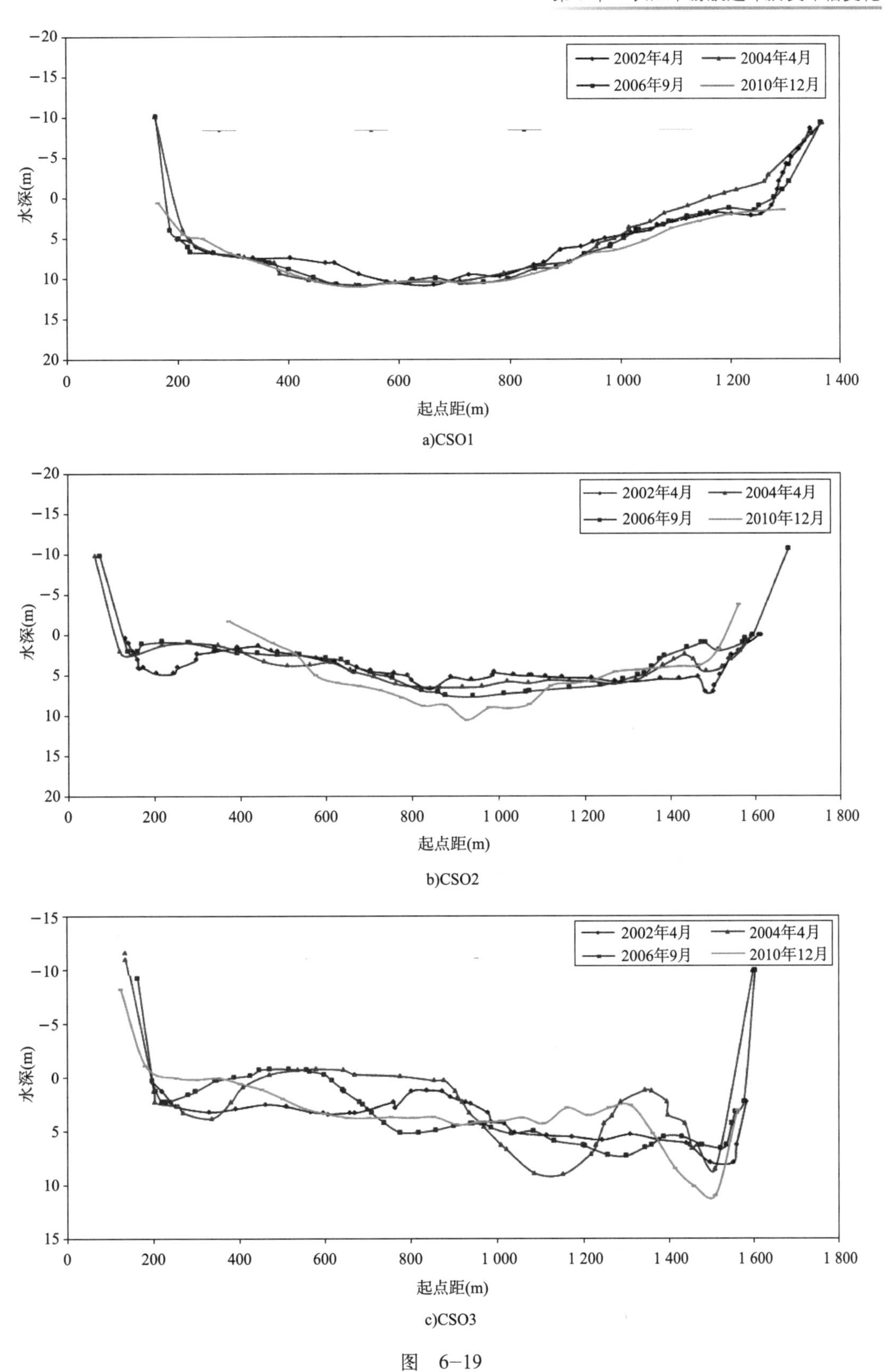
2002年4月
2004年4月
2006年9月
2010年12月
水深(m)
起点距(m)
a)CSO1
b)CSO2
c)CSO3

图　6-19

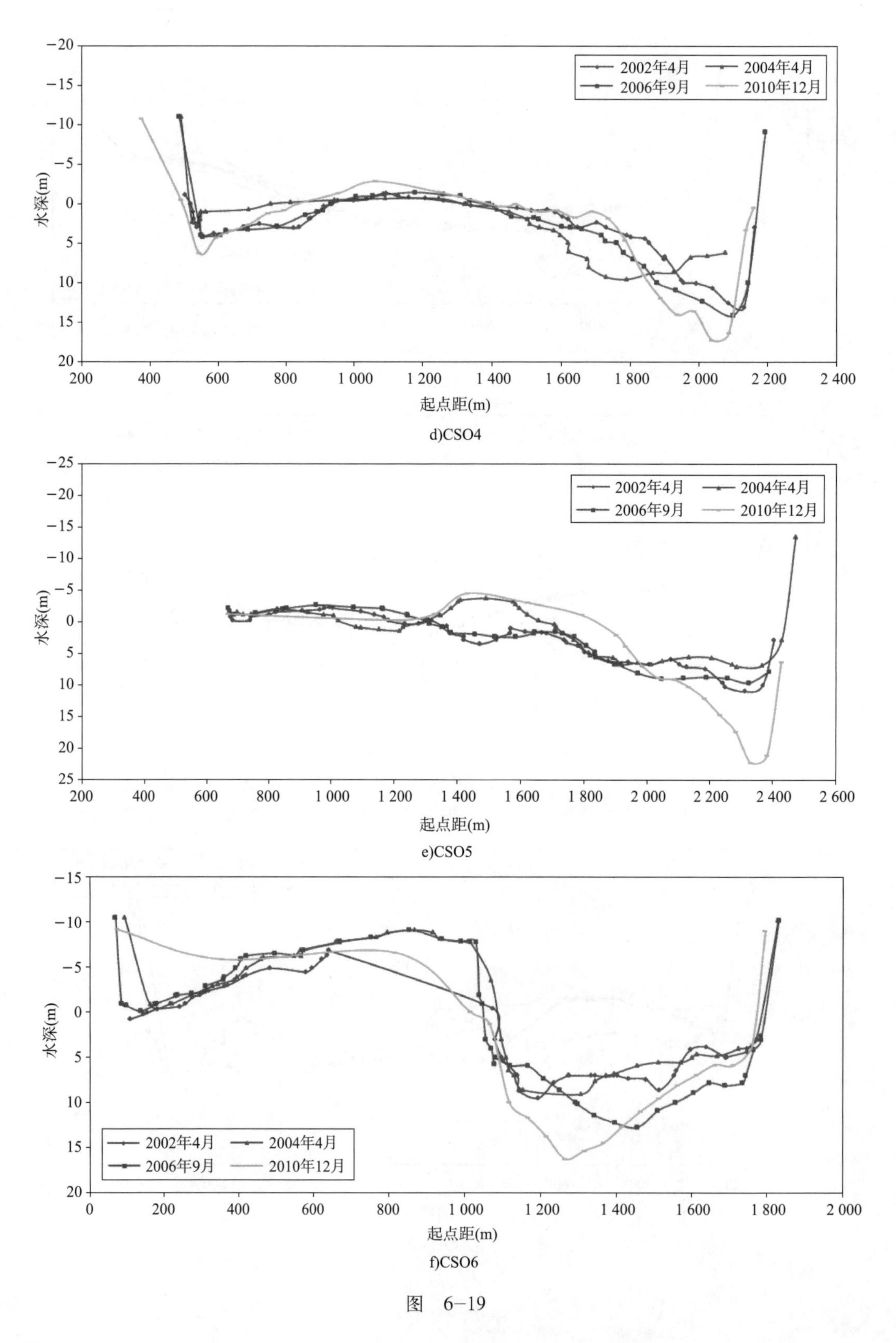

d)CSO4

e)CSO5

f)CSO6

图 6-19

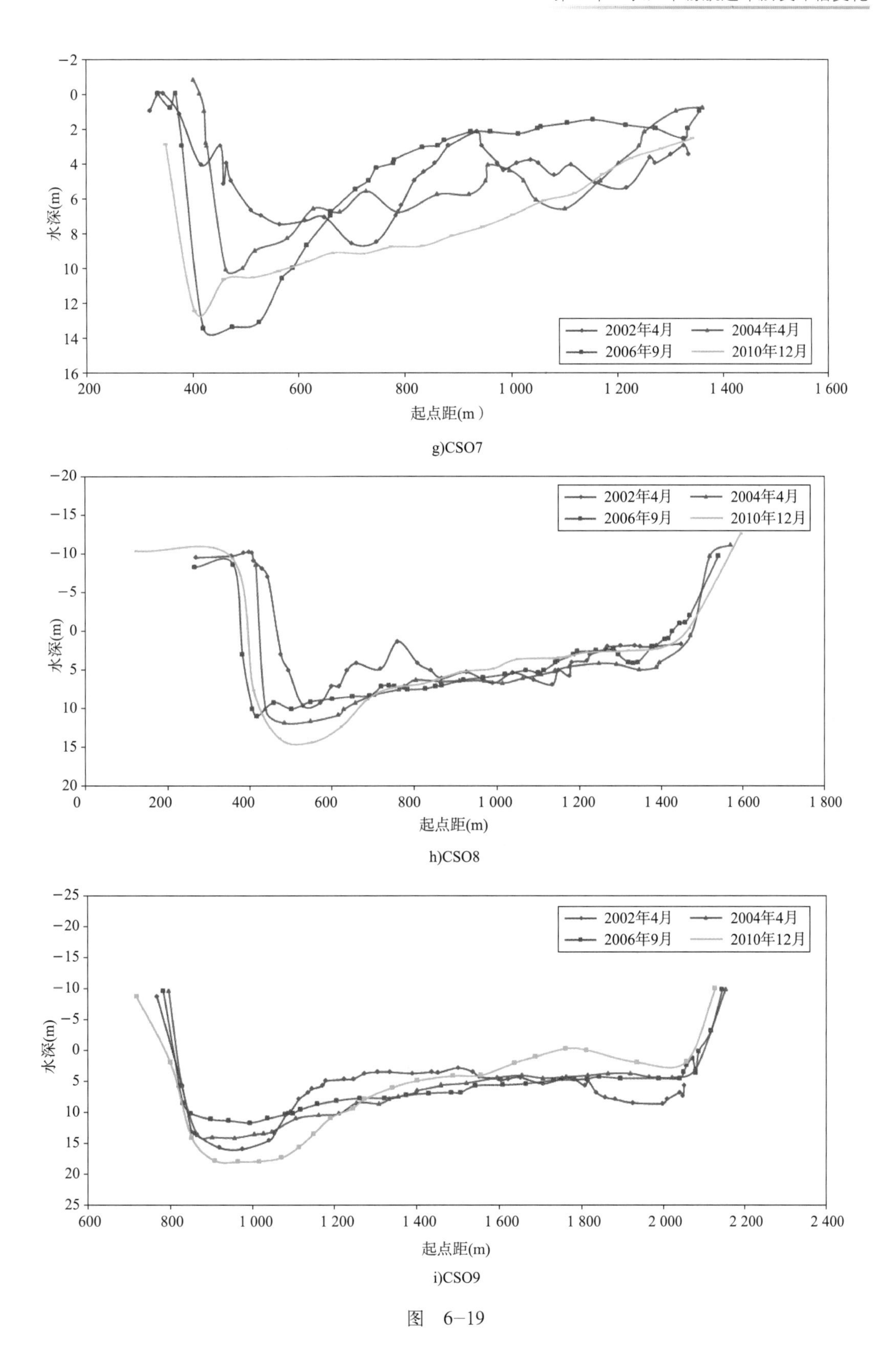

g)CSO7

h)CSO8

i)CSO9

图　6-19

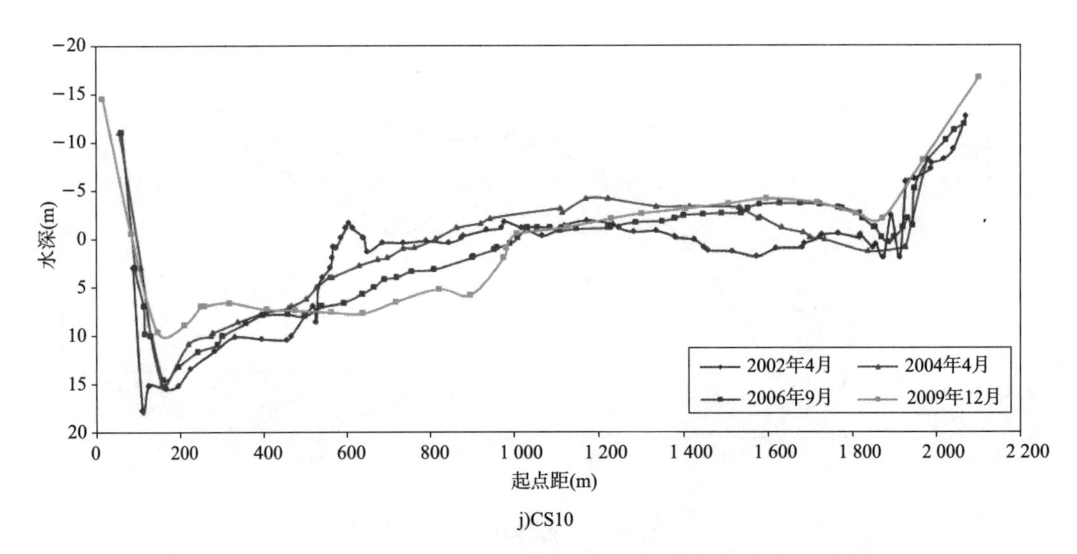

j)CS10

图 6-19　三峡水库运行前后周天河段代表性横断面地形冲淤变化图

颜家台断面（CS03）：枯水河宽约 1 400m。左侧串沟有所淤积；临右岸深槽表现为逐年冲刷，至 2010 年 12 月，最大冲深达 2.5m。

周公堤心滩断面（CS04）：右槽枯水河宽约 1 100m。左侧工程区地形有所淤积，但临左岸串沟内地形淤积幅度不大；临右岸深槽冲刷明显，最大冲深约为 6.5m。

蛟子渊边滩滩头工程区断面（CS05）：右槽枯水河宽为 830 ~ 1 150m，工程实施后枯水河宽减小。临右岸的深槽，175m 试验蓄水前深槽内有冲有淤，冲淤交替，175m 试验性蓄水及工程实施后，右岸深槽呈现大幅度的冲刷下切的趋势，最大冲深约为 11.3m。

胡汾沟、蛟子渊边滩中部断面（CS06）：枯水河宽约 740m。左侧串沟明显淤积；蛟子渊边滩有冲有淤，2002 年 4 月 ~ 2004 年 4 月呈现淤积，之后较稳定，最高高程约为 -9.1m（航行基面），2006 年 9 月至 2010 年 12 月出现大幅度冲刷；右侧深槽逐年冲刷下切，最大冲深约为 9.0m。

蛟子渊边滩滩尾、新厂边滩滩头断面（CS07）：枯水河宽约 1 100m。三峡水库运行后，左岸深槽蓄水初期冲刷剧烈，至 2006 年 9 月以后又呈现淤积；而黄水套上游附近边滩滩尾冲刷严重，最大冲深约为 5.8m，表现为"滩槽均冲"，断面形态由宽浅向窄深方向发展。

新厂边滩中部、黄水套下断面（CS08）：枯水河宽约 1 050m。2002 年 4 月 ~ 2006 年 9 月，新厂边滩崩岸约 80m，此后岸坡较为稳定，临左岸边滩的深槽处发生冲刷，最大冲深约 5.5m，目前左岸岸坡坡度约为 1∶3，接近长江中下游河道岸坡的临界稳定坡度，存在崩岸的可能。右岸黄水套下游附近地形除 2004 年冲淤幅度较大外，其余年份变幅不大。

新厂边滩滩尾、天星洲洲头低滩断面（CS09）：枯水河宽约 1 050m。2006 年 9 月 ~ 2009 年 12 月，深槽临左岸，且深槽逐年冲刷，至 2009 年 12 月，最大冲深约 6.0m；右岸天星洲洲头低滩逐年淤积，最大淤积幅度约为 4.5m。

天星洲洲头滩地断面（CS10）：枯水河宽约 950m（0m 线，不包括藕池口）。工程后，深槽临左岸，但深槽有所淤积；航槽有所展宽，5m 等深线由 2006 年 9 月的 560m 增至

2009 年 12 月的 810m；2009 年 12 月洲头滩地较 2006 年 9 月略有淤积。

(2) 代表性横断面河相系数

表 6-11 为周天河段选取的典型横断面河相系数 ζ，即宽深比 ($\sqrt{B}/h$)。

河相系数统计表　　表 6-11

时间	2002.04（蓄水前）			2010.12（蓄水后）		
断面编号	水面宽（m）	平均水深（m）	河相系数	水面宽（m）	平均水深（m）	河相系数
CS01	1 058	4.88	6.67	932	6.35	4.81
CS02	1 451	4.03	9.45	1 070	6.00	5.45
CS03	1 378	4.33	8.57	1 301	4.62	7.81
CS04	1 245	4.10	8.61	1 039	6.15	5.24
CS05	1 044	4.72	6.85	850	6.67	4.37
CS06	709	6.06	4.39	727	9.02	2.99
CS07	1 111	4.09	8.15	1 110	7.95	4.19
CS08	969	4.45	7.00	1 073	6.74	4.86
CS09	1 220	4.16	8.40	1 037	8.31	3.88
CS10	583	7.65	3.16	919	6.39	4.74

周公堤水道的河势为微弯放宽，三峡水库运行前河道较为宽浅，从 2002 年 4 月河相系数来看，位于九华寺边滩 CS02 断面，河相系数为 9.45，位于周公堤心滩处 CS04 断面，河相系数为 8.61；三峡水库蓄水及航道整治工程的实施使得周公堤水道的滩槽形态发生调整，航槽持续冲刷，航道向窄深方向发展，两断面河相系数分别调整为 5.45 和 5.24。

天星洲水道的河势为顺直放宽，三峡水库运行前主流摆动幅度大，水流分散，上下深槽过渡频繁。从 2002 年 4 月河相系数来看，位于蛟子渊边滩中部 CS06 断面，河相系数为 4.39，位于新厂边滩中部、黄水套下 CS08 断面，河相系数为 7.00，位于天星洲洲头滩地 CS10 断面，河相系数为 3.16。三峡水库蓄水及航道整治工程的实施致使天星洲水道上段持续冲刷，下段天星洲洲头淤积，从 2010 年 12 月河相系数来看，三个断面河相系数分别调整为 2.99、4.86 和 4.74。

总体上看，周天河段选取的 10 个代表性横断面中，三峡水库运行后 8 个横断面的深槽表现为持续冲刷，且大部分断面为“冲槽”，个别断面为“滩槽同冲”；从典型断面的河相系数 ζ 变化来看，河相系数 ζ 越大，河道越宽浅；河相系数 ζ 越小，河道越窄深。三峡水库运行后 9 个断面的河相系数均较蓄水前低。这些均表明三峡水库运行后周天河段滩槽变化以“冲槽”为主，航槽断面形态由宽浅向窄深型发展。

三峡水库工程蓄水运用后，顺直河段总体较稳定，但局部边滩冲刷。边滩冲刷使得河道展宽，增大了主流的摆动空间，水流也变得相对散乱，滩槽不稳定。

如铁铺水道。铁铺水道进口左岸存在何家铺边滩，中部右岸存在广兴洲边滩。三峡水库运行后，广兴洲边滩冲刷明显，近几年局部航槽淤积逐渐明显，航槽向宽浅方向发展，致使枯水航槽位置更不稳定、浅滩冲刷难度加大。

如熊家洲水道，由于反嘴弯道出口凹岸边滩的冲失引起熊家洲水道内右边滩冲刷、下移，河道展宽的同时河心淤积，断面形态较宽浅。

6.2.3.2 弯曲型河段滩槽变化特征

(1) 三峡水库运行后弯曲型浅滩河段呈现凸岸边滩冲刷凹岸深槽淤积的变化

自然条件下弯曲型浅滩河段主要演变规律基本表现为“凹冲凸淤”，即凹岸持续冲刷后退，而凸岸边滩逐渐淤长，弯曲河段曲率半径呈逐渐减小的趋势。

三峡水库运行后，受水沙条件变化的影响，弯曲型浅滩河段演变规律基本上表现凸岸冲刷凹岸淤积，即凸岸边滩冲刷，凹岸深槽淤积。在统计的荆江河段20个弯道河段中（表6-12），凸岸边滩均有不同程度的冲刷，最典型的为调关弯道（图6-20）。

荆江河段弯道凸岸边滩冲刷量计算成果统计 表6-12

序号	弯道名称	计算高程范围(m)	冲刷量($\times 10^4 m^3$)	序号	弯道名称	计算高程范围(m)	冲刷量($\times 10^4 m^3$)
1	洋溪	36 ~ 39	11.4	11	中洲子	22 ~ 30	17.4
2	江口	30 ~ 35	14.6	12	鹅公凸	22 ~ 30	37.4
3	市	30 ~ 35	7.8	13	监利	25 ~ 30	6.8
4	沙市	27 ~ 35	60.3	14	天星阁	20 ~ 28	63.3
5	公安	27 ~ 35	57.9	15	洪水港	21 ~ 30	33.9
6	郝穴	22 ~ 30	96.2	16	天字一号	20 ~ 30	59.3
7	石首	20 ~ 30	93.0	17	荆江门	22 ~ 30	22.3
8	北碾子	22 ~ 30	121.2	18	熊家洲	20 ~ 25	12.3
9	金鱼沟	22 ~ 30	32.2	19	七弓岭	18 ~ 28	76.2
10	调关	22 ~ 30	80.9	20	观音洲	20 ~ 30	57.1

注：计算时段为2004年6月至2008年10月。

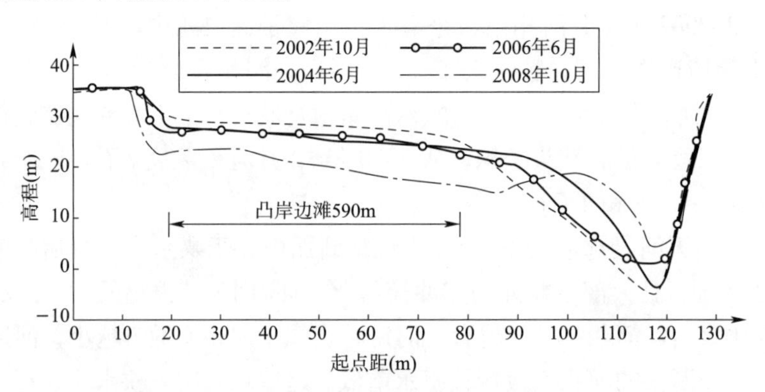

图6-20 调关弯道凸岸边滩典型横断面高程变化

凸岸边滩是在横向环流和纵向水流共同作用下塑造的。三峡水库运行后，一方面，来沙减少后，水流或处于不饱和状态，凸岸边滩在中洪水期主流漫滩后，由于水流挟沙不饱和，滩面受到冲刷，而退水过程中难以淤还；另一方面，弯道段水流动力轴线年内大幅度横向摆动，汛期水流动力轴线取直，流经凸岸边滩，汛后水流动力轴线坐弯，回到凹岸深槽；再一方面，三峡水库的运用使流量过程发生变化，枯水流量显著增加，特别是175m蓄水后，枯水流量的增幅更加显著，水流动力轴线的曲率半径增加，也使得主流离开凹岸，向凸岸偏移。受此几方面的影响，弯曲河段开始呈现凸岸边滩冲刷凹岸深槽淤积的变化规律。

（2）切滩撇弯机率增大

自然状态下弯道的撇弯、切滩现象常常发生，是河弯发育过程中的一种正常规律。

三峡水库运行后，河床展宽、下切，切滩撇弯几率增多。在河宽较大的急弯段，如反嘴弯道或尺八口弯道，中洪水期主流漫滩后，由于水流挟沙不饱和，滩面受到冲刷，退水过程中难以淤还，中枯水流路逐渐向凸岸侧摆动，凹岸侧逐渐淤积，从而形成或快或慢的切滩撇弯趋势。撇弯切滩趋势增多的原因如下：

①来沙减少的影响。上游来沙减少，一方面洪水期冲刷的滩面难以淤积；另一方面凸岸边滩发育不良，弯道段维持稳定的条件有所减弱，进口河床变宽，发生局部切滩撇弯机率增大。

②流量过程改变的影响。建库后枯水期流量加大，凸岸侧边滩中上缘横向来沙减少，边滩发育不良；中洪水出现频率增大，使切滩撇弯频度增大。

6.2.3.3　弯曲分汊型河段滩槽变化特征

（1）三峡水库运行后江心滩有冲有淤，但总体上呈冲刷、下移、缩小的态势

通过对荆江沙质河段内的弯曲分汊河型，如太平口水道、瓦口子水道、马家嘴水道、藕池口水道、窑监河段三峡水库运行后滩槽变化特征的分析得出：三峡水库运行后，江心洲、江心滩发生了明显的冲刷，江心洲、江心滩总体表现为头部冲刷后退、滩体面积缩小等。

如太平口水道的新三八滩，三峡水库运行后，新三八滩滩头呈冲刷后退之势，冲刷主要集中于三八滩中上段。2004 年、2005 年两届枯水期实施了三八滩应急工程，由于多方面原因，工程受损较为严重，新三八滩继续冲刷缩小，但工程还是在一定程度上减缓了新三八滩的冲刷后退；但洲体左右缘未得到守护，因此，期间的变化以滩体向低、窄变化为主（高度、宽度呈现持续减小变化），到 2008 年，该变化规律基本保持，面积进一步减小为 0.65km^2（表 6–13）。

三峡水库蓄水以来三八滩滩形特征统计表　　　表 6–13

时　间	面积（km^2）	最大洲长（m）	最大洲宽（m）	洲顶高程（m）
2003 年 11 月	2.24	3 508	1 039	7.4
2004 年 11 月	1.85	3 499	920	7.4
2005 年 3 月	1.73	3 497	795	7.4
2006 年 4 月	1.00	3 423	530	5.6
2007 年 3 月	0.72	2 651	468	5.7
2008 年 4 月	0.65	2 987	420	5.2
2009 年 2 月	0.52	2 762	354	4.3
2010 年 3 月	0.34	2 595	200	4.3
2011 年 2 月	0.23	1 998	198	4.6
2012 年 2 月	0.17	1 711	150	4.6
2013 年 2 月	0.17	1 450	180	4.7

如瓦口子水道的金城洲，三峡水库运行后，金城洲洲头受冲后退、面积减小，右侧倒套冲刷上伸，2008 年金城洲基本已演变为偏靠右岸的独立心滩（图 6-21）。

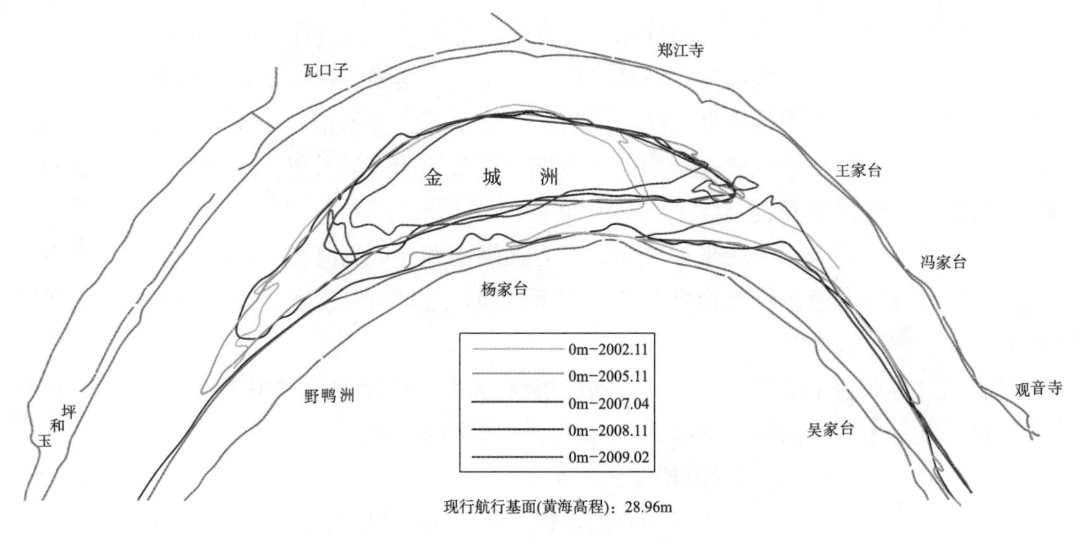

图 6-21　金城洲滩形年际变化图

如窑监河段的乌龟洲洲头心滩和乌龟洲，乌龟洲洲头心滩在三峡水库运行后及整治工程实施前乌龟洲洲头心滩萎缩变散，乌龟夹进口趋向宽浅，2003 年 9 月洲头心滩（−3m）面积为 1.18km^2，而后心滩右缘受水流冲刷，滩体整体左移，同时滩体面积不断减小，到 2009 年 9 月洲头心滩（−3m）面积萎缩至 0.36km^2，仅为 2003 年的 30.5%。乌龟洲是下荆江最大的江心洲，在三峡水库蓄水初期，乌龟洲的变化主要表现为洲头冲刷后退；2004 年以后，随着乌龟洲右缘顶冲点的逐渐下移，洲头及洲体右缘上段趋于稳定，洲体变化主要表现为中下段及洲尾的冲刷后退，到 2009 年洲尾右缘最大左移在 100m 以上。由于洲体的不断崩退，洲体面积由 2003 年的 8.28km^2 减小到 2009 年的 6.95km^2（表 6-14）。

乌龟洲洲体（航行基面上 4m）特征值历年变化表　　表 6-14

时　间	洲长（m）	最大洲宽（m）	面积（km^2）	洲顶最大高程（航行基面上，m）
2003 年 11 月	6 370	1 790	8.28	13.1
2004 年 11 月	6 250	1 750	7.98	13.1
2006 年 10 月	6 343	1 771	7.86	13.2
2007 年 10 月	6 280	1 800	7.85	13.2
2008 年 10 月	6 250	1 750	7.71	13.2
2009 年 9 月	6 000	1 650	7.25	未测量

弯曲分汊段及河弯发展过程中形成的分汊段，如窑监河段、瓦口子水道、马家嘴水道，洲滩不稳定，在放宽段洪枯水流路不一致，受不同来水来沙条件影响，滩槽形态多变，浅

滩水深不足、航槽不稳定。三峡水库运行后，河床冲刷逐步向下游发展，分汊河道江心洲（或心滩）头部和左右缘冲刷尾部淤积下延，边滩普遍冲刷显著；分流区的放宽段是冲刷较弱甚至淤积的河段，即使在近几年来径流量不大的情况下，部分河段仍然出现了滩槽皆淤的现象，这说明放宽段汛期淤积的规律在三峡水库运行后仍然未得到改变。总的来说，分汊河段滩体的冲刷必然导致枯水河床展宽，不利于水流集中冲槽，且心滩冲刷后退将使分流点下移，过渡段相应下移，航槽难以稳定。此外，汛后退水加快，浅滩冲刷期明显缩短，而江心洲滩头部进一步冲刷后退，导致分汊放宽段更趋宽浅，滩槽形态恶化导致退水期流路摆动幅度增大，极可能出现汛后出浅现象，不利于航道条件的稳定。

（2）弯曲分汊河段的河型保持稳定，但分汊格局有所调整，年内主流交替的分汊河段表现为支汊冲刷发展，年内主流不交替的分汊河段则表现为主汊发展，支汊萎缩。

荆江沙质河段内的分汊河段，有年内主流交替和不交替两种类型。所谓年内主流交替是指枯水期主流位于主汊，中洪水期主流转向支汊；年内主流不交替是指枯中洪水期主流均位于主汊，即支汊均不在主流摆动的范围内。

①年内主流交替的分汊河段。年内主流交替的河段，支汊均位于弯曲分汊河段的凸岸侧，主汊则位于凹岸侧，受弯道“大水取直，小水坐弯”的影响，汛期水流流经支汊，由于三峡水库运行后水流处于不饱和状态，分汊河段两汊都将冲刷发展，相比之下，汛期主流经过的支汊发展更加迅速，如瓦口子、马家嘴等。

三峡水库运行后，分汊河段主、支汊得以长期共存的洪枯季相协调的分水分沙关系受到破坏，导致主、支汊年内、年际发育失衡。具体表现如下：

来沙减少，枯水流量增大，对于原汛期淤积，枯季冲刷的支汊，因来沙减小，汛期得不到淤积，枯水期流量加大使得冲刷增强，支汊得到发展。如瓦口子水道，三峡水库运行后支汊（右槽）处于发展态势。

汊道分流区冲刷，或洲滩滩头退蚀，导致主流摆动或分水分沙比改变。如马家咀水道，三峡水库运行后，南星洲洲头滩体先冲后淤，2003 ~ 2005 年南星洲洲头滩体大幅冲刷后退（图 6–22），相应地，马家嘴左汊支汊 2006 年以前分流比增加，2006 年后受马家嘴航道整治一期工程影响，分流比减小趋势才得到逆转（表 6–15）。

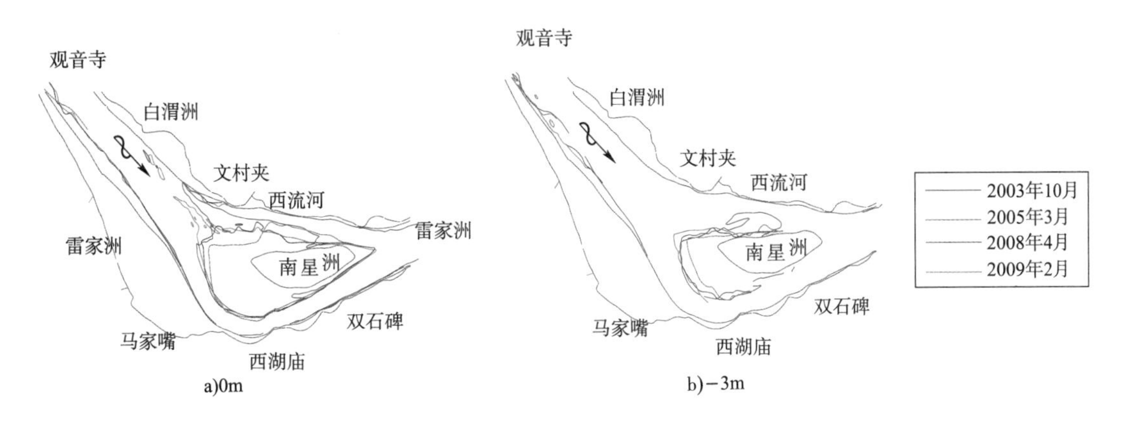

图 6–22　南星洲演变图

马家嘴水道左汊分流比统计表　　表 6–15

日　期	流量（m^3/s）	左汊（%）
2003 年 10 月	14 904	33.0
2004 年 2 月	4 510	15.1
2004 年 6 月	16 192	34.4
2004 年 11 月	10 157	38
2005 年 11 月	10 256	42
2007 年 8 月	30 682	46
2007 年 11 月	8 530	27
2010 年 2 月	6 522	11

分汊型河段汊道演变主要表现为汊道兴衰。分流量大的主汊持续冲刷，发育壮大，流量小的支汊持续淤积萎缩。支汊不萎缩甚至能发展壮大的有利条件为：

a. 汊道进口段水流动力轴线因上游冲刷发展向有利于支汊发展的方向转化。

b. 江心洲头部受冲蚀后退，使支汊分流比增大。

c. 支汊弯曲半径大于主汊的弯曲半径。

d. 支汊原始河床平均高程低于主汊。

e. 强冲刷的近坝河段，泥沙供给不足。

f. 主汊床沙粗，易于粗化；支汊床沙细，难粗化。

g. 原支汊汛期淤积，非汛期冲刷。

三峡水库蓄水运用后，瓦口子河段支汊符合上述第 a、b、c、d、g 条件，在自然状态下有发育壮大的趋势。

②年内主流不交替的分汊河段。年内主流不交替的河段，三峡水库运行后主汊冲刷发展，支汊处于萎缩态势，如下荆江的藕池口水道和窑监河段。三峡水库运行后，两个分汊浅滩河段的支汊总体趋于萎缩，原因是其支汊均不在主流摆动的范围内，加之泥沙来源量大减，位于主流区的主汊稳定性有所加强；同时原枯季淤积、汛期冲刷的支汊，因洪峰削减，得不到有力的冲刷而逐步萎缩。另外，汛期流量过程调平，中低水持续时间增长，对于支汊河底高程显著高于主汊的，不利于支汊的冲刷发展，对主汊的发展有利，如藕池口水道左汊发展，右汊衰退；反之，主汊河底高程高于支汊的，支汊就有发展的可能。

以藕池口水道为例，表 6–16 给出了藕池口段各级流量下各汊道分流分沙比，由表可以看出，右汊枯水期分流比仅为 0.08%，中洪水期略大，但不超过 10%；左汊分流比远远大于右汊，其中左汊的左槽枯水期流量接近 90%，为藕池口绝对主汊所在；分沙比受分流比影响，右汊枯水期分沙比为 1.85%，中洪水期略大，但不超过 10%，左汊分沙比远大于右汊，其中左汊的左槽枯水期分沙比接近 80%。

不同流量级下藕池口段各汊道分流分沙比变化　　表 6–16

流量 (m^3/s)	分流比（%）			分沙比（%）		
	左汊		右汊	左汊		右汊
	左槽	右槽		左槽	右槽	
7 752	89.91	10.01	0.08	77.26	20.89	1.85
22 867	93.05		6.95	94.63		5.37
46 300	90.72		9.28	91.42		8.58

6.2.4　荆江沙质河段河床冲淤变化与水沙变化的关系

三峡水库运行以来的十年间，总体上呈现一致性冲刷，冲刷上强下弱，符合清水下泄冲刷发展的一般规律。175m 蓄水运用前年际间河段的总冲刷强度呈逐年减弱趋势；而 175m 蓄水运用后，河段的总冲刷强度有所增强，随着来水条件不同而呈现强弱变化。

对水沙调节相对要小的三峡水库 135m 蓄水期，上荆江冲刷强度小、下荆江冲刷强度大；运行时间较短的三峡水库蓄水 156m 期间，上荆江冲刷、下荆江淤积，但冲淤强度均较小；三峡水库蓄水 175m 期间，总体表现为冲刷，呈现上荆江冲刷强度大、下荆江冲刷强度小，这符合水库下游清水冲刷的一般规律，也是今后较长时间的常态，但随着冲刷的发展，冲刷剧烈的河段将不断向下游延展，在冲刷剧烈的河段下游也可能会出现短期淤积性河段。

三峡水库蓄水后，顺直型浅滩河段或以“冲槽”为主或以“冲滩淤槽”为主，前者因滩槽高差加大、河床稳定性增强而航道条件趋好，后者因河床宽浅化、深泓摆动空间大而航道条件变差。弯曲型浅滩河段蓄水后呈现凸岸边滩冲刷，凹岸深槽淤积的变化规律，且切滩撇弯概率增大。弯曲分汊型浅滩河段蓄水后江心滩有冲有淤，但总体上呈冲刷、下移、缩小的态势，河型保持稳定，但分汊格局有所调整，洪峰的削减、枯水流量的加大和沙量的大幅度减小在不同特征（包括两汊的入流条件及其年内变化、各汊的平面形态及其断面特征等）的分汊河段，或表现为支汊冲刷发展，或表现为主汊发展。

6.3　城陵矶至武汉河段航道冲淤及滩槽变化

城陵矶—武汉河段（简称城汉河段），长约 228.1km。两岸湖泊和河网交织，入口城陵矶处有我国第二大淡水湖洞庭湖汇入，出口有长江中游最大支流汉江汇入。由于有洞庭湖和汉水汇入，河段流量增大，江面较宽，平均河宽 1 500m 左右，河道顺直，水流平缓，总体上较荆江段稳定。河段两岸多为孤独山丘，形成多处节点，河心也存在多处暗礁，两岸土质有所不同，侧向侵蚀较严重，易形成分汊和弯曲河道。

6.3.1　中洪水河槽冲淤变化

6.3.1.1　冲淤强度沿时变化

图 6–22 给出了三峡水库运行后 2002 年 10 月～ 2012 年 10 月城汉沙质河段中洪水河槽（Q=30 000m^3/s）冲淤强度沿时变化，由图 6–23 可知：三峡水库运行后，城汉沙质河

段中洪水河槽年际间冲淤交替；累积冲刷量为 −21 306 万 m^3，累积淤积量为 8 750 万 m^3，冲刷量远远大于淤积量，总体呈冲刷态势，但冲刷强度较上游河段明显偏弱，见图 6−24。

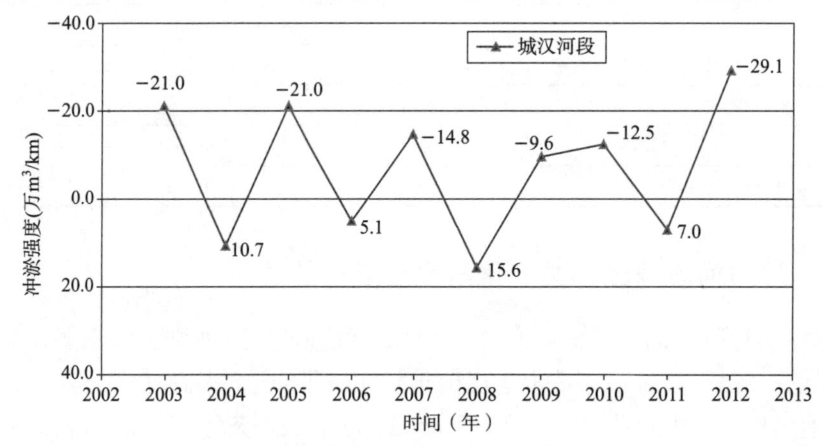

图 6−23　三峡水库运行后城汉河段冲淤强度沿时变化（中洪水河槽 Q=30 000m^3/s）

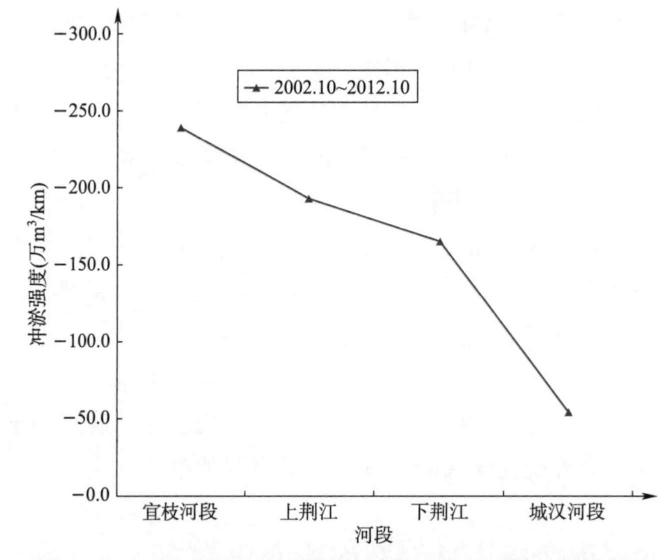

图 6−24　三峡水库运行后宜昌至武汉河段冲淤强度沿程变化

6.3.1.2　冲淤强度沿程变化

图 6−25 给出了三峡水库运行后 2002 年 10 月～ 2012 年 10 月长江中游城汉河段中洪水河槽（Q=30 000m^3/s）冲淤强度沿程变化。

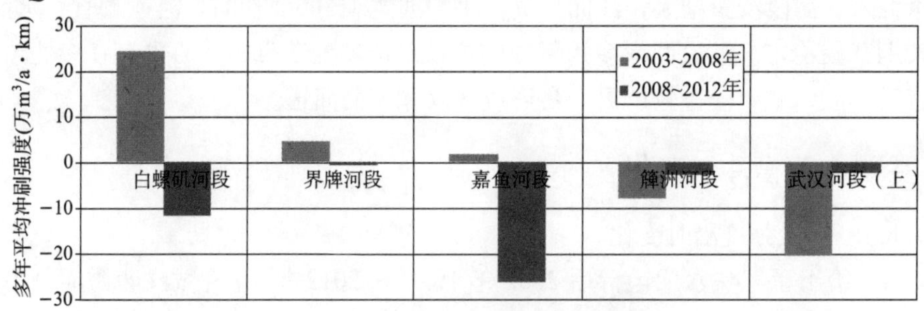

图 6−25　城汉河段累计冲刷强度

由图 6–24 可知：

城汉河段内，嘉鱼以上河段（长约 97.1km）河床冲淤相对平衡，嘉鱼以下河床则以冲刷为主，其中嘉鱼河段、簰洲河段和武汉上段的平滩河槽冲刷幅度相对较大。

2003 年 10 月至 2008 年 10 月，城陵矶—汉口河段的上段总体表现为淤积，其中白螺矶河段（城陵矶—杨林山）、界牌河段（杨林山—赤壁）、陆溪口河段和嘉鱼河段河床淤积明显，嘉鱼河段以下则以冲刷为主，主要在簰洲河段和武汉河段（上）。

2008 年 10 月～2012 年 10 月，城汉河段沿程呈冲刷状态，其中白螺矶河段、界牌河段、陆溪口河段、嘉鱼河段和武汉河段均表现为冲刷，并且以白螺矶河段和嘉鱼河段冲刷最为剧烈。

6.3.2　枯水河槽冲淤变化

6.3.2.1　冲淤强度沿时变化

（1）枯水河槽与中洪水河槽冲淤规律基本一致

图 6–26 为城汉河段枯水河槽（Q=5 000m^3/s）和中洪水河槽冲淤量沿时变化，由图可知：城汉河段枯水河槽冲淤沿时变化规律与河床冲淤沿时变化规律基本是一致的。

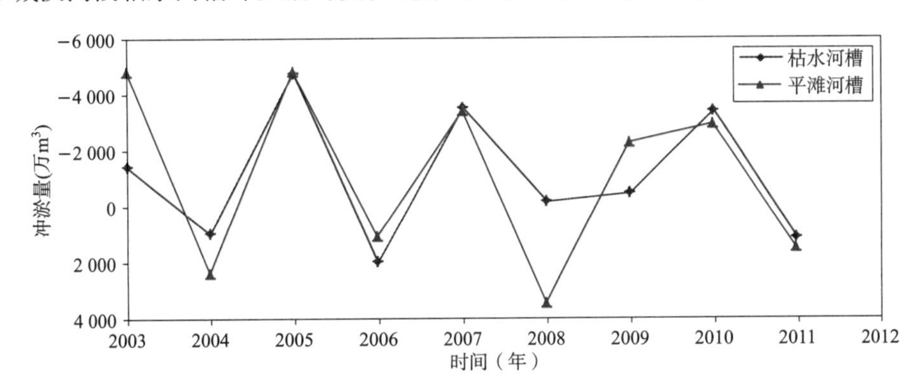

图 6–26　三峡水库运行后城汉河段枯水河槽和中洪水河槽冲淤量沿时变化

（2）枯水河槽是河床变形的主体

表 6–17 为三峡水库运行后城汉河段枯水河槽和中洪水河槽冲淤量统计表。由表 6–17 可知：三峡水库运行后城汉河段有冲有淤，年际间冲淤交替，冲刷主要集中于枯水河槽，淤积主要发生在枯水河槽以上，即总体表现为“冲槽淤滩”，2002 年 10 月～2011 年 10 月城汉河段枯水河槽的冲刷量 9 087 万 m^3，中洪水河槽总冲刷量为 9 247 万 m^3，枯水河槽冲刷量占中洪水河槽冲刷量的 98%。

（3）深泓不稳定，平面摆动频繁

如陆溪口水道。深泓平面变化主要集中在分汊进口段，中港进口段深泓年际年左右摆动，尚未有趋势性变化，直港进口深泓左移，由 2008 年的贴靠右岸摆动至 2011 年的贴靠新洲头部低滩，最大摆幅达 730m，2012 年深泓再次摆回右岸侧，这与直港进口较大的年内冲淤幅度有密切的关系。

再如嘉鱼—燕子窝河段。嘉鱼水道左汊与中夹进口段的深泓线，2004 年 2 月居河道中间偏左岸，随后，深泓表现为逐年右摆，到 2011 年 2 月深泓位置居河道中间偏右岸。

燕子窝心滩上游深泓线年季间表现为下移；燕子窝左槽深泓线表现为逐年向心滩左缘靠近；右槽进口段深泓也表现为逐年偏向心滩右缘。

三峡水库蓄水后城汉河段河道泥沙冲淤统计表　　表 6–17

起止地点	长度(km)	时　段	冲淤量（万 m^3）	
			枯水河槽	中洪水河槽
城汉河段	228.1	2002 年 10 月 ~ 2003 年 10 月	−1 374	−4 798
		2003 年 10 月 ~ 2004 年 10 月	1 033	2 445
		2004 年 11 月 ~ 2005 年 10 月	−4 742	−4 789
		2005 年 10 月 ~ 2006 年 10 月	2 071	1 152
		2006 年 10 月 ~ 2007 年 10 月	−3 443	−3 370
		2007 年 10 月 ~ 2008 年 10 月	−104	3 567
		2008 年 10 月 ~ 2009 年 10 月	−383	−2 183
		2009 年 10 月 ~ 2010 年 10 月	−3 349	−2 857
		2010 年 10 月 ~ 2011 年 10 月	1 204	1 586
		2001 年 10 ~ 2011 年 10 月	−9 087	−9 247

6.3.2.2　滩地冲淤变化

三峡水库运行后，城汉河段滩地初期冲刷多，后期冲刷少，甚至淤积。如：2002 年 10 月 ~ 2003 年 10 月中洪水河槽和枯水河槽之间的中低滩滩地年平均冲刷强度为 15 万 m^3/km；2007 年 10 月 ~ 2008 年 10 月中低滩滩地年平均淤积强度为 16.1 万 m^3/km，见图 6–27。

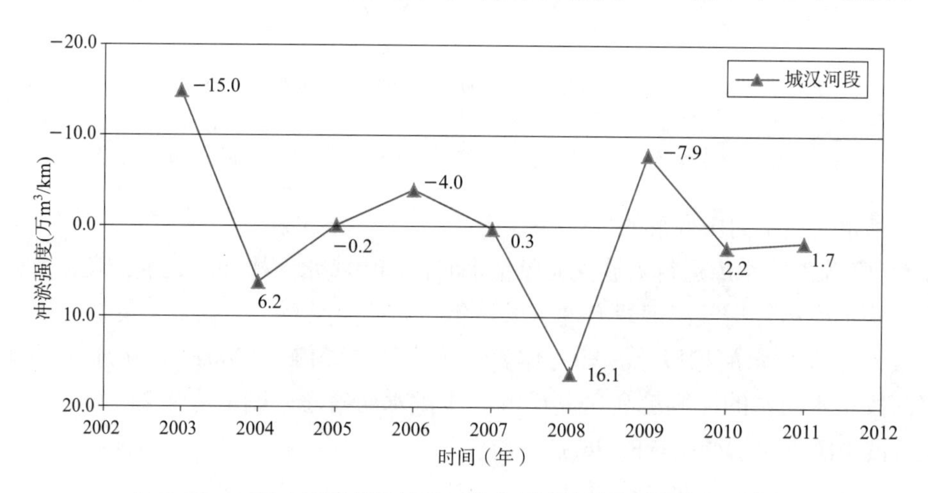

图 6–27　三峡水库运行后城汉河段中低滩滩地冲淤强度沿时变化

6.3.3　城汉沙质河段滩槽变化

6.3.3.1　顺直分汊型河段滩槽变化特征

（1）三峡水库运行后水流动力轴线摆动频繁、心滩冲淤迁移、心滩与边滩相互消长

以嘉鱼—燕子窝河段为例进行分析。嘉鱼—燕子窝河段是长江中游主要碍航河段之一，

为改善河段航道条件，2005 年底开始实施嘉鱼—燕子窝河段航道整治工程，工程以守护洲滩头部为主，工程实施及三峡水库运行后，嘉鱼—燕子窝河段内有冲有淤，总体表现为冲刷。

①嘉鱼水道。嘉鱼水道内有冲有淤，但总体表现为冲刷，冲刷部位主要有复兴洲头低滩冲刷后退，幅度达到 2m 左右；护县洲左缘低滩冲刷后退，幅度在 1 ~ 2m 之间；嘉鱼中夹进口段有冲有淤，其中左侧表现为淤积，右侧表现为冲刷，幅度在 2 ~ 3m 之间。

汪家洲边滩：2008 年前，嘉鱼水道洲滩变化主要体现在汪家洲边滩、复兴洲洲头及左缘边滩的变化上。当汪家洲边滩淤长下延时，复兴洲洲头冲刷后退或洲头 0m 线右移。其中 2007 年 3 月与 2005 年 2 月相比，汪家洲边滩淤长下延 971m，到蒋家墩附近；复兴洲头及左缘边滩表现为冲刷后退。2008 年后，由于复兴洲头护滩带的守护作用，复兴洲洲头及左缘边滩均有所淤积上延，其中洲头上延 304m；汪家洲向下淤长的趋势得以抑制，滩尾有所上提，2009 年 3 月洲尾上提至八窝墩，与 2007 年 3 月相比，上提了 2 055m。近年来，汪家洲边滩总体表现为向河心淤长，其中 2011 年 3 月较 2005 年 2 月，八屋墩一带淤长了 144m。

复兴洲洲头及其左缘边滩：工程实施后，复兴洲洲头及左缘边滩略有淤长并趋于稳定，右缘有所冲刷崩退。其中 2011 年 3 月较 2005 年 2 月，左缘边滩最大淤长幅度为 151m，右边滩最大崩退幅度为 95m。

②燕子窝水道。燕子窝心滩头部以及左、右缘均表现为冲刷后退，尾部表现为淤积下延，其中头部冲刷幅度在 2m 左右，心滩右缘的冲刷幅度和范围均较左缘为大，幅度可达 4m 以上；心滩尾部淤积的泥沙基本堆积在河道右侧潘家湾一带，淤积幅度达到 4m 以上。燕子窝左槽河床表现为左侧淤积、右侧冲刷，幅度在 1 ~ 2m 之间；右槽河床表现为左冲右淤，幅度在 2 ~ 3m 之间。嘉鱼—燕子窝航道整治工程实施后，燕子窝心滩头部基本保持稳定，已建工程前沿低滩总体表现为冲刷后退，其中 2007 年 3 月 ~ 2011 年 3 月，心滩头部 0m 线后退 250m 左右；心滩左、右缘表现为明显的冲刷崩退，2011 年 3 月与 2005 年 2 月相比，左缘最大崩退 344m，右缘最大崩退 166m；滩尾有所淤长；出口潘家湾处形成一个新边滩，滩尾已淤长至陈家墩处，且有继续向下淤长的趋势。

(2) 分汊河段的河型保持稳定，受来沙减少的影响，主支汊均处于发展态势，但支汊发展速度加快

以燕子窝水道为例，该水道受上游河势及本河段平面形态的影响，主汊位于凸岸侧，支汊位于凹岸侧，但中洪水期主流偏向支汊，虽然对燕子窝水道采取了控制工程措施，但由于工程强度有限，支汊进口的护底带已严重破坏，支汊进一步发展，与此同时，心滩滩头以及靠主汊一侧的滩缘也逐渐冲刷萎缩，使得主汊进口滩性散乱，河道宽浅。

受上下游水道之间地形和节点的影响，相邻水道之间流速互相影响，主流摆动存在关联性和对应性：洪水流量条件下，陆溪口主流左摆，同时引起龙口水道主流偏靠左岸凸岸侧，石头矶挑流作用弱，嘉鱼河段主流相应的右摆，并直冲燕子窝河段左汊，引起燕子窝河段主流居左汊左岸侧；中枯水流量下陆溪口河段主流右偏居直港，龙口水道主流相应右摆居右侧凹岸侧，石头矶挑流作用强，嘉鱼河段主流贴左汊左岸，并在左汊微弯的河道形

态下右摆，燕子窝河段主流右摆向心滩和右槽侧。

三峡水库运行及整治工程完工后，燕子窝水道分汊段分流比也出现了趋势性调整的现象。实施工程前，燕子窝右汊中枯水期分流比不足19%，已有工程在准确认识到右汊会冲刷发展的情况下，对该汊进口段实施了护底限制工程，但工程措施仍未能阻止右汊分流比的日渐增加，至2012年该汊枯水期分流比增至28.3%（表6–18），接近2005年同期的2倍。与分流比调整相对应，左右汊的冲淤发展也有所变化，右汊3m等深线接近贯通，左汊进口放宽淤积，5m等深线有较大幅度的断开。

工程实施后实测燕子窝水道汊道分流比统计表（%） 表6–18

日　期	左　汊	右　汊
2001年3月	82.7	17.3
2004年2月	86.1	13.9
2005年2月	85.6	14.4
2011年3月	72.9	27.1
2012年2月	71.7	28.3

6.3.3.2　鹅头分汊型河段滩槽变化特征

（1）三峡水库运行后滩槽格局有所调整，滩体呈现冲刷萎缩态势

鹅头分汊型分汊河道的形成与发展有其自身的条件和规律。即它必须具备分汊河道的水沙条件，同时还具有特殊的边界条件，一岸有坚硬的控制节点（矶头），另一岸有易冲的冲积平原。鹅头分汊型河段一般为多分汊河段，如陆溪口河段由两洲、三汊组成。鹅头分汊型汊道具有周期性演变的特点，洲滩易变、航槽摆动、河道变化频繁，崩岸时有发生。

以陆溪口水道为例进行分析。三峡水库运行后，陆溪口水道内的洲滩冲淤调整幅度较大，为稳定新洲滩体形态，维持分汊河型，陆溪口水道于2004年实施了航道整治工程。航道整治工程实施后，陆溪口水道中港中上段及新洲左缘明显淤积，中港中上段淤积幅度在3m以上，中港贴中洲的深槽段冲刷，冲刷幅度也在3m以上，中港出口段同样以淤积为主；相反，直港及新洲右缘全程冲刷，直港平均冲刷幅度也在4m以上。陆溪口水道左淤右冲的现象十分明显。

新洲：三峡水库运行后及航道整治工程实施前，新洲位于直港和中港之间，其演变特点与河段整体河势调整密切相关。航道整治工程实施以来，工程限制了新洲洲滩头的冲刷后退，滩体基本保持稳定。从新洲低滩0m等深线年内变化来看，工程后新洲变化较大之处主要发生在洲头及左缘，年内仍遵循着"涨淤落冲"的变化规律，汛期洲头低滩可上延淤长近千米，退水期冲刷也较快，洲头脊坝右侧滩面略有淤高，左侧略有冲刷降低，洲尾年内变化不大。新洲右缘基本稳定，中下段略有冲刷后退，2012年2月与工程完工之初相比最大退幅约150m，滩体左缘中下段自2008年开始有明显的向中港内淤积的趋势，2012年2月与工程完工之初相比沿程普遍淤积，但总体来看，工程完工以来，低滩面积、滩面最大高程等变化不大（表6–19）。

工程后新洲滩体特征值年际变化统计表　　表 6–19

测　时	0m 线面积 (km^2)	5m 线面积 (km^2)	滩长 (m)	滩顶高程 (m)
2006 年 3 月	9.33	5.03	6 186.5	13.5
2007 年 10 月	10.36	6.75	6 638.9	13.4
2008 年 3 月	9.90	6.29	6 524.6	13.4
2009 年 12 月	10.40	7.22	6 616.5	13.6
2010 年 3 月	10.25	7.22	6 611.5	13.4
2011 年 2 月	10.65	7.69	6 579.7	13.8
2012 年 2 月	10.61	7.45	6 524.4	14.1

注：滩顶高程为航基准面以上。

新洲窜沟往往产生于中港出现过度弯曲、阻力增大的情况下，已实施的航道整治工程堵塞了新洲窜沟，从 2007 ~ 2012 年，该窜沟和滩脊已有所回淤，今后如若出现特殊水文年份，在大洪水流量持续时间较长时，顺坝工程尾部仍有较强的横向流存在，仍可能在已建滩脊顺坝工程尾部出现切滩形成新的窜沟。

中洲：中洲已建护岸工程使中洲中上段岸线崩退得到了较好的控制，但其下段及宝塔洲未护岸线在弯道环流作用下，崩退速度和崩退幅度均较大。2009 年 12 月相对 2005 年初，中洲下段左岸平均崩退约 85m，局部年最大崩退在 100m 左右，至 2012 年 2 月较 2009 年 12 月，又持续冲刷后退约 22m。

(2) 三峡水库运行后中枯水主流所在汊道表现为冲刷发展

陆溪口水道汊道交替发展最主要的特征是平面上的大范围摆动。该段自形成稳定分汊河型以来，圆港分流比均在 30% 左右，一直未能发展为主汊道，尤其是河道进入第三轮演变周期后，圆港分流比进一步减少，至 21 世纪初，其中枯水分流比不足 3%；直港和中港分泄绝大部分来流，主支汊主要是在这两个汊道进行交替，其交替的方式是，在直港和中港中间通过切割低滩形成一个新汊道，常称新中港，新中港发展过程中，直港和老中港分流量大幅减小，随着新老中港的合并，河段恢复为正常的三汊格局。从工程实施前的四轮周期演变来看，直港分流比呈递减的趋势，20 世纪 60 年代初枯水期直港分流比还保持在 60% 以上，其后逐渐减少，至 20 世纪 70 年代中上期，枯水分流比不足 30%，之后分流比又略有回升，至 21 世纪初增至 45% 左右，未能恢复主汊的地位，见表 6–20。

整治工程实施后，陆溪口水道分流比出现了趋势性的调整现象，从分流比大小来看，该河段主支汊发生了易位。表 6–21 为工程完工后陆溪口水道直港和中港实测分流比统计值，直港分流比年际呈增加的趋势。相同水位情况下，2011 年直港分流比较 2009 年增加 4.6%，2012 年较 2011 年增加 3.5%，2009 ~ 2012 年年均增幅达到 2.7%。2011 年汛后开始，直港分流比增至 50% 以上，超过中港，河段主支汊地位发生调整。与此对应，新洲右缘冲刷而左缘淤积，同时直港进口浅滩水深条件得到改善，中港水深也得以保持，工程效果较为明显。

三峡水库运行前实测陆溪口汊道分流比（%）　　表 6–20

年　份	日　期	水 位（m）	直　港	新 中 港	园　港	老 中 港
1959 年	3.24 ~ 25	5.1 ~ 4.7	60.9	未冲开	26.0	14.1
	8.23 ~ 24	11.9 ~ 11.7	50.6		31.1	18.3
	11.1 ~ 2	4.4 ~ 4.9	59.8		24.5	14.7
1960 年	2.9 ~ 10	−0.3 ~ −0.1	67.7		19.4	12.9
	4.23 ~ 24	5.5 ~ 4.9	65.2		20.1	14.7
	8.22 ~ 23	10 ~ 11.9	49.2		28.1	22.7
1965 年		0.8	32.8	50.4	16.8	0
1971 年	7.28 ~ 7.31		64.7	未冲开	19.1	16.2
1973 年	1.25 ~ 26	3.9 ~ 2.46	18.2	52.2	15.0	14.0
1975 年	2.22 ~ 23	2.4 ~ 2.3	23.4	64	12.6	0
2001 年	2.13	3.75 ~ 4.06	45.3	未冲开	0.9	54.8

工程完工后实测陆溪口汊道分流比（%）　　表 6–21

年　份	日　期	水 位（m）	直　港	中　港
2009 年	12.6	2.14 ~ 2.78	43.5	56.5
2011 年	3.3	3.3	48.1	51.9
2011 年	7.24	9.2	52.3	47.7
2011 年	8.14	10.4	52.8	47.2
2011 年	10.13	4.9	51.9	48.1
2012 年	2.1	3.4	51.6	48.4

6.4　长江中游河床演变初步的总体认识

三峡水库运行十年来，因上游来沙减少和三峡水库的水沙调节，清水下泄引发的坝下河床再造和调整响应总体上仍处在初期，但宜昌大埠街砂卵石河段抗冲覆盖层已初步形成，特别是近坝段，河床冲淤变化幅度已趋微小。荆江及其以下至武汉的沙质河段，悬移质泥沙含沙量的沿程恢复目前表现仍很明显，表明沙质河段河床再造和调整仍处高强阶段，且将持续较长时间；随泥沙减少而带来的长河段纵向冲刷幅度一般远小于因年内水沙变化而产生的河床断面调整（或局部变化）变化幅度；相较三峡水库建库前的河床大幅冲淤，现状条件下河床变形的幅度要小，即河床变化的速率趋缓、周期拉长；同时，河型的调整变化尚未显现。

第 7 章　基于水道关联性的长河段河床演变趋势预测模型研究

7.1　水道关联性分析

由于宜昌—武汉河段较长，若将这么长范围的河段作为一段直接采用平面二维模型对水沙运动特性进行模拟，受现有模拟技术的限制，不仅计算效率低，且也容易造成较大的计算误差。为此，根据典型浅滩演变趋势和航道条件变化趋势预测的目标要求和河段自身特性，首先将河段划分成宜昌—城陵矶和城陵矶—武汉两段，再根据河段内各水道演变的关联性进一步分段建立模型。

一般而言，相邻河段演变的关联性包括两个方面，其一是水流特性相关联，其二是洲滩演变相关联。对于宜昌—城陵矶河段，大埠街以上的砂卵石河段的关联性表现为前者，主要是枯水水位变化的沿程传递；而大埠街以下的沙质河段的关联性则主要表现为后者，即上下游河段洲滩演变的相互影响。初步分析认为，虽然大埠街以下节点甚少，但杨家厂、塔市驿两处长、窄、深河段仍起到了限制上下游影响的作用。即以大埠街、杨家厂、塔市驿为划分节点，各段内水道间的关联性较强，而段与段之间主流、滩槽变化的关联性相对较弱。基于此，分别建立了宜昌—大埠街、大埠街—杨家厂、杨家厂—塔市驿、塔市驿—城陵矶 4 段模型。对于城陵矶—武汉河段，河道两岸山矶节点分布较多，沿程有杨林山与龙头山对峙节点、赤壁山、纱帽山与赤矶山对峙节点等，一定程度上限制了上下游水道演变的影响。而且不同河段的河道特性、航道条件差异明显，其中，潘家湾—纱帽山段为连续的弯道段，航道条件较好且相对较稳定，航道水深基本可达 6.0m；其他河段主要为顺直分汊河段，碍航浅滩也主要位于这些河段，部分河段 4.0m 的航道水深难以维持。因此，主要建立城陵矶至杨林山段、界牌河段（杨林山至赤壁山段）、赤壁—潘家湾河段、武汉河段（纱帽山至阳逻段）共 4 段模型，研究这些浅滩河段的典型浅滩和航道条件变化趋势。

7.2 相关模型的建立与验证

7.2.1 宜昌—大埠街河段

7.2.1.1 模型网格

模拟区域上起宜昌，下至大埠街，长约110km，包括清江入汇、松滋口分流等；计算网格数为980×80，水流方向网格间距为100 ~ 150m，垂直水流方向网格间距为10 ~ 40m。

7.2.1.2 验证资料

自2003年三峡水库蓄水以来，砂卵石河段内的宜昌、宜都、芦家河等河段连续开展了多次的地形、流速和水位观测。模型率定与验证的依据主要来源于这些观测资料，对于水流条件及河床变形等各项验证资料的选取情况说明如下：

(1) 验证时段

模型验证的时段取为2008年10月～2010年11月，该时段具有两年的时间跨度，既具有一定的冲淤变幅，参数又能体现目前的实际情况。

(2) 水位资料

自2003年以来，坝下自宜昌至大埠街布设了16把水尺监测枯期水位，自2006年个别水尺位置变动后基本保持了稳定，且范围已下延至城陵矶，本次模型验证选用大布街以上水尺作为枯水位验证资料；洪水位的验证，取沿程的马家店、枝城、沙市等水文及水位站资料作为依据。

(3) 流速资料

自2003年以来，砂卵石河段内在宜昌、宜都、芦家河河段曾开展过多次的断面流速观测，测量时对应的流量有中、枯多级流量。虽然自2003年以来，本河段地形有所变化，但河势未发生大的调整，各年的流速观测资料都具有一定的参考价值。为使流速验证尽量完善，将能够收集到的各流量级流速均纳入验证范围，而不是局限于2008年10月～2010年11月的时段内。

(4) 地形资料

2008年之前本河段内地形观测仅覆盖宜昌、宜都、芦家河三个重点河段，完整的河段地形较为缺乏。为使地形冲淤验证能够进行，动床模型验证时段取为2008年10月～2010年11月。

7.2.1.3 验证结果

鉴于篇幅，以下仅给出部分时段验证结果。

(1) 水位、流速验证

图7-1、图7-2列出水位和流速的验证情况，可见在洪、中、枯不同流量级下计算与实测水面线、流速分布符合较好，误差较小，汛期比枯水期吻合更好。

(2) 冲淤分布验证

图7-3给出了2008年10月～2010年11月宜昌—大埠街河段计算与实测冲淤分布对比情况，可从实测和计算的分段冲淤量统计来看，计算值与实测值比较接近，误差基

本在 20% 以内。

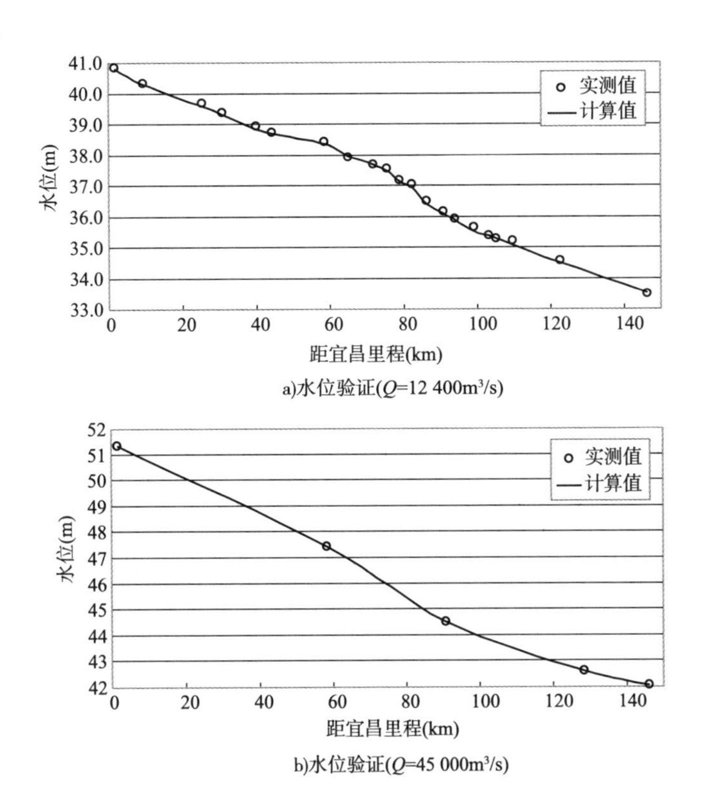

图 7–1　宜昌—大埠街河段不同流量级下水位验证

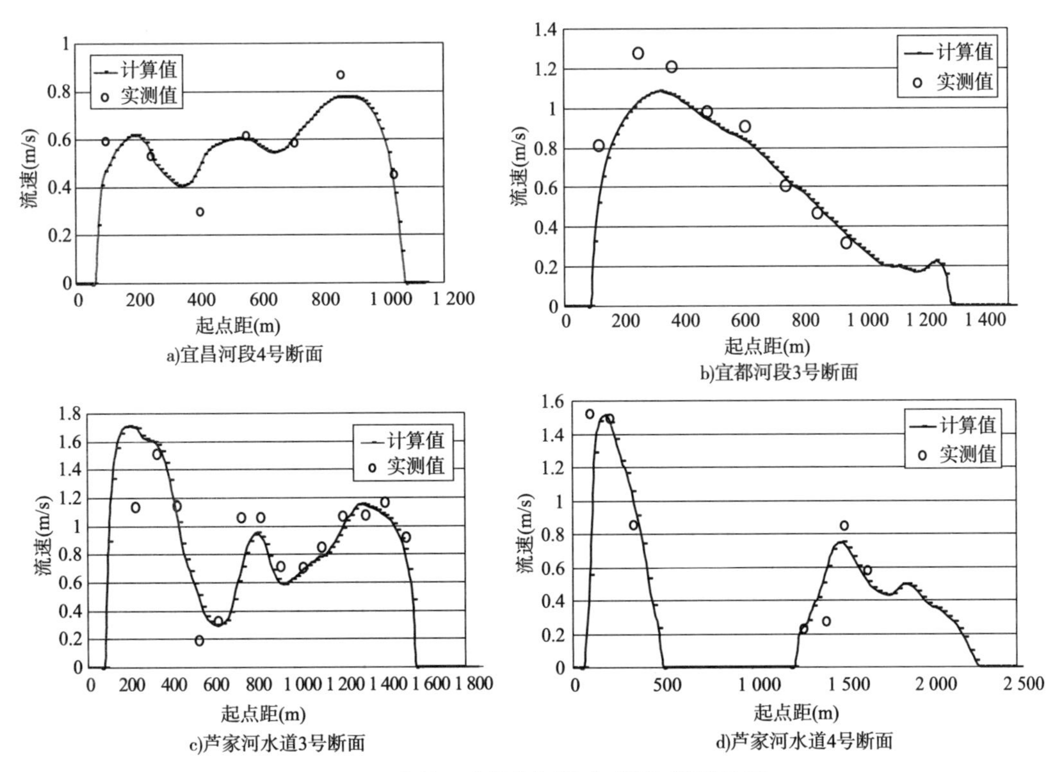

图 7–2　宜昌—大埠街河段典型断面流速验证

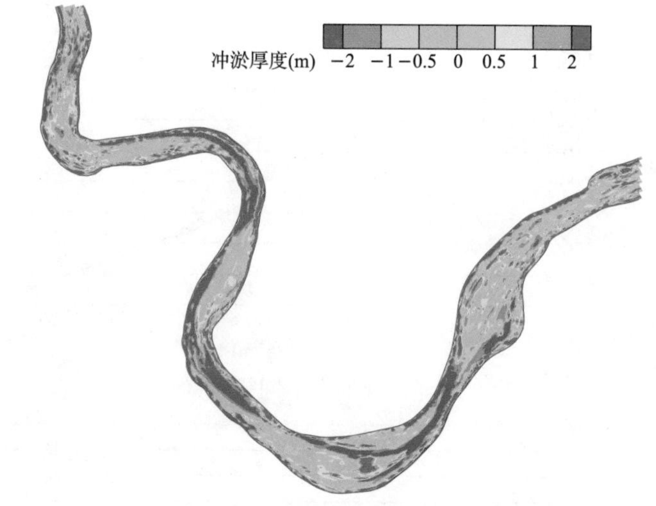

a)2008年10月~2010年11月宜都—关洲—芦家河段实测冲淤分布图

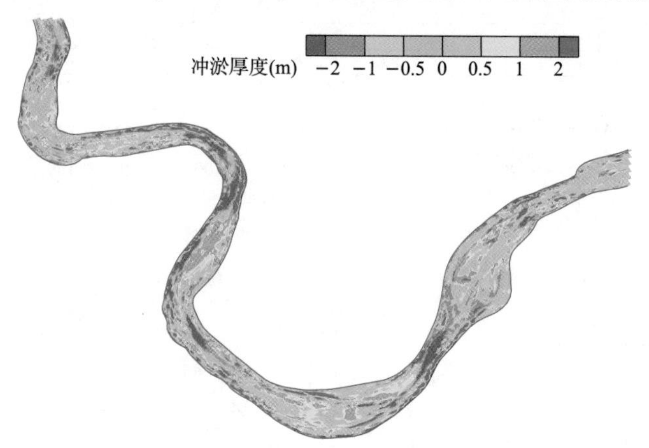

b)2008年10月~2010年11月宜都—关洲—芦家河段计算冲淤分布图

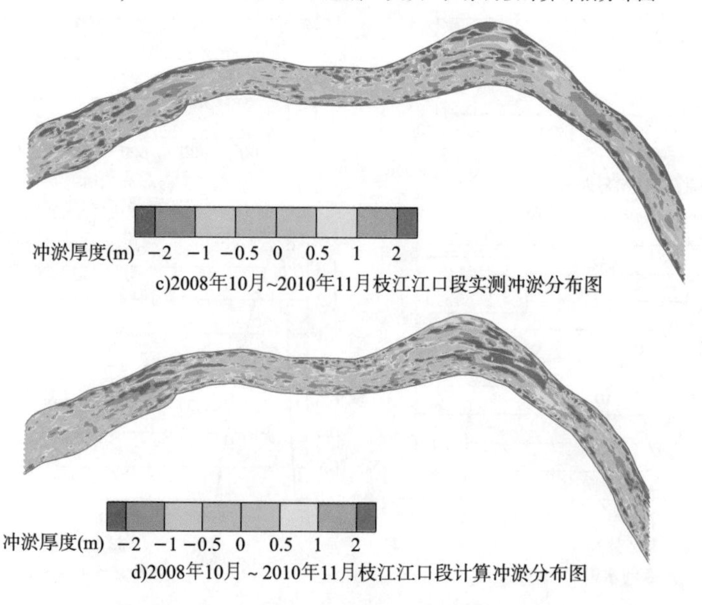

c)2008年10月~2010年11月枝江江口段实测冲淤分布图

d)2008年10月 ~ 2010年11月枝江江口段计算冲淤分布图

图 7−3　宜昌—大埠街重点河段冲淤分布验证

7.2.2　大埠街—杨家厂河段

7.2.2.1　模型网格

模拟河段包括大埠街水道、涴市水道、太平口水道、瓦口子水道，马家嘴水道。计算网格数为 760×100，水流方向网格间距 100 ～ 150m，垂直水流方向网格间距 10 ～ 40m。网格划分见图 7–4。

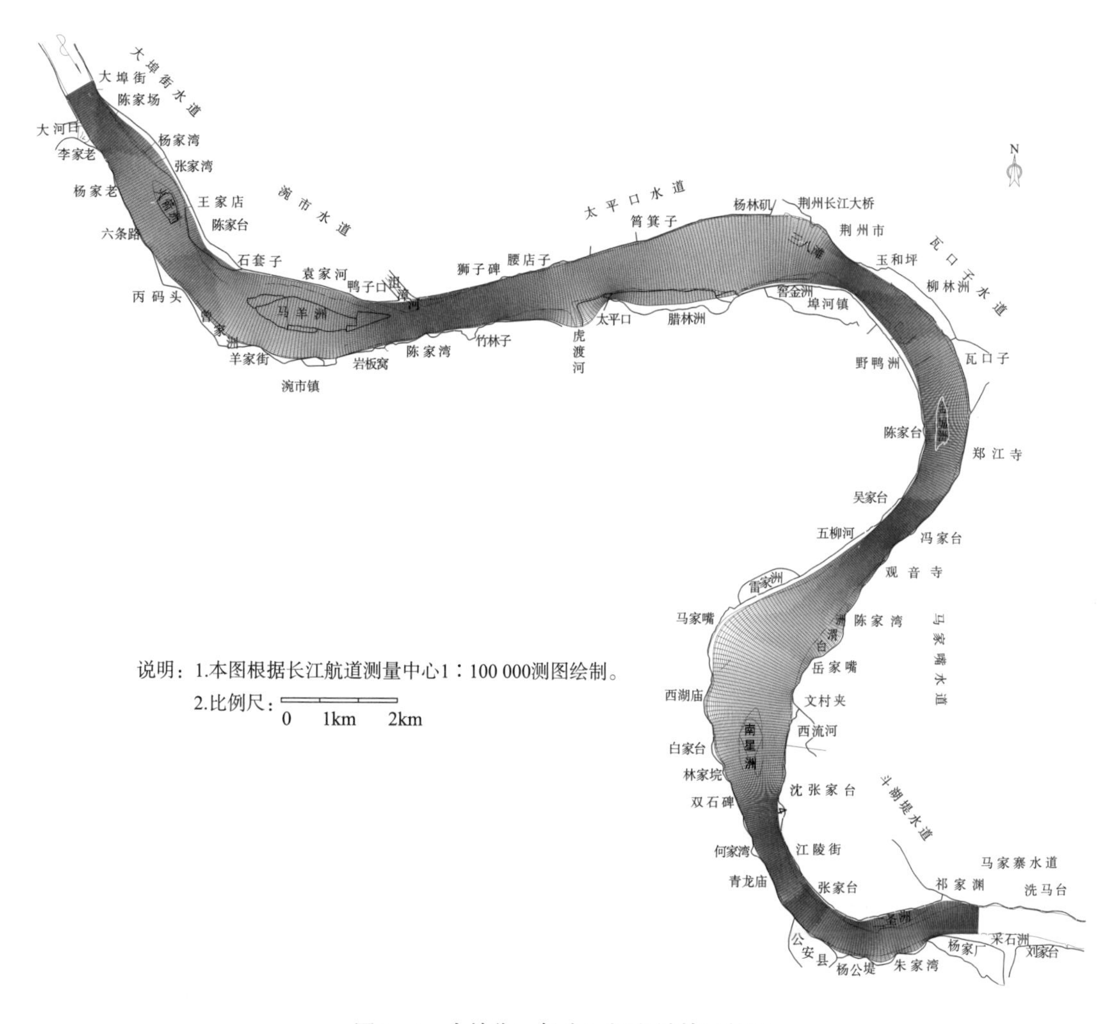

图 7–4　大埠街—杨家厂河段计算网格图

7.2.2.2　验证资料

研究河段尤其是太平口—马家嘴水道，实测水文、地形资料相对丰富，模型依据三峡水库蓄水后实测的水文、地形资料展开了细致的定、动床验证计算工作，定床验证资料使用情况如表 7–1 所示，考虑到研究河段洪枯期流路不一致的特点，验证资料尽可能地选择了不同流量级。计算河段共布置了 13 个水文断面。动床验证以 2008 年 10 月作为起始地形，采用 2008 年 10 月～ 2010 年 11 月水沙系列作为动床验证计算条件，对模型进行验证。鉴于篇幅，以下仅给出部分时段验证结果。

大埠街—杨家厂河段定床验证资料情况统计表 表 7–1

验证实测资料所属年份	流　速	水　位
2003 年 8 月 14 日	sw1 号～sw6 号共 6 个断面垂线平均流速分布	sw1 号～sw6 号共 6 个断面水位
2003 年 10 月 13 日	1 号、2–1 号、2 号、3 号、5 号、6 号共 6 个断面垂线平均流速	1 号、2–1 号、2 号、3 号、5～12 号共 11 个断面水位
2004 年 11 月 18 日	1 号、2–1 号、2 号、3 号、5～12 号共 11 个断面垂线平均流速	1 号、2–1 号、2 号、3 号、5～12 号共 11 个断面水位
2009 年 2 月 18 日	1 号、2–1 号、2 号、3 号、5～12 号共 11 个断面垂线平均流速	1 号、2–1 号、2 号、3 号、5～12 号共 11 个断面水位
2010 年 1 月 12 日	1 号、2–1 号、3 号、4 号、sw2～sw6 号共 9 个断面流速	1 号、2–1 号、3 号、sw2～sw6 号共 8 个断面水位
2010 年 8 月 14 日	1 号、2–1 号、3 号、4 号、sw2～sw6 号共 9 个断面流速	1 号、2–1 号、3 号、sw2～sw6 号共 8 个断面水位

7.2.2.3 验证结果

(1) 水位、流速验证

表 7–2 和图 7–5 列出水位和流速的验证情况，可见在洪、中、枯不同流量级下计算与实测水面线、流速分布符合较好，误差较小，汛期比枯水期吻合更好。

大埠街—杨家厂河段沿程各水文断面水位验证情况统计表（单位：m） 表 7–2

断面号	水位 (2010 年 1 月)Q=5 941m^3/s		差值	水位 (2010 年 8 月)Q=16 508m^3/s		差值
	实测值	计算值		实测值	计算值	
1 号 L	30.04	30.09	0.05	36.62	36.65	0.03
2–1L	29.88	29.84	–0.04	36.46	36.43	–0.03
sw2 号 L	29.74	29.72	–0.02	36.33	36.37	0.04
sw3 号 L	29.66	29.7	0.04	36.24	36.19	–0.05
sw4 号 L	29.61	29.62	0.01	36.16	36.12	–0.04
sw5 号 L	29.5	29.47	–0.03	36.04	36.06	0.02
sw6 号 L	29.45	29.46	0.01	35.97	35.94	–0.03
3 号 L	29.25	29.22	–0.03	35.83	35.86	0.03

(2) 冲淤分布验证

图 7–6 给出了 2008 年 10 月～2010 年 11 月大埠街—杨家厂河段计算与实测冲淤分布对比情况，可见大埠街—杨家厂河段冲淤计算值与实测值比较接近，冲淤部位总体上也吻合较好，尤其在重点洲滩部位及主航槽内，冲淤范围及幅度均吻合较好。仅局部有所差异，计算与实测偏差均在 20% 以内，满足精度要求。

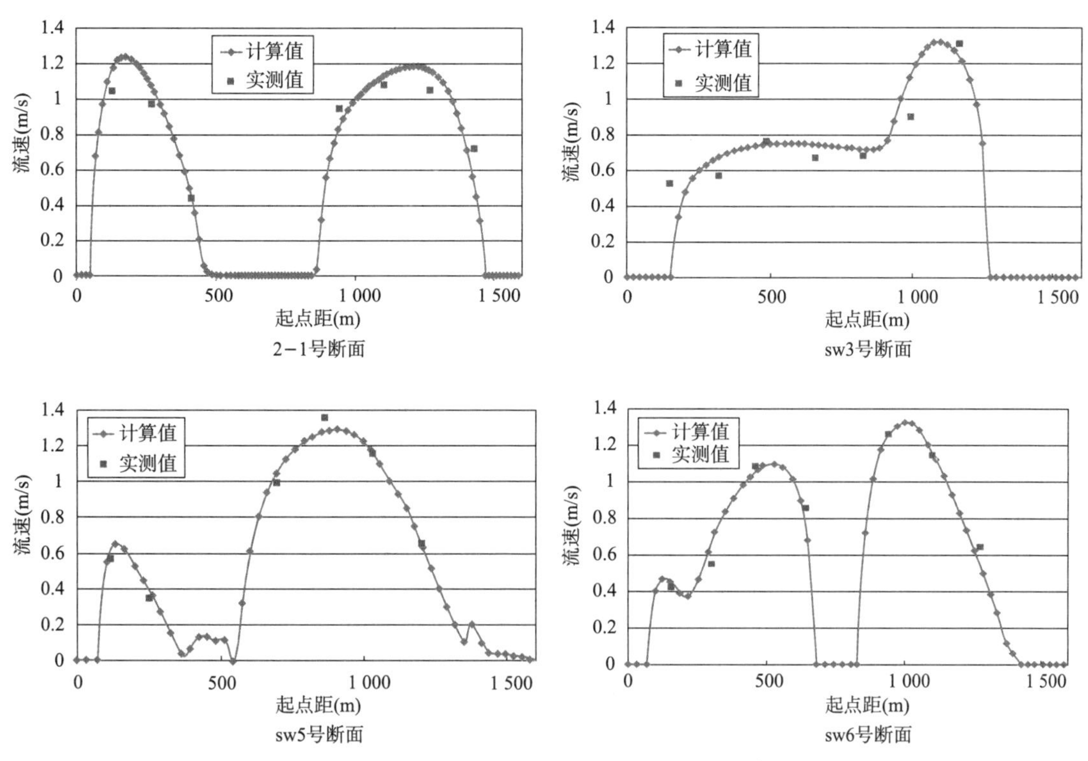

图 7-5　大埠街—杨家厂河段断面速分布验证图（Q=5 941m^3/s，2010 年 01 月）

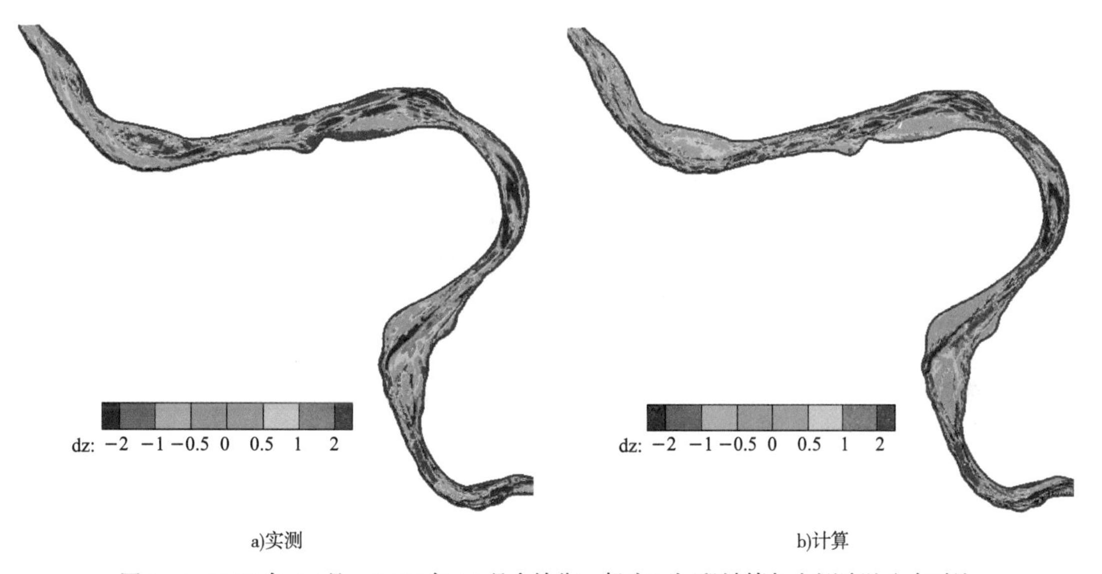

图 7-6　2008 年 10 月～ 2010 年 11 月大埠街—杨家厂河段计算与实测冲淤分布对比

7.2.3 杨家厂—塔市驿河段

7.2.3.1　模型网格

模拟区域全长约 110km，主要包括周天、藕池口、碾子湾、调关莱家铺四个水道。计算网格数为 1 100×100，水流方向网格间距 70 ～ 110m，垂直水流方向网格间距

15 ~ 25m。

7.2.3.2 验证资料

通过系统收集整理实测资料，模型定床验证拟采用最新 2010 年 12 月的实测地形，采用 2010 年 8 月及 2010 年 12 月两个测次的水文资料，相应流量分别为 19 560m^3/s 及 6 350m^3/s，对河段内沿程 21 个水文断面的水面线及流速分布等依据实测水文资料进行验证。

模型动床验证采用 2008 年 10 月及 2010 年 12 月两次全河段实测地形，验证时段从 2008 年 10 月 ~ 2010 月 12 月。进口断面水沙条件采用沙市站相应时段的实测结果。主要对该河段时段内的冲淤量及冲淤分布等进行验证。鉴于篇幅，以下仅给出部分时段验证结果。

7.2.3.3 验证结果

(1) 水位、流速验证

表 7–3 和图 7–7 列出水位和流速的验证情况，可见在洪、中、枯不同流量级下计算与实测水面线、流速分布符合较好，误差较小，汛期比枯水期吻合更好。

杨家厂—塔市驿河段 2010 年 8 月测次水面线验证表（单位：m） 表 7–3

河段	测点	实测值	计算值	差值	测点	实测值	计算值	差值
周天河段	1 号 L	34.339	34.337	−0.002	1 号 R	34.344	34.35	0.006
	2 号 L	34.222	34.234	0.012	2 号 R	34.218	34.204	−0.014
	3 号 L	34.114	34.112	−0.002	3 号 R	34.11	34.119	0.009
	4 号 L	33.952	33.979	0.027	4 号 R	33.956	33.96	0.004
藕池口河段	1–1 号 L	33.246	33.272	0.026	1–1 号 R	33.253	33.248	−0.005
	1 号 L	33.138	33.171	0.033	1 号 R	33.144	33.173	0.029
	加 4 号 L	33.089	33.059	−0.03	加 4 号 R	33.083	33.118	0.035
	2 号 L	33.046	33.069	0.023	2 号 R	33.039	32.962	−0.077
	加 1 号 L	32.961	32.914	−0.047	加 1 号 R	32.969	33.015	0.046
	加 2 号 L	32.91	32.956	0.046	加 2 号 R	32.921	32.864	−0.057
	加 3 号 L	32.857	32.898	0.041	加 3 号 R	32.87	32.828	−0.042
	3 号 L	32.778	32.824	0.046	3 号 R	32.783	32.767	−0.016
	3–1 号 L	32.69	32.633	−0.057	3–1 号 R	32.694	32.735	0.041
调关莱家铺河段	1 号 L	32.156	32.135	−0.021	1 号 R	32.152	32.156	0.004
	2 号 L	31.916	31.935	0.019	2 号 R	31.919	31.943	0.024
	3 号 L	31.738	31.708	−0.03	3 号 R	31.767	31.777	0.01
	4 号 L	31.623	31.652	0.029	4 号 R	31.618	31.616	−0.002
	5 号 L	31.457	31.466	0.009	5 号 R	31.461	31.431	−0.03
	6 号 L	31.338	31.309	−0.029	6 号 R	31.329	31.292	−0.037
	7 号 L	31.043	31.078	0.035	7 号 R	31.041	31.019	−0.022
	8 号 L	30.865	30.866	0.001	8 号 R	30.87	30.835	−0.035

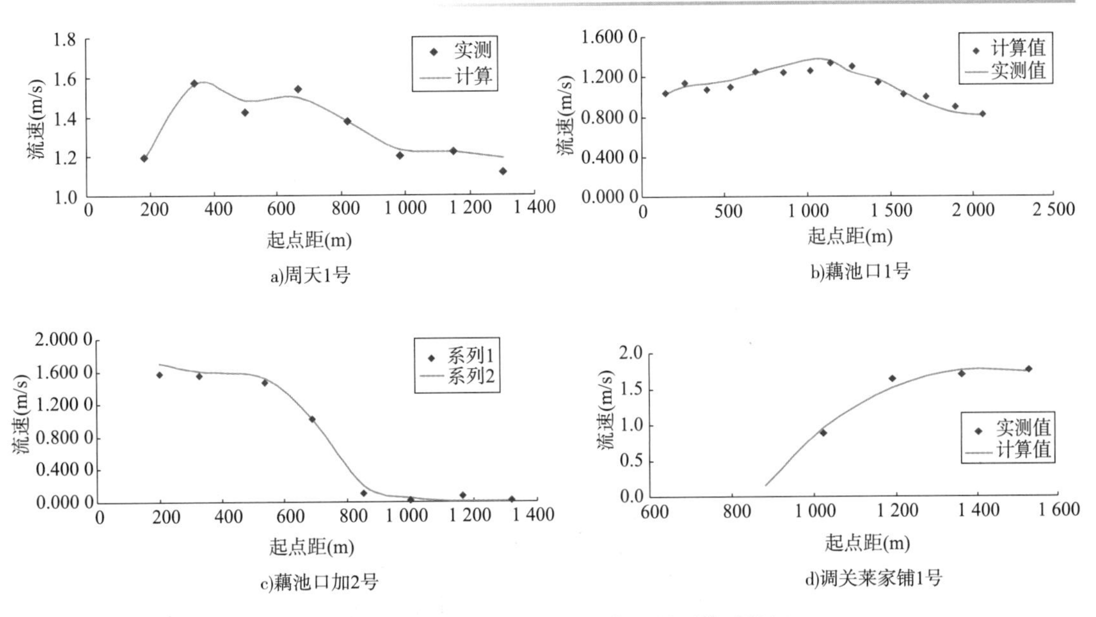

a)周天1号　b)藕池口1号　c)藕池口加2号　d)调关莱家铺1号

图 7–7　杨家厂—塔市驿河段典型断面流速验证

（2）冲淤分布验证

图 7–8 给出了 2008 年 10 月～ 2010 年 11 月杨家厂—塔市驿河段计算与实测冲淤分布对比情况，可见杨家厂—塔市驿河段冲淤计算值与实测值比较接近，冲淤部位总体上也吻合较好，尤其在重点洲滩部位及主航槽内，冲淤范围及幅度均吻合较好。仅局部有所差异，计算与实测偏差均在 20% 以内，满足精度要求。

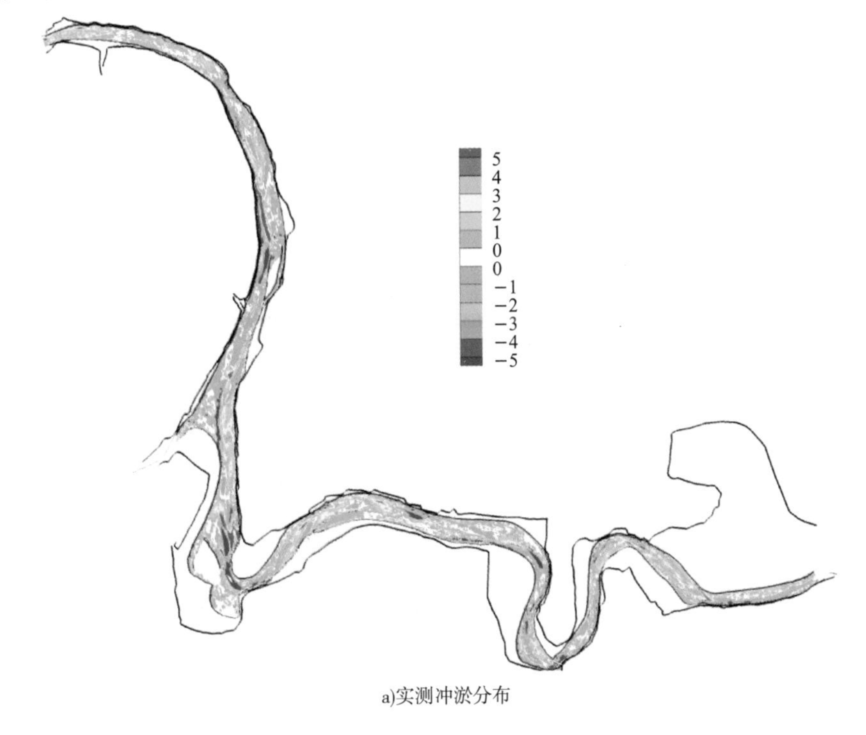

a)实测冲淤分布

图　7–8

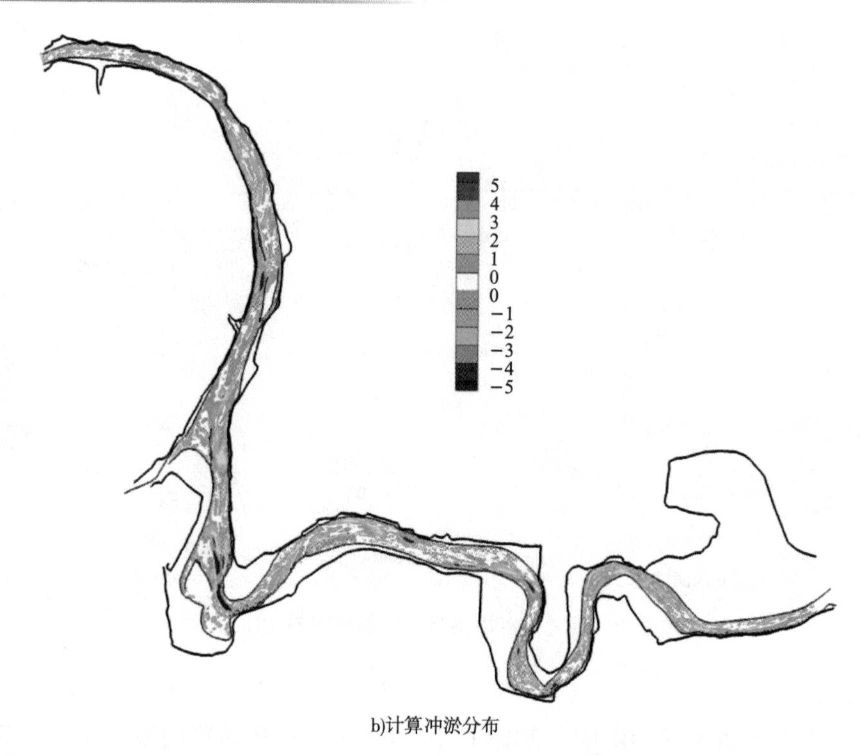

b)计算冲淤分布

图 7–8　杨家厂—塔市驿河段冲淤分布计算值与实测值对比

7.2.4　塔市驿—城陵矶河段

7.2.4.1　模型网格

模拟区域全长约 90km，包括塔市驿顺直段、监利弯道、大马洲顺直段、上车湾新河湾道、洪水港弯道、盐船套微弯段、荆江门弯道、熊家洲弯道、七弓岭弯道和观音洲弯道。计算网格数为 900×80，水流方向网格间距 67 ~ 144m，垂直水流方向网格间距 5 ~ 40m。计算区域网格示意图见图 7–9。

7.2.4.2　验证资料

受实测资料的限制，水流验证计算分为窑监河段与铁铺河段两部分。窑监河段中监利弯道处有乌龟洲将河道分为监利左汊和乌龟夹，铁铺河段为单一顺直段。窑监河段的验证内容包括水位、断面流速以及乌龟洲左右汊分流比，铁铺河段的验证内容只包括水位和断面流速分布。

窑监河段验证采用 2008 年 10 月实测地形，枯水期验证采用 2006 年 1 月实测的水文资料，中水验证采用 2008 年 10 月实测水文资料，洪水验证采用 2010 年 9 月实测水文资料。铁铺河段中高水水流验证采用 2010 年 8 月水文和地形资料，中水期验证采用 2009 年 9 月实测水文资料。动床验证采用 2008 年 10 月及 2010 年 12 月两次全河段实测地形，验证时段从 2008 年 10 月 ~ 2010 月 12 月。进口断面水沙条件采用沙市站相应时段的实测结果。主要对该河段时段内的冲淤量及冲淤分布等进行验证。鉴于篇幅有限，以下仅给出部分时段的验证结果。

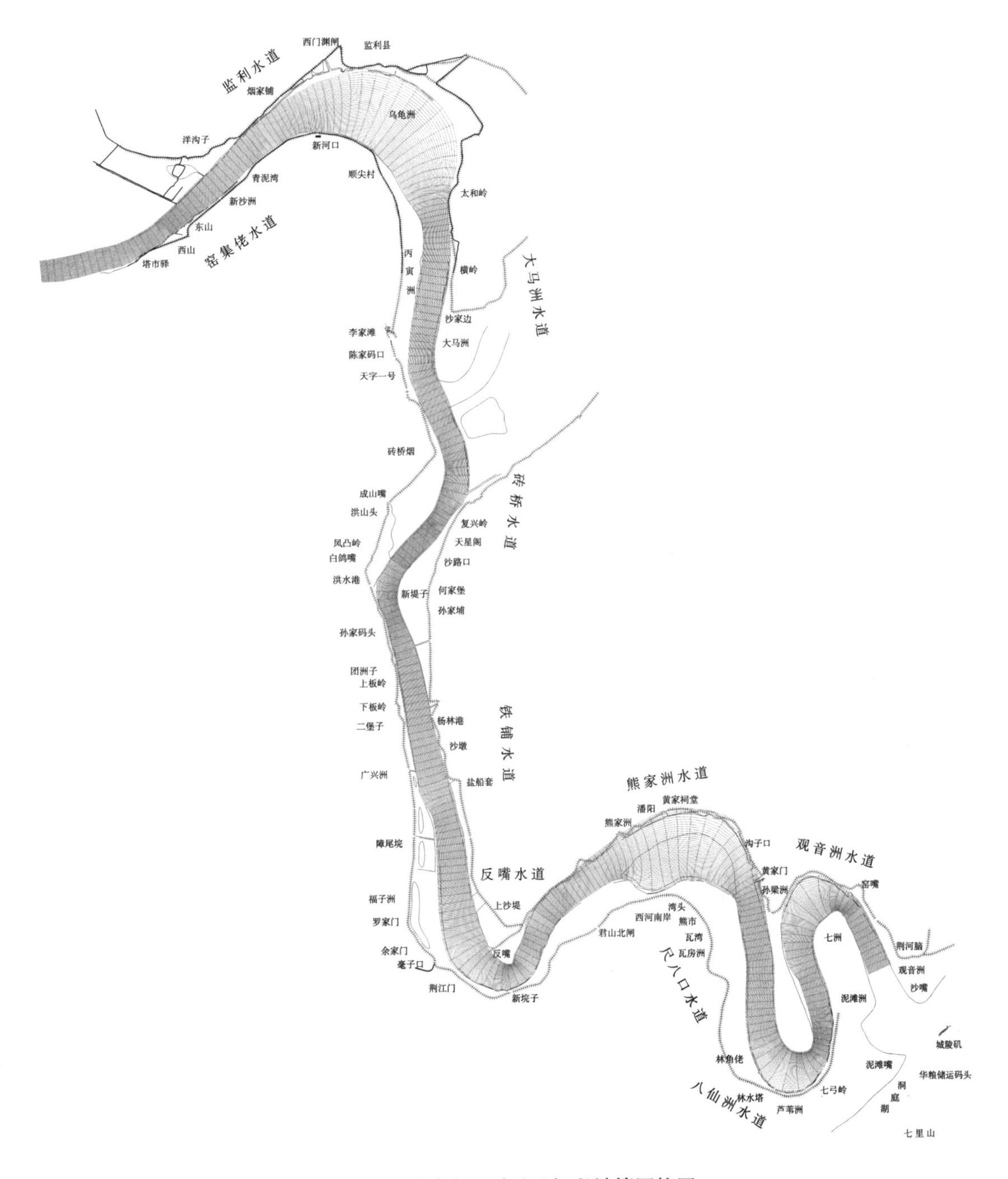

图 7–9　塔市驿—城陵矶河段计算网格图

7.2.4.3　验证结果

(1) 水位、流速验证

表 7–4、表 7–5 和图 7–10 列出水位和流速的验证情况，可见在洪、中、枯不同流量级下计算与实测水面线、流速分布符合较好，误差较小，汛期比枯水期吻合更好。

窑监河段水面线验证情况统计表（单位：m） 表 7-4

水尺断面号	Q=5 231m³/s			Q=16 322m³/s			Q=19 175m³/s		
	实测值	计算值	误差	实测值	计算值	误差	实测值	计算值	误差
1号L	23.111	23.166	0.055	29.449	29.484	0.035	30.513	30.491	−0.022
2号L	22.935	22.956	0.021	29.332	29.332	0	30.386	30.431	0.045
4号L	22.568	22.523	−0.045	29.207	29.222	0.015	30.232	30.189	−0.043
5号L	22.221	22.247	0.026	28.919	28.866	−0.053	30.124	30.061	−0.063
6号L	22.136	22.136	0	28.784	28.726	−0.058	—	—	—

铁铺水面线验证情况统计表（单位：m） 表 7-5

水尺断面号	Q=14 232m³/s			Q=20 444m³/s		
	实测值	计算值	误差	实测值	计算值	误差
1号L	27.121	27.178	0.057	29.017	28.998	−0.019
2号L	26.992	27.05	0.058	28.88	28.855	−0.025
3号L	26.842	26.878	0.036	28.699	28.668	−0.031
4号L	26.693	26.657	−0.036	28.504	28.511	0.007
5号L	26.616	26.576	−0.04	28.352	28.397	0.045
6号L	26.423	26.365	−0.058	28.146	28.161	0.015

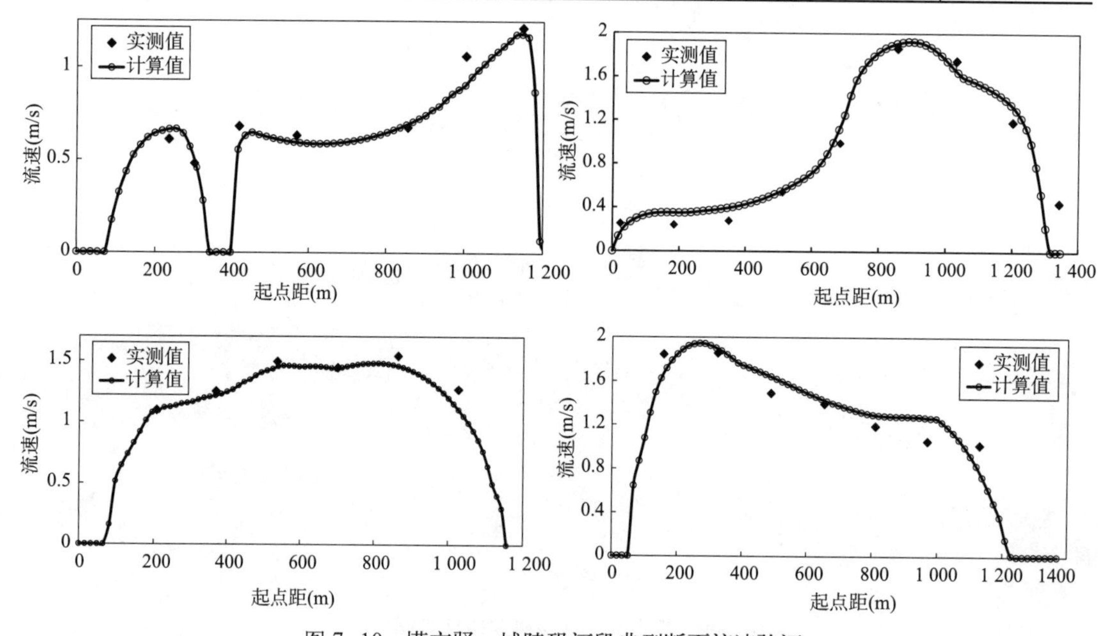

图 7-10 塔市驿—城陵矶河段典型断面流速验证

（2）冲淤分布验证

图 7-11 给出了 2008 年 10 月～2010 年 11 月塔市驿—城陵矶河段计算与实测冲淤分布对比情况，可见塔市驿—城陵矶河段冲淤计算值与实测值比较接近，冲淤部位总体上也吻合较好，尤其在重点洲滩部位及主航槽内，冲淤范围及幅度均吻合较好。仅局部有所差异，计算与实测偏差均在 20% 以内，满足精度要求。

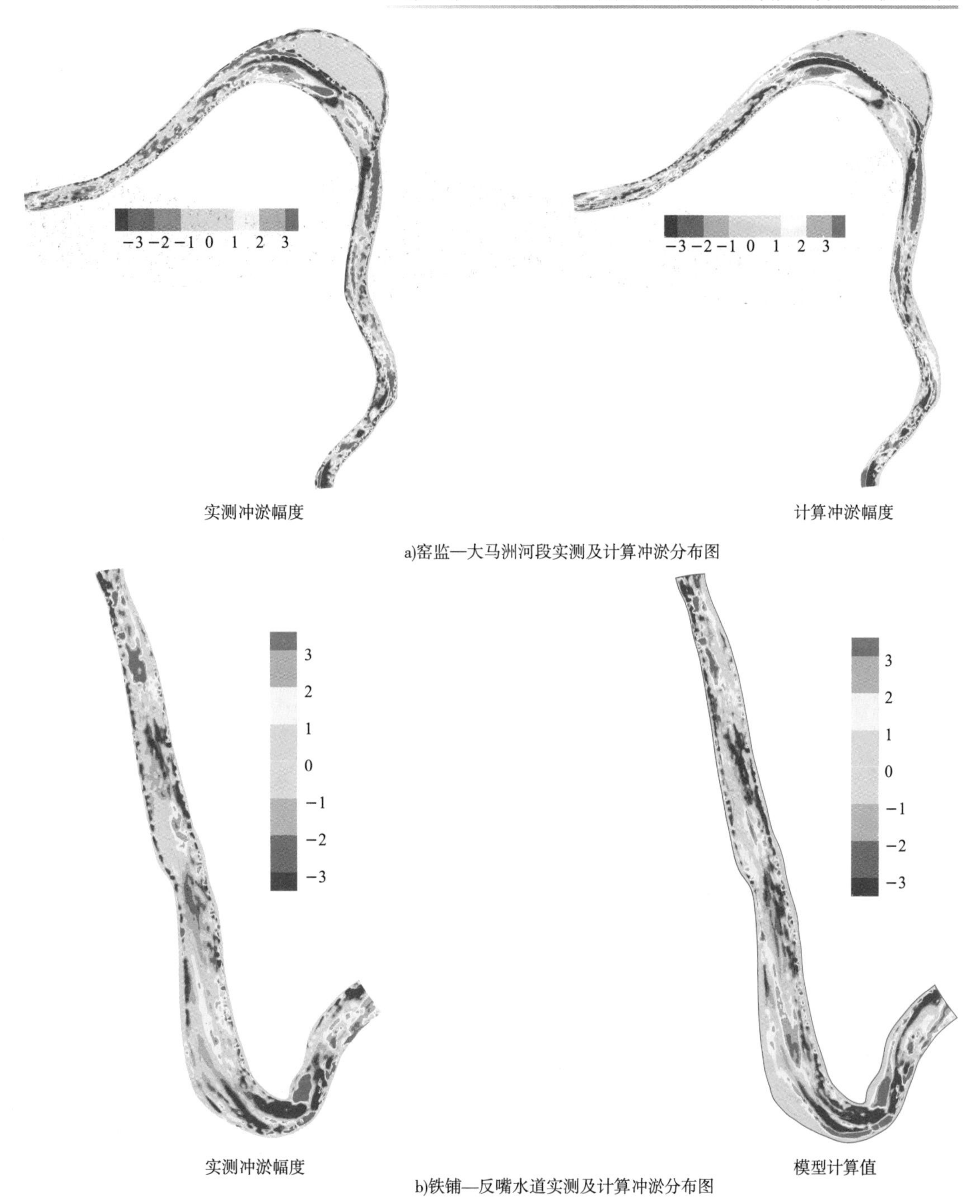

a)窑监—大马洲河段实测及计算冲淤分布图

b)铁铺—反嘴水道实测及计算冲淤分布图

图 7-11　塔市驿—城陵矶河段重点河段冲淤分布验证

7.2.5　道人矶—杨林岩河段

7.2.5.1　模型网格

模拟区域上起夏家墩，下迄螺山，全长约 29.8km，右岸距模型进口约 2.8km 处有洞庭湖入汇。计算网格数为 400×100，断面平均间距约 75m，洞庭湖汇流区进行了局部加密，断面间距小于 40m，最大断面间距不超过 135m，垂直水流方向节点间距在 15 ~ 40m 之间。网格平面布置如图 7-12 所示。

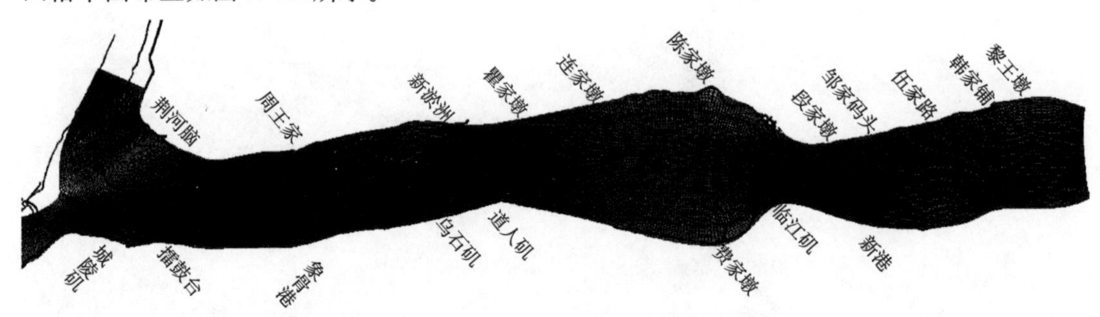

图 7-12　道人矶—杨林岩河段计算网格图

7.2.5.2　验证资料

采用 2011 年 10 月实测地形，依据 2011 年 10 月（Q=11 471m^3/s）、2011 年 7 月（Q=24 505m^3/s）两个测次水文资料对模型进行验证；采用 2010 年 2 月实测地形，依据 2010 年 2 月（Q=8 836m^3/s）对枯水期水流条件进行验证，内容包括水面线、断面流速以及分汊段分流比。动床验证以 2010 年 2 月实测地形作为起始地形，对 2010 年 2 月 ~ 2011 年 10 月河段冲淤过程进行验证。

验证情况下文逐一进行详细分析。如无特别说明，所指流量均为洞庭湖入汇后的流量。

7.2.5.3　验证结果

（1）水位、流速验证

表 7-6 所示为三级流量下，沿程各水文断面水位计算值与实测值对比情况。从统计结果来看，三个测次计算值与实测值误差均不超过 ±0.07m，2010 年 1 月测次误差最小，均不超过 ±0.04m，满足模拟精度要求。从沿程水面线变化特点来看（图 7-13），首先，实测值较均匀地分布在计算值两侧；其次，模型较好地反映了卡口段上下游，随着流量变化，比降发生调整的特点：枯水时，南阳洲汊道出口束窄段上下游比降表现出较为明显卡口特征，水面线呈折线状，比降显著大于上下游河段，随着流量的增大，比降逐渐减小。可见，模型能够较好的模拟河段随流量变化，水面线及比降调整的特点。

道人矶—杨林岩沿程各水文断面水位验证情况统计表（单位：m）　　表 7-6

水文断面号	2011 年 7 月 18 日			2011 年 10 月 13 日			2010 年 1 月 29 日		
	实测值	计算值	差值	实测值	计算值	差值	实测值	计算值	差值
p2	25.436	25.409	0.027	20.737	20.67	0.067	—	—	—
p1	25.442	25.507	−0.065	20.747	20.813	−0.066	—	—	—
1 号	25.207	25.184	0.023	20.424	20.359	0.065	18.643	18.666	−0.023
1-1 号	25.126	25.073	0.053	20.289	20.231	0.058	—	—	—
2 号	24.935	24.935	0	20.051	20.037	0.014	18.271	18.273	−0.002
3 号	24.8	24.771	0.029	19.895	19.843	0.052	18.060	18.029	0.031
4 号	24.603	24.588	0.015	19.698	19.723	−0.025	17.922	17.957	−0.035
5 号	24.457	24.443	0.014	19.521	19.538	−0.017	17.731	17.768	−0.037

注：表中差值所指为实测值 − 计算值。

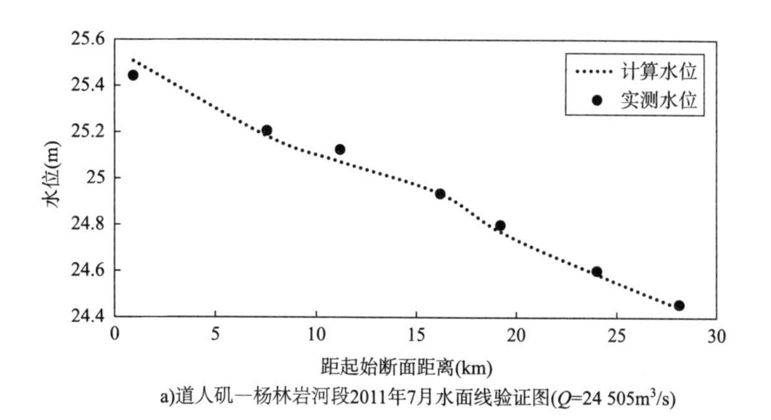

a)道人矶—杨林岩河段2011年7月水面线验证图(Q=24 505m³/s)

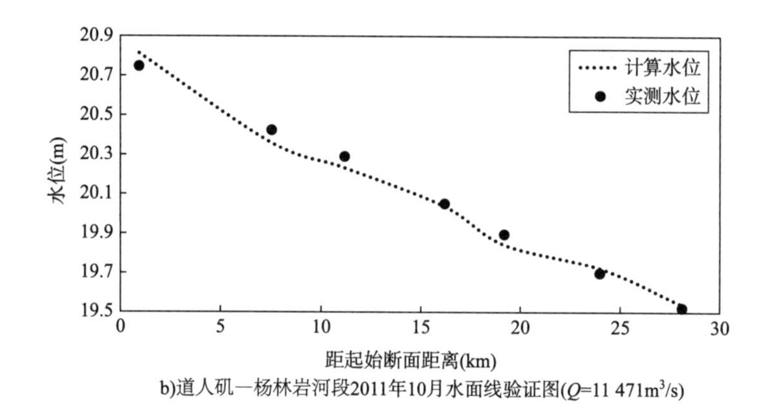

b)道人矶—杨林岩河段2011年10月水面线验证图(Q=11 471m³/s)

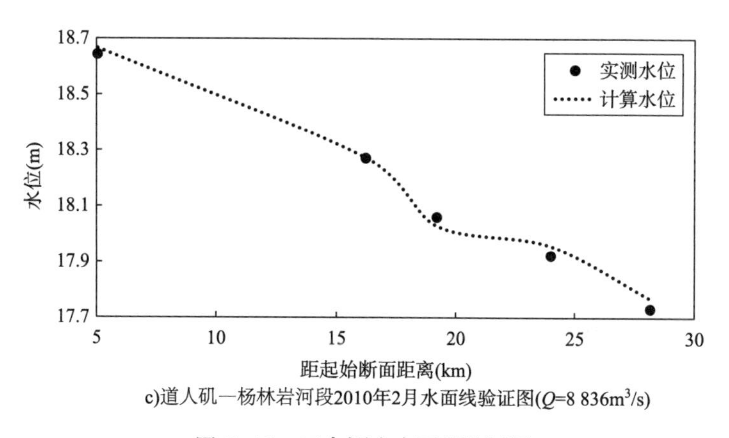

c)道人矶—杨林岩河段2010年2月水面线验证图(Q=8 836m³/s)

图 7-13　三个测次水面线验证图

图 7-14 给出了流速的验证情况，可见在洪、中、枯不同流量级下计算与实测断面流速分布符合较好，误差较小，汛期比枯水期吻合更好。

表 7-7 所示为三级流量下，南阳洲右汊分流比计算值与实测值对比情况，从计算值与实测值误差结果来看，计算值与实测值差值较小，均不超过 2.6%，高水计算精度略大于中枯水，随着流量的增大，右汊分流比有所减小。可见，模型能够较好的模拟南阳洲汊道分流情况。

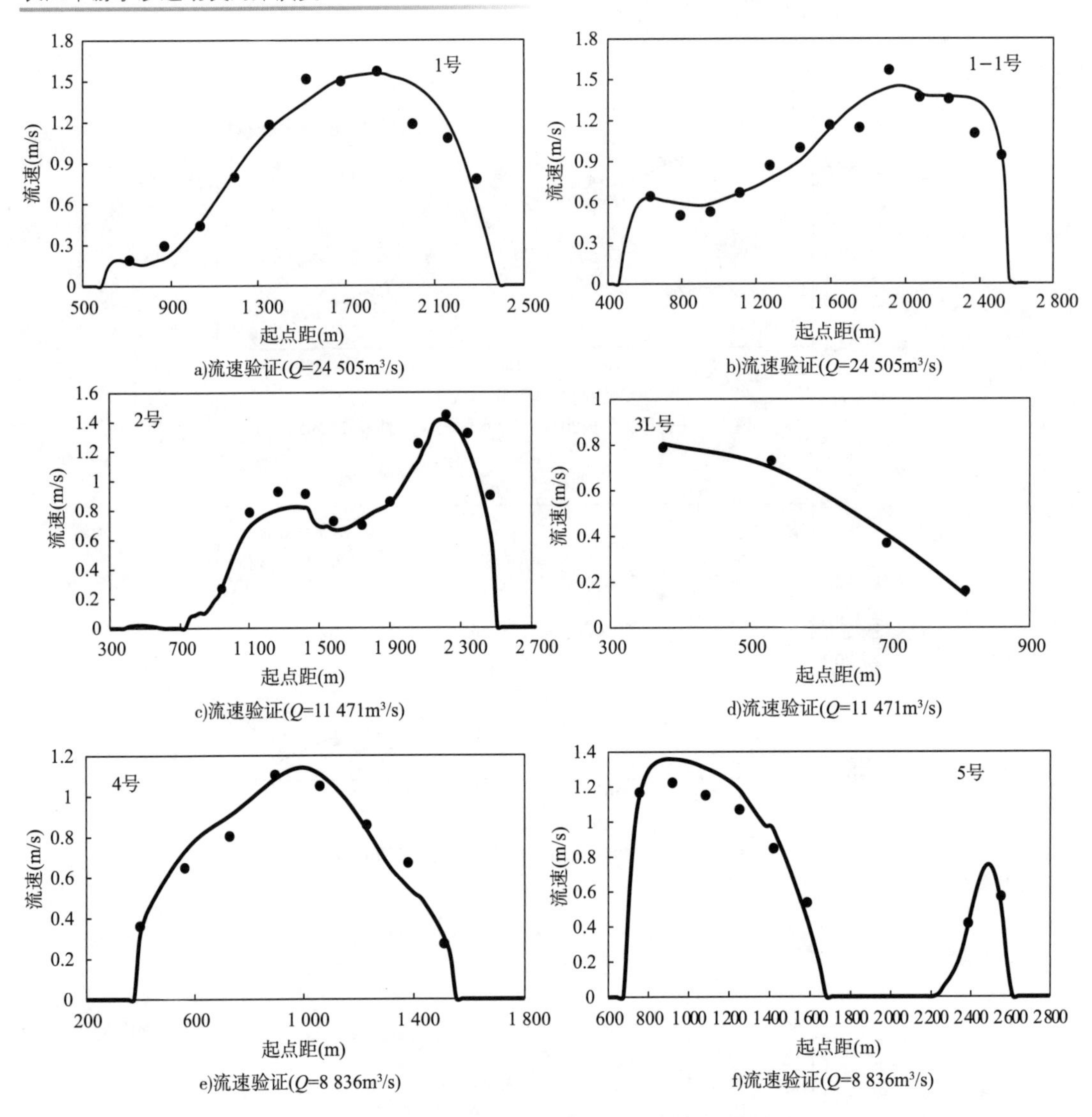

图 7−14　道人矶—杨林岩河段不同流量级下流速验证

道人矶—杨林岩河段南阳洲分流比验证统计表　　表 7−7

日　期	流量 (m^3/s)	南阳洲右汊分流比 (%)		
		实测值	计算值	差值
2011 年 7 月 18 日	24 505	69.89	71.91	2.02
2011 年 10 月 13 日	11 471	80.36	82.93	2.57
2010 年 1 月 29 日	8 836	77.07	74.84	−2.23

注：表中差值所指为计算值减实测值。

（2）冲淤分布验证

图 7−15 给出了 2010 年 2 月～ 2011 年 10 月道人矶—杨林岩河段计算与实测冲淤分布对比情况，由图可见数学模型计算冲淤分布与实测冲淤分布基本一致，计算值与实测值比较接近，误差基本在 20% 以内。

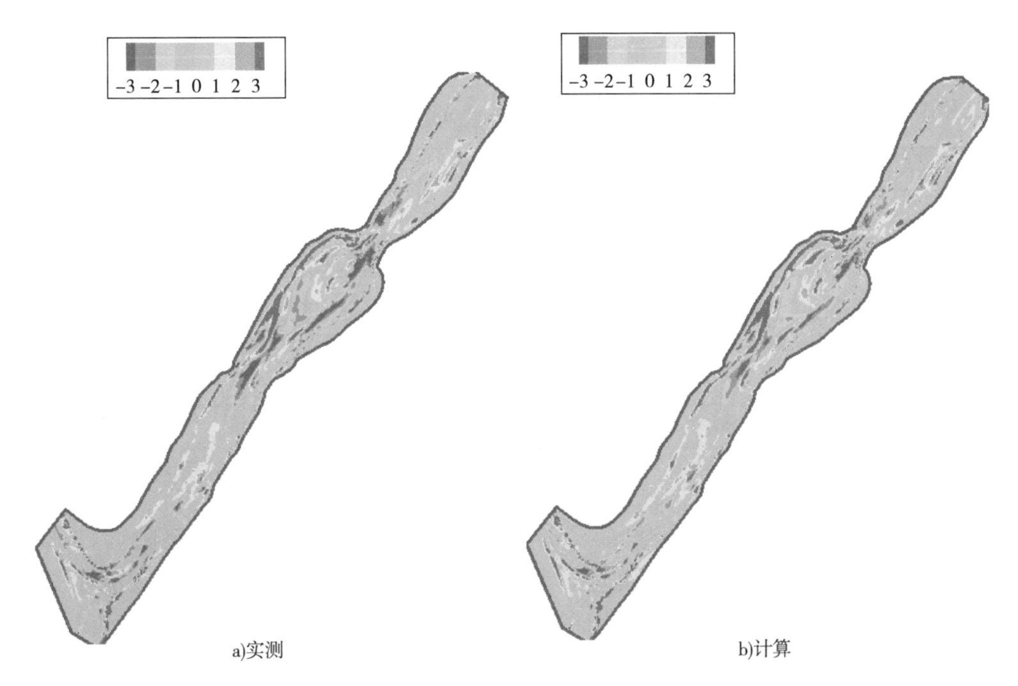

图 7-15　道人矶—杨林岩冲淤分布对比图

7.2.6　界牌河段

7.2.6.1　模型网格

模型计算进口取在道人矶水道的象骨港下游约 2km 处，出口为新堤水道的出口叶家洲，进出口均为窄深控制型河段，全长约 54km。计算网格数为 559×126，沿水流方向网格平均长度约为 70m，垂直水流方向网格宽度为 10 ~ 30m，网格线基本保持正交；动床计算范围进口取在杨林山，出口为新堤水道的出口叶家洲，全长约 36km，计算网格数为 416×126。

7.2.6.2　验证资料

定床验证中，洪水期验证采用 2007 年 7 月（流量 Q=40 140m^3/s）的实测水文资料，依据沿程 7 个水文断面的水位、流速分布及新淤洲左右汊分流比等水文测验成果资料对模型进行了验证。枯水期验证采用 2009 年 2 月（流量 Q=8 249m^3/s)、2010 年 1 月（流量 Q=8 836m^3/s）两个测次的实测水文资料，对该河段沿程 13 个水文断面的水位、流速分布、螺山心滩左右槽分流比及新淤洲左右汊分流比等水文测验成果资料进行了验证。

模型泥沙验证初始地形采用 2004 年 3 月地形，计算验证时段：2004 年 3 月 ~ 2010 年 1 月。其中，对界牌河段 2009 年 2 月沿程各个水文断面含沙量分布，以及 2004 年 3 月 ~ 2007 年 3 月、2004 年 3 月 ~ 2009 年 2 月、2004 年 3 月 ~ 2010 年 1 月泥沙冲淤分布等进行验证。

7.2.6.3　验证结果

（1）水位、流速验证

洪水水面线验证：采用 2007 年 7 月 21 日实测瞬时水面线资料，表 7-8 是水面线模型计算值与实测值的对比表，其相应流量为 40 140m³/s，水位偏差均在 +0.05m 以内，可见洪水水面线计算值与实测值也吻合较好。

界牌河段洪水水面线验证成果表（2007 年 7 月）　　表 7-8

左岸水尺				右岸水尺			
断面号	实测水位	计算水位	差值	断面号	实测水位	计算水位	差值
1 号	27.295	27.323	0.028	1 号	27.348	27.302	-0.046
2 号	27.171	27.212	0.041	2 号	27.256	27.235	-0.021
3 号	27.061	27.102	0.041	3 号	27.17	27.168	-0.002
4 号 -1	26.915	26.946	0.031	4 号 -1	27.056	27.026	-0.030
4 号 -2	26.860	26.904	0.044	4 号 -2	27.048	27.003	-0.045
6 号 -2	26.860	26.865	0.005	7 号 -1	27.077	27.032	-0.045

枯水水面线验证：采用 2009 年 2 月 8 日及 2010 年 1 月 29 日实测瞬时水面线资料，表 7-9 和表 7-10 是水面线模型计算值与实测值的对比表，其相应流量分别为 8 249m³/s 和 8 836m³/s，水位偏差均在 +0.05m 以内，可见枯水水面线计算值与实测值吻合较好。

枯水水面线验证成果表（2009 年 2 月）　　表 7-9

左岸水尺				右岸水尺			
断面号	实测水位	计算水位	差值	断面号	实测水位	计算水位	差值
1 号	18.751	18.74	-0.011	1 号	18.775	18.734	-0.041
2 号	18.361	18.405	0.044	2 号	18.385	18.37	-0.015
3 号	18.156	18.175	0.019	3 号	18.175	18.21	0.035
4 号	18.029	18.018	-0.011	4 号	18.046	18.016	-0.03
5 号	17.830	17.793	-0.037	5 号	17.815	17.786	-0.029
6 号	17.575	17.542	-0.033	6 号	17.574	17.53	-0.044
7 号	17.405	17.416	0.011	7 号	17.412	17.363	-0.049
8 号	17.267	17.309	0.042	8 号	17.264	17.248	-0.016
9 号	17.050	17.038	-0.012	9 号	17.064	17.04	-0.024
10 号	16.939	16.947	0.008	10 号	16.972	16.98	0.008
11 号	16.883	16.885	0.002	11 号	16.906	16.87	-0.036
12 号	16.555	16.542	-0.013	12 号	16.602	16.604	0.002
13 号	16.457	16.466	0.009	13 号	16.461	16.467	0.006

图 7-16 为洪水期（2007 年 7 月）7 个水文断面流速分布验证结果。由图 7-16 可见，各断面上主流分布一致，流速计算值与实测值偏差一般都在 ±0.10m/s 以内，故洪水期验证流速分布结果与实测值也吻合较好。且模型计算时河床糙率参数取值范围在 0.017 ~ 0.035 之间，符合界牌水道实测资料，可见所选取的糙率参数基本合理可靠。

界牌河段枯水水面线验证成果表（2010 年 2 月）　　表 7–10

左岸水尺				右岸水尺			
断面号	实测水位	计算水位	差值	断面号	实测水位	计算水位	差值
1 号	18.643	18.639	−0.004	1 号	18.647	18.65	0.003
2 号	18.271	18.282	0.011	2 号	18.280	18.287	0.007
3 号	18.060	18.034	−0.026	3 号	18.069	18.044	−0.025
4 号	17.922	17.955	0.033	4 号	17.93	17.963	0.033
5 号	17.731	17.769	0.038	5 号	17.725	17.762	0.037
6 号	17.506	17.5	−0.006	6 号	17.514	17.48	−0.034
7 号	17.355	17.32	−0.035	7 号	17.362	17.333	−0.029
8 号	17.189	17.207	0.018	8 号	17.194	17.17	−0.024
9 号	17.027	17.05	0.023	9 号	17.032	16.99	−0.042
10 号	16.909	16.896	−0.013	10 号	16.903	16.917	0.014
11 号	16.844	16.806	−0.038	11 号	16.845	16.855	0.01
12 号	16.572	16.548	−0.024	12 号	16.576	16.595	0.019
13 号	16.447	16.447	0.000	13 号	16.452	16.448	−0.004

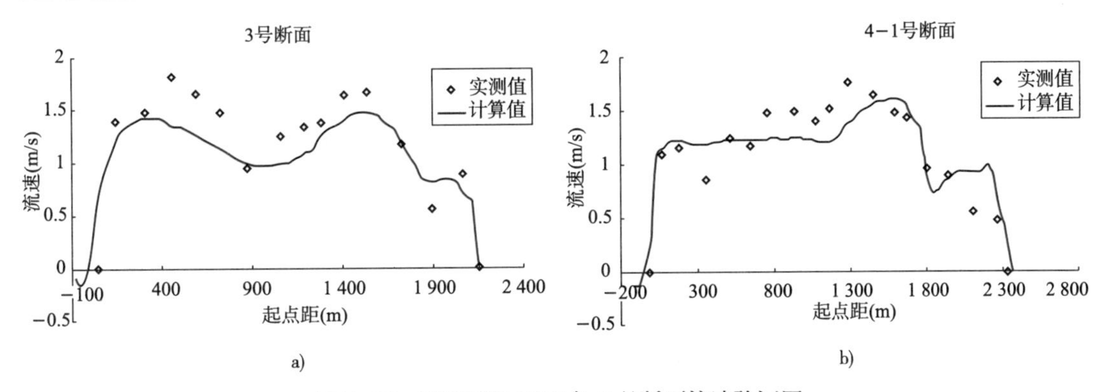

图 7–16　界牌河段 2007 年 7 月断面流速验证图

图 7–17a）及图 7–17b）分别为枯水期（2009 年 2 月、2010 年 1 月）13 个水文断面中部分断面流速分布验证结果。从图中可见，各断面上主流分布一致，计算与实测流速偏差一般都在 ±0.10m/s 以内，可见枯水期验证流速分布结果与实测值吻合较好。

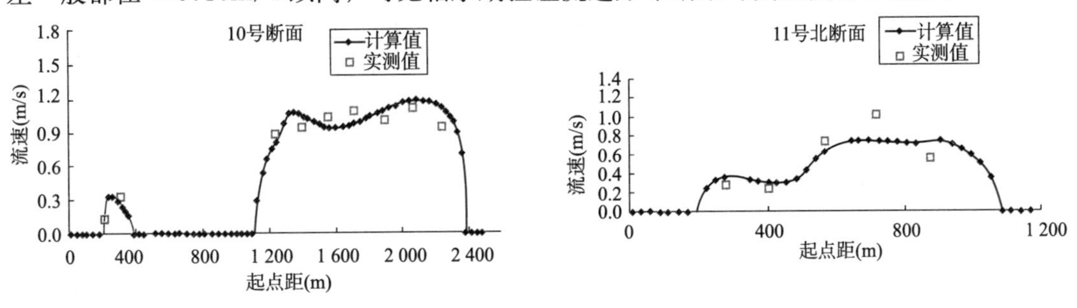

a)界牌河段2009年2月断面流速验证图

图　7–17

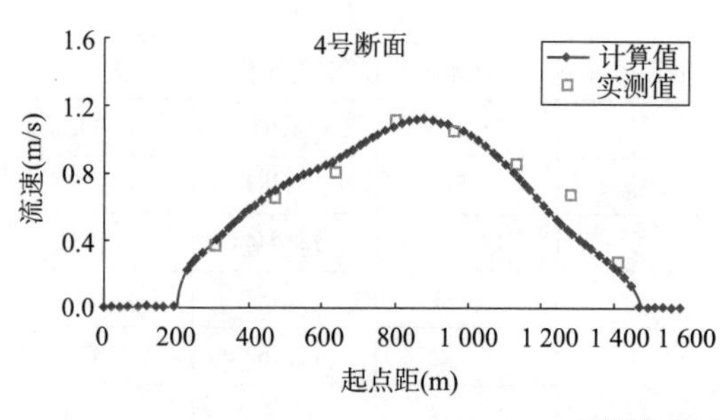

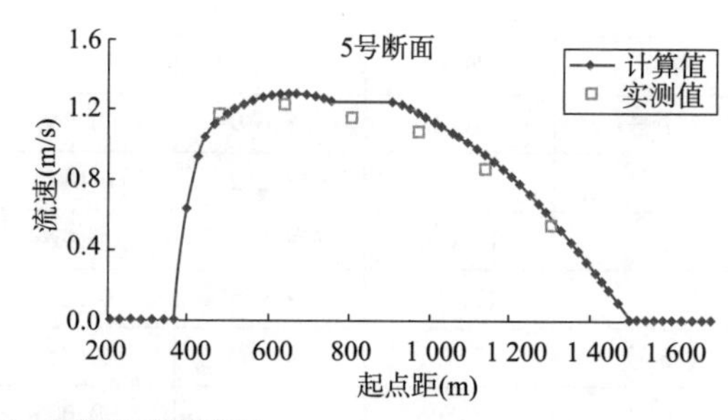

b)界牌河段2010年1月断面流速验证图

图 7-17 两个时期断面流速验证图

汊道分流比验证见表 7-11，由表中的数据看来，数学模型计算出的各汊道的分流比与实测值吻合较好，误差均在 1 个百分点以内。

界牌河段分流比计算与实测值比较表（单位：%） 表 7-11

测次	位置	实测	计算	误差
2007 年 7 月（40 140m³/s）	心滩左槽	—	—	—
	新堤夹	46.76	47.46	0.7
2009 年 2 月（8 249m³/s）	南阳洲左汊	28.66	28.09	0.5
	心滩左槽	33.0	33.8	0.8
	新堤夹	33.9	34.4	0.5
2010 年 2 月（8 836m³/s）	南阳洲左汊	22.93	22.81	0.1
	心滩左槽	36.1	35.8	0.3
	新堤夹	28.3	28.0	0.3

（2）冲淤分布验证

图 7-18a）为 2004 年 3 月～ 2007 年 7 月实测冲淤分布与数学模型计算冲淤分布结果；图 7-18b）为 2004 年 3 月～ 2009 年 2 月实测冲淤分布与数学模型计算冲淤分布结果；图 7-18c）为 2004 年 3 月～ 2010 年 1 月实测冲淤分布与数学模型计算冲淤分布结果，由图可见数学模型计算冲淤分布与实测冲淤分布基本一致，计算值与实测值比较接近，误差基本在 20% 以内。

7.2.7 赤壁—潘家湾河段

7.2.7.1 模型网格

模拟区域为自新洲至清水闸长约 72km 的河段。计算网格数为 831 × 131，河道内滩体众多，滩槽格局明显，对过水面积占主要部分的河槽进行了网格加密。水流方向网格间距 80 ～ 100m，整个计算区域内垂直水流方向网格间距 10 ～ 50m。网格划分见图 7-19。

2004年3月～2007年3月实测

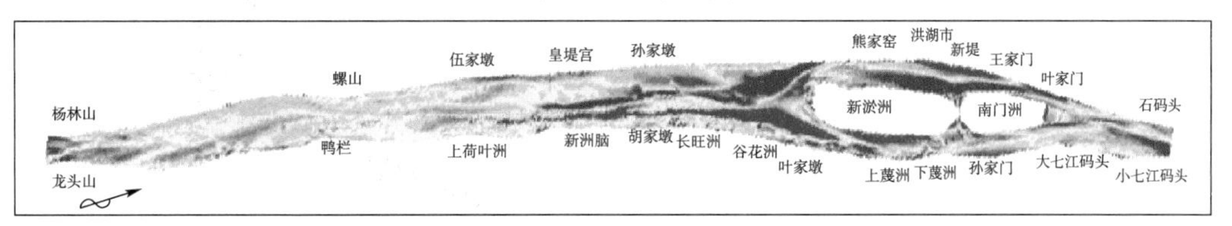

2004年3月～2007年3月数模计算

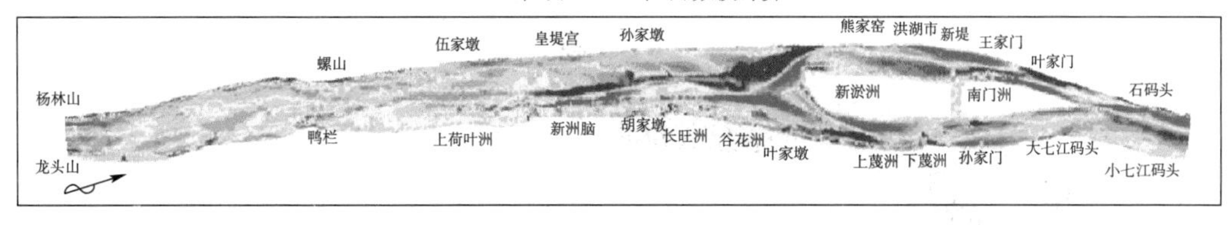

X

冲刷区：0.0　1.0　2.0　3.0　4.0　>5.0　淤积区：0.0　1.0　2.0　3.0　4.0　>5.0

a)界牌河段实测计算冲淤分布对比图(2004~2007年)

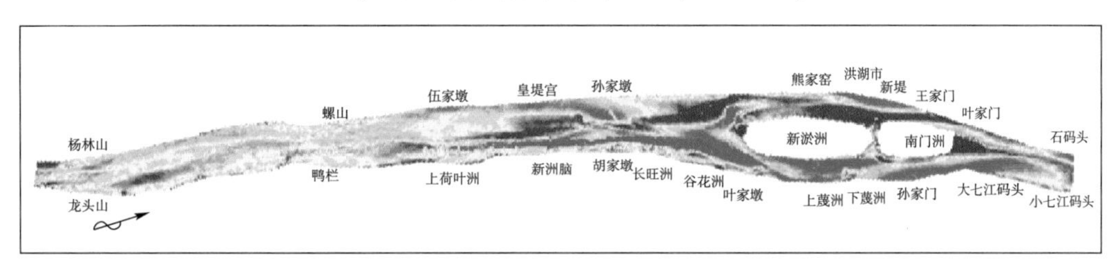

2004年3月～2009年2月计算

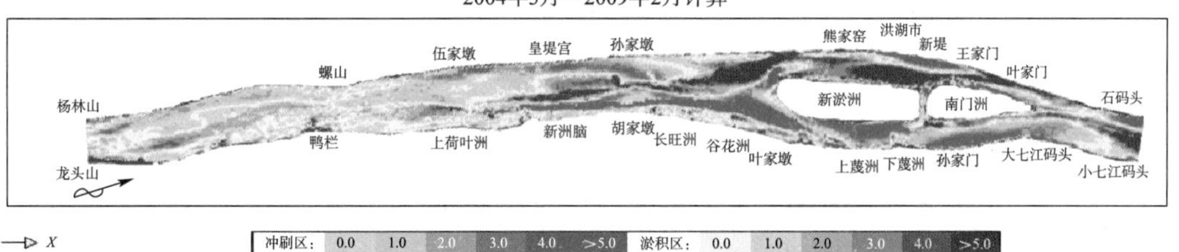

X

冲刷区：0.0　1.0　2.0　3.0　4.0　>5.0　淤积区：0.0　1.0　2.0　3.0　4.0　>5.0

b)界牌河段实测计算冲淤分布对比图(2004~2009年)

2004年3月~2010年2月实测

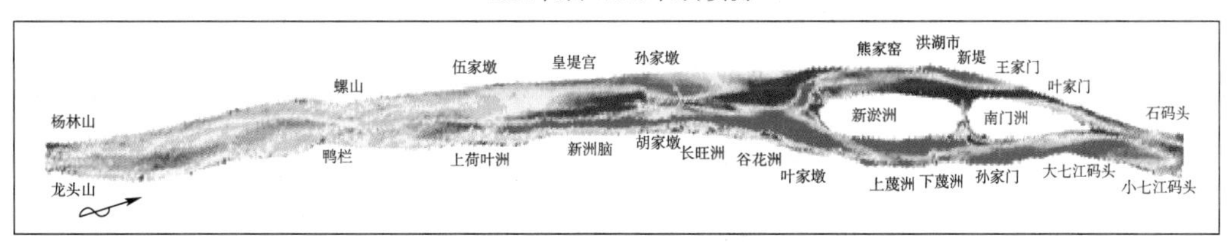

2004年3月~2010年2月计算

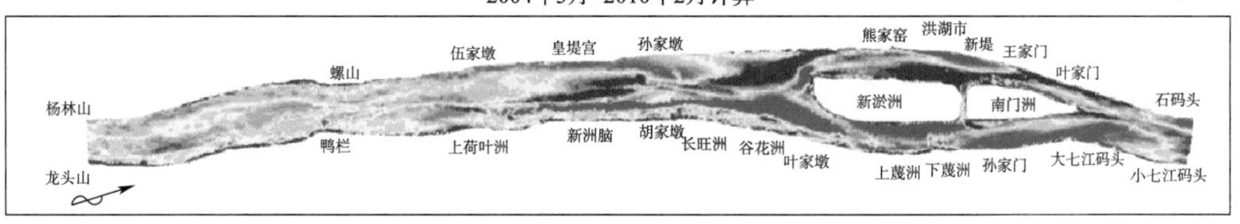

冲刷区：0.0　1.0　2.0　3.0　4.0　>5.0　淤积区：0.0　1.0　2.0　3.0　4.0　>5.0

c) 界牌河段实测计算冲淤分布对比图(2004~2010年)

图 7−18　不同时期界牌河段实测计算冲淤分布对比图

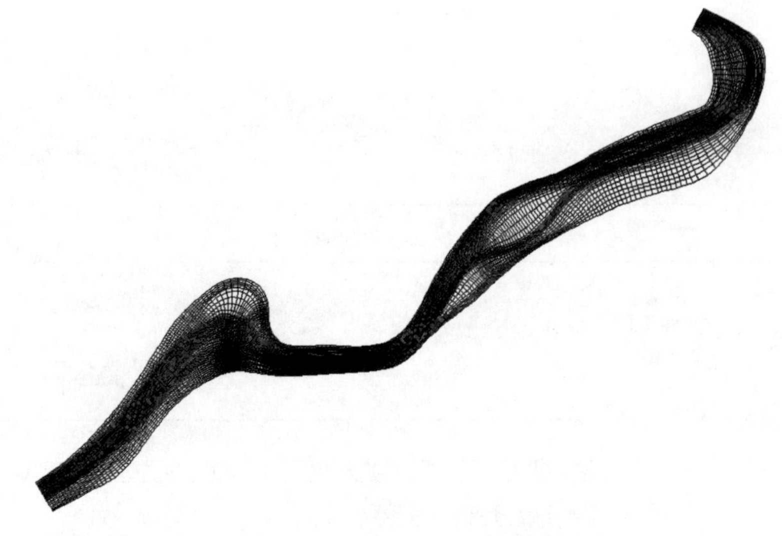

图 7-19　赤壁—潘家湾河段计算网格图

7.2.7.2　验证资料

定床验证采用 2011 年 11 月的实测水文资料，对该河段沿程 7 个水文断面的水位、流速分布及新淤洲左右汊分流比等水文测验成果资料进行了验证。

依据三峡水库蓄水后实测的水文、地形资料展开动床验证计算，动床模型分别对河段经历涨、落水时期进行了验证。涨水期起止时期分别是 2011 年 3 月、2011 年 7 月，落水期起止时期分别为 2011 年 7 月、2011 年 10 月。

7.2.7.3　验证结果

(1) 水位、流速、分流比验证

在 11 452m^3/s 流量下计算与实测的水位值对比见图 7-20，沿程的流速分布情况见图 7-21。由图 7-20 和图 7-21 可见，水位误差多在 ±0.03m 以内，自沌口—阳逻断面流速分布情况也与实测值总体符合较好，偏差基本在 0.15m/s 以内。计算得到陆溪口、嘉鱼、燕子窝汊道的分流比见表 7-12，可以看出，计算分流比与实测值相差很小，最大差值为 1.1%。

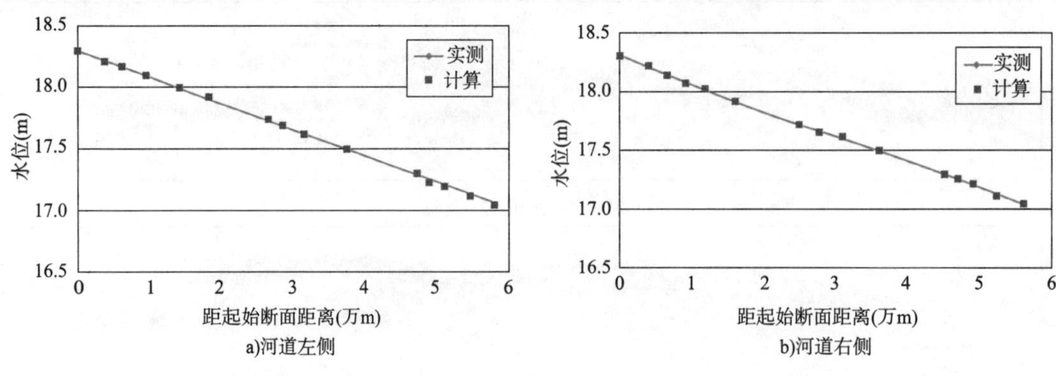

图 7-20　沿程水位验证图

综合以上计算值与实测值的对比可见，不同流量级下沿程的水流情况以及汊道分流情况，计算值与实测值符合较好。

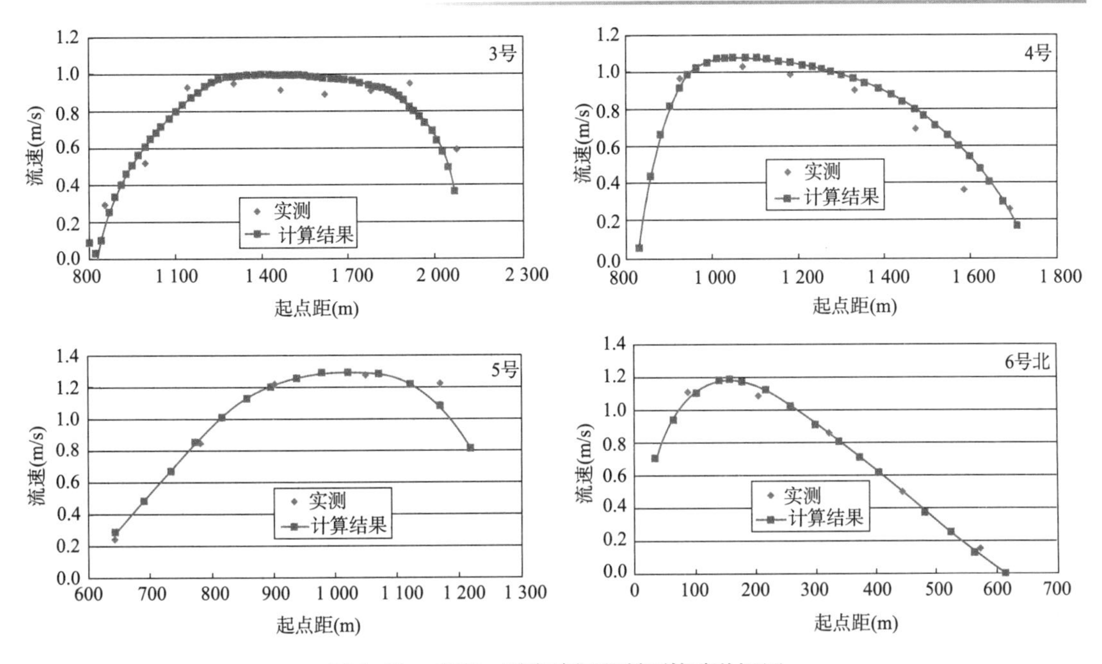

图 7-21　赤壁—潘家湾河段断面流速验证图

赤壁—潘家湾河段汊道分流比计算值与实测值比较　　表 7-12

水道	陆溪口			嘉鱼		燕子窝	
支汊	直港	中港	园港	左汊	中夹	左槽	右槽
实测分流比	51.94	47.89	0.17	70.2	29.8	73.81	26.19
计算分流比	50.88	48.7	0.42	70.3	29.7	73.6	26.4

（2）冲淤分布验证

动床模型分别对河段经历涨、落水时期进行了验证。涨水期起止时期是 2011 年 3 月、2011 年 7 月，落水期起止时期分别为 2011 年 7 月、2011 年 10 月，验证结果见图 7-22。由图可见数学模型计算冲淤分布与实测冲淤分布基本一致，计算值与实测值比较接近，误差基本在 20% 以内。

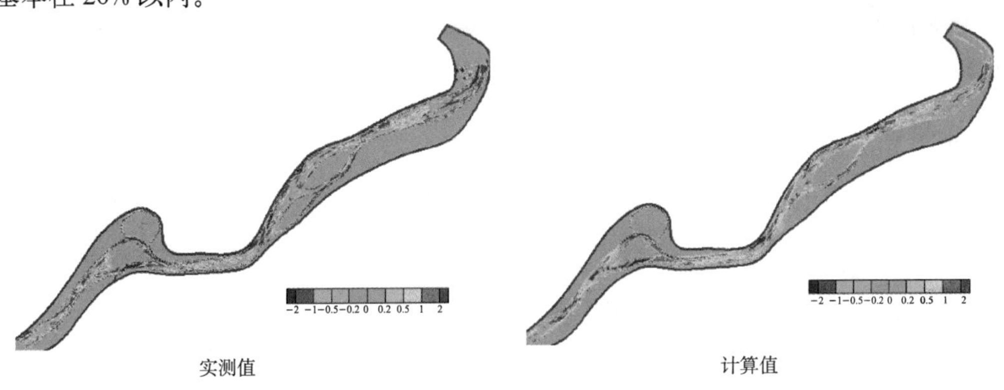

a)赤壁—潘家湾河段实测计算冲淤分布对比图(涨水期)

图　7-22

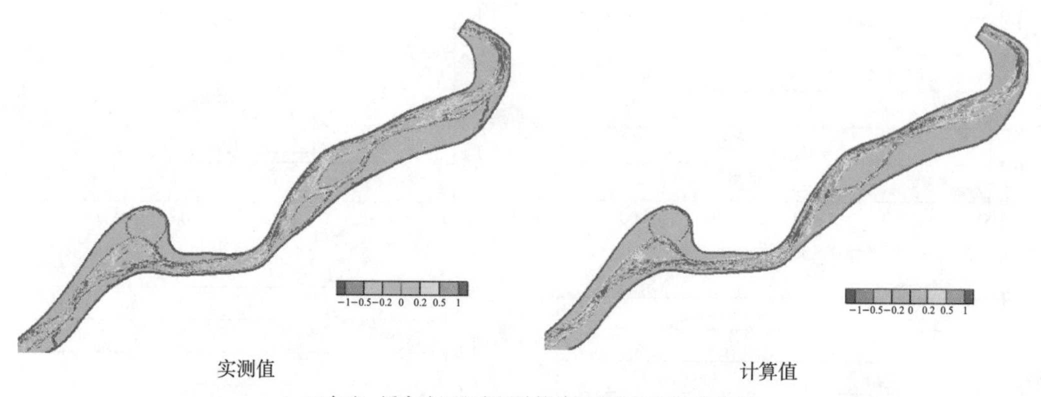

b)赤壁—潘家湾河段实测计算冲淤分布对比图(落水期)

图 7–22　涨水期和落水期赤壁—潘家湾河段实测计算冲淤分布对比图

7.2.8　武汉河段

7.2.8.1　模型网格

模拟范围为自纱帽山至清水闸长约 65km 的河段。计算网格数为 900×121，河道内滩体众多，滩槽格局明显，对过水面积占主要部分的河槽进行了网格加密。水流方向网格间距 70 ~ 90m，整个计算区域内垂直水流方向网格间距 10 ~ 40m。网格划分见图 7–23。

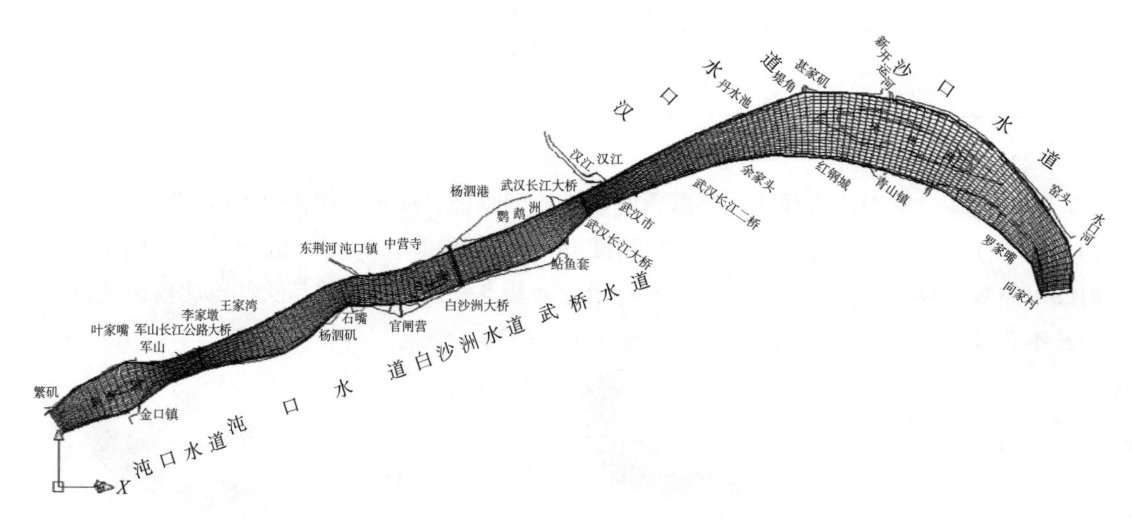

图 7–23　武汉河段计算网格图

7.2.8.2　验证资料

定床验证采用 2009 年 03 月、2010 年 7 月、2011 年 7 月、2011 年 8 月的实测水文资料，对该河段沿程 7 个水文断面的水位、流速分布及新淤洲左右汊分流比等水文测验成果资料进行了验证。依据三峡水库蓄水后实测的水文、地形资料展开动床验证计算工作，动床模型分别对河段经历涨、落水时期进行了验证。涨水期起止时期是 2011 年 3 月、2011 年 7 月，落水期起止时期为 2011 年 7 月、2011 年 10 月。

7.2.8.3　验证结果

(1) 水位、流速验证

计算与实测的水位比较见图 7–24，沿程的流速分布比较见图 7–25。由图 7–24 和图 7–25 可见，水位误差多在 ±0.03m 以内，自沌口至阳逻断面流速分布情况也与实测值总体符合较好，一般偏差在 0.1 ~ 0.15m/s。计算得到白沙洲、天兴洲汊道的分流比见表 7–13，由计算结果可以看出，两汊道均主支悬殊，各流量级下白沙洲、天兴洲右汊流量均占绝对优势，但随流量增大支汊分流比逐渐增大，如白沙洲右汊枯水时分流比由 1.1% 增大至洪水时的 10.4%；天兴洲左汊枯水时基本不过流，而洪水时分流比增大至 10.4%，计算得到的流量—分流比关系曲线与实测曲线的比较见图 7–26，可见两者均反映了以上特性。

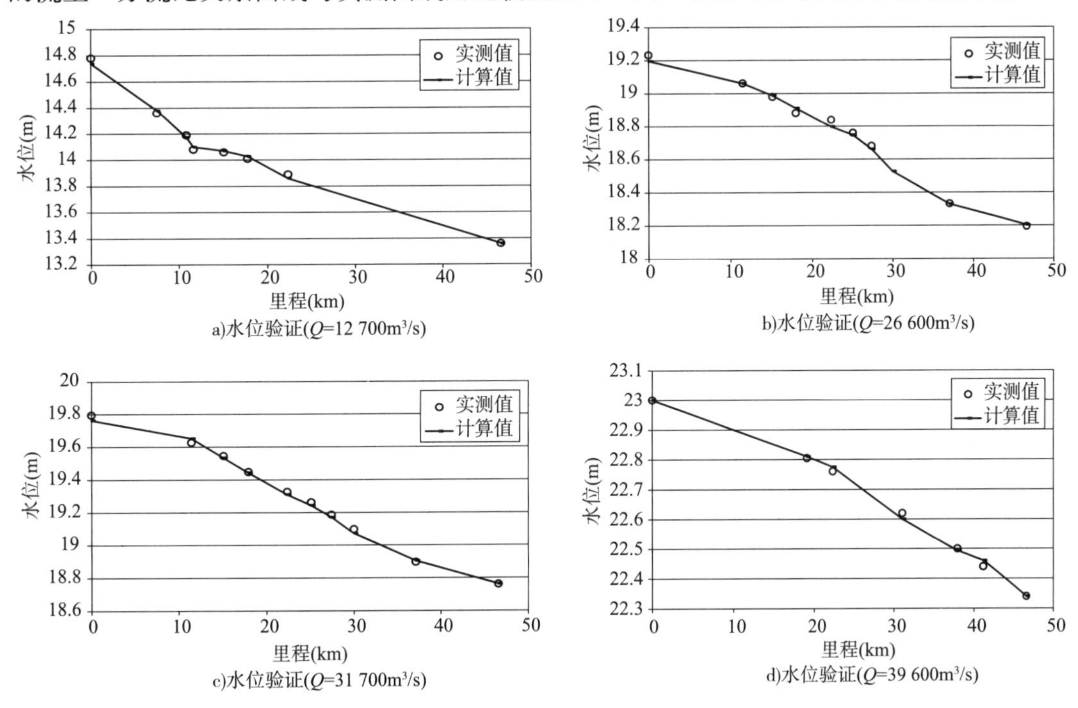

图 7–24　武汉河段不同流量级下沿程水面线验证

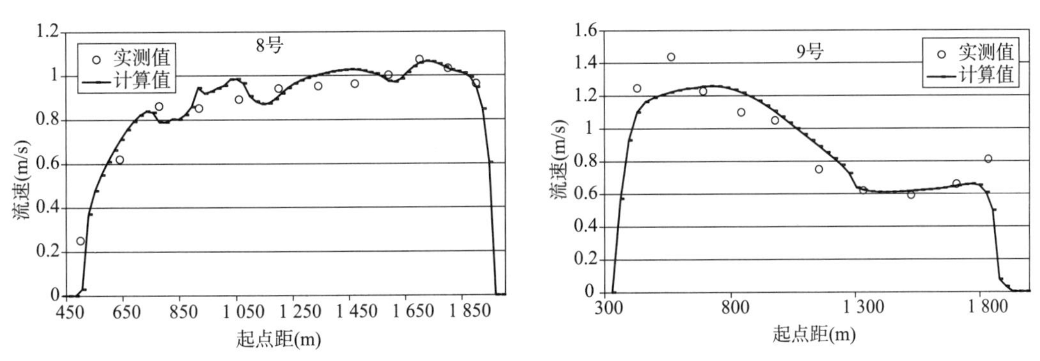

图　7–25

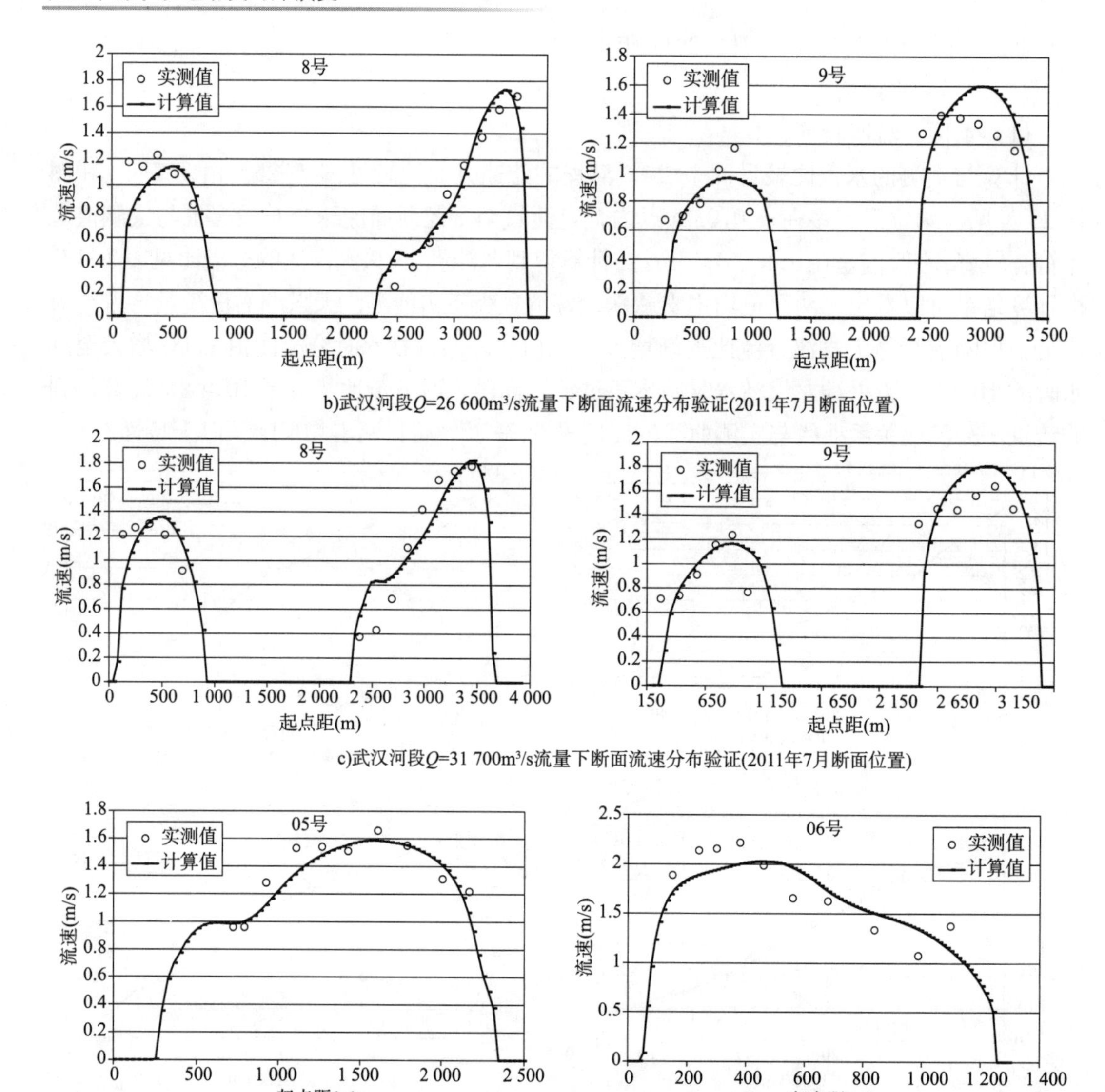

b)武汉河段Q=26 600m³/s流量下断面流速分布验证(2011年7月断面位置)

c)武汉河段Q=31 700m³/s流量下断面流速分布验证(2011年7月断面位置)

d)武汉河段Q=39 600m³/s流量下断面流速分布验证(2010年8月断面位置)

图 7-25　不同流量不同时段断面流量分布验证

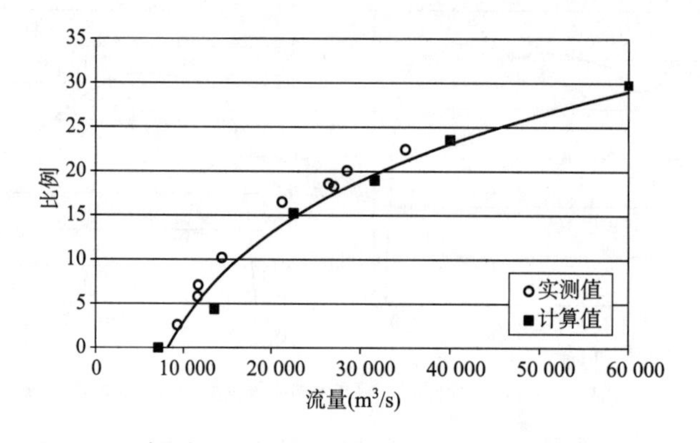

图 7-26　武汉河段天兴洲左汊分流比计算值与实测值比较

武汉河段汊道分流比计算值与实测值比较　　表 7-13

流量 (m^3/s)	7 130	13 627	22 500	31 600	40 000	60 000
白沙洲右汊分流比 (%)	1.1	3.3	7.08	7	9.6	10.4
天兴洲左汊分流比 (%)	0	4.38	15.23	18.2	23.56	29.78

综合以上计算值与实测值的对比可见，不同流量级下沿程的水流、含沙量平面分布情况以及汊道分流分沙情况，计算值与实测值符合较好。

(2) 冲淤分布验证

动床验证过程是以 2009 年 3 月实测地形作为起始地形，分别在干流和汉江进口边界输入 2009 年 3 月～2010 年 3 月的实测流量、含沙量过程，模拟长河段内沿程冲淤变形并与同时期相应的实测河床变形进行比较，验证结果见图 7-27。由图 7-27 可见数学模型计算冲淤分布与实测冲淤分布基本一致，计算值与实测值比较接近，误差基本在 20% 以内。

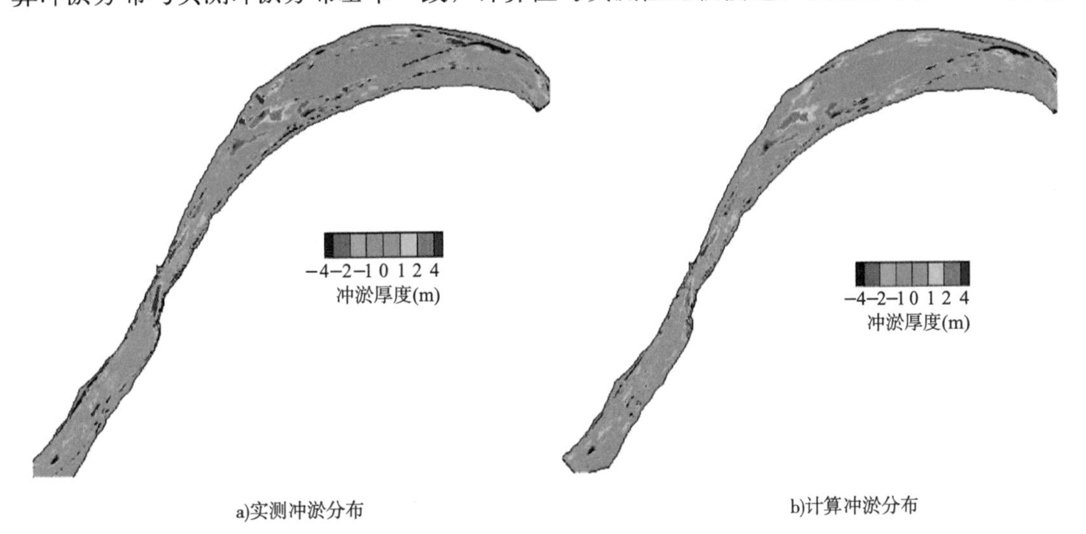

a)实测冲淤分布　　b)计算冲淤分布

图 7-27　武汉河段 2009 年 3 月～2010 年 3 月平面冲淤分布实测值与计算值对比图

综上所述，上述建立的 8 段数学模型计算网格较好地捕捉到了河道地形中的滩槽变化，水流计算结果较好展示了相应的水流流态，水面线变化趋势合理，流场变化平顺，断面流速分布和冲淤平面分布定量上与实测值差异较小，且模型计算时河床糙率和挟沙力等参数取值在合理范围之内。所建数学模型能较好地反映河道水沙运动特点，精确度满足相关要求，可以用来进一步研究这些河段的水沙运动规律。

第 8 章　长江中游航道条件变化趋势预测

8.1　长江中游宜昌至武汉河段航道现状

8.1.1　航道概况

长江中游宜昌至武汉河段全长约 624km，由 63 个水道组成（图 8–1）。根据地理环境及河道特性可分为三大段：

（1）宜昌至大埠街段，长约 116.4km，为长江出三峡水库后经宜昌丘陵过渡到江汉平原的砂卵石河段。

本河段包括 15 个水道，以枝城为界，上段主要为顺直微弯河型，受两岸边界条件的制约，河势相对稳定；下段为弯曲分汊河型，河段内分汇流口门、放宽段及弯道中多有洲滩分布，有芦家河、枝江、江口等重点碍航水道。由于该河段内砂卵石洲滩众多，河床纵剖面变化急剧，葛洲坝水库运用后，下游河床冲刷造成水位明显降低，至 2003 年初，在设计流量（Q=3 200m^3/s）时，宜昌水位累计下降已达 1.2m 左右（相对于 1973 年），已经影响到葛洲坝三江下引航道水深；同时，由于河段内河床纵横向沙层厚度不一、抗冲性差别较大，存在局部河段“坡陡流急”的现象。

（2）大埠街至城陵矶河段，长约 279.6km，属于荆江河段，流经江汉平原与洞庭湖平原之间，为沙质河段。

北岸有支流沮漳河入汇，南岸沿程有太平口、藕池口及调弦口（已于 1959 年建闸控制）分流入洞庭湖，洞庭湖又汇集湘、资、沅、澧四水的流量于城陵矶汇入长江。本河段包括 26 个水道，其中，以藕池口为界，上段习称上荆江，为分汊性弯曲河段，河湾处多有江心洲，近百年来，河道平面外形变化不大，河槽宽度平均为 1 300 ～ 1 500m，有太平口、瓦口子、马家嘴、周公堤和天星洲等多处浅滩；下段习称下荆江，自然条件下为典型的蜿蜒型河道，自然裁弯、切滩频繁发生，河势不稳，航道变化复杂，由于大量护岸工程及河势控制工程的实施，现为限制性弯曲河道，河槽平均宽度 1 000m，有藕池口、碾子湾、窑监、铁铺、尺八口等浅滩。

（3）城陵矶至武汉段，全长 228.1km，由 22 个水道组成。两岸湖泊和河网交织，入口城陵矶处有我国第二大淡水湖洞庭湖汇入，出口处有长江中游最大支流汉江汇入。由

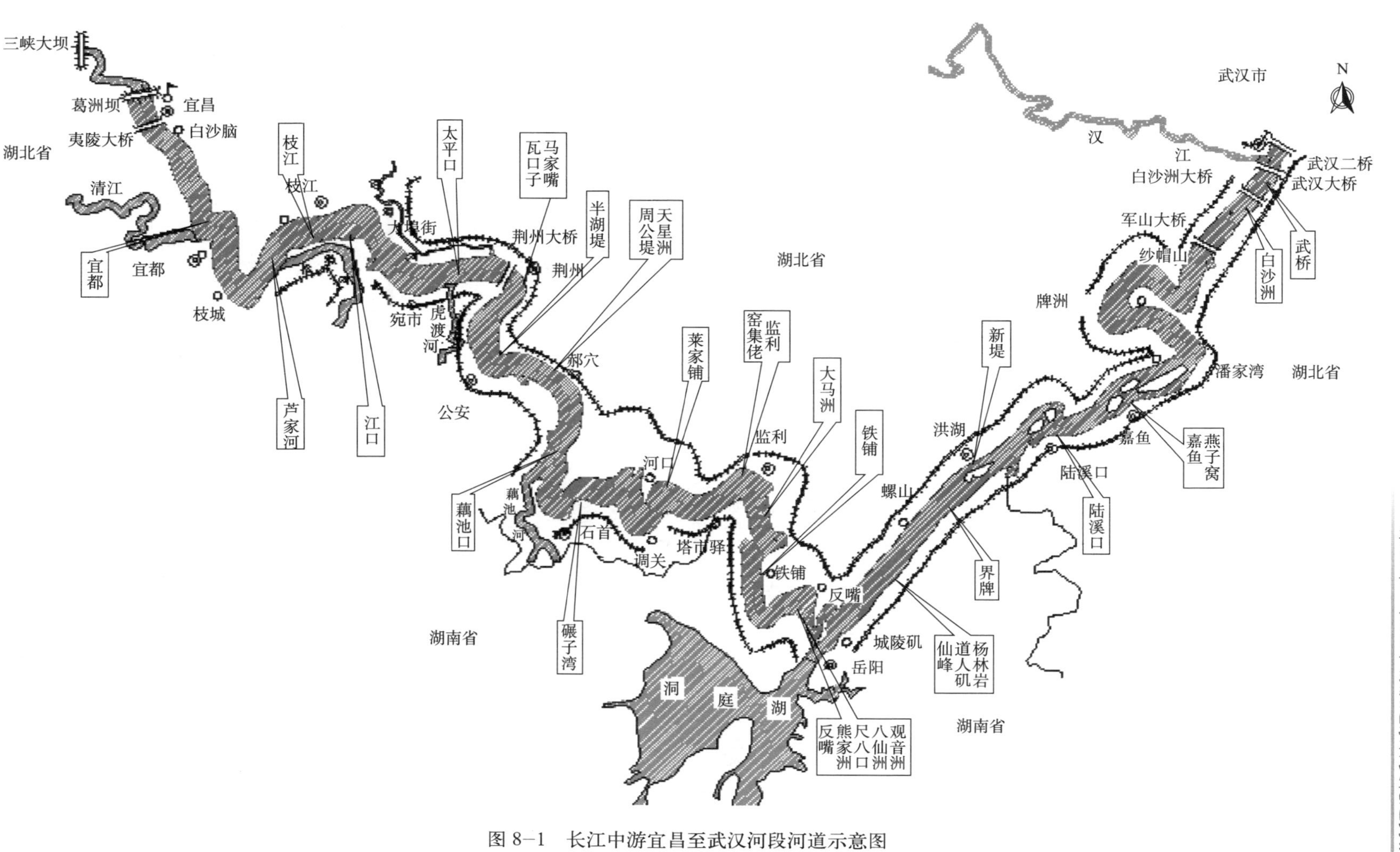

图 8-1 长江中游宜昌至武汉河段河道示意图

于有洞庭湖和汉水汇入，本河段流量较大，江面较宽，平均河宽为 1 500m 左右，河道顺直，水流平缓，河道总体上也较荆江段稳定。

该段两岸多为独立山丘，形成多处节点，河心也存在多处暗礁，两岸土质有所不同，侧向侵蚀较严重，易形成分汊和弯曲河道。根据河势特点可将本河段分为三段：上段城陵矶—潘家湾河段，呈宽窄相间的分汊河型；中段潘家湾—纱帽山河段，为簰洲弯道段，呈典型弯道河型；下段纱帽山—武汉长江大桥河段，呈藕节状顺直分汊河型。本河段碍航主要位于上段和下段，中段簰洲弯道航道条件较好。

宜昌—武汉河段目前的航道最小维护尺度为：宜昌（下临江坪）—城陵矶段，3.5m×80m×750m，保证率 98%；城陵矶—武汉段，3.7m×100m×1 000m，保证率 98%。已经提前五年实现《长江干线航道总体规划纲要》到 2020 年的规划目标。

8.1.2 已建工程情况

8.1.2.1 已建堤防及护岸工程

长江中下游河势控制工程体系以堤防和护岸为主体。新中国成立前，中下游河道仅在上荆江、武昌、江阴以下零星分布有护岸工程，河道基本处于自然状态，主流摆动频繁，江岸崩塌十分剧烈，中下游两岸近 4 000km 长的岸线中，崩岸总长约占 1/3。新中国成立后，为了保障河势稳定及防洪安全，国家及各级政府不间断地开展了长江中下游河道治理工作，据统计，截至 2010 年，长江中下游累计完成护岸工程约 1 555km，其中湖北省 630km。通过上述工程，对弯曲河道或分汊河道的凹岸和主流线贴岸或顶冲段基本均进行了护岸守护，稳定了中下游河势。宜昌—武汉河段的堤防及护岸工程主要位于枝城以下，工程现状按照河段顺序分述如下。

（1）荆江河段

荆江两岸均建有堤防。其中，上荆江右岸有松滋江堤与荆南长江干堤，左岸为荆江大堤，其临江的沙市河弯和郝穴河弯堤外无滩或滩窄，深泓逼岸，防洪形势十分严峻；下荆江左岸有荆江大堤与监利洪湖长江干堤，右岸为荆南长江干堤与岳阳长江干堤。

根据相关资料统计，近 60 年来，荆江河段完成护岸长度 270km。其中，上荆江河段护岸长度约 121km、下荆江河段护岸长度约 149km。在下荆江河段河势控制工程（湖北）2010 年度实施项目中，湖北岸段共 8 段，金鱼沟段（桩号 17+200 ～ 20+420）、天星阁段（桩号 44+470 ～ 43+000）、熊家洲段（桩号 11+400 ～ 8+730）均为水下抛石加固、水上坡面整修段，中洲子段（桩号 5+420 ～ 6+420）、杨岭子段（桩号 34+350 ～ 33+150）为新护岸段，中洲子段（桩号 1+400 ～ 3+700）、团结闸段（桩号 24+500 ～ 23+240）、观音洲段（桩号 2+100 ～ 1+120，566+920 ～ 564+440）均为水下抛石加固、水上坡面改造段，2011 年 4 月实施完毕。荆江河段河势控制工程可防御 50 年一遇洪水，运用分蓄洪工程可提高到防御 100 年一遇洪水。

（2）岳阳河段（城陵矶—赤壁山）

岳阳河段全长约 77km，为顺直分汊型河段，护岸工程主要分布在左岸的螺山—皇堤宫、新堤闸—叶王家洲段和右岸的擂鼓台—道人矶、鸭栏—大清江段，护岸工程总长

64.65km，约占岳阳河段岸线总长 42.0%。其中，位于左岸的护岸工程总长 28.187km，约占岳阳河段左岸岸线总长 36.6%；位于右岸的护岸工程总长 36.459km，约占岳阳河段右岸岸线总长 47.3%。

(3) 陆溪口、嘉鱼河段

陆溪口、嘉鱼河段护岸工程总长 44.35km，约占陆溪口、嘉鱼河段岸线总长 41.45%。其中，位于左岸的护岸工程总长 26.585km，约占陆溪口、嘉鱼河段左岸岸线总长 49.7%；位于右岸的护岸工程总长 17.765km，约占陆溪口、嘉鱼河段右岸岸线总长 33.2%。

(4) 簰洲湾河段（潘家湾—纱帽山）

簰洲湾左岸汉南区干堤处于弯道凹岸，历来多崩岸险段，且崩塌强度较大，干堤频频退建。从 20 世纪 70 年代，陆续对新沟、邓家口、大嘴等险段进行治理。1998 年大水后，完成了以确保洪湖干堤、汉南干堤及稳定河势的防洪护岸工程 48.68km。

簰洲湾河段护岸工程总长 49.308km，约占簰洲湾河段岸线总长 34%。其中，位于左岸的护岸工程总长 18.788km，约占簰洲湾河段左岸岸线总长 25.9%；位于右岸的护岸工程总长 30.52km，约占簰洲湾河段右岸岸线总长 42.1%。

(5) 武汉河段（纱帽山—阳逻）

武汉河段护岸工程总长 52.903km，约占武汉河段岸线总长 37.6%。其中，位于左岸的护岸工程总长 31.338km，约占武汉河段左岸岸线总长 44.6%；位于右岸的护岸工程总长 21.565km，约占武汉河段右岸岸线总长 30.7%。

8.1.2.2　已建航道整治工程

20 世纪 90 年代至 2013 年，以长江中游界牌河段综合治理工程为标志，长江中下游航道建设拉开了序幕。宜昌—武汉河段陆续进行了重点水道关键部位的整治工程，包括有枝江—江口、沙市、瓦口子、马家嘴、周天、藕池口、碾子湾、窑监、界牌、陆溪口、嘉鱼—燕子窝等 11 个水道（河段），共计 18 项整治工程。

2013 年 9 月开始实施荆江河段昌门溪—熊家洲段航道整治工程，自上而下对枝江、江口、太平口、斗湖堤、周公堤、天星洲、藕池口、碾子湾、莱家铺、窑监、大马洲、铁铺和熊家洲等 13 处水道进行整治，按“固滩稳槽、局部调整”的治理思路，稳定目前航道条件尚可但浅滩恶化趋势明显的水道，调整改善演变剧烈和浅滩碍航严重的水道。该工程计划于 2016 年完工、2017 年竣工。

8.1.3　航道条件现状

考虑到三峡水库工程蓄水后宜昌—武汉河段航道条件受到河床冲刷及枯水流量增加的双重影响，为了真实反映航道条件情况，本次研究主要选取三峡水库工程蓄水以来的资料对航道条件进行核查；鉴于通过“十二五”期间航道建设，本河段航道尺度将达到规划目标，核查规划尺度作为最小尺度标准。具体核查方法为：首先根据各水道的地形测图（1：10 000）资料，核查不同等深线贯通的最小宽度；然后根据测图对应的水位，对航道条件进行分析；最后，结合航道维护资料，进一步补充、验证航道条件核查结果。核查结果见表 8-1、表 8-2。

宜昌—城陵矶河段主航道可维持尺度核查表 表 8-1

序号	水道名称	核查水深、航宽			
		3.5m×150m	4.0m×150m	4.5m×200m	5.0m×200m
1	宜昌（中游）	○	○	○	○
2	白沙脑	○	○	○	○
3	虎牙峡	○	○	○	○
4	古老背	○	○	○	○
5	云池	○	○	○	○
6	宜都	○	○	○	◎
7	白洋	○	○	○	○
8	龙窝	○	○	○	○
9	枝城	○	○	○	○
10	关洲	◎	◎	●	●
11	芦家河	●	●	●	●
12	枝江	●	●	●	●
13	刘巷	○	○	○	◎
14	江口	●	●	●	●
15	大布街	○	○	○	○
16	涴市	○	○	○	○
17	太平口	●	●	●	●
18	瓦口子	○	○	○	◎
19	马家嘴	○	○	○	◎
20	陡湖堤	◎	◎	◎	◎
21	马家寨	○	○	○	○
22	郝穴	○	○	○	○
23	周公堤	◎	●	●	●
24	天星洲	◎	◎	◎	◎
25	藕池口	◎	◎	●	●
26	石首	○	○	○	◎
27	碾子湾	◎	◎	◎	◎
28	河口	○	○	○	○
29	调关	○	○	◎	◎
30	莱家铺	◎	◎	◎	●
31	塔市驿	○	○	○	○
32、33	窑集佬、监利（窑监河段）	●	●	●	●
34	大马洲	◎	●	●	●
35	砖桥	○	○	○	○
36	铁铺	◎	◎	◎	●

续上表

序号	水 道 名 称	核查水深、航宽			
		3.5m × 150m	4.0m × 150m	4.5m × 200m	5.0m × 200m
37	反嘴	○	◎	●	●
38	熊家洲	◎	◎	◎	◎
39	尺八口	●	●	●	●
40	八仙洲	◎	◎	◎	●
41	观音洲	◎	◎	●	●

注：1. "○" 表示当前可以维持此航道尺度。

2. "◎" 表示一般年份能够畅通，但存在不稳定性，难以长期维持的航道尺度。

3. "●" 表示不能维持的航道尺度。

城陵矶—武汉河段主航道可维持尺度核查表 表 8–2

序号	水 道 名 称	核查尺度（水深 × 航宽）				
		3.7m × 150m	4.0m × 200m	4.5m × 200m	5m × 200m	6m × 200m
1	仙峰	▲	▲	▲	▲	▲
2	道人矶	▲	▲	▲	▲	▲
3	杨林岩	○	◎	◎	◎	●
4	螺山	○	○	○	○	○
5	界牌	○	◎	◎	●	●
6	新堤	○	○	◎	◎	●
7	石头关	○	○	○	○	○
8	陆溪口	◎	◎	●	●	●
9	龙口	○	○	○	○	○
10	嘉鱼	◎	◎	●	●	●
11	王家渡	○	○	○	○	○
12	燕窝	◎	◎	●	●	●
13	汉金关	○	○	○	○	○
14	花口	○	○	○	○	◎
15	簰洲	○	○	○	○	◎
16	水洪口	○	○	○	○	○
17	邓家口	○	○	○	○	○
18	煤炭洲	○	○	○	○	○
19	金口	○	○	○	◎	◎
20	沌口	○	○	○	◎	●
21	白沙洲	○	○	◎	◎	●
22	武桥	○	◎	◎	◎	●

注：1. "▲" 表示受礁石影响，流态紊乱，存在船舶航行安全隐患。

2. "○" 表示当前可以维持此航道尺度。

3. "◎" 表示一般年份能够畅通，但存在不稳定性，难以长期维持的航道尺度。

4. "●" 表示不能维持的航道尺度。

8.1.3.1　宜昌至城陵矶河段

目前，本河段41个水道中除芦家河、枝江、江口、太平口、窑监、尺八口6个水道航道尺度不能达到3.5m×150m（水深 × 航宽），还有一部分水道由于存在洲滩岸线边界冲刷、支汊发展、水位下降等变化，航道条件仍不稳定，如关洲水道、陡湖堤水道、周公堤水道、天星洲水道、藕池口水道、碾子湾水道、莱家铺水道、大马洲水道、铁铺水道、熊家洲水道、八仙洲水道、观音洲水道。

航道水深提高至4.0m，碍航水道增加了周公堤、大马洲水道，而且，随着三峡水库运行后水位下降，关洲水道可能难以长期维持150m航宽；航道水深提高至4.5m，碍航水道增加了关洲、藕池口、反咀、观音洲水道；航道水深提高至5.0m，碍航水道增加了莱家铺、铁铺、八仙洲等水道，碍航程度大幅度增加。

8.1.3.2　城陵矶至武汉河段

除仙峰、道人矶水道存在礁石影响船舶航行安全以及武桥水道存在船舶航行与桥梁安全矛盾外，一般年份本段航道尺度能够达到3.7m×150m，甚至4.0m×200m，但近几年陆溪口、嘉鱼、燕窝等水道的航道边界有不利变化，3.7m×150m航道尺度可能难以长期维持。

航道水深增加至4.5m，碍航水道主要有陆溪口、嘉鱼、燕窝水道，而且白沙洲水道航道尺度难以长期维持4.5m×200m；航道水深增加至5.0m，碍航水道增加了界牌河段，浅区范围增大的同时，碍航程度明显增加;航道水深增加至6.0m，碍航水道增加了杨林岩、新堤、沌口、白沙洲、武桥等水道。

8.2　航道条件变化特点

8.2.1　航道条件变化特点

根据航道条件核查成果，本节主要对三峡水库工程蓄水后不同航道尺度对应的碍航及潜在碍航水道的河床演变特点和航道条件变化进行了分析，形成对航道条件变化特点的系统认识。由于河道特性及三峡水库工程蓄水影响的差异，宜昌—武汉河段以大埠街、城陵矶为界，航道条件变化特点各有不同。

8.2.1.1　宜昌—大埠街河段

本河段砂砾质洲滩抗冲性强，河势较稳定，河床演变的关键是河床纵向冲淤引起的局部水深变化、比降调整以及对宜昌水位的影响。三峡水库运行后，受上游来沙大量减少影响，河段内滩槽调整以冲刷为主，淤积造成的出浅问题逐步得到缓解，但河床冲刷也对航道条件产生三个方面的不利影响：一是减弱了河道形态对上游水位的控制作用，使得砂卵石河段同流量枯水位继续下降，任其发展，将造成宜昌水位降幅过大而危及葛洲坝船闸的通航；二是部分卵石河床高凸、难于冲刷下切的浅滩段，如芦家河沙泓、枝江上浅区，水浅、坡陡、流急的局面仍然存在，且随着下游沙质河床水位下降的上溯传递，这些碍航问题还将随之加剧；三是淤沙浅滩段的边、心滩冲退或萎缩，致使水浅、航宽不足问题难以明显改善，如枝江下浅区、江口水道。以下对本河段内滩槽形态变化明显、航道条件相对较差的水道进行重点分析。

（1）关洲水道

关洲水道为微弯分汊型河段，关洲心滩河床为硬土砂砾质，根据 1995 年洲滩钻孔资料显示，上关洲头、关洲北泓心滩 5m 深度范围内以粉质壤土、中细沙为主。2009 年以前，关洲水道河道形态基本稳定，是典型的优良河段。2009 年以来，随着水库下游主冲刷带的逐渐下移，关洲水道进入了大幅度冲刷时期，且冲刷主要集中在关洲左汊区域（图 8–2），左汊分流比由 2003 年 3 月的 19%（流量 4 232m^3/s）增加至 2012 年 11 月的 34%（流量 6 027m^3/s），2014 年 2 月左汊分流比为 38.27%，2015 年 3 月左汊分流比为 33.6%，分流比已出现减小趋势。左岸的人和垸边滩萎缩及关洲尾部逐渐蚀退；关洲右汊发生淤积，特别是进口航宽缩窄速度显著增加，3.5m 等深线对应最小航宽由 2003 年的近 300m 逐年减小至 200m 左右，右汊进口最浅点已经淤高至 5m 左右。而且，关洲左汊的冲刷发展使得洪水期水流更加集中于左汊，引起下游芦家河水道进口处主流也更加偏靠松滋河进口。另外，与冲刷发展相对应，关洲上游的枝城水位在 2010 年出现了较大幅度的下降，并直接引起上游宜昌水位下降。随着左汊的进一步冲深、发展，右汊进口 3.5m 水深对应航宽将难以长期满足 150m，且水深有可能进一步变浅；同时，汊道分汇流条件的改变将进一步对下游芦家河水道进流产生影响，不利于航道条件的稳定。

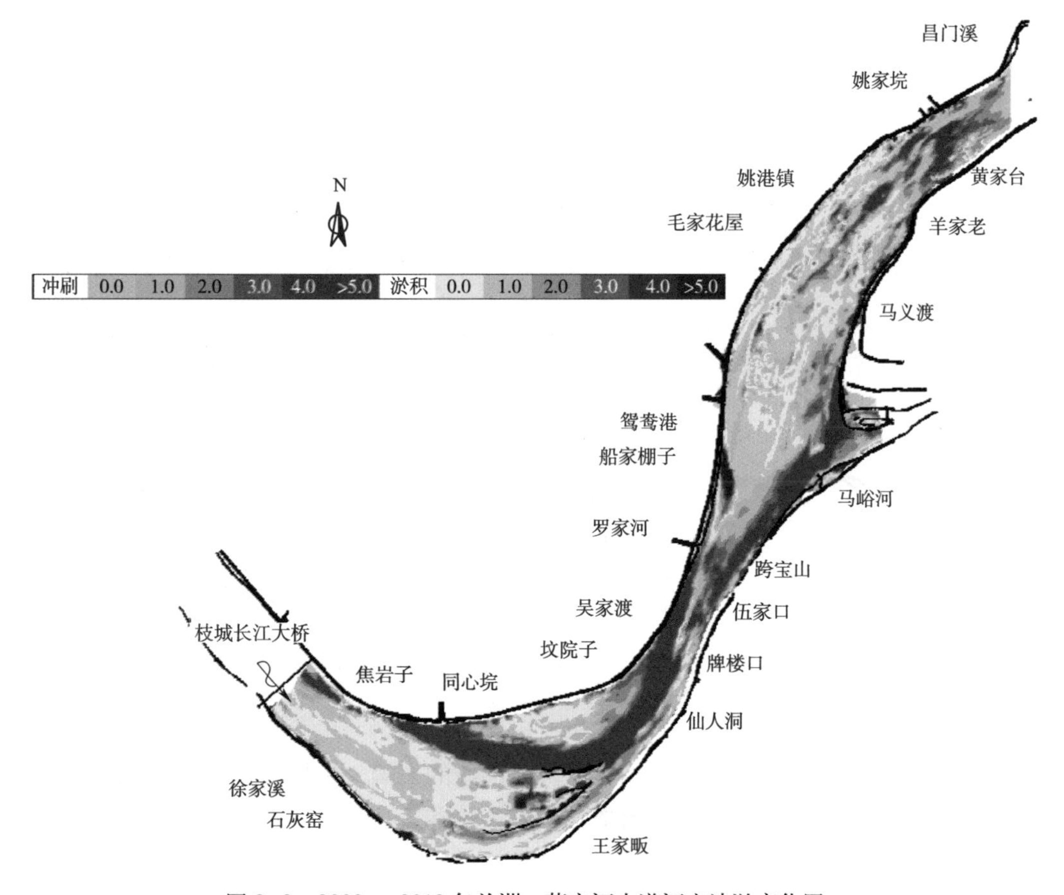

图 8–2　2003 ~ 2012 年关洲、芦家河水道河床冲淤变化图

（2）芦家河水道

芦家河水道属微弯放宽型河段，进口右侧有松滋河分流，放宽处河心有砾卵石碛坝，碛坝左右侧分别为沙泓、石泓两条航道，沙泓为枯水期主航道，石泓为中、洪水期主航道。芦家河水道岸线多年来总体较稳定，河道格局未发生明显改变，年内主流洪、枯水期流向在沙泓、石泓之间左右摆动。

自然条件下本水道毛家花屋—姚港一带局部水流条件较差，此段枯水比降大于中、洪水期比降，给上行船舶航行带来很大困难；而且，在每年汛后水位退落，石泓水深不足而沙泓尚未冲开时，航道会出现“青黄不接”的紧张局面。三峡水库蓄水后，沙泓内汛期的淤积幅度大幅度减小，目前沙泓已稳定为全年的主航道，“青黄不接”的局面得以改善。但是，由于沙泓中部毛家花屋至40号礁一带河床“底高床硬”，该处枯水期“坡陡流急”的现象依然没有得到缓解。根据三峡水库175m试验性蓄水以来的情况来看，当流量在6 000m^3/s左右时，该处400m范围陡比降在0.07%；根据近几年枯水期实测地形来看，该处3.5m等深线宽度可达到150m，但存在水深不足4m的卵石浅包，致使4m等深线宽度不到100m，5m线长期断开。而且，近年来，受关洲左汊分流比增大影响，芦家河水道进口深槽逐年冲深且向石泓下探，而在沙泓进口区域形成大面积缓流区域，且枯水期水流归槽难度加大，使得沙泓进口及左侧鸳鸯港边滩普遍淤高，沙泓进口航道条件逐年恶化，枯水期勉强贯通，2010年11月、2011年4月3.5m等深线最小宽度均不到150m。三峡水库工程蓄水以来芦家河水道河势变化图如图8-3所示。

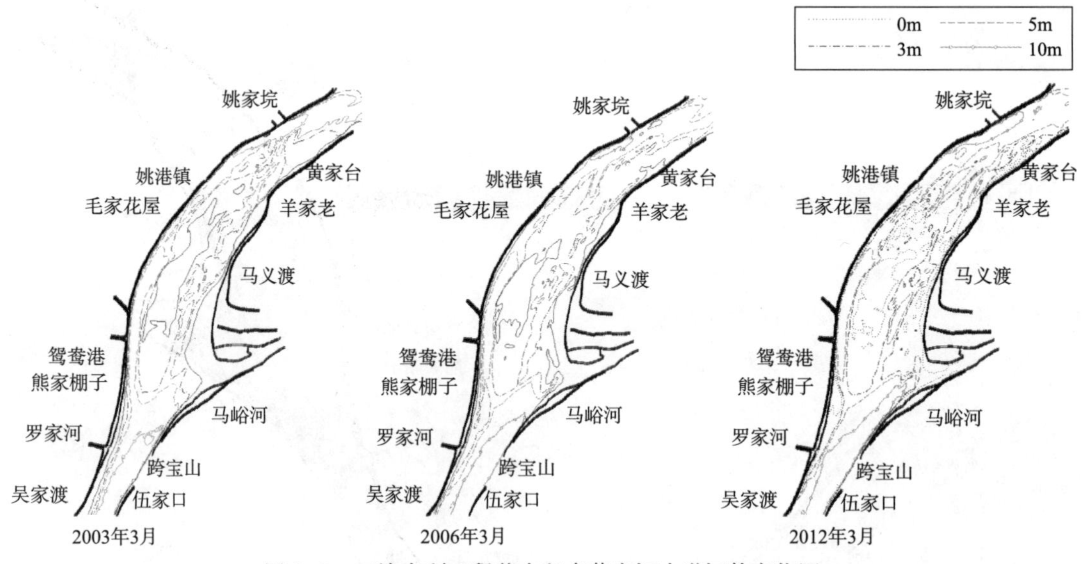

图8-3　三峡水利工程蓄水以来芦家河水道河势变化图

（3）枝江—江口河段

枝江—江口河段处于宜昌至大埠街砂卵石河段的末端，包括枝江、刘巷、江口、大埠街四个水道，其中，刘巷、大埠街水道较窄深，航道条件优良。

枝江水道属顺直分汊水道，中部有水陆洲将水道分为左右两汊，左汊为董市夹，由于其上口一带淤积严重，已多年未开放，右汊为沿岸主航道，存在上下两个浅区。上浅区位于陈家渡至肖家堤拐一带，河床主要为砾卵石夹硬质黏土胶结而成，一直较为稳定、难以冲刷，年际、年内冲淤幅度很小，一般在 2m 以内，绝大部分区域在 1m 以内。目前该处 3.5m 水深对应航宽不足 150m。另外，由于上浅区自身难以冲刷，在下游沙质河床大量冲刷时有向坡陡流急方向发展的可能。下浅区位于肖家堤拐向左岸枝江市城下跨河过渡段中部，年内冲淤变化遵循“涨冲落淤”的规律，三峡水库蓄水运用以来，上游冲刷搬运至枝江水道的泥沙大幅减少，加上一期工程成效的发挥，枝江下浅区普遍冲刷，航道右摆，出口变得顺畅。三峡水利工程蓄水以来枝江水道河势变化图如图 8–4 所示。

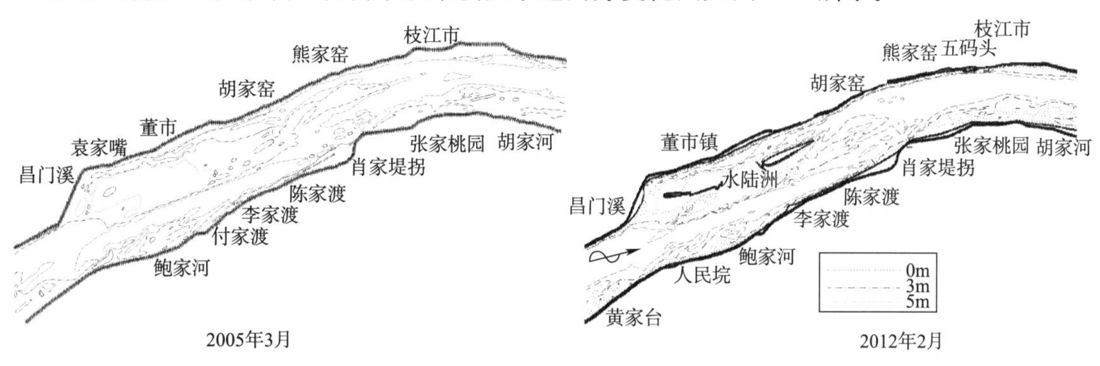

图 8–4　三峡水利工程蓄水以来枝江水道河势变化图

江口水道属微弯分汊水道，中部有柳条洲将水道分为左右两汊，左汊为支汊，习称江口夹，右汊为主汊。20 世纪 80 年代以前，江口水道航道条件较好，20 世纪 80 年代中期以后，江口水道的河势及平面形态发生了较大变化，吴家渡至七星台的过渡段形成沙埂，年内“涨冲落淤”变化，退水冲刷不及时会出现水深不足，出浅月份一般为 12 月至次年 2 月。三峡水库蓄水后，由于吴家渡边滩逐渐趋于狭长，并不断向河道内淤长，挤压航槽，造成了航宽极窄从而影响通航。一期工程实施后，浅梗冲刷消失，浅区航道条件也呈好转趋势，但随着水位的继续下降，航道水深不足的问题日益突出，特别是在河床底高难冲的枝江上浅区，在遇大水年仍存在因为淤积而出现 3.5m 水深对应航宽不足的现象。同时，江口水道比降沿程变化并不均匀，局部比降明显变陡。若任由枝江至下曹家河一带比降进一步发展，势必会对枝江上浅区水深不利，也会加剧本河段的长河段比降。三峡水利工程蓄水后江口水道河势变化如图 8–5 所示。

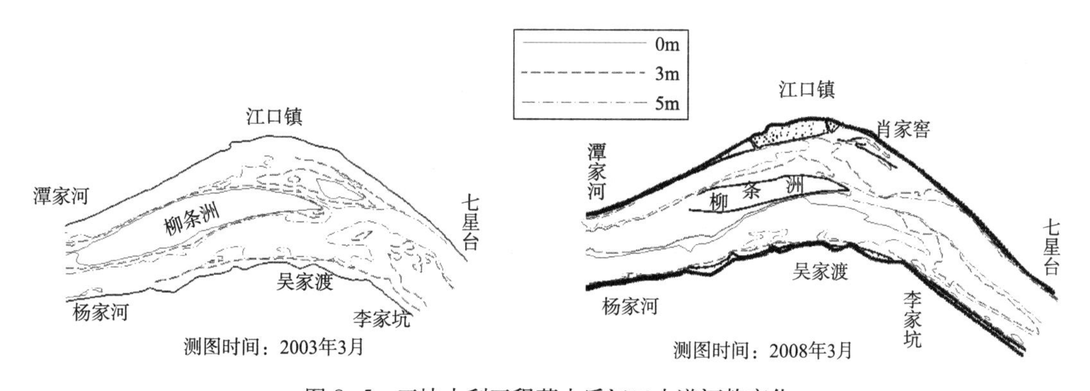

图 8–5　三峡水利工程蓄水后江口水道河势变化

8.2.1.2 大埠街至城陵矶河段

本河段床沙主要由中细沙组成，演变受水沙条件变化影响较大，洲滩变形及基本河槽变动则是其河床演变的两大内容，浅滩航道条件与洲滩的稳定密切相关。河段内的碍航或潜在碍航浅滩一般位于分汊段、弯道段及两弯道之间的长直或放宽过渡段，这些河段在三峡水库蓄水以前都经历过不同程度的局部河势调整。三峡水库蓄水以来，大埠街—城陵矶河段的河势格局未变，因上游来沙大幅度减小，单一、窄深的优良河段的航道条件较稳定，而蓄水前的碍航或潜在碍航浅滩河段的航道条件存在不利变化趋势，如洲滩不稳定的分汊段，江心洲洲头低滩或心滩滩头冲刷后退，分汊口门河床趋于宽浅，或支汊冲深发展，影响主汊过流条件；弯曲段凸岸边滩冲刷，主流有切滩、撇弯之势，滩槽格局极不稳定；长直（放宽）过渡段，主流摆动加大，滩槽形态不稳定。以下针对这三类浅滩河段，选取航道条件较差、详细分析其三峡水库运行后的航道条件变化特点。

（1）分汊河段

本河段内的太平口、瓦口子、马家嘴、藕池口水道及监利水道均属于洲滩不稳定的分汊段，分汊口门处主流摆幅较大，心滩或江心洲头不稳定，航道条件差，航槽位置也很不稳定。三峡水库工程蓄水后，由于航道的主要控制边界江心洲洲头冲刷后退、边滩萎缩，或支汊冲刷发展，分流处河道展宽、水流摆动空间增大，影响航槽位置及水深的稳定，使航道条件呈恶化之势。目前，受已建航道整治工程影响，瓦口子、马家嘴水道支汊发展、江心洲冲退的不利变化得到有效控制，航道条件较好，航道尺度可以实现4.5m×200m。

①太平口水道。

a. 太平口水道平面形态总体稳定，但滩槽演变剧烈，三八滩分汊段调整幅度大于太平口心滩分汊段，尤其是大水年会加剧滩槽调整幅度。

2003年三峡水库截流蓄水之时，太平口水道正经历1998年、1999年特大洪水作用后的恢复过程，新淤而成的三八滩较老三八滩明显偏小偏矮，河道内总体呈现滩型散乱的局面。三峡水库蓄水以后，如图8-6所示，太平口心滩总体是逐渐淤长的，南槽持续冲深，但近期太平口心滩有所冲刷萎缩，尤其是下段，冲蚀较为严重。

三峡工程蓄水以来三八滩分汊段经历了不同的演变阶段，在蓄水的前三年，滩槽的变化主要表现为新三八滩滩头冲刷后退、杨林矶边滩淤涨下移、杨林矶边滩与三八滩合并的周期性变化，不过三八滩的规模总体而言是不断缩小的，2007年以后，三八滩滩头基本稳定，北汊进口2号槽发育形成较为稳定的航槽。三八滩分汊段的演变过程较好地反映了来沙变化的影响，在蓄水之初，由于上游砂卵石河段的床沙补给，太平口水道内仍有较大的泥沙来量，此时由于滩型散乱，冲淤是比较剧烈的。随后由于来沙进一步减少，且径流过程偏枯，在航道整治工程的控制下，中枯水主流逐渐塑造出较为稳定的航槽。

2012年的大水对三八滩分汊段影响十分显著，该年汛期过后，腊林洲中部低滩区域即南汊进口大幅冲刷，过渡段深槽出现大幅右摆的不利趋势，与此相应的，杨林矶边滩右缘大幅淤积，挤压北汊进口，过渡段航道大幅右摆。腊林洲2013年来水明显偏枯，且随着荆江工程的逐步实施，腊林洲中部滩体有所恢复，迫使杨林矶边滩右缘有所冲刷后退，但由于中枯水塑造滩槽的能力有限，目前滩槽格局仍较为不利。

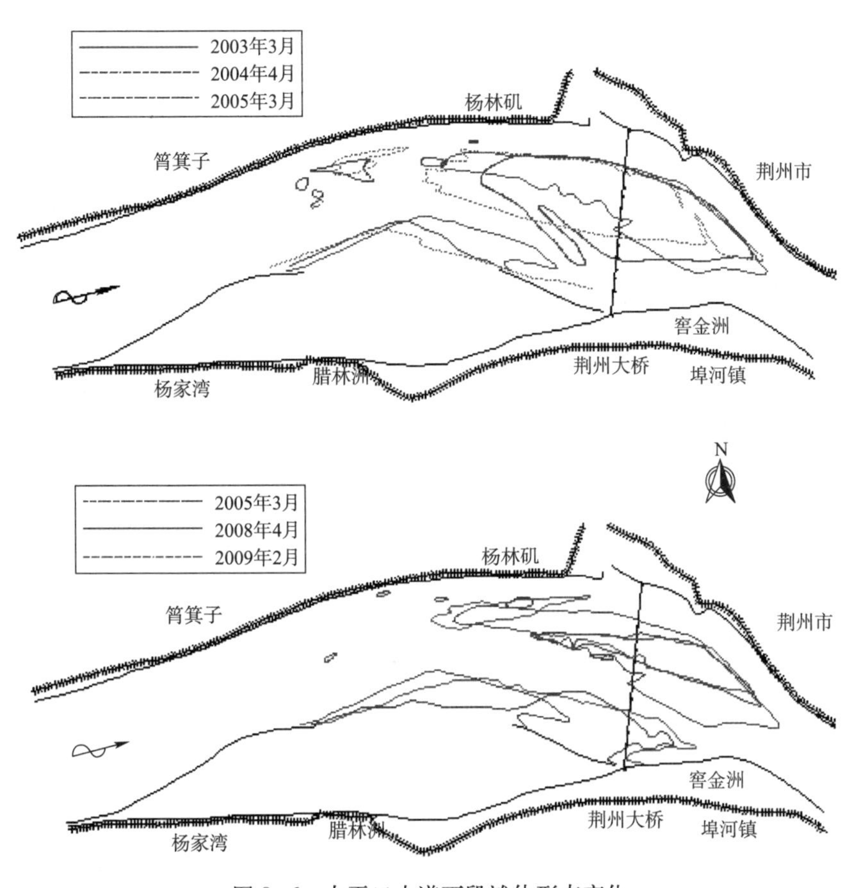

图 8–6　太平口水道下段滩体形态变化

b. 分汇流格局不稳定，大水过程对北汊分流有不利影响。

三峡工程蓄水以后至 2012 年大水之前，南槽、北汊分流比总体逐渐增加，但 2012 年大水之后，随着杨林矶边滩右缘大幅淤积挤压北汊进口，并导致了随后北汊淤积、南汊冲刷，北汊分流比出现了锐减。

对于北汊的航道条件来说，2009 ~ 2012 年这一时间段所处的第三种情况最有利于保证其进口 2 号槽槽口的单宽水动力强度，确保航道条件的稳定。从 2012 年大水过后的分流比来看，虽然太平口心滩分汊段的分流比没有明显变化，但过渡段明显的南冲北淤显然对该区域的分汇流格局产生了极为不利的影响。

c. 浅滩演变与航道条件变化。

太平口水道的河道很不稳定，河床演变剧烈，以河道内主流频繁摆动、洲滩互为消长、汊道兴衰交替为主要变化特征。三峡工程蓄水以来，尽管受人工护岸的影响，太平口水道两岸岸线基本稳定，但河道内滩槽变化剧烈，其依据浅滩区域航道条件的不同大致分为三个阶段：

第一阶段是南槽—北汊航路形成期（2003 ~ 2007 年），在这一阶段，上段太平口心滩分汊段南槽分流比逐渐增加，发展为主汊；下段三八滩分汊段北汊分流比也有所增加。在这一阶段的后期，枯水期南槽分流比在 50% 以上，北汊分流比在 40% 以上。在滩槽形态方面，上段南槽冲刷发展，太平口心滩逐渐淤长。三八滩持续萎缩，北汊冲刷，南汊逐渐北移，且南汊汊道流路逐渐取直，南汊设计副通航桥孔逐渐淤废。在这一阶段中，太平口水道内部滩体稳定性相对较优，过渡区域浅滩位置逐渐稳定下来，在水流的长期持续冲刷作用下，“南—北”航路逐渐冲刷发展，浅滩航道条件逐渐改善。

第二阶段是南槽—北汊航路发展期（2007 ~ 2012 年），在这一阶段，南槽—北汊航路所依托的分汇流格局、滩槽形态进一步强化发展。南槽分流比进一步增加，基本维持在 60% 以上，北汊的分流比也迅速增加至 60% 以上。从滩槽形态来看，太平口心滩分汊段变化不大，主要是腊林洲高滩逐渐崩退；过渡段杨林矶边滩持续淤积长大，但受北汊进口较大过流的限制，边滩右缘较为稳定；三八滩中下段持续萎缩，北汊持续冲刷，南汊走向虽然较为顺直，但汊道内时有较大规模的淤积体阻碍过流。在这一阶段过程中，太平口水道浅区航道条件基本稳定，但仍存在腊林洲高滩岸线不稳及三八滩中下段持续萎缩的不利变化，碍航隐患依然存在。

第三阶段是 2012 年水文年影响延续期（2012 年至今），这一阶段，2012 年的水文过程对太平口水道中下段演变的影响巨大，主要表现为过渡段深泓大幅南移，杨林矶边滩右缘随之大幅淤积，挤压北汊进口，而南汊则冲刷明显。这种滩槽格局调整变化的影响一直持续至今，北汊在随后的时间里持续淤积，而南汊则明显的冲刷发展。受杨林矶边滩大幅淤长挤压北汊进口的影响，北汊分流比已由 2012 年大水前的 60% 以上减少至目前的 15%。受大水年影响，这一阶段太平口水道航道条件出现了显著的恶化，杨林矶边滩大幅淤长，浅区航宽急剧缩窄。

从太平口水道的治理历程来看，三八滩的守护维持了水道下段分汊格局的稳定，腊林洲高滩守护维持了其导流作用的稳定，在建的荆江工程有利于遏制过渡段深泓主流的右摆。但对于南槽—北汊航路而言，这些工程在力度上仍不足以完全控制洪水过程的不利造床特性，比如，在洪水期持续时间过长时，北汊发生的淤积在汛后仍将难以得到充分的冲刷。另外，局部未控制的滩槽形态，如太平口心滩的持续萎缩等，对于南槽稳定集中出流的格局也是不利的。

②藕池口水道。藕池口水道位于石首河湾的上段，为放宽分汊河型。该水道进口左岸侧有陀阳树边滩，右岸为天星洲，河道自古长堤以下逐渐放宽；放宽段由藕池口心滩分为两汊，左汊又由倒口窑心滩分为两槽。藕池口水道尤其是中上段近期河床变化剧烈，演变主要表现为左右汊的周期性兴衰交替，伴随着藕池口心滩往复式生成、右移、并岸消失以及左岸的持续崩退、河道沿程展宽。目前主流稳定在左汊内，而右汊深泓挫弯右摆下移，趋于淤积衰亡。

近年来，天星洲洲体较为稳定，但洲体左缘受水流作用冲刷后退明显，为主流右摆提供了空间；加之对岸陀阳树边滩仍呈现周期性的上提下移、淤涨和冲刷变化，2012 年后临岸窜沟存在一定的发育现象，致使进口段航道条件航槽滩以长期稳定。虽然一期工程初步稳定了左汊进口的滩槽格局和航道边界，但由于对右侧边界天星洲左缘的控制范围有限，未守护部分仍在崩退，深槽右摆明显，加之倒口窑心滩尚未控制，其左缘的冲刷后退，更加剧了深槽的摆动，进口河道向宽浅方向发展，水流趋向分散，虽然目前 3.5m 等深线贯通，宽度在 200m 以上，但河道边界的不稳定不利于航道边界条件的长期维持。

③窑监河段。窑监河段包括窑集脑、监利两个水道。监利水道内存在乌龟洲将河道分为左右两汊，目前右汊乌龟夹分流比稳定在 90% 左右，但分汊口门及乌龟夹内滩槽形势很不稳定，并引起下游大马洲水道深泓摆动、滩槽形态调整。

三峡水库工程蓄水以来，乌龟洲洲头心滩受冲左移，乌龟夹进口河床展宽，出现多槽争流的碍航局面；乌龟洲洲体“南崩北扩”，主流随之坐弯左摆、顶冲太和岭矶头，既造成下深槽宽浅变化，也改变了下游大马洲水道入流条件（图 8–7）。鉴于此，航道部门先后实施了窑监河段航道整治一期工程、乌龟洲右缘中下段守护工程，稳定了乌龟夹左边界，改善了航道条件，使航道尺度初步实现 3.5m × 150m × 1 000m 的设计标准。一期工程实施后，新河口边滩的变化直接决定着乌龟夹进口过渡段航道条件的好坏。当边滩较为低矮、散乱且位置靠下时，过渡段放宽，易形成多槽，此时航道条件较差。但是由于新河口边滩极不稳定（图 8–8 和图 8–9），且头部极易受到冲刷，乌龟夹进口主流仍然不能集中冲槽，已有工程的效果难以保证，目前正在实施荆江河段航道整治工程，对新河口边滩实施了守护工程。

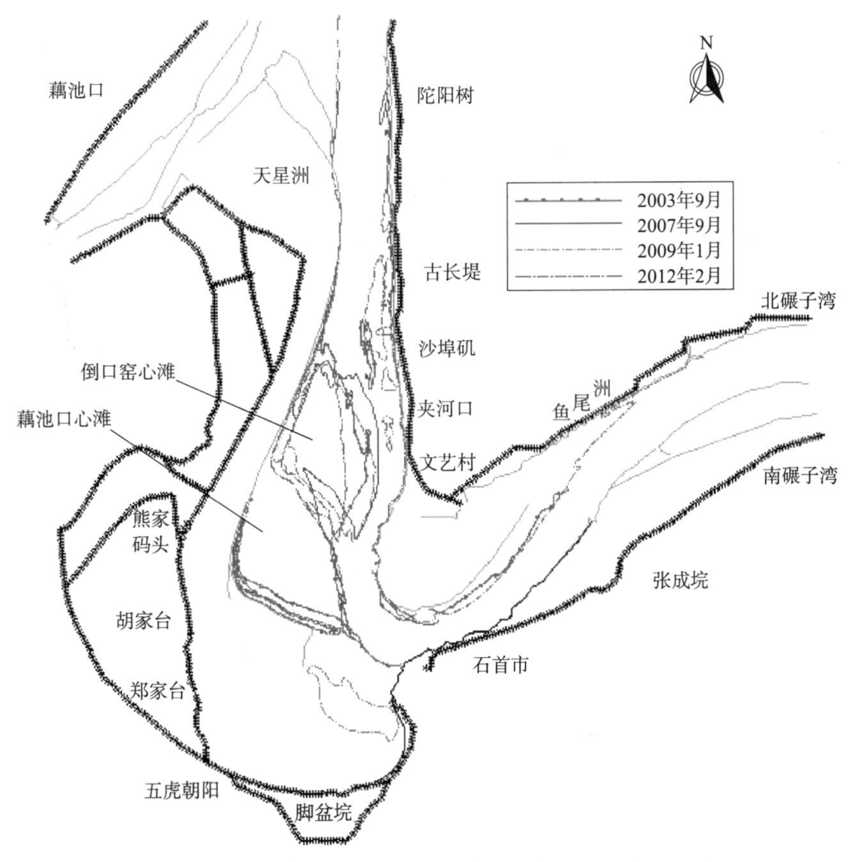

图 8–7　三峡水库工程蓄水以来藕池口水道 0m 滩体形态变化

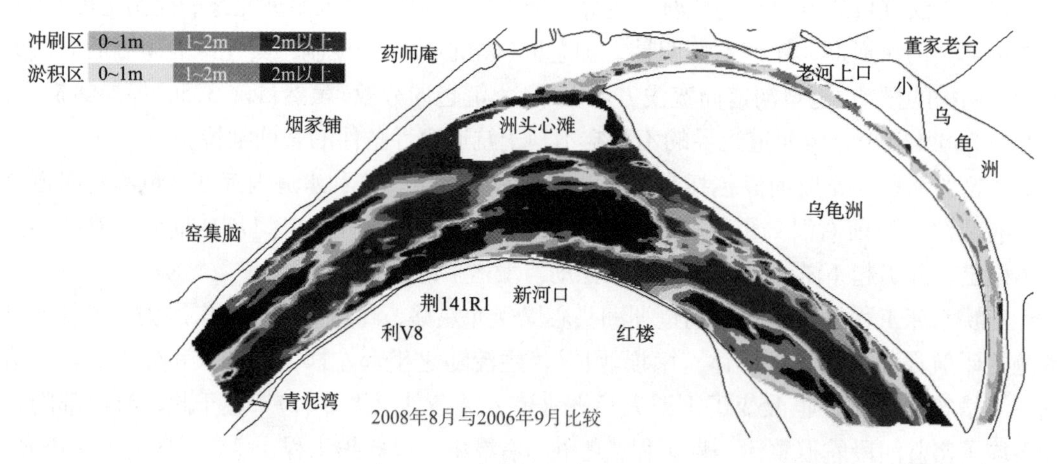

图 8-8 窑监河段冲淤分布图

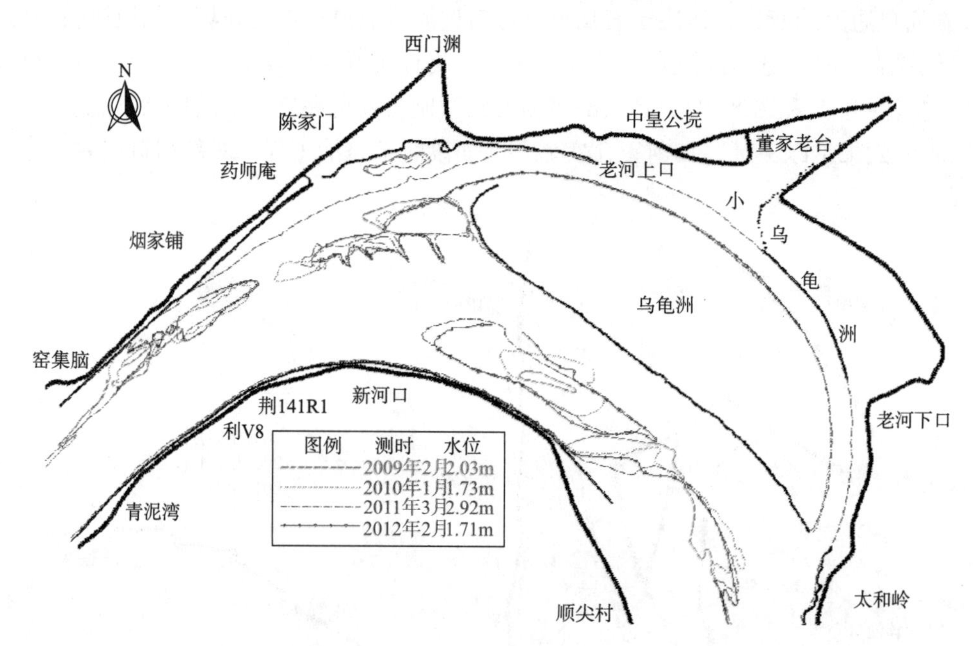

图 8-9 窑监河段航道整治一期工程实施以来 -3m 滩体平面形态变化图

（2）弯曲河段

弯曲河段主要位于下荆江，三峡水库工程蓄水以来，调关、莱家铺、反嘴、熊家洲至城陵矶河段，均出现凸岸边滩、凹岸深槽淤积的河床变形（图 8-10），主流有向凸岸侧摆动之势，影响航道条件的稳定；部分弯道甚至已发生切滩、撇弯变化，航道条件恶化（图 8-11 和图 8-12）。

例如，三峡水库工程蓄水以来，位于熊家洲至城陵矶河段的七弓岭弯道凸岸边滩遭切割，形成凹岸深槽和凸岸深槽两个槽口，水流分散，航道条件急剧恶化，2009 年、2010 年汛后弯道进口需靠疏浚措施维持航道畅通，随着河床变形的进一步发展，目前主流已摆至凸岸侧。

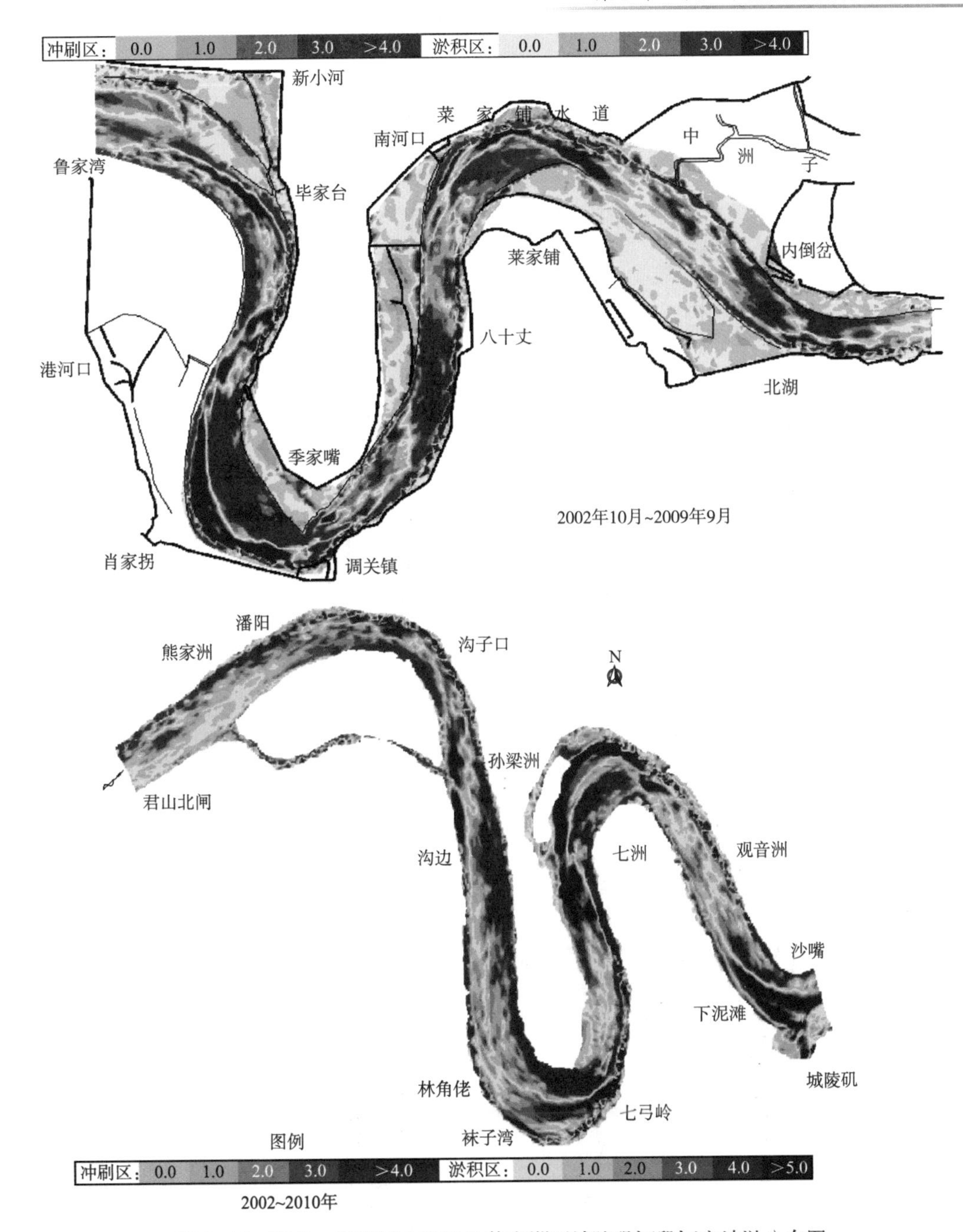

图 8-10　调关、莱家铺水道以及熊家洲至城陵矶河段河床冲淤分布图

（3）两弯道之间的长直或放宽过渡段

顺直过渡段的边滩高程较低，束水作用弱，洪、枯水流向变化较大，枯水期不易将洪水时淤积的泥沙冲走，形成各式浅滩，不利水文年易出浅碍航。三峡水库工程蓄水后，边滩冲刷、局部岸线崩退等现象的加剧，致使河道展宽、水流分散，浅滩冲刷难度加大，水深条件存在恶化趋势，一些水道河槽已经出现宽浅发展迹象，如斗湖堤水道、周天河段、铁铺水道等。

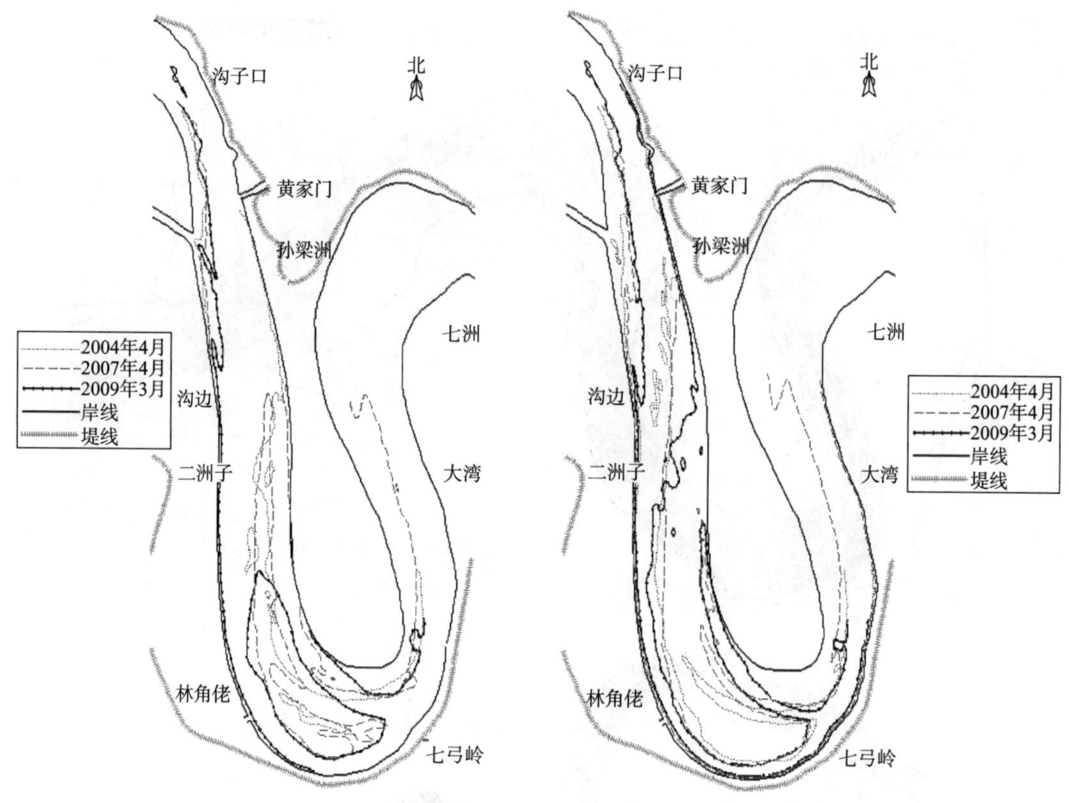

图 8-11　三峡水库工程蓄水以来七弓岭弯道 0m 滩体平面形态变化

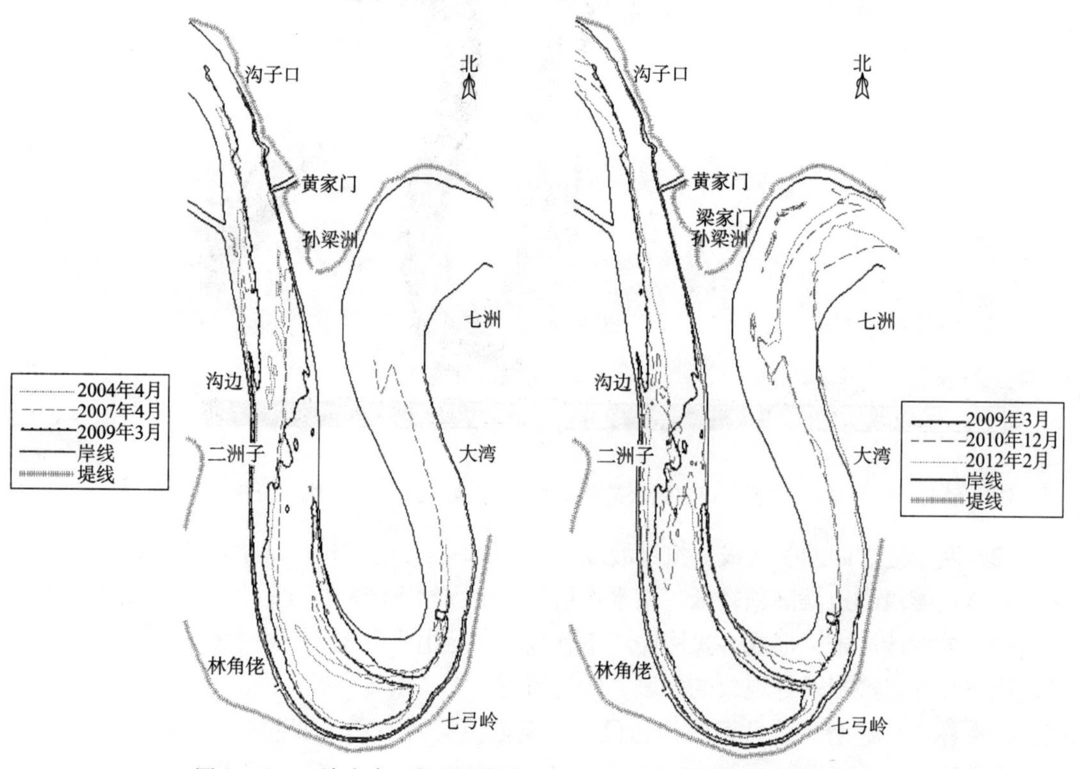

图 8-12　三峡水库工程蓄水以来七弓岭弯道 3m 深槽平面形态变化

①斗湖堤水道。斗湖堤水道河道单一,断面形态呈偏 V 形,深槽居左侧,航道条件优良。三峡水库蓄水以后受来沙减少的影响，南星洲下段右缘及左岸江陵一带高滩崩退，深泓随之坐弯左摆,右侧深槽发生明显淤积,航槽趋向弯窄,航道向不利方向发展,如图 8–13 所示。

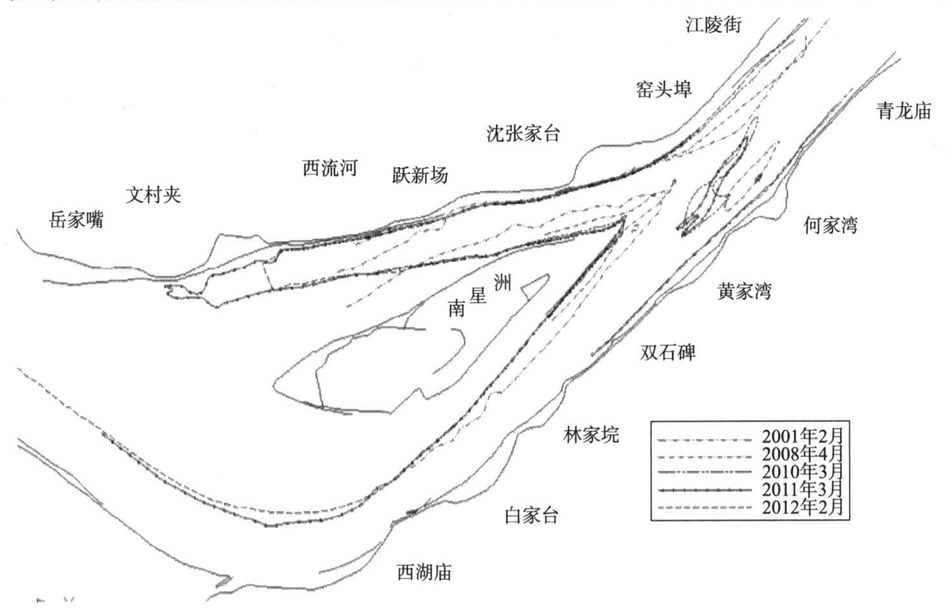

图 8–13　三峡水利工程蓄水以来斗湖堤水道 4m 深槽平面形态变化

②周天河段。周天河段包括周公堤、天星洲两个水道，天星洲水道演变受上游周公堤水道主流摆动、洲滩变化影响较大。周公堤水道为进口受郝穴矶头限制的微弯放宽河道，天星洲水道为顺直放宽并有藕池口分流的喇叭形河道，两水道的河床演变均表现为深槽过渡段上提、下移变动频繁，下边滩（如蛟子渊边滩、天星洲头滩体）呈淤长与冲刷切割的往复性变化，如图 8–14 所示。

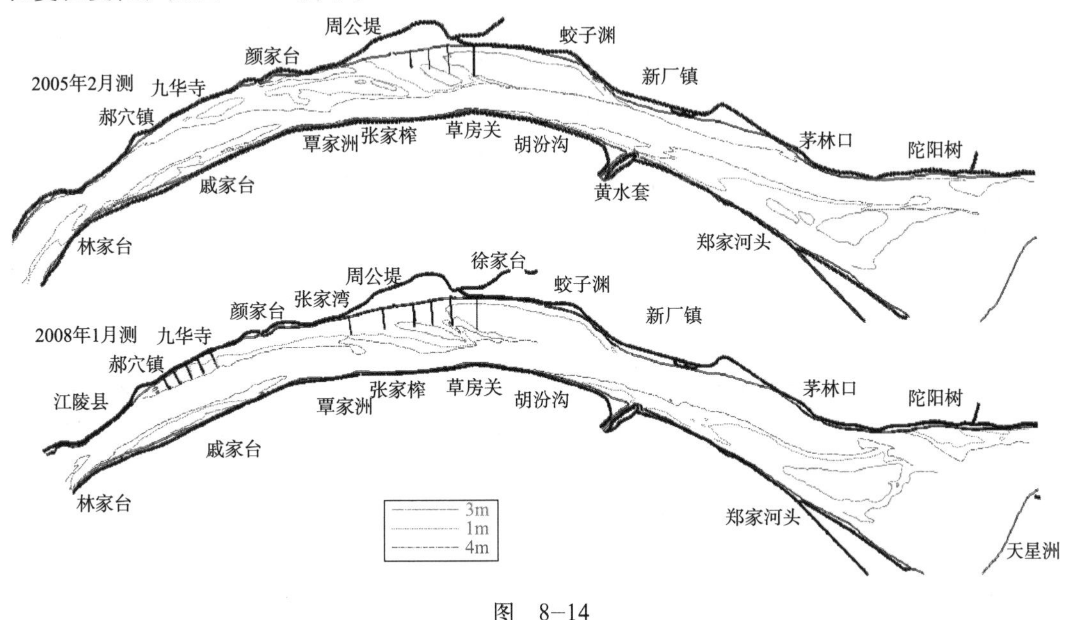

图　8–14

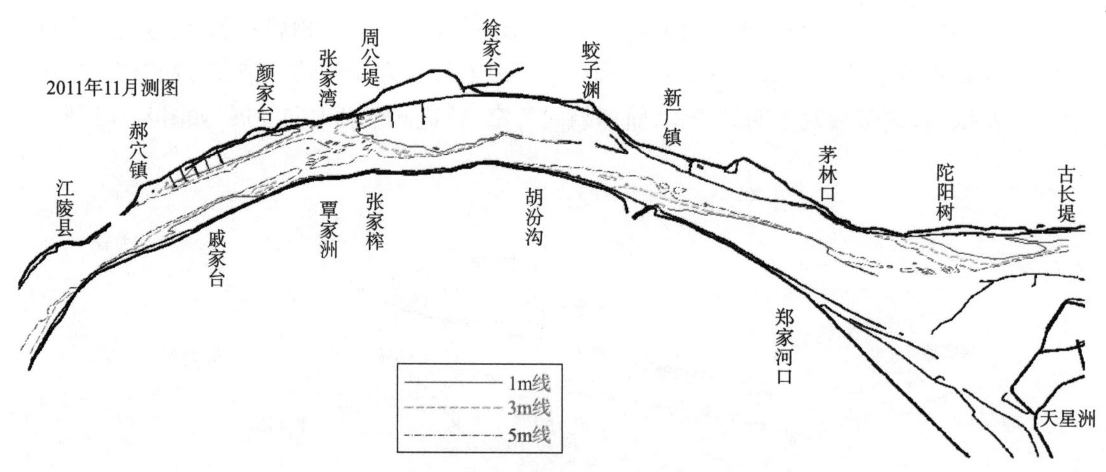

图 8-14 三峡水利工程蓄水以来周天河段河势变化图

周天河段的航道条件与洲滩规模及过渡段形态有一定的关系。在周公堤水道，当过渡段位置稳定在水道上段，而且戚家台边滩滩尾上提、蛟子渊边滩高大完整时，航道条件就好；若过渡段深泓位置上提、下移不稳定，且蛟子渊边滩低矮、滩型散乱，水流不能集中冲槽，航道条件较差。在天星洲水道，当新厂边滩稳定在新厂时，过渡段稳定在上段并呈左槽一次性过渡类型时，上下深槽基本贯通，浅滩出浅情况就少；在主流随边滩逐渐下移的过程中，上下深槽交错时，汛后浅滩易出浅；当过渡段呈右槽一次性过渡或二次过渡类型时，主流过于弯曲、狭窄，受藕池口边滩淤积的影响，浅区易发生碍航现象。

周天河段航道整治控导工程实施以来，该河段航道形势比较稳定，周公堤水道维持主流从郝穴至九华寺向戚家台至覃家沟过渡的上过渡形式，天星洲水道维持左槽一次过渡形式，过渡段摆动幅度较小，航道条件总体较好。但工程在颜家台区域形成空挡，使得水流分散，在汛后退水加快的作用下，使得泥沙易于落淤，形成过渡浅区。控导工程实施后，该河段出现了新厂边滩和天星洲滩体左缘冲刷，同时张家榨一带岸线不稳定的现场。针对控导工程以来的航道问题，荆江航道整治一期工程在本河段的建设内容为：对张家榨一带的护岸进行加固、新厂边滩和天星洲滩体实施守护，同时在空挡区域实施了 1 条透水潜丁坝，全部工程于 2015 年 12 月完工。荆江一期工程实施后，将有效控制河岸边界的稳定，但颜家台区域仍存在空当，针对 4.0m 航道水深的航道核查表明，在 2010 年 12 月该区域出现了上下深槽错开，航道水深不足 3.5m，同时在 2012 年 2 月和 2013 年 3 月测图也显示周公堤水道过渡段规划航槽内存在碍航浅包，虽浅包两侧 4.0m 等深线宽度在 150m 以上，但长期而言对航道条件的稳定仍是不利的。

③大马洲水道。大马洲水道为监利弯道与天字一号弯道之间的长顺直过渡段，由于河段较长，两岸边滩不稳定，洪、枯水流向不一致，加上上游弯道段主流汊道位置变化及崩岸影响，枯水主泓摆动不定，航槽相应摆动，时有浅情出现。2003 年三峡水库蓄水以前，大马洲水道航槽贴靠左岸下行，受护岸工程影响岸线基本稳定，航行条件相对较好。三峡水库工程蓄水以来，随着上游监利水道主流坐弯左摆，受太和岭矶头挑流影响，大马洲水道进口深泓逐年右移，右岸侧丙寅洲高滩崩塌、上深槽右摆，主流过渡段相应下移，引起

左岸大马洲高滩崩塌、下边滩头部冲刷后退，致使该处河道展宽的同时下深槽左摆，形成上、下深槽交错的局面，加上上游冲刷泥沙在此落淤，航道条件急剧恶化，如图 8-15 所示。航道核查表明，以 200m 宽度核查标准，2009 年 2 月大马洲水道在泊家泡附近存在多处水深不足 4.0m 的浅包，最小水深为 3.6m，2012 年 2 月最小水深为 3.1m，2014 年 2 月最小水深为 4.0m。若任其发展，航道条件在不利水文年将难以满足 3.5m × 150m 规划要求。

④铁铺水道。铁铺水道为衔接上车湾裁弯新河至反嘴弯道的长、顺直过渡段，顺直段长度为河宽 10 倍左右。三峡水库运行前，岸线总体稳定，河床演变主要表现为顺直过渡段主流上提、下挫，边滩冲淤消长。三峡水库工程蓄水以来，铁铺水道的广兴洲边滩受冲缩小，过渡段航槽淤积逐渐明显，河槽向宽浅方向发展，引起枯水航槽位置更不稳定、浅滩冲刷难度加大，航道条件向不利方向发展，如图 8-16 所示。近几年航道条件为：2010 年 12 月 3.5m 槽最小宽度仅 150m 左右，4m 槽最小宽度不到 50m，2011 年 12 月过渡段河槽内存在较大面积局部浅包，经历水流归槽冲刷，至 2012 年 2 月过渡段 4m 槽虽展宽明显，但 5m 槽最小宽度也仅 50m 左右。

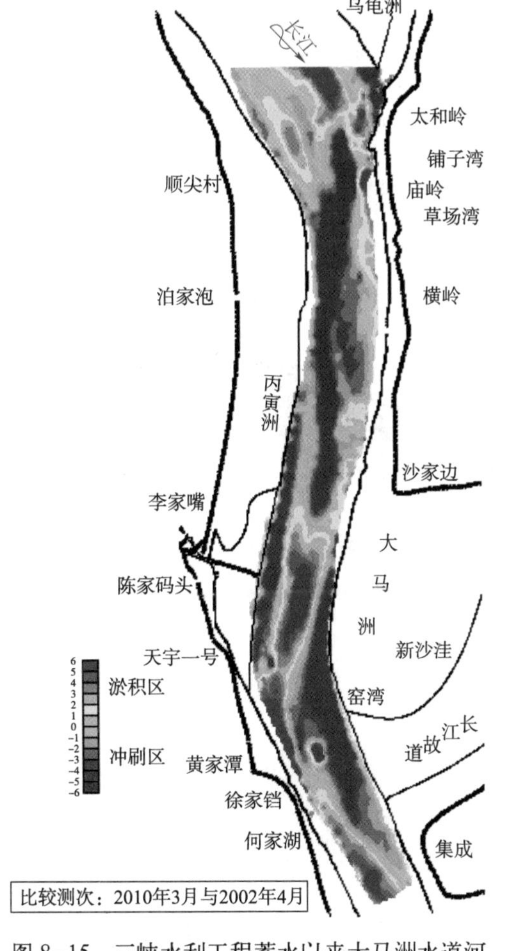

图 8-15　三峡水利工程蓄水以来大马洲水道河床冲淤分布图

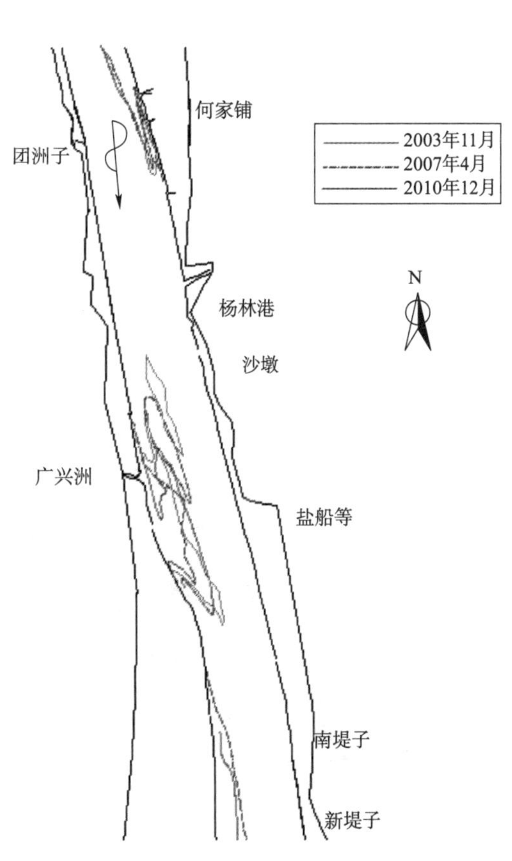

图 8-16　三峡水利工程蓄水以来铁铺水道边滩（航行基准面以上 1m）形态变化

8.2.1.3 城陵矶—武汉河段

本河段主要由分汊和弯曲两种河型组成，浅滩主要位于分汊河段，且其航道条件变化与低矮边、心滩变形，主、支汊交替等现象密切相关。

对于顺直分汊河段而言，三峡水库蓄水后，由于江心洲冲刷、支汊发展等现象有所加剧，局部河道向宽浅方向发展，主流摆动空间增大，在分汊口门或放宽过渡段的航槽不稳定性加大，易造成浅滩水深不足，如杨林岩水道、嘉鱼水道、燕窝水道、白沙洲水道等（图 8–17 ~图 8–19）。

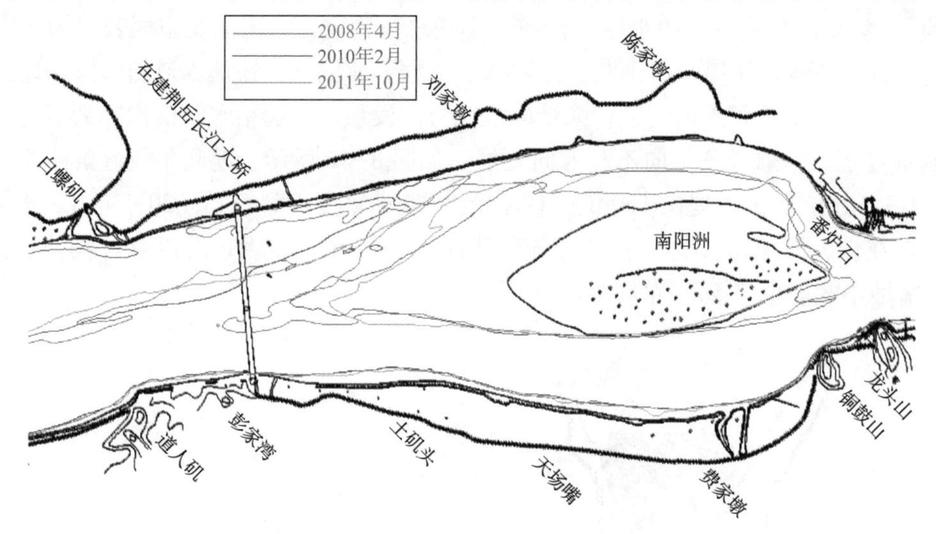

图 8–17 杨林岩水道 0m 滩形变化图

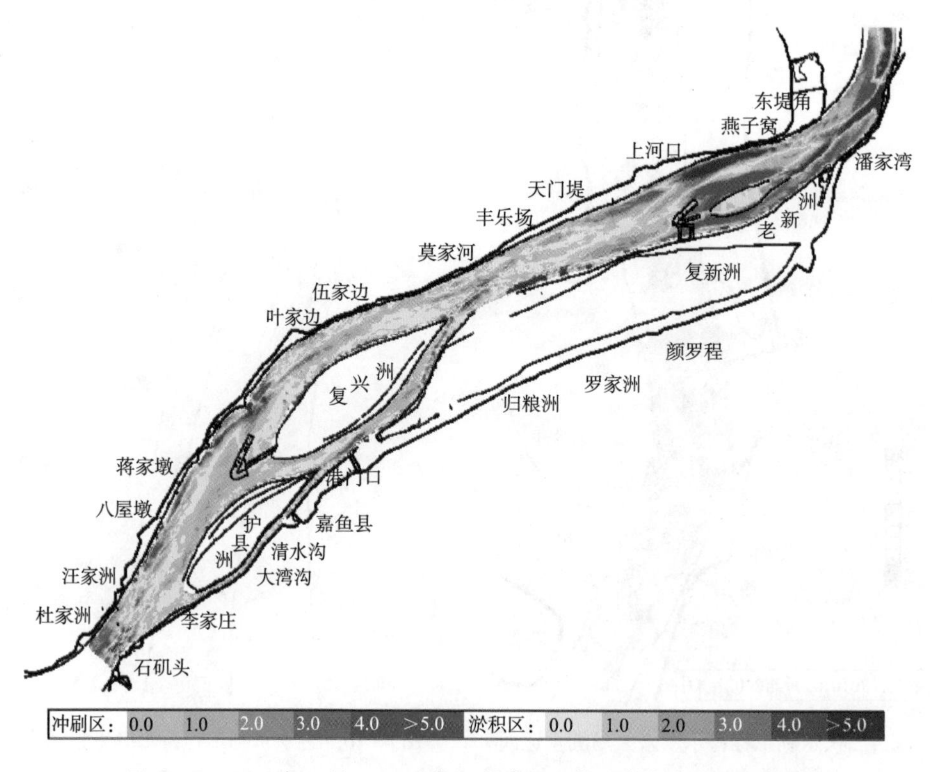

图 8–18 2008 年 3 月 ~ 2012 年 2 月嘉鱼、燕子窝水道冲淤分布图

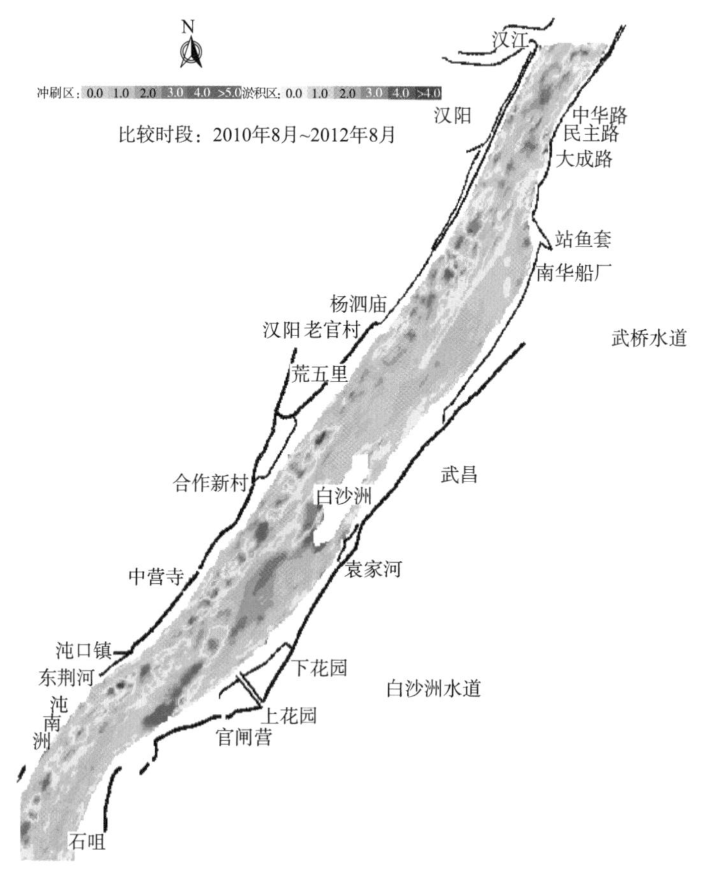

图 8-19　2010 ~ 2012 年白沙洲、武桥水道河床冲淤分布图

而界牌河段由于顺直段较长，河道内洲滩、深泓周期性变化特点显著。1997 年实施的综合治理工程只对总体河势进行了初步控制，三峡水库工程蓄水后航道边界仍不断变化，致使航槽位置很不稳定，航道水深有限，且时好时坏。正在实施的界牌河段航道整治二期工程进一步对过渡段位置进行了控制，促进自左侧沿岸槽过渡至新淤洲右汊的航路的形成。目前界牌河段上段左槽仍未贯通，主航槽暂时维持在右槽，右槽进口水深较小，航道尺度勉强可以达到 4.5m × 200m，但随着左槽冲刷发展，航道条件将变差。而左岸螺山边滩表现出一定的复归性演变，近期表现为螺山以上儒溪一带边滩仍有可能冲刷下移，新的螺山边滩将会再次生成且不断下移，致使主流摆动，再次影响规划航路的稳定，如图 8-20 所示。

对于陆溪口弯曲分汊河段而言，如图 8-21 所示，自然条件下具有凸岸新汊切滩生成→新汊弯曲发展成为主汊→主汊鹅头化发展后逐步衰退→新汊切滩重生成的一般性演变规律，易于造成航槽不稳、摆动以及水深不足等碍航情况。护岸及新洲中上段守筑坝工程的实施，减缓了周期演变进程，滩槽格局保持基本稳定，中、洪水河势得到较好控制。陆溪口水道中、直两港适应与不同的水沙条件，中小水年有利于直港的发展，大水年则有利于中港的发展。由于工程实施后，恰逢连续中小水年，加上三峡水库工程蓄水引起来沙大幅减少，直港迅速发展、中港持续淤积，2011 年汛后直港分流比开始超过 50%，河段主支汊发生易位，两汊航道条件基本可以达到 3.7m × 150m 的航道尺度。但受来沙减少的持续影响，局部岸线崩退现象仍然存在，大水作用下新洲冲刷会加剧，对整体河势格局的稳定不利。而且，当来水量较大、高水持续时间较长时，中港仍将冲刷发展，而直港则将有所淤积萎缩，也就是说中、直两港的航道条件不稳定，仍将此消彼长变化。

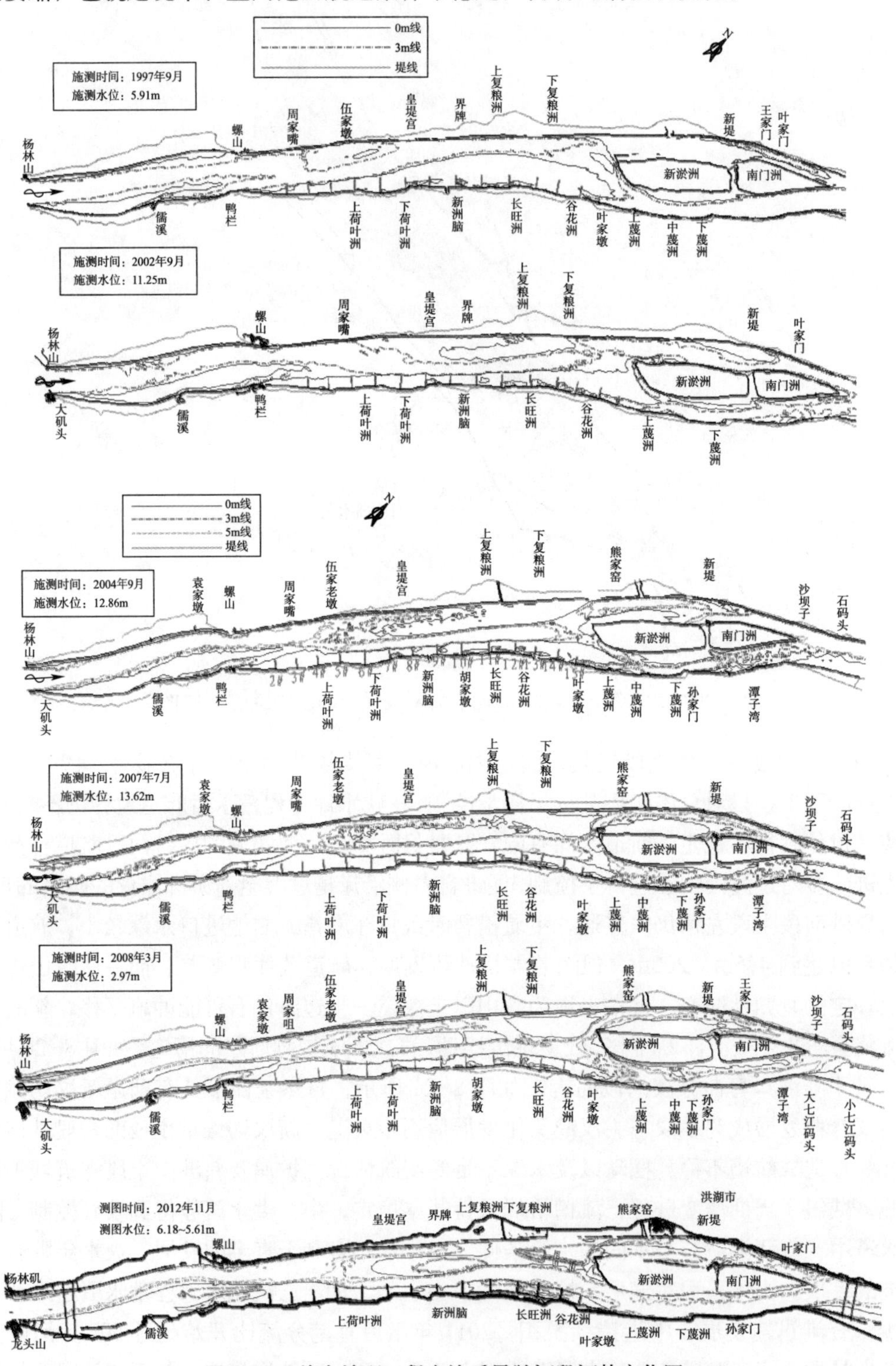

图 8-20 综合治理工程实施后界牌河段河势变化图

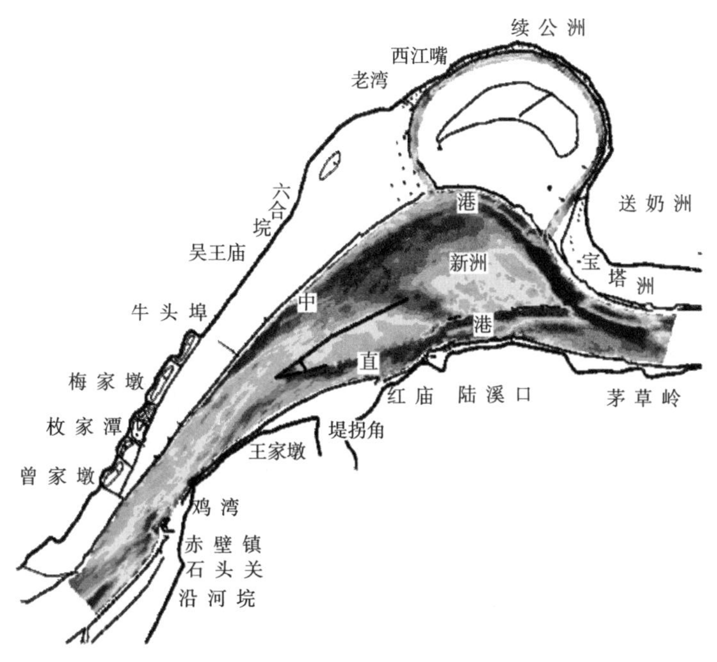

图 8-21　2008 ~ 2012 年陆溪口水道河势河床冲淤分布图

8.2.2　已建航道整治工程效果分析

宜昌—武汉河段已建航道整治工程主要是对大部分碍航较为严重的分汊河段以及少数的航道条件极不稳定的单一微弯放宽段或者两弯道间的长直或放宽过渡段进行了航道整治。这些工程的实施对于维持滩槽的稳定、改善航道条件均起到了积极的促进作用，但由于三峡水库蓄水下游河道出现了超预期的变化，加上先期工程控制力度有限或仅实施了总体工程中的一部分，致使部分工程未能完全实现预期效果。

对于分汊河段而言，其航道问题主要是由边心滩的冲刷变形及主支交替引起，其出浅碍航主要位于分汊口门处。因此，整治工程多为边、心滩的守护及支汊限制工程。工程实施后，边、心滩的变形，支汊的发展均得到了不同程度的限制，航道边界得以稳定，多处重点碍航滩险航道条件明显改善，有效地缓解了枯水期中游航道的紧张局面，如荆江全河段航道维护水深已从 2.9m 逐步提升至 3.2m、城陵矶—武汉河段航道维护水深已由 3.2m 提升至 3.7m。此外，已实施的工程对于三峡水库运行后初期出现的一些不利变化也有所限制，为后续更大规模的系统治理奠定了基础。但随着三峡水库工程的持续运行，清水下泄的影响进一步深化，河段出现了有别于其他水库下游河道演变的现象，如支汊的冲刷发展，边心滩较大幅度的冲刷变形等，由于这些现象超出了预期设想，已有工程的守护范围或控制力度就有所不足，航道边界的稳定仍存在隐患，关键洲滩仍存在不利的发展趋势，主流摆动空间仍然较大，进一步发展可能影响到已有工程的稳定和整治效果。如藕池口水道初步控制陀阳树边滩后，倒口窑心滩的冲退仍将威胁航道条件的稳定，而且陀阳树边滩自身也没有得到有效控制；燕子窝水道已实施工程的右汊仍然出现了较大幅度的冲刷，进一步发展有可能威胁主汊航道条件的稳定。

对于单一微弯放宽段或者两弯道间的长直或放宽过渡段而言，航道问题主要是由岸滩冲刷造成的河道展宽引起。已建工程主要是对边滩和岸线进行守护。工程实施后，航道边界得到基本控制，主流摆动空间减小，过渡段的航道位置得到稳定。但由于三峡水库蓄水后出现了凸岸边滩切割的新现象，顺直段边滩冲刷下移的幅度也更显著，进一步发展已开始影响到已有工程的效果。如周公堤水道已建工程对河道左侧滩体控制不够，上下深槽交错发展，过渡段浅滩航道条件有所恶化，此外仍然有多处微弯放宽段或顺直过渡段处于天然演变状态，如莱家铺水道、铁铺水道等，这些水道的航道条件正在向不稳定方向发展。

针对上述不利变化，2013 年 9 月开始实施荆江河段昌门溪至熊家洲段航道整治工程，拟于 2014 年汛后实施宜昌至昌门溪河段航道整治一期工程。预计工程实施后，结合熊家洲至城陵矶河段疏浚维护措施，宜昌至城陵矶河段可实现 3.5m × 150m × 1 000m 规划航道尺度畅通。

8.2.3 碍航特性

宜昌—武汉河段涵盖了不同类型、不同河床组成的水道，既有顺直、弯曲、分汊等不同河型，又有卵石、沙质等各种河床组成，复杂多变的边界条件造成了中游河段自上而下碍航特性存在较大差异。

8.2.3.1 宜昌—大埠街河段

本河段为长江出三峡水库后经宜昌丘陵过渡到江汉平原的砂卵石河段，河道平面形态、洲滩格局和河势长期以来稳定少变，河床以纵向冲淤为主。其航道问题：宜昌—陈二口河段主要是如何防止宜都、大石坝、关洲等重点位置冲刷对宜昌水位的影响，避免葛洲坝船闸下引航道水浅碍航；陈二口—大埠街河段主要是局部位置水浅、坡陡、流急，以及洲滩形态及深泓变化对上游水位的影响。

8.2.3.2 大埠街—城陵矶河段

本河段主要为沙质河段，滩槽冲淤变化频繁，分汊段、弯曲段及弯道间的过渡段河势变化剧烈，其航道条件受浅滩水深不足、航槽不稳定限制；碍航情况包括分汊口门段主流摆动频繁、滩槽形态不良而出浅碍航，以及弯道段和弯道之间过渡段的航槽水深条件及稳定性受弯道河势变化或水沙条件变化的影响而存在潜在不利因素两类。

8.2.3.3 城陵矶—武汉河段

除簰洲弯道外，本河段是由顺直分汊型河段或及弯曲分汊型河段连接分汊段的过渡段组成。簰洲弯道航道条件较好，其上下游河段的碍航特性主要表现为：

（1）部分水道岸边礁石、矶头向河心延伸或在江中形成孤礁，对航行造成一定威胁。如仙峰水道、道人矶水道。

（2）分汊河段，滩槽周期性变化，在滩槽形态不良时期易在汊道口门、放宽段、过渡段等处形成浅滩碍航。对于顺直分汊段而言，由于有限的放宽率往往使得心滩狭长而且低矮，稳定性较差，加上上游河势调整的影响，容易出现心滩周期性地左右移动并与左右岸的边滩相连，在心滩移动、航槽移位的过程中，常常是两侧通航条件均较差，没有固定的航槽。如燕子窝水道的心滩在 1995 年还与左岸边滩相连，右槽为枯期航槽所在，到了

1999 年右岸边滩淤长并与右移的心滩相连，航槽又移至北槽（图 8–22）；类似的现象还有界牌河段新淤洲头部与其上游左右侧边滩的周期性淤并以及杨林岩河段南阳洲头部与其上游左侧边滩的周期性淤并。对于弯曲型分汊河段而言，江心洲相对高大，演变周期始于低矮心滩的切割、终于稳定江心洲的再次形成，各演变时期，浅滩都会出现碍航，仅碍航程度不同，主支易位期间航道条件最为恶劣，其中这一特性在鹅头型分汊这一特殊的弯曲型分汊河段表现得尤为突出，如陆溪口鹅头型汊道。

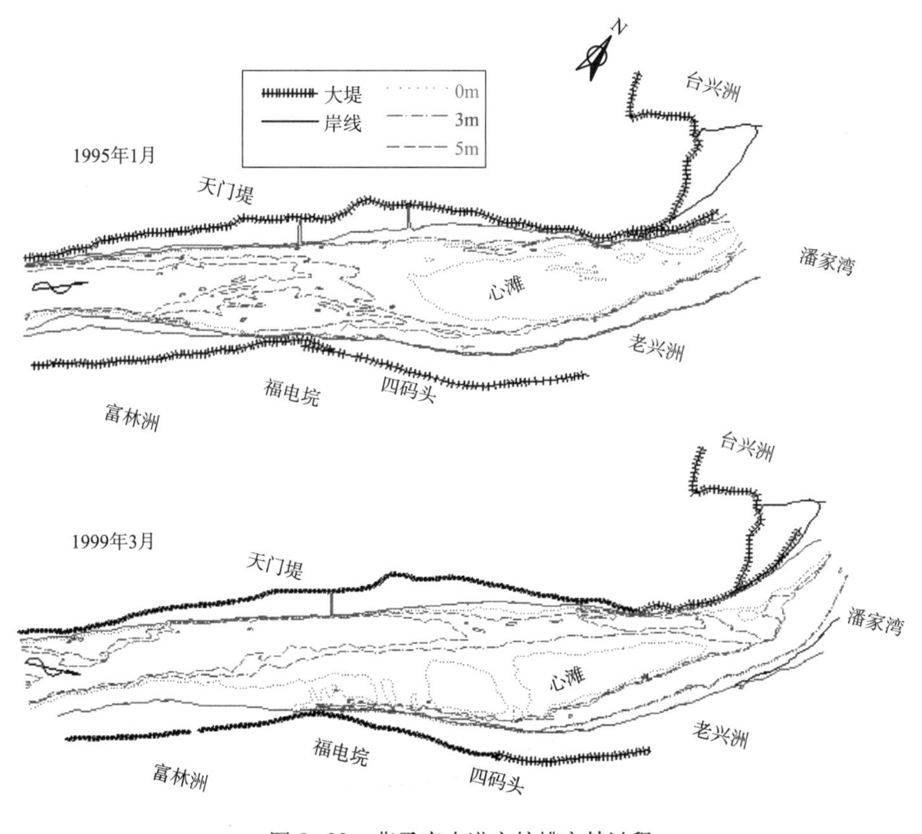

图 8–22　燕子窝水道主航槽交替过程

（3）武桥水道通航与桥梁安全问题。不利水文年，枯季汉阳边滩滩体展宽至江心，迫使航道改走武汉长江大桥非设计通航孔且航道过于弯曲，阻碍航道畅通，且存在较大的安全隐患。

8.3　航道条件变化趋势预测

采用第 7 章模型，以 2012 年 2 月的实测地形作为计算起始地形、三峡水库蓄水后的实际水文年和 1998 大水年组成 10 年的系列年（2008 ~ 2012 年、1998 年、2008 ~ 2011 年）作为计算水沙边界条件，并考虑宜昌至武汉河段已建及在建工程以及拟于 2014 年初实施的宜昌至昌门溪河段航道整治一期工程，计算、分析了航道条件的变化趋势。

8.3.1 宜昌—大埠街段航道条件变化趋势

根据本河段的演变特点和变化趋势计算结果分析，本河段可能产生碍航现象的位置主要体现在葛洲坝船闸下引航道、芦家河水道、枝江—江口水道等位置，其航道条件变化趋势如下。

8.3.1.1 沿程水位变化

对于宜昌—昌门溪河段（2013 ~ 2022 系列年不同时期沿程的水面线如图 8–23），水位降幅以河段中部的陈二口附近最小，陈二口上下游降幅均较大。在陈二口下游，水位降幅呈现昌门溪附近最大，自下游向上游逐渐减小的特征；在陈二口上游，水位降幅在宜都至枝城附近最大，向宜都上游又逐渐减小。至 2022 水平年，在昌门溪枯水位降幅 0.5m 的情况下，陈二口水位降幅 0.22m，枝城枯水位降幅 0.33m，宜都枯水位降幅 0.29m，宜昌枯水位降幅 0.24m。从沿程各水尺所在位置水位下降的历程（图 8–24）来看，陈二口以上河段的水位降落主要集中在前 4 年；陈二口以下河段的水位降落过程虽然也呈逐渐减缓趋势，但其减缓过程较陈二口以上偏慢。之所以形成以上现象，是由于陈二口以上的水位下降主要是由宜都以下至关洲河段的冲刷造成，一旦冲刷完成，水位就基本趋于稳定，而陈二口以下受昌门溪水位降落影响较为明显，因而其过程相对较长。然而，即使是昌门溪水位的下降过程相对缓慢，但由于芦家河附近河道对水位具有较强控制作用，且抗冲性较强，因而 4 年后陈二口以上河段枯水位已基本稳定，10 年后陈二口至昌门溪河段枯水位也已基本稳定。

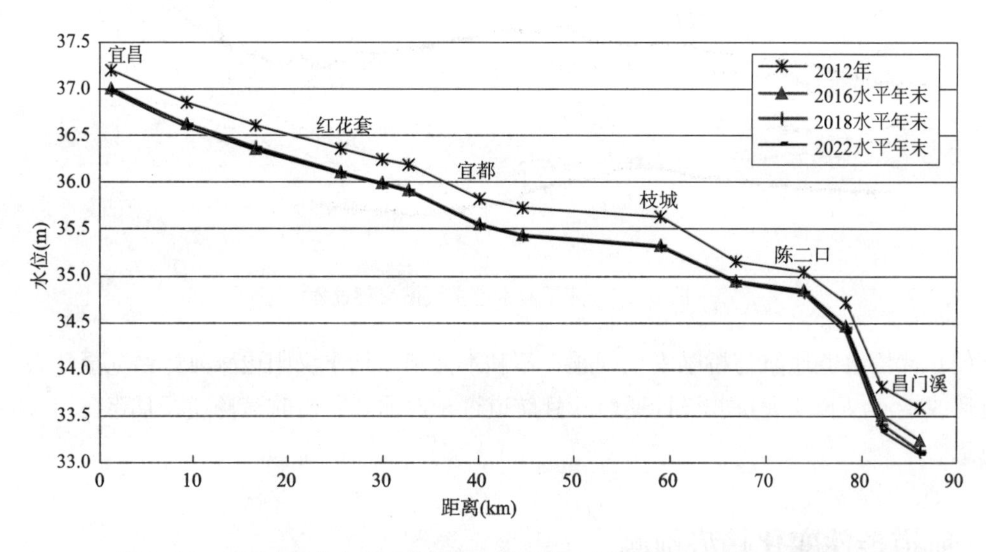

图 8–23 不同水平年宜昌至昌门溪河段沿程水面线变化（Q=5 600m^3/s）

对于昌门溪—大埠街河段，从方案实施后的水位变化来看（表 8–3），工程实施后，虽然沿程各水尺水位均有不同程度的下降，但基本上各水尺的水位均高于无工程情况，这表明工程对水位的下降有一定的抑制作用，沿程水位的下降幅度均小于工程前。这无疑能够起到改善各水道航道条件的作用，各水道的航道条件变化也呈现如下特点。

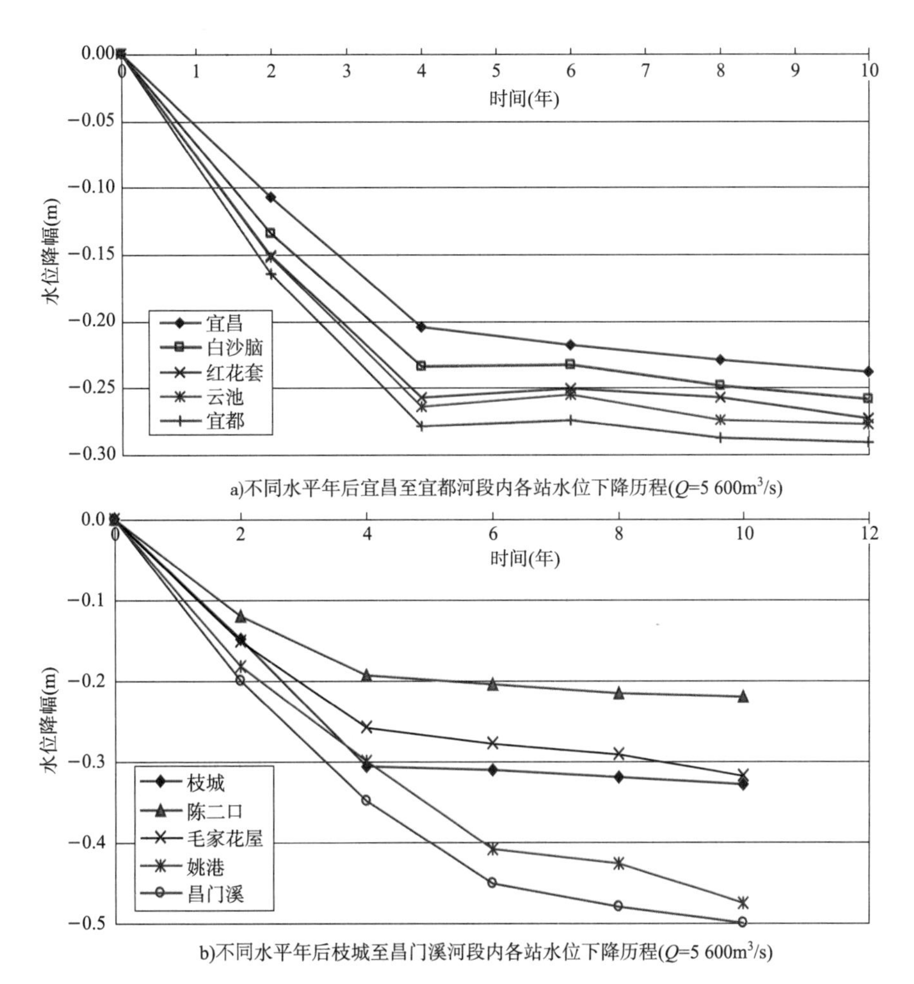

a)不同水平年后宜昌至宜都河段内各站水位下降历程(Q=5 600m^3/s)

b)不同水平年后枝城至昌门溪河段内各站水位下降历程(Q=5 600m^3/s)

图 8-24　沿程各水尺所在位置水位下降的历程

有无工程条件下沿程各位置水位比较（Q=5 600m^3/s）　　表 8-3

水文站	6 年末（2018）		10 年末（2022）	
	无	方案	无	方案
枝城	35.313	35.58	35.296	35.53
车阳河	34.936	35.14	34.911	35.09
陈二口	34.824	34.92	34.808	34.91
毛家花屋	34.427	34.47	34.386	34.449
姚港	33.396	33.44	33.328	33.43
昌门溪	33.122	33.172	33.072	33.172
枝江	31.76	31.91	31.65	31.82
七星台	30.68	30.71	30.56	30.59
大埠街	30.47	30.47	30.24	30.24

8.3.1.2 重点河段航道条件变化

(1) 葛洲坝船闸下引航道水位条件

以庙嘴站水位不低于 39.0m(资用吴淞)作为葛洲坝船闸运行对水位方面的需求，根据庙咀站和宜昌站水位相关关系可见，庙咀水位 39.0m(资用吴淞)对应的宜昌水位应为 37.12m(黄海)。根据计算结果(图 8–25)，2011 年 5 300m^3/s 流量下宜昌水位为 37.21m，2013 年降为 37.06m，2015 年降为 37.01m，2020 年 36.98m。由此可见，至 2013 年宜昌水位已难以满足葛洲坝船闸下引航道的通航条件，至 2020 水平年水位比要求的水位值低了 0.14m。

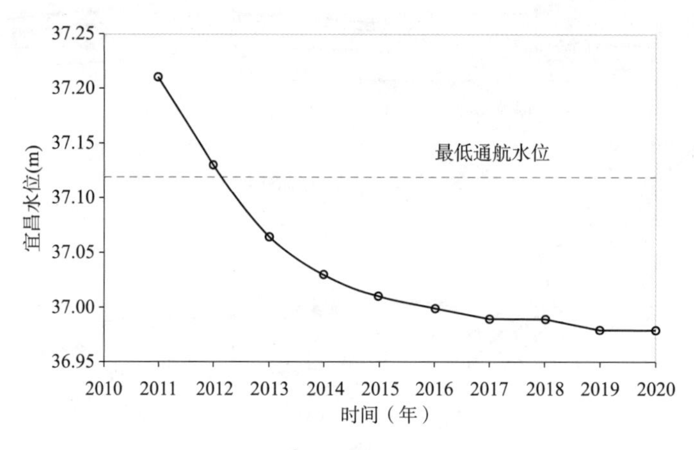

图 8–25 5 600m^3/s 流量下宜昌水位变化趋势

(2) 关洲水道

从河道冲淤变化来看，水道虽然总体上表现为冲刷，但工程区域呈现淤积或者保持稳定。经过 10 年后，水道左岸焦岩子边滩及左汊进口淤积，左汊下段则有所冲刷，但受进口淤积的影响，下段冲刷幅度较之无工程明显减弱。关洲右汊普遍冲刷，右汊进口略有冲刷展宽，中下段则有所冲深，随着右汊的冲刷发展，相应分流比也有所增加，这表明拟实施的工程起到了控制左汊发展的作用，右汊的航道条件得到了巩固，计算过程中 3.5m 航槽宽度均在 185m 以上，4m 线的航槽宽度也在 150m 以上。然而由于右汊进口存在着难以冲动的卵石覆盖层，一定程度上限制了右汊进口的冲刷，加上河床冲刷过程中的水位下降，使得 4.5m 等深线宽度不足 200m。

(3) 芦家河水道

工程实施之后，阻止了碛坝头部后退，稳住了碛坝头部高程，稳定了沙泓分流比变化，沙泓进口段流速增加，航槽有所冲刷，航道条件得到改善。第 3 年末，沙泓进口枯期 3.5m 航宽达 195m，航路顺畅；10 年末沙泓进口枯期 3.5m 航宽达 220m。然而，由于芦家河水道沙泓中部毛家花屋(上、下倒挂金钩石)至 40 号礁一带河床“底高床硬”，难以冲刷，随着上下游河床冲刷过程中的水位下降，4m 和 4.5m 等深线宽度不足 150m；而且，碛坝鱼嘴及石泓尾部护底带工程实施后，沙泓进口浅滩水深条件改善程度较有限，4.5m 等深线宽度不足 150m。

(4) 枝江—江口河段

已建及拟建工程维持了水陆洲洲尾及张家桃园边滩的基本稳定，在三峡水库工程蓄水后来沙减小的条件下，枝江下浅区淤沙浅滩航道条件明显改善，水浅问题主要出现在枝江上浅区。“十二五”期枝江上浅区整平后，4m 等深线宽度基本可以达到 150m，但由于工程开挖幅度有限，加上河床冲刷过程中的水位下降，4.5m 等深线宽不足 150m。

柳条洲尾护滩带以及吴家渡边滩潜丁坝工程实施后，江口水道右汊出口水流较集中，航道条件明显改善，计算 10 年内 3.5m 等深线宽度均在 200m 以上，且一般年份 4m 等深线宽度可达 150m 以上，但遇大水年出口河心淤积造成航宽不足。

8.3.2　大埠街—城陵矶段航道条件变化趋势

8.3.2.1　大埠街—杨家厂河段

该河段包括大布街、涴市、太平口（又称“沙市河段”）、瓦口子、马家嘴、斗湖堤等 6 个水道，航道条件总体较好，大埠街、涴市、斗湖堤水道洪枯水流较为稳定，长期以来一直为优良航段，但沙市河段、瓦口子、马家嘴水道局部放宽分汊，枯水河槽很不稳定，历来是长江中游重点碍航河段。

随着河控及护岸工程、重点碍航水道航道整治工程以及拟建荆江河段航道整治工程的实施，大埠街—杨家厂洪水河势得到基本控制，大部分水道枯水河槽趋于稳定，加之三峡水库工程枯水期下泄流量的补偿作用，该段部分水道的航道条件得以改善，基本满足建设标准要求，但河段内还有些水道由于洲滩岸线崩退、主流摆动、滩体刷低、局部枯水河槽向宽浅方向发展的现象仍在继续，随着三峡水库蓄水持续运行和河床冲刷的发展，上述现象的持续有可能导致部分水道的航道条件进一步恶化，而有些优良水道航道条件也会向不稳定的方向发展。计算 10 年末本段航道条件变化具体表现如下：

(1) 涴市水道

涴市水道的冲刷发展延续了三峡水库蓄水后这几年的变化特点，火箭洲、马羊洲头部及右缘有所崩塌，支汊相对较为稳定，右汊逐年冲刷下切，且下段河床冲刷幅度相对较大。在冲刷过程中，航道条件始终较好，水深可达 5m 以上。

(2) 太平口水道

在一系列守护工程及荆江航道整治工程实施后，在 10 年系列年计算条件下，太平口水道整体河势和滩槽格局能够维持基本稳定，由南到北的航线格局也基本能得以维持，但局部洲滩的冲淤变化依然会对航道条件的稳定产生威胁。

在上段太平口顺直分汊段，太平口心滩在 10 年计算条件下逐渐萎缩，杨林矶边滩的下移在小水年的作用下有减缓的趋势，但在大水年作用后，特别是计算 5 年末、10 年末，边滩尾部下移始终存在会影响北汊进口的入流条件，北汊进口及中下段出现较为明显的淤积现象，航道条件恶化之势较为显著，计算 10 年末主通航孔附近 4.5m 等深线近 150m 长度范围内不满足 200m 航宽要求。

在下段三八滩微弯分汊段，计算第 5 年末，筲箕子—杨林矶边滩头部持续淤积，上边滩下缘在汛后退水过程中有所冲刷后退，但三八滩进口处杨林矶边滩继续淤塞挤压航槽，4.5m 航槽虽上下贯通，但有所束窄；计算 10 年末，筲箕子—杨林矶边滩头部持续淤积，北汊枯水期分流比较试验初期已减少为 30.9%，4.5m 航槽虽贯通，但口门处最窄仅 150m，中下段最窄处仅 120m，北汊内航槽水流动力较试验初期明显减弱，南汊 4.5m 航槽满足尺度要求。

(3) 瓦口子水道

由于上游太平口水道发生的各种变化导致了本水道的滩槽的调整。其中，冲刷主要表现在水道左槽、金城洲左缘及右槽倒套，淤积部位主要在金城洲上段滩面、左岸盐卡港一带及金城洲尾部。总体上来看，已建和拟建工程的效果得到一定程度的体现，金城洲中上段滩面冲刷的趋势已经明显减缓，计算条件下金城洲洲头和中上段在工程作用下稳定性较好，左、右槽总体均呈冲刷状态，航道条件在计算 10 年内始终保持稳定，金城洲左汊 3.5m、4m 和 4.5m 等深线保持贯通。然而，水道内局部位置依然存在不利变化，主要表现在 5 号护滩带以下金城洲滩面窜沟进一步冲刷发展，冲刷幅度为 2 ~ 3m，并逐渐与右槽出口倒套连通，同时 5 号护滩带下游根部有所冲刷，冲刷幅度为 3 ~ 4m，护滩带的稳定性难以保持，金城洲右槽冲刷发展，相应的金城洲左槽局部出现了泥沙淤积的现象，表现最为显著的是左岸侧盐卡港区附近的泥沙落淤，局部淤积幅度可达 4 ~ 5m，这也对附近航道宽度、水深条件产生了不利影响。

(4) 马家嘴水道

在已有工程的作用下，白渭洲边滩尾部呈淤积状态，南星洲洲头低滩的冲退也得到一定程度遏制，在计算过程中滩体冲刷后退的速度明显减缓；南星洲左汊内护滩和护底带的修建使得左汊的冲刷受到限制，计算过程中左汊的冲刷主要集中在护底带的下游；由于工程对左汊的限制作用使得南星洲右汊始终保持较好的水流条件，右汊冲刷下切较为明显。计算过程中 4.5m 等深线始终保持贯通。

(5) 斗湖堤水道

从数学模型的计算结果来看，对于斗湖堤水道，方案实施后，河道形态基本保持稳定，双石牌至青龙庙一带浅滩无明显淤涨趋势，斗湖堤水道右岸侧浅埂范围较同期无工程情况要小。10 年后，两汊均有所冲刷，其中北汊冲刷相对较小，南星洲下段滩形有所恢复，水流集中对南汊下段冲刷，出口浅滩附近 3.5m 等深线展宽至 500m，4m 和 4.5m 等深线最小宽度始终维持在 200m 以上。总体而言，南星洲尾及左右岸守护工程的实施保证了河道边界的稳定，有效限制了汇流区域的河道展宽，河道边界的稳定保证了中枯水流量下的主流归槽，使得浅滩区域航道条件保持在较为稳定的范围之内，3.5m、4m 和 4.5m 等深线宽度均满足设计通航要求。

总的来说，在已建和拟建工程的作用下，大埠街—杨家厂段航道条件有所改善，大部分水道航道条件保持稳定。而太平口水道由于滩槽形态复杂且极不稳定，局部的滩槽调整还是有可能会影响其通航标准的进一步提高，需要辅以一定的工程措施。

8.3.2.2 杨家厂—塔市驿河段

该段共有 11 个水道，由于河床及两岸抗冲性弱，加之缺乏节点控制，上下游河道演变关联密切，河道变化剧烈，多次发生自然及人工裁弯，航道条件总体较差且很不稳定，除马家寨、郝穴、河口、塔市驿水道航道条件较好外，其余水道历史上均出浅碍航，1994年碾子湾水道还发生过断航事件。三峡水库运行后，该段普遍发生崩岸、滩体冲刷，枯水河槽展宽，主流摆动，部分水道多次出浅碍航，需靠疏浚挖泥进行维护。

随着河控及护岸工程、重点碍航水道航道整治工程以及拟建荆江河段航道整治工程的实施，杨家厂至塔市驿段洪水河势得到基本控制，大多数水道枯水河槽趋于稳定，加之三峡水库工程枯水期下泄流量的补偿作用，目前该段航道条件基本满足建设标准要求，但河段内少部分水道洲滩岸线崩退、主流摆动、滩体刷低、局部枯水河槽向宽浅方向发展的现象仍在继续，现有较好的航道条件难以长期维持。从模型计算结果来看，主要浅水道航道条件变化趋势如下：

（1）周天河段

荆江航道整治工程实施后，经过 10 年系列年，本河段河势格局相对稳定，河床总体表现为冲刷，局部有所淤积。周公堤水道上深槽往左侧岸边下挫的势头得到遏制，主流居中，由于上深槽右岸戚家台边滩滩嘴位置基本稳定，上下深槽过渡较好，3.5m 等深线贯通，最窄处宽度约 380m；新厂边滩护岸工程实施后，该处岸线得到稳定，崩退趋势得到抑制，天星洲进口右边界得以稳定，此处主流得到稳定后，相应对岸的挑流作用减弱，天星洲左缘冲退趋势得到减缓，限制了主流进一步左摆，对浅滩交错发展的趋势起到了一定的遏制作用，在一定程度上维持了周公堤水道较好的航道条件，同时，新厂一带岸线得到守护，在一定程度上限制了主流摆动空间，天星洲低滩冲刷幅度减弱，天星洲水道各年航道条件也维持了相对稳定。但由于周公堤水道颜家台闸一带，拟建潜丁坝与上游丁坝群相隔仍较远，此处主流仍有一定的摆动空间，4.0m 等深线宽度不到 150m，4.5m 等深线断开，断开距离约 600m。

（2）藕池口水道

荆江航道整治工程实施后，天星洲一带岸线均保持稳定，主流摆动幅度受到限制，倒口窑心滩由于受到工程的守护作用，滩形基本保持完整，左岸边滩的窜沟发展势头也得到遏制。由于航道左右边界均得到了较好的控制，水流能够集中冲槽，逐渐形成了稳定的航路，航深、航宽均得到了一定程度的改善。10 年末，倒口窑心滩、左岸边滩滩体形态得到维持，主航道 4.0m 等深线贯通且宽度约在 150m 左右；由于工程强度有限，4.5m 深槽航宽较窄，难以达到 200m 的航宽要求。

（3）碾子湾水道

水利部门拟建护岸工程及荆江河段航道整治工程实施后，南碾子湾上段高滩崩塌得到有效抑制，限制了进口主流右摆，边滩维持了基本完整，3.5m 等深线达到 300m 以上。由于工程守护范围有限，拟建护岸工程下段高滩仍有所崩塌，低滩缓慢淤长挤压航槽，使弯顶段 4.5m 等深线宽度不足 200m；而且，切滩趋势有所减缓，但未完全得到抑制，较大水年滩面窜沟的发展引起 4m 等深线宽度不足 150m。

（4）调关水道

随着系列年的进行，弯道上段凸岸边滩持续冲退，同时凹岸侧河床淤积，引起河道向左岸侧展宽，加上凹岸倒套吸流影响，在放宽度河心泥沙落淤形成水深不足 4.5m 的浅包，断面形态由“V”形向“W”形转化，航道条件向不利方向发展。而且，上段主流有所左摆、下段主流相对稳定，致使主流弯曲半径减小，不利于通航。

（5）莱家铺水道

荆江航道整治工程实施后，弯道及过渡段两岸边界条件保持稳定。一方面，弯道段凸岸上游侧岸滩冲刷、凹岸侧滩体淤展的趋势得到抑制，枯水航槽保持稳定，且大水年可能切滩造成多槽分流的情况不再出现；另一方面，在放宽过渡段，左岸中洲子高滩保持稳定，右边滩中下段冲刷、尾部倒套上延的趋势得到抑制，过渡段水流较集中。航道条件明显改善，计算序列年内 4.5m 等深线均贯通且宽度基本可达到 200m。

总的来说，荆江河段航道整治工程实施以后，天星洲、藕池口、碾子湾、莱家铺等水道关键洲滩的不利变化得到抑制，较好航道条件得以维持；周公堤水道局部滩槽形态有所调整，航道条件改善，全河段航道尺度达到规划标准。但是，航道条件改善程度，如周公堤水道航道尺度难以满足 4m × 150m、不利水文年藕池口水道 4.5m 航槽宽度不足 200m、碾子湾水道航道条件难以长期维持 4m × 150m 航道尺度。而且，随着三峡水库蓄水的进一步影响，调关弯道主流撇弯，较好航道条件难以长期维持，存在弯曲半径不足的隐患。

8.3.2.3 塔市驿—城陵矶河段

本河段全长 63km，包括 11 个水道。历史上汊道兴衰调整、弯道弯曲发展、过渡段主流摆动，航道条件较差，其中窑监大、铁铺等河段均出现过碍航现象，尤其窑监大河段是荆江碍航重点河段中的重中之重。随着水利护岸工程和航道整治工程的逐步实施，河道总体河势基本稳定。但三峡水库工程蓄水以来河床冲刷导致航道条件仍很不稳定，在弯曲分汊河段（如窑监河段）以及弯道间的长顺直段（如大马洲、铁铺水道）较为明显。前者体现在心滩和低矮边滩受到强烈冲刷、主流摆动，致使乌龟夹（主汊）进口向宽浅方向发展、与之衔接的大马洲水道主流大幅调整，对自身及下游水道的航道条件均不利；后者体现在边滩冲刷，过渡段深槽淤积，滩槽形势恶化造成航道条件很不稳定。尽管拟建荆江河段航道整治工程的实施会抑制这些不利变化，但随着三峡水库蓄水的持续运行及河床冲刷的继续发展，部分未实施工程的河段的不利变化仍将延续，航道条件也极有可能进一步恶化。数学模型的预测结果也反映了上述变化，具体表现如下：

（1）窑监大河段

在窑监河段，由于新河口边滩护滩带的守护作用，边滩滩头形态相对较好，计算 10 年内没有出现天然情况下切滩的现象，乌龟夹进流条件较好，3.5m 等深线宽大于 500m，一般年份 4m 等深线宽度也能够达到 200m。同时，由于新河口边滩滩头较为完整，中下段淤积减弱，乌龟夹中下段航宽条件也有所改善，3.5m 线最小航宽为 250m 左右，4m 等深线贯通程度也较好。然而，由于拟建新河口边滩护滩工程集中乌龟夹进口水流的力度有限，大水年乌龟夹进口淤积幅度较大时可能会出现汛后 4m 等深线宽度不足 150m 的现象，如计算第 6 年末；而且，新河口边滩中下段仍然存在淤积态势，使得乌龟夹中下段的 4.5m 等深线宽度偏窄，如计算 10 年乌龟夹进口 4.5m 等深线最小宽度仅 180m。

在大马洲水道，丙寅洲滩体得到守护后，左岸淤积作用减弱，滩头下延减缓，主流摆动空间得到遏制，随着下段大马洲护滩带的边界控制作用，相比于天然情况下河道内主流

"S"形的发展趋势，河道内主流呈现出较为良好的发展态势，始终保持了单一微弯的主流走向，航道条件趋于良好，直至计算 10 年末，河段内 3.5m 航深、航宽条件较好。但由于拟建工程对丙寅洲沙质边滩的控制范围和力度有限，尤其是天子一号边滩存在切割冲蚀的态势，这使得附近的主流存在着一定得的摆动空间，水流也相对分散，不利于浅滩段泥沙的冲刷，遇不利年份造成航槽淤积。如计算 10 年末，4m 等深线最小宽度不到 150m，4.5m 等深线断开距离达 200m。

（2）铁铺—熊家洲河段

在铁铺水道，广兴洲边滩护滩工程减弱了滩头的冲刷，计算 10 年内滩体始终保持较为完整的形态，有利于浅滩退水冲刷，致使 3.5m 等深线发生了较大程度扩宽，滩头附近 3.5m 航宽最窄约 300m，但由于拟建工程仅为守护工程，对水流控制力度有限，主流仍有一定的摆动空间，遇不利年份航槽淤积，4m、4.5m 等深线的宽度偏窄，如计算 10 年末航槽 4.5m 等深线最小宽度仅 180m。

在反嘴水道，凸岸侧河床冲刷，但受铁铺水道主流下挫受限影响，冲刷速率有所减缓，枯水期 3.5m 等深线始终保持贯通且宽度可以达到 150m。随着凸岸侧河床冲刷的持续，上段河道展宽，水流向凸岸侧扩散，遇较大水年，凸岸侧河床冲刷幅度较大，造成主航槽水流分散，4m 等深线宽度不足 200m。

在熊家洲水道，熊家洲边滩守护工程抑制了边滩的冲刷后退，右边滩的稳定有利于过渡段深槽的冲刷，计算 10 年内 3.5m、4m 和 4.5m 等深线保持贯通，宽度均能达到 200m。

（3）熊家洲—城陵矶河段

熊家洲—城陵矶河段除凹岸及局部凸岸得到护岸守护外，河道总体上仍处于天然状态。近期实测资料显示，该段高滩岸线均存在一定程度的变形，对航道条件存在不同程度的影响。但受模拟技术的限制，现有的数学模型尚无法准确的模拟岸线及高滩滩缘崩退等现象。因此，本次对该河段航道条件变化趋势进行预测时，假设熊家洲至城陵矶河段河势控制应急工程已实施，河段的高滩、岸线基本稳定。

趋势预测计算结果显示，该河段航道条件不稳定主要位于弯道段。熊家洲弯道位于尺八口水道的上段，随着凸岸侧河床刷低，水流分散，影响凹岸侧主航道水深的稳定，加上主流有向凸岸侧摆动的趋势，航道条件极不稳定，计算 10 年出现 4m、4.5m 两个槽口，致使 4.5m 等深线宽度不足 200m；尺八口水道过渡段主流位于凸岸侧、七弓岭弯道段双槽争流的滩槽格局未明显改善，且心滩上段呈冲刷之势，致使弯道上段水流分散，常出现多槽口争流、航槽过渡段左右摆动的局面，遇不利年份，航道水深条件较差，计算 10 年末该段 3.5m 等深线宽度不足 150m；八仙洲弯道发生撇弯切滩，放宽段断面形态向"W"形转化，3.5m 等深线宽度基本能达到 200m，但在主航槽由凹岸侧向凸岸侧转化的过程中，由于原槽口淤积而新槽口未完全冲开，4m 等深线宽度难以长期维持 150m。而且，八仙洲弯道凹岸顶冲点下移，会加速下游观音洲水道左侧沙嘴边滩的冲刷。

8.3.3　城陵矶—武汉河段航道条件变化趋势

本河段基本上是江心洲分汊河型为主的河道形态，尽管河段总体河势稳定性较好，但由于本河段河道边界受到特殊地质地貌条件制约，演变过程兼具分汊、顺直或弯曲的多重河型特征，主流摆动频繁，低矮边、心滩的位置、形态、体积不断变化，难以稳定，相应也造成航道条件难以稳定，三峡水库蓄水的持续运行及河床冲刷的继续发展，一定程度上加剧了这种不利变化，航道条件也极有可能进一步恶化。数学模型的预测结果也反映了上述变化，航道条件变化具体表现如下：

8.3.3.1　杨林岩水道

本河段上段顺直段河槽冲淤变化较小；下段分汊段由于洲滩的变化导致左汊进口宽度有所增加，尤其是洪水年过后南阳洲洲头低滩的后退使得左汊进口有所展宽，相应左汊冲刷发展。计算系列年末，南阳洲左汊4m线完全贯通，且进口航槽较起始地形有明显展宽；左汊的冲刷发展和分流比增加必将影响右汊的入流，再加上南阳洲洲体右缘的崩退导致右汊进一步展宽，水流分散，不利于航槽的冲刷。计算五年后，右汊进口处淤积出现散乱浅包，10年后浅包依然存在，4.5m与5m等深线航宽难以满足通航要求。可见，该段航道条件受洲滩形态和来水来沙影响较大，南阳洲洲头低滩和洲体右缘的持续崩退和不利水文年的影响造成河段航道条件的恶化，甚至出浅碍航。河道的滩槽变化在一定程度上改变了分流条件，左汊进口展宽、分流比增加，从而右汊分流比逐年降低，且分流比变化幅度随着流量的减小而增加：至10年末洪水流量下分流比降低2.38%，设计流量下降低8.23%；但右汊分流比各个流量下均大于50%，仍然居于主汊地位。

8.3.3.2　界牌河段

本河段顺直段过长，河道内交错边滩平行下移，儒溪边滩逐年淤涨下延，一方面为上边滩头部和右槽进口提供了淤积的沙源，另一方面也促进螺山以下左侧沿岸槽的发展主流和过渡段频繁摆动，航槽在过河槽、新堤夹之间频繁转换，造成航道条件难以稳定，4.5m等深线宽度难以满足设计通航要求，螺山以下河段变化不大。界牌河段的滩槽变化在一定程度上改变了分流条件，试验10年末心滩左槽分流比为58.79%，但左槽向右槽过渡段水深在短期内难以满足规划尺度要求。心滩南槽大部分水深条件较好，但进口段水深有减小的趋势。堤夹2.15%。

8.3.3.3　赤壁—潘家湾河段

三峡水库运行后，随着陆溪口、嘉鱼—燕子窝水道航道整治工程的陆续实施，对关键部位进行了必要的守护，研究河段内总体河势得到了初步控制，航道尺度达到了设计要求。但是，由于河道演变的复杂性，影响河段内航道条件稳定的关键部位的守护控制力度和范围尚存在不足，赤壁至潘家湾河段内局部的不利演变仍在持续，如：陆溪口水道中洲已建护岸结构偏弱，受来沙大幅减少的影响，已建护岸出现崩塌水毁，未护岸线持续崩退，弯顶段整个中洲高滩岸线的稳定性受到较大威胁，同时直港进口仍然较浅，计算条件下进口航道4.5m和5m等水深均出现不满足尺度要求的情况；嘉鱼水道分流区深泓右摆下挫，一方面护县洲有逐渐崩退进而导致中夹快速发展的隐患；另一方面复兴洲洲头已建工程前沿水下低滩出现了萎缩的不利趋势，嘉鱼水道左汊进口的航道条件仍不稳定；燕子窝水道近期右槽快速冲深发展，且心滩头部已建工程前沿水下低滩总体冲刷下切，在两者的共同作用下，左槽进口宽浅化趋势明显。计算条件下两个水道航道条件总体趋于变差，计算

10 年末，嘉鱼水道左汊 4m 等深线宽度仅为 125m，4.5m 和 5m 线均出现了断开的情况，燕子窝左汊 4m 和 4.5m 等深线宽度仅为 110 和 50m，5m 等深线出现了断开的情况，航道条件难以满足设计通航要求。

8.3.3.4　武汉河段

对于金口水道，由于洲头低滩不稳定，计算 10 年末铁板洲洲头低滩冲刷后退，左槽进口处泥沙落淤有浅包生成；同时，汉道中下段航槽较窄，4.5m 等深线宽度勉强维持 200m。受泥沙落淤影响，左汊进口航道条件相对较差，计算系列年末 4.5m 等深线宽度仅能勉强维持设计通航要求，5m 等深线宽度无法满足设计通航要求。

对于武桥水道，河段内主流位于白沙洲左汊和潜洲左侧，汛期水流顺直，通航条件较好；枯水期受武昌深槽吸流作用，主流在潜洲尾过渡到右岸，汉阳边滩淤积展宽，虽然 4m 等深线宽度一般能够达到 350m，但当边滩向江中过度淤长时，由于过渡段航槽过于弯曲，与武汉长江大桥设计通航孔不能顺畅相接、与桥墩纵辐交角过大，常危及通航和桥墩安全。2011 年开始实施了武桥水道航道整治工程，通过沿潜洲脊线布置 1 道顺坝、在顺坝左侧布置 5 道鱼骨坝，保持潜洲完整高大、改善汉阳边滩处的水动力条件，从而限制汉阳边滩的淤长、淤宽，使枯水期武汉长江大桥上游航槽能与大桥设计通航孔顺畅连接，解决行船通过桥孔的安全问题，减少航道维护工程量。工程实施以来，潜洲向上、下游淤长，汉阳边滩有所冲刷，桥区通航条件有所改善。然而，三峡水库工程蓄水以来，白沙洲洲头低滩刷低、右汊冲深发展，潜洲右槽相应也发生冲刷，减小了左侧航槽的水动力强度，左汊河床宽浅变化，也会影响已建工程效果的发挥。数学模型计算结果也反映了上述变化，计算条件下，白沙洲洲头低滩刷低，支汊冲刷发展，导致主航道冲刷动力减弱，航槽向宽浅化发展，尽管多数年份航道保持畅通，但遇不利年份航道条件存在不利变化，计算条件下汊道进口及潜洲左侧航道 4.5m 和 5m 航宽难以长期维持的航道尺度。

对于天兴洲河段，天兴洲洲头低滩的稳定性是青山夹进口浅区航道条件的关键，低滩完整高大，则航道条件较好，反之则较差。对于规划的目标尺度而言，即使是现状条件下，部分年份航槽宽度仅能勉强满足规划的目标尺度。在低滩变化呈现出总体趋向萎缩散乱的趋势下，青山夹进口将出现更为不利的局面。数学模型计算趋势结果较为详细的反映了以上特性：计算条件下汉口边滩及天兴洲洲头低滩同样表现出周期性冲淤的特点，汉道进口航道条件总体向恶化方向发展的趋势也十分明显。部分不利年份受低滩退缩影响，浅滩淤积，汉道进口 4.5m 和 5m 线宽度不能满足设计通航要求。

8.3.4　航道条件变化趋势特点

综合分析，研究河段的航道条件变化趋势呈现如下特点：

(1) 宜昌—大埠街河段，其航道问题主要是由于河床冲刷带来的水位下降将导致葛洲坝船闸下引航道水深难以满足通航要求，枝城以下关洲右汊进口、芦家河沙泓中部、枝江上浅区存在航宽不足的可能性。

(2) 大埠街—熊家洲河段，由于已建和拟建工程的实施，使得河段内对航道条件起着重要控制作用的心滩或者边滩的冲刷变形得以控制，不仅有利于河势的稳定，也加大了浅滩段的冲刷能力，各水道浅滩段航道条件均有所改善，计算10年内3.5m等深线基本保持贯通，宽度也能满足规划尺度要求。但由于航道整治力度有限，一些水道如太平口、周公堤水道4m等深线宽度不到150m；一些水道如碾子湾、窑监、大马洲水道航道尺度可以达到4m×150m，但4.5m等深线宽度难以长期维持200m；未进行整治的调关水道，航道条件进一步向不利方向发展，4.5m等深线宽度难以长期维持200m。

(3) 熊家洲—城陵矶河段，弯道段不利变化明显且各水道演变关联性仍较强，计算10年内尺八口水道出现3.5m等深线不足150m的情况；八仙洲水道3.5m等深线可达到200m，但航道条件不稳定，存在不利水文年4.0m等深线宽度不足150m的情况。

(4) 城陵矶—武汉河段，由于关键洲滩的冲刷变形及支汊冲刷发展，造成主汊冲刷动力减弱，浅滩段易于淤积碍航，计算条件下如杨林岩、界牌、陆溪口、嘉鱼、燕子窝、武桥等水道都出现了航道条件不稳定甚至4.5m等深线宽度不满足设计通航尺度要求的情况。此外，仙峰、道人矶等水道由于存在礁石碍航的问题，造成水流流态及航道宽度不满足船舶航行的要求。

计算条件下各水道航道尺度情况见表8-4和表8-5。

"十二五"期工程实施后主航道可维持航道尺度情况表 表8-4

序号	水道名称	核查水深、航宽		
		3.5m×150m	4.0m×150m	4.5m×200m
1	宜昌（中游）	○	○	○
2	白沙脑	○	○	○
3	虎牙峡	○	○	○
4	古老背	○	○	○
5	云池	○	○	○
6	宜都	○	○	○
7	白洋	○	○	○
8	龙窝	○	○	○
9	枝城	○	○	○
10	关洲	○	○	◎
11	芦家河	○	●	●
12	枝江	○	○	●
13	刘巷	○	○	○
14	江口	○	○	○
15	大布街	○	○	○
16	涴市	○	○	○
17	太平口	●	●	●
18	瓦口子	○	○	◎
19	马家嘴	○	○	○
20	陡湖堤	○	○	○
21	马家寨	○	○	○

续上表

序　号	水 道 名 称	核查水深、航宽		
		3.5m × 150m	4.0m × 150m	4.5m × 200m
22	郝穴	○	○	○
23	周公堤	○	●	●
24	天星洲	○	○	○
25	藕池口	○	○	◎
26	石首	○	○	○
27	碾子湾	○	◎	◎
28	河口	○	○	○
29	调关	○	○	◎
30	莱家铺	○	○	◎
31	塔市驿	○	○	○
32、33	窑集佬、监利（窑监河段）	○	○	●
34	大马洲	○	◎	◎
35	砖桥	○	○	○
36	铁铺	○	○	◎
37	反嘴	○	○	◎
38	熊家洲	○	○	◎
39	尺八口	●	●	●
40	八仙洲	○	◎	◎
41	观音洲	◎	●	●

注：1. “○” 表示当前可以维持此航道尺度。
2. “◎” 表示一般年份能够畅通，但存在不稳定性，难以长期维持的航道尺度。
3. “●” 表示不能维持的航道尺度。

城陵矶—武汉河段主航道可维持尺度情况表　　表 8-5

序　号	水 道 名 称	核查尺度（水深 × 航宽）		
		4.0m × 200m	4.5m × 200m	5m × 200m
1	仙峰	▲	▲	▲
2	道人矶	▲	▲	▲
3	杨林岩	○	◎	◎
4	螺山	○	○	○
5	界牌	◎	◎	●
6	新堤	○	◎	◎
7	石头关	○	○	○
8	陆溪口	◎	●	●
9	龙口	○	○	○
10	嘉鱼	◎	●	●
11	王家渡	○	○	○

续上表

序号	水道名称	核查尺度（水深 × 航宽）		
		4.0m × 200m	4.5m × 200m	5m × 200m
12	燕窝	◎	●	●
13	汉金关	○	○	○
14	花口	○	○	○
15	簰洲	○	○	○
16	水洪口	○	○	○
17	邓家口	○	○	○
18	煤炭洲	○	○	○
19	金口	○	○	◎
20	沌口	○	○	◎
21	白沙洲	○	◎	●
22	武桥	◎	◎	◎

注：1. “▲”表示受礁石影响，流态紊乱，存在船舶航行安全隐患。
2. “○”表示当前可以维持此航道尺度。
3. “◎”表示一般年份能够畅通，但存在不稳定性，难以长期维持的航道尺度。
4. “●”表示不能维持的航道尺度。
5. 武桥水道碍航主要是桥区航槽过于弯曲，从而危及通航和桥墩安全。

第 9 章　分滩型航道整治原则研究

9.1　浅滩整治的工程类型

各类型浅滩航道条件的改善均需要借助整治建筑物，或加强原有边界稳定性或重新塑造不可冲动的边界，进而调整水流结构。

航道整治工程的发展及长江中下游浅滩河段整治经验表明：在河道滩槽形态对通航有利或向优良条件方向转化过程中，可通过守护良好边滩或规模较小的控导工程稳定边滩保持有利的通航条件或促进航道向优良状态发展。为了扭转航道整治维护的被动局面，要在河段处于较优形势时就对其进行治理，使其能够长时间保持航道畅通。以整治工程对河势、流场干扰程度为原则，将航道整治工程分为守护型工程和调整型工程。

顾名思义，守护型工程以顺应已有较为良好的河床形态为前提，以河段自身相对有利的滩槽条件为基础，守护边滩心滩，最大限度减小对河势、流场的影响；调整型工程主要依靠整治建筑物调整枯水河道内水沙分配，改变水流结构，进而改善浅滩碍航状态，其对枯水河床原有形态、主流位置等影响较大。实际工程中对于整治浅滩起到主导作用的工程类型决定着整治参数确定方法及整治思路。

综上所述，守护型与调整型两类工程最主要的区别表现在：整治建筑物的作用是守护外部边界、保持良好状态还是调整河道内部水沙分配及水流结构重塑航槽形态，根本上是整治参数的选取问题。不同类型浅滩河段，守护型整治工程的目的都是通过河道边界条件的治理达到防止冲滩淤槽的效果。调整型工程在不同类型浅滩河段所起的作用不同，对主支汊不明显的分汊河段进行浅滩整治，为发展航槽所在汊道调整进口断面水沙分配；在顺直型和弯曲型易出现的水流分散窜沟纵横的河段修建调整型工程可将水流集中于主航道，增加航槽内流量。

本研究从不同航道整治工程类型的功能、整治目标、适用范围及整治建筑物类型等方面，界定了两类工程的定义。守护型工程：守护现有关键洲滩形态和格局，遏制洲滩冲刷的不利变化趋势，维持现有尚好的航道条件，采用护滩型整治建筑物，该建筑物没有严格的高程控制要求，是用厚度和范围来控制的。调整型工程：现有航道条件不能满足规划要求，需采用进攻型整治建筑物如丁坝、潜锁坝等工程束水攻沙或塞支强干，调整水流结构和汊道分流格局，增强浅滩段水动力、改善航道条件。整治建筑物需用整治参数来确定其高程和长度。

9.2 不同类型工程整治效果认识性试验

本文以窑监河段为例，通过一系列数学模型对比试验，从守护型和调整型工程不同的要求角度，对两类整治工程的工程效果、适用条件进行分析，提出整治工程类型的选取原则。

9.2.1 窑监河段对比方案

窑监河段正在实施的总体方案由6部分组成，即洋沟子边滩护滩、洲头心滩鱼骨坝、乌龟洲洲头、右缘及洲尾护岸、新河口边滩顺格坝、太和岭护岸及太和岭清障工程。本报告根据乌龟洲洲头心滩工程的不同，分为护滩带、鱼骨坝＋护滩带两个方案。具体方案平面布置如图9-1所示。

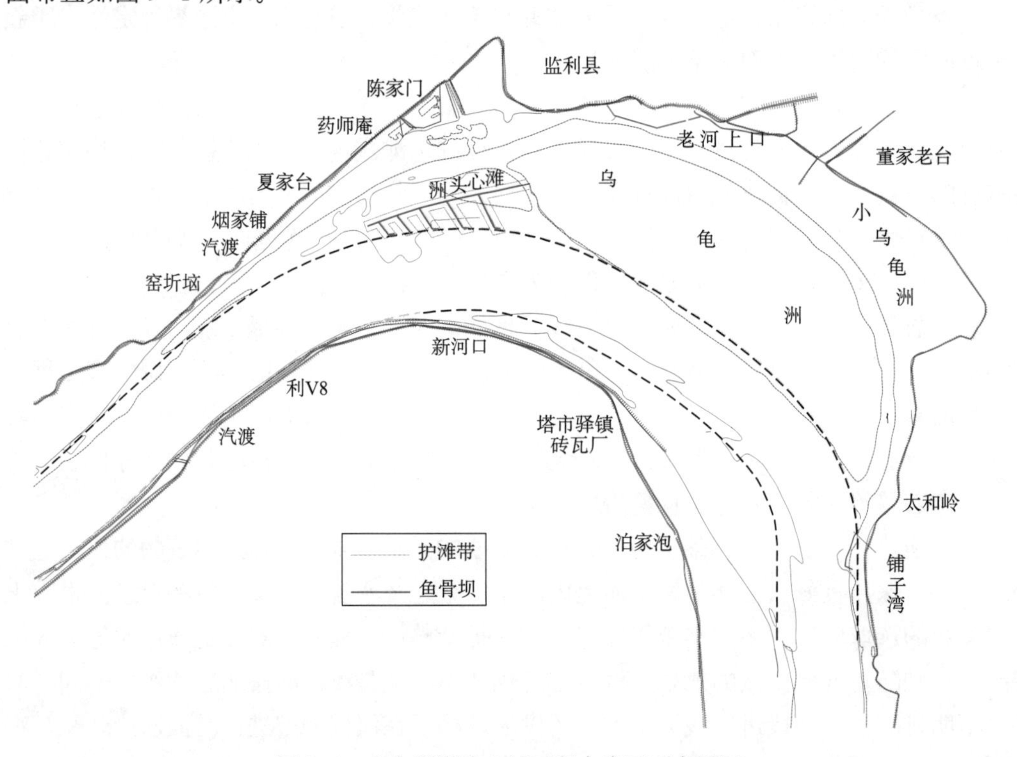

图9-1 乌龟洲洲头心滩工程方案平面布置图

方案一，对心滩进行守护，布置如图9-1所示的护滩带，心滩护滩带群按现有滩体高程进行控制，由一道沿心滩滩脊顺水流的护滩带和五道与水流基本垂直的护滩带组成。心滩与乌龟洲之间的窜沟，采用抛石回填，顶高程为27.20m。

方案二，在洲头心滩上建鱼骨坝及护滩带，由1条纵向骨坝、5条横向刺坝组成，纵向骨坝坝头高程为设计水位以上3m，坝尾（与乌龟洲相连）高程为设计水位以上10m，从上游至下游刺坝坝头高程分别为设计水位以上3m、4m、5m、6m、7m，刺坝坝尾与骨坝相连。纵向骨坝及5条刺坝同时进行护底。洲头心滩工程主要作用是稳定和巩固洲头心滩的高滩部分，封堵窜沟，并与乌龟洲相接，使洲头心滩与乌龟洲联成一体，在乌龟夹进口形成高大完整的凹岸岸线，适当减小主流的摆动范围，集中水流冲刷口门过渡段航槽，改善并稳定乌龟夹进流条件。本报告重点分析心滩护滩带及鱼骨坝工程实施后的工程效果。

9.2.2　方案实施后定床效果

9.2.2.1　水流计算条件

选取接近于设计流量 5 652m³/s、整治流量 7 752m³/s、中水流量 22 867m³/s 三种水流计算条件（表 9–1），分析两类工程方案实施后水动力条件的变化，计算地形采用 2008 年 1 月实测地形。

水 流 计 算 条 件　　表 9–1

组　次	流 量（m³/s）	流 量 特 征	发 生 时 间
1	5 652	接近设计流量	2008.12.23 ~ 12.24
2	7 752	接近整治流量	2008.12.06 ~ 12.09
3	22 867	中水流量	2008.11.07 ~ 11.09

注：水流计算地形采用 2008 年 1 月实测地形资料。

9.2.2.2　工程实施后平面流速变化

图 9–2、图 9–3 分别给出了接近于设计流量 5 652m³/s、整治流量 7 752m³/s、中水流量 22 867m³/s 时护滩带方案、鱼骨坝方案实施后流速数值变化图。可见，护滩带方案实施后流速变化总体弱于鱼骨坝方案。接近于设计流量 5 652m³/s 时，护滩带方案实施后工程附近流速减小 0.20 ~ 1.00m/s，乌龟洲左汊进口处流速微有增加 0.20m/s 以内，乌龟洲右缘上段流速减小 0.20 ~ 0.50m/s；接近于整治流量 7 752m³/s 及中水流量 22 867m³/s 时，流速变化甚小，仅护滩带周边流速微有变化，局部变幅在 0.20m/s 以内。接近于设计流量 5 652m³/s 及接近于整治流量 7 752m³/s 时，鱼骨坝方案实施后，工程附近流速减小 0.50 ~ 1.50m/s，乌龟洲左汊进口处流速微有增加 0.20 ~ 0.5m/s，乌龟洲右缘上段流速减小 0.20 ~ 0.50m/s；中水流量 22 867m³/s 时，流速变化幅度及范围均有所减小。

综上，乌龟洲洲头两类方案实施后，在枯水流量 5 652m³/s 下，乌龟洲进口过渡段流速均有所增加，流速增加为该浅区泥沙的冲刷提供了动力，有利于航深的维护。此外，由于调整型鱼骨坝方案实施后，乌龟夹进口段河道被束窄，水流集中，过渡段流速增加幅度大于守护型心滩方案。

9.2.3　方案实施后动床效果

采用监利站三峡水库蓄水后 2005 ~ 2007 年实测水沙系列及蓄水前 1998 年实测水沙条件分别进行了心滩护滩带、鱼骨坝方案的动床效果计算，窑监河段起始地形采用 2008 年 1 月实测地形，此时乌龟夹进口过渡段浅区 3.5m 等深线（航行基面下）不能贯通，浅区局部床面高程与航行基面相近。以 2008 年 1 月测图为基础地形，采用 2005 年、2006 年、

2007 年、1998 年水沙资料，计算分析以下三种条件下窑监河段浅区航道冲刷情况，分析航道整治工程效果。

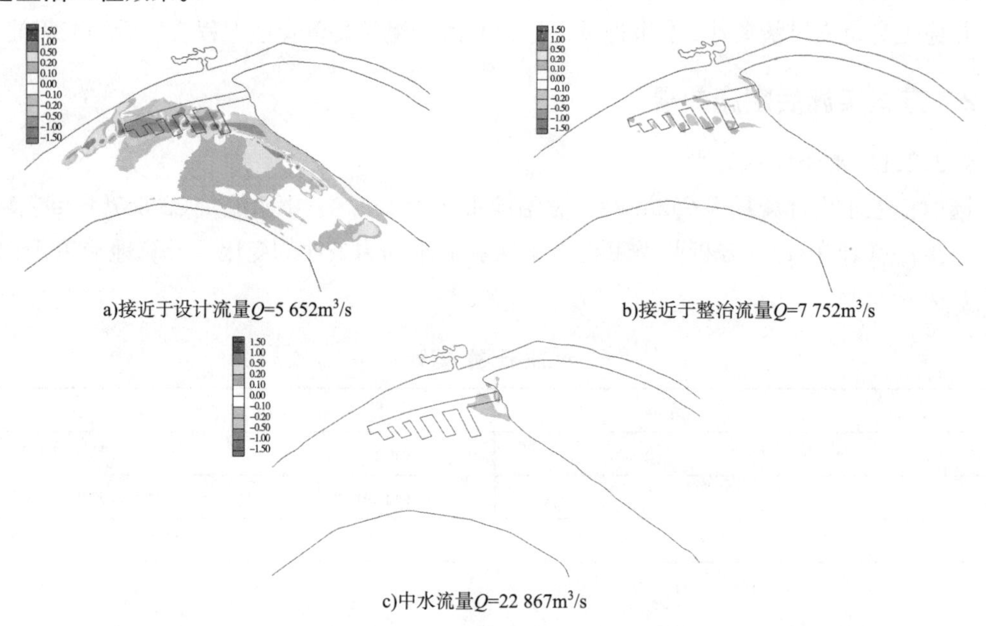

a)接近于设计流量Q=5 652m³/s　b)接近于整治流量Q=7 752m³/s　c)中水流量Q=22 867m³/s

图 9−2　窑监河段心滩护滩带方案实施后不同流量下流速数值变化（m/s）

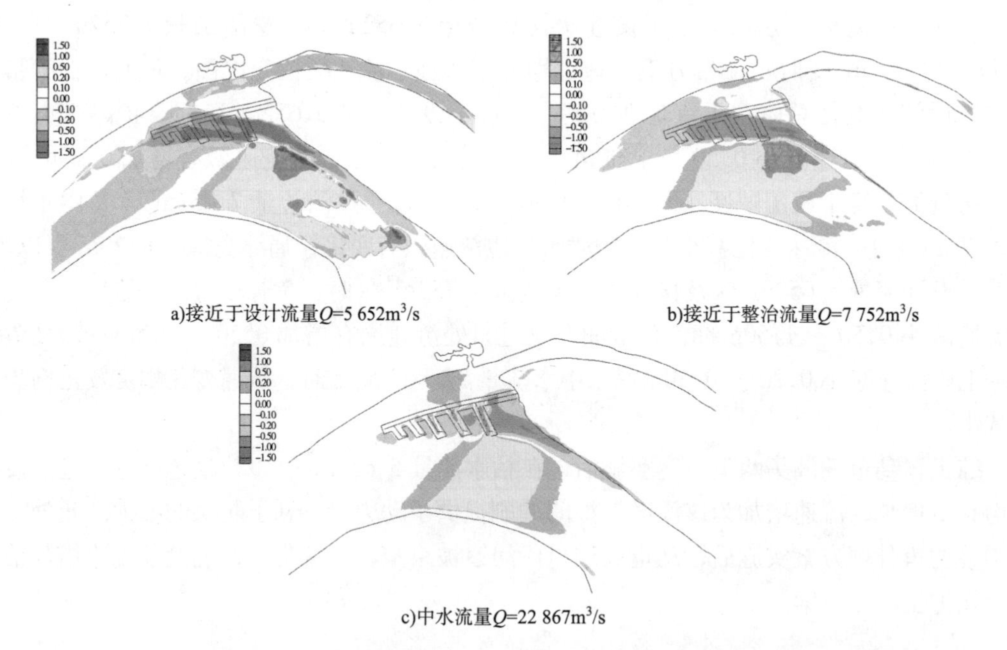

a)接近于设计流量Q=5 652m³/s　b)接近于整治流量Q=7 752m³/s　c)中水流量Q=22 867m³/s

图 9−3　窑监河段心滩鱼骨坝方案实施后不同流量下流速数值变化（m/s）

（1）不实施任何工程，计算天然情况下浅区冲刷情况。

（2）考虑仅实施心滩护滩带工程，计算浅区冲刷情况。

（3）计算心滩鱼骨坝 + 护滩带方案实施后，乌龟夹进口浅区冲刷情况。

为明确工程效果，以下数模计算结果均按月显示，考虑到碍航时段主要发生在退水期，对比上述不同情况下窑监河段乌龟夹进口浅区 9 月底～ 12 月底的航深图。

9.2.3.1　三峡水库蓄水后水沙系列计算结果

（1）无工程情况下冲刷情况

计算了窑监河段无工程时 2008 年 1 月地形经历 2005 年、2006 年、2007 年三个水文年造床作用后的水深情况。考虑到碍航时段主要发生在退水期，图 9–4 以 2005 年为例给出了无工程情况下各年份 9 月底、10 月底、11 月底、12 月底航深图。由图 9–4 ～图 9–6 可知，2005 年大水大沙年和 2007 年中水中沙年条件下，9 月底、10 月底乌龟夹进口过渡段浅区不能满足 2.9m 水深要求，经过落水冲刷，11 月底时 2.9m 航深可贯通，但仍不能满足航行基面下 3.5m 水深要求。2006 年小水小沙条件下来沙相对较小，9 月底～ 12 月底 2.9m 线贯通，3.5m 线不能贯通，下深槽过渡段存在沙包。

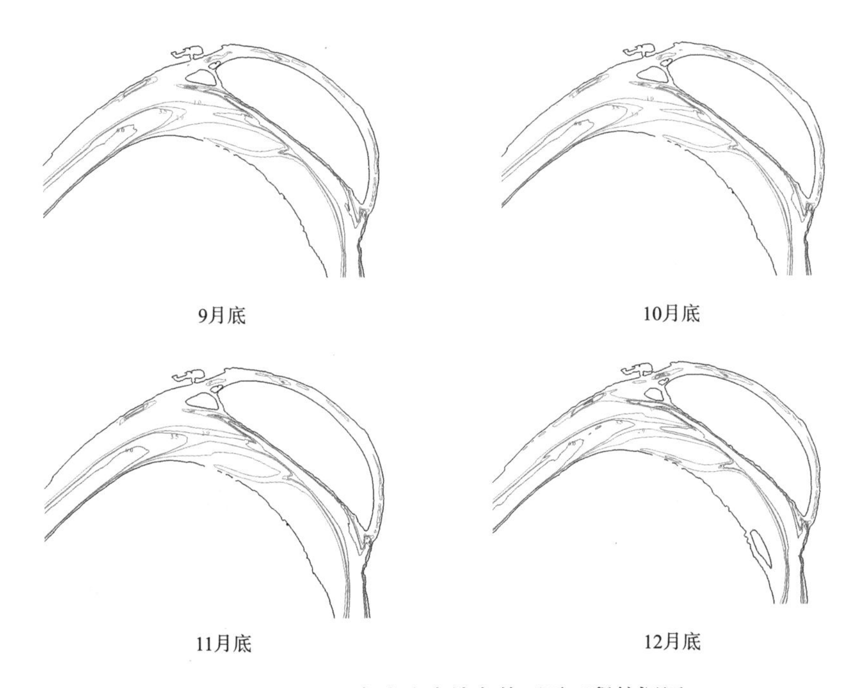

图 9–4　2005 年大水大沙条件下无工程航深图

（2）心滩护滩带方案工程效果

考虑仅实施心滩护滩带工程，计算乌龟夹进口过渡段浅区冲刷情况。护滩带方案实施后，乌龟洲洲头心滩得到守护，滩体有淤长趋势，乌龟夹进口段有所冲深，图 9–5 以 2005 年大水沙年为例给出了护滩带方案实施后的航深图。可见，2005 年水沙条件下，护滩带方案实施后，乌龟夹进口过渡段浅区 9 月底 2.9m 航深恰好贯通，航宽不足，航槽形态初步形成，经过落水冲刷，2.9m 航宽不断增宽；9 月底、10 月底及 11 月底 3.5m 航深均不能贯通，但碍航长度随冲刷历时逐月缩短，12 月底时 3.5m 航深可贯通。2006 年及 2007 年小中沙年份时，护滩带方案实施后航道条件较 2005 年大沙年份要好，9 月底～ 12 月底均可满足 2.9m 航深要求，9 月底 3.5m 航深要求不满足，经历落水冲刷，10 月底及 11 月底水深条件逐渐好转，但下深槽仍有沙包碍航，至 12 月底时，下深槽不断发展，3.5m 线贯通。

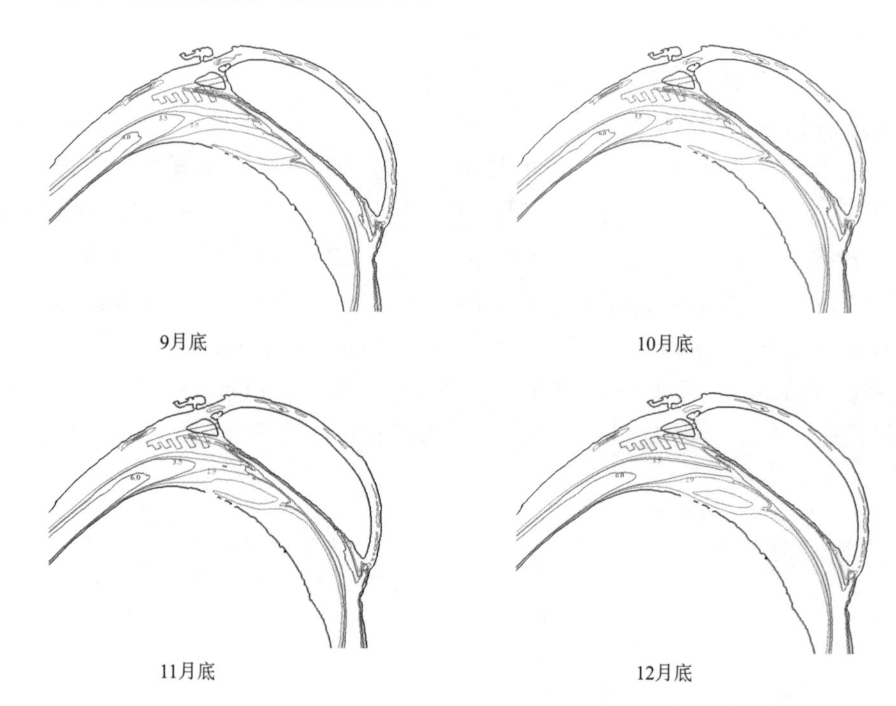

图 9–5　窑监河段 2005 年大水大沙条件下心滩护滩带方案实施后航深图

综合以上分析，对比同期无工程冲刷情况，窑监河段实施心滩护滩带工程并经历不同水沙条件下 1 个水文年冲刷后，乌龟夹过渡段浅区航道条件优于无工程情况，各水文年下，退水过程中 2.9m 航深均贯通，但仍不能满足航行基面下 3.5m 水深要求。

（3）心滩鱼骨坝及护滩带方案工程效果

图 9–6 以 2005 年大水沙年为例给出了心滩鱼骨坝及护滩带实施后的航深图，考虑到碍航时段主要发生在退水期，图中给出了 9 月底、10 月底、11 月底、12 月底航深图。可见，鱼骨坝方案实施后，心滩右侧整治线前沿形成航槽，2005 年、2006 年及 2007 年水沙条件下，鱼骨坝方案实施后 2.9m 线均可贯通。2005 年水沙条件下来沙相对较大，9 月底、10 月底及 11 月底 3.5m 航深不能贯通，12 月底 3.5m 航深贯通。2006 年及 2007 年小中沙条件下，9 月底、10 月底及 11 月底 3.5m 航深基本贯通，下深槽仅存在少数沙包，12 月底 3.5m 航深全线贯通，工程效果明显。

由此可见，鱼骨坝方案实施后，2005 水文年条件下退水初期航道尺度略有不足，经过落水期冲刷，深槽逐渐形成，可满足 3.5m 航深要求。2006 年及 2007 年水文年条件下，航道条件相对较好，3.5m 航深可贯通。

综上分析，窑监河段实施心滩护滩带工程后，使 2.9m 航深贯通，航道条件得到改善，对一般的长江中游河段，在三峡水库蓄水后清水下泄的条件下，通过守护关键可动洲滩，可以获得更大的航道尺度，该航道治理理念是经过十余年的探索，在长江中游航道整治中逐渐形成的，并且一系列的工程实践已经证明守护型控导工程在实践中可以满足航道尺度的要求。对适当的航道规划尺度，若守护工程能达到规划目标，则守护控制有利的洲滩形态更为重要，也更为有效，河流自身塑造的洲滩更能顺应水流的运动特点，洲滩得到稳定

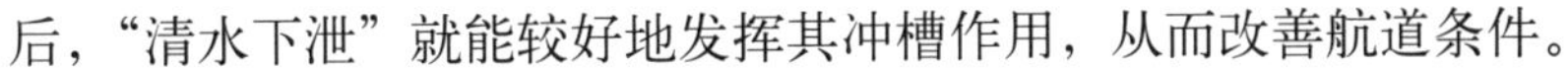

后，“清水下泄”就能较好地发挥其冲槽作用，从而改善航道条件。

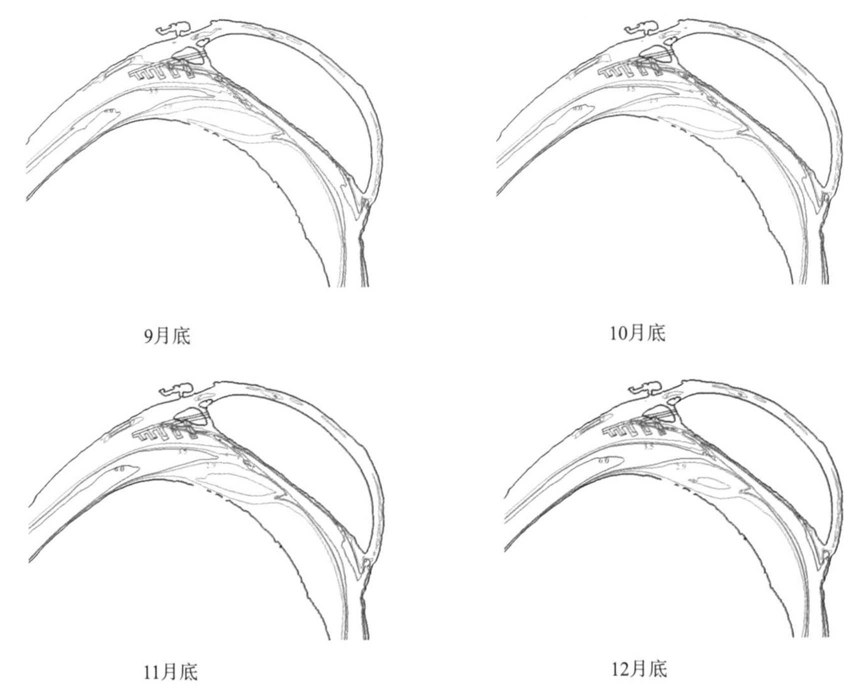

图 9–6　窑监河段 2005 年大水大沙条件下鱼骨坝及护滩带方案实施后航深图

值得注意的是，采取守护型措施是存在一定条件的，主要是大部分浅水道处于较好的演变阶段，航道条件较好，并且整治目标与现状条件差距不大，加上枯水流量加大，大部分河段满足航道尺度要求。另外，航道尺度随着航运要求是逐步提升的，航道条件好坏也是相对于规划航道尺度而言的，对于窑监河段，守护工程可以满足 2.9m 航深要求，但不能满足 3.5m 航深要求，要使 3.5m 航线贯通，就必须依靠调整型工程，或者当航道条件已经恶化时，也必须采取调整型整治工程。

9.2.3.2　三峡水库运行前水沙系列计算结果

图 9–7 给出了三峡水库蓄水前 1998 年水沙条件下窑监河段无工程时 9 月底～ 12 月底的航深图。由图 9–13 可见，9 月底、10 月底及 11 月底 2.9m 航深均不贯通，12 月底 2.9m 航深贯通，但航宽不足。心滩护滩带实施后（图 9–8），9 月底、10 月底及 11 月底 2.9m 线仍不能贯通，航深与无工程时基本相同，航道条件没有改善。心滩鱼骨坝及护滩带方案实施后（图 9–9），航深条件较无工程时有所改善，9 月底～ 12 月底时 2.9m 航深贯通，但 3.5m 航深要求仍得不到满足。

对比三峡水库蓄水后水沙条件下窑监河段航深计算结果，可见，在同等鱼骨坝工程强度下，进口浅区经历蓄水后水文年冲刷后航道条件的改善幅度远大于蓄水前水文年作用结果。护滩带方案使蓄水后水文年作用下浅区航道条件得到一定程度的改善，而对同一基础地形蓄水前水文年作用后的浅区基本没有效果。究其原因，是因为三峡水库运行使长江中游航道情况发生重大改变，在河势基本不变的条件下，三峡水库运行后浅滩的落水冲刷能力仅从水动力而言可能稍有增强，枯水流量加大是增强枯水冲刷能力的，落水速度加快是减小枯水冲刷能力的，悬移质泥沙中的造床质泥沙变粗会导致冲刷能力减弱，累加后应该稍强。枯水冲刷能力基本不变，但浅滩需要冲刷的沙量在三峡水库运行后大幅减少，自然对于稳定的浅滩其航道尺度条件应该趋于改善。

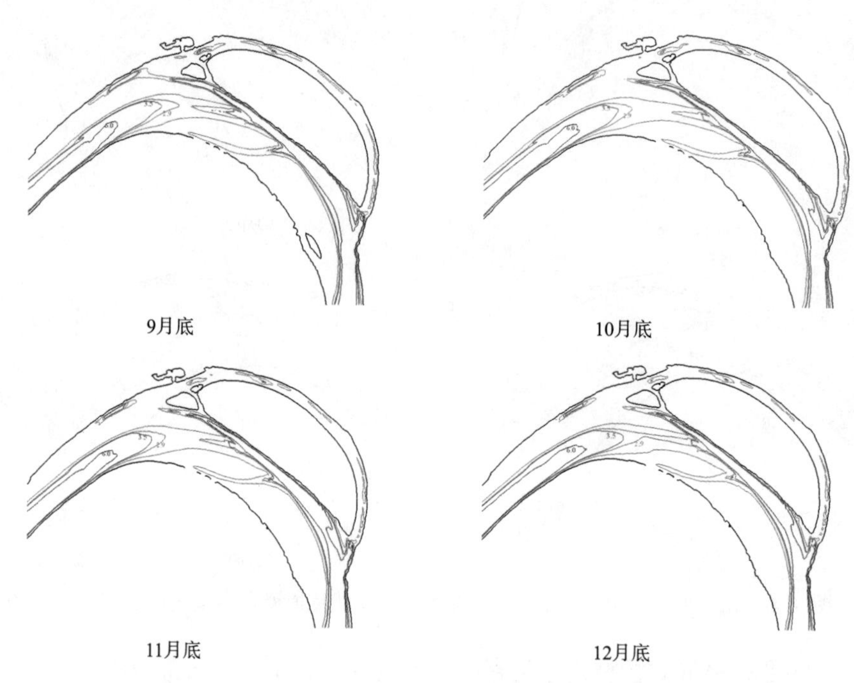

图 9–7　窑监河段 1998 年水沙条件下无工程航深图

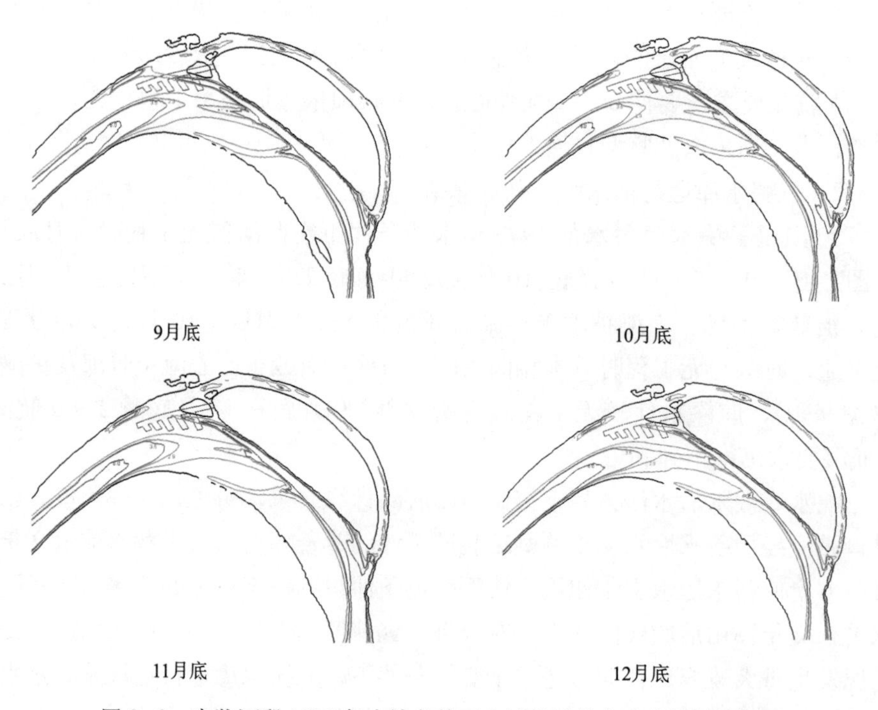

图 9–8　窑监河段 1998 年水沙条件下心滩护滩带方案实施后航深图

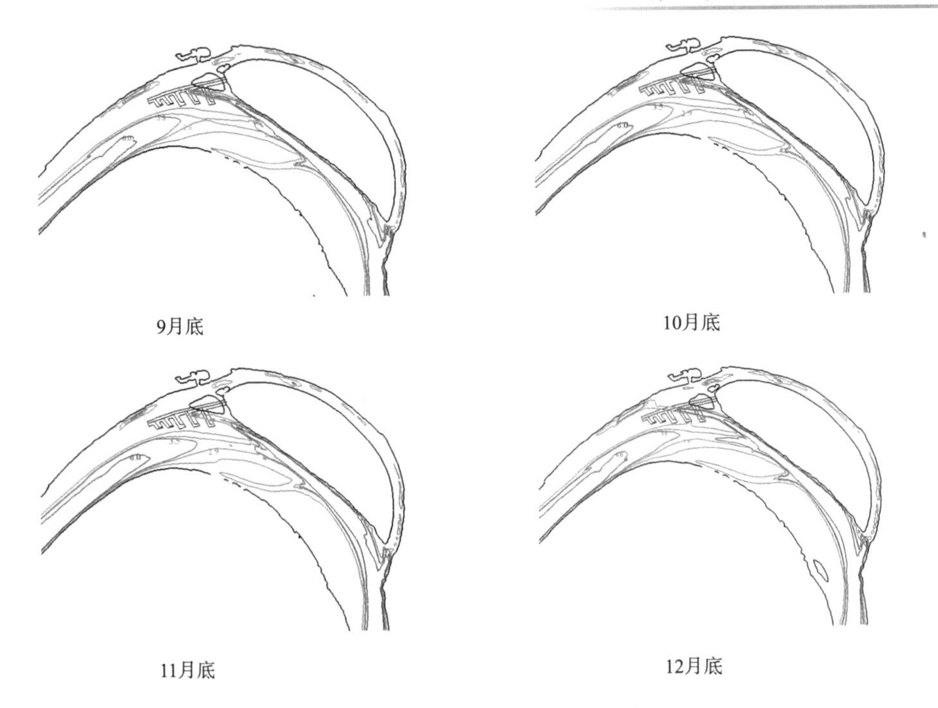

图 9–9　窑监河段 1998 年水沙条件下鱼骨坝及护滩带方案实施后航深图

长江中游目前普遍采用的守护工程可以实现航道改善的前提是三峡水库蓄水带来的“清水冲刷”条件。对于三峡水库蓄水前的长江中游河段或含沙量较多的其他河流，对可变洲滩进行守护，仅仅能达到控制河势的目标，而不能通过守护工程得到所需要的航道尺度。

9.3　浅滩整治工程类型选取原则

以整治工程对河势、流场干扰程度为原则，将航道整治工程分为守护型工程和调整型工程。

守护型与调整型两类工程的选取原则与浅滩的现状条件、碍航特性及整治力度相关联，结合两类工程认识性试验结果，提出现阶段不同类型工程的选取原则如下：

（1）若现状条件下航道的航深及航宽满足要求，但是由于边界或洲滩变化，以后航道条件可能会出现恶化，这种情况下可采用守护工程。

（2）对于滩槽均冲，航道现状不满足整治目标的浅滩河段，可采用加强型洲滩守护工程，在稳定洲滩的同时，加大清水冲刷航槽的力度，改善航道条件。

（3）对于滩冲槽淤，航道现状不满足整治目标的浅滩河段，工程类型的选取需要根据近期河床演变特征及趋势，通过一定的手段对洲滩守护后航槽冲淤情况进行判断后再确定。若洲滩守护工程达不到冲槽的目的，则需考虑采用调整型工程。

（4）对于滩槽均淤的浅滩河段，或（2）、（3）中守护工程对航道条件的改善幅度达不到整治目标时，需要考虑调整型工程。

长江中游碍航浅滩在实施整治工程时，具体实施哪类工程措施，在上述原则指导下，可应用数值模拟或物理模型手段，对三峡水库汛后蓄水影响情况和航道整治效果做出预测分析，最终确定适当的整治工程类型。

9.4 各类滩型航道整治原则

9.4.1 不同类型浅滩河段的演变特征

根据前述不同类型浅滩航道冲淤及滩槽变化、航道碍航特性及航道条件变化趋势，分析了三峡水库蓄水后长江中游河段枝江—江口、沙市、周天、碾子湾、窑监和嘉鱼—燕子窝浅滩河段的演变规律，在此基础上，总结归纳了砂卵石河段、沙质顺直型、弯曲型、分汊型（包括顺直分汊型、弯曲分汊型）浅滩河段的演变特征。

对于砂卵石浅滩河段，由于河床抗冲性较强，局部深泓突起的地貌并未随着三峡水库蓄水后水沙条件的变化而发生改变；同时，沿程河床抗冲性差异将导致局部河段“坡陡流急”现象仍存在。

对于顺直型浅滩河段，主要表现为边滩的冲淤变化及深泓摆动，从而导致浅滩不稳，航槽多变。从三峡水库蓄水后各河段边滩的冲淤变化来看，顺直过渡段边滩受冲缩小、很不稳定，随着边滩的萎缩，河道展宽，局部航槽淤积逐渐明显，河槽向宽浅方向发展，航道条件趋于恶化。

对于弯曲型浅滩河段，三峡水库工程蓄水运用后，受水沙条件变化的影响，近几年来，弯道段基本上表现为凸岸边滩冲刷，凹岸深槽淤积，如碾子湾水道上段弯曲段，这一现象之所以出现是因为来沙减少后，弯道段维持稳定的条件已不复存在，中洪水期主流漫滩后，由于水流挟沙不饱和，滩面必然受到冲刷，而且退水过程中难以淤还。三峡水库蓄水后部分弯道段出现的冲刷明显加剧，即边滩冲刷下移，顶冲点下挫，主流随着边滩的下移而摆动，顶冲点的下挫则造成弯道段出口崩岸展宽。

分汊河段包括顺直分汊型和弯曲分汊型：顺直分汊型浅滩河段的演变特征表现为主流动力轴线的摆动、心滩的冲淤迁移、心滩与边滩的相互消长，由于含沙量减少，主支汊均处于发展态势，汊道内可能出现双槽争流的局面；对于弯曲分汊河段，分汊河段滩体的冲刷必然导致枯水河床展宽，不利于水流集中冲槽，并且心滩的冲刷后退将使得分流点下移，过渡段相应下移，航槽难以稳定。此外，汛后退水加快，浅滩冲刷期明显缩短，而江心洲头部进一步冲刷后，导致分汊放宽段更趋宽浅，滩槽形态恶化导致退水期流路摆动幅度增大，极可能出现汛后出浅现象，不利于航道条件的稳定。

9.4.2 不同类型浅滩河段的演变趋势

考虑上下游河段关联性，基于数学模型计算对各代表浅滩河段演变趋势做出预测，在此基础上，总结归纳不同类型浅滩河段的演变趋势。

对于砂卵石河段，表层泥沙粒径较粗，河床粗化迅速，冲刷较快停止，水位下降幅较沙质河段小。另外,砂卵石河段局部坡陡流急、水浅问题仍存在,航道条件向不利方向发展。

对于顺直型（沙质河床）河段，演变趋势主要表现为边滩冲刷后退、主流摆动加大、河床宽浅化、航槽冲刷移位。

对于弯曲型（砂质河床）河段，凸岸边滩仍将持续发生冲刷，凹岸深槽仍有所淤积，受此影响，中枯水流路也逐渐向凸岸侧摆动，凹岸逐渐淤积，从而形成或快或慢的切滩撇弯趋势。边滩冲刷下移，顶冲点下挫，主流随着边滩的下移而摆动，顶冲点的下挫则造成弯道段出口崩岸展宽，使河道向宽浅方向发展。

分汊型河段分顺直分汊型和弯曲分汊型：对于顺直分汊型（沙质河床）河段，分汊格局将保持稳定，演变趋势主要表现为主流摆动、高滩崩退、低滩萎缩、支汊发展，一旦支汊水流条件改善，主汊的浅区航道水深条件将可能恶化；对于弯曲分汊型（沙质河床）河段，由于受护岸工程的影响，河势一般较为稳定，只要不出现大幅度的凸岸边滩切割现象，航道条件一般较其他河型要好。其浅滩演变的趋势主要受凸岸边滩冲刷的影响，导致主流摆动，河槽放宽。

9.4.3　水沙条件变化后长江中游不同类型浅滩河段航道整治原则

结合长江已实施航道整治工程整治原则总结评价，在归纳各典型浅滩河段演变特征及演变趋势的基础上，提出了水沙条件变化后长江中游不同类型浅滩河段航道整治原则。具体如下。

对于砂卵石河床河段："遏制枯水水位下降；分散水位落差，消除坡陡流急；加强浅滩段冲刷，守护对水位起控制作用的关键部位的滩槽"。

对于顺直型（沙质河床）河段："稳定过渡段浅滩位置，并加强浅段水动力；对于以下切为主的顺直单一段，合理利用'清水'冲刷的有利条件，引导清水冲刷航槽"。

对于弯曲型(沙质河床)河段:"遏制凸岸边滩冲刷、切割,稳定弯道主流;保护岸线稳定,控制河势变化"。

对于顺直分汊型（沙质河床）河段："遏制支汊发展，稳定分汊格局；加强对关键洲滩和关键部位的控制，改善浅滩形态"。

对于弯曲分汊型（沙质河床）河段："对于主支汊格局稳定的弯曲分汊型浅滩河段，维持主汊地位，保持支汊河道功能的发挥；控制分汊放宽段关键洲滩岸线，遏制主汊进口枯水河床展宽，提高中枯水期浅滩的冲刷能力"。

第 10 章　提高航道建设尺度的可能性分析

10.1　航道建设外部环境评价

10.1.1　河势控制规划及护岸工程

除熊家洲至城陵矶河段、簰洲湾河段远期存在裁弯问题外，其他河段的近远期河势控制均是以稳定现有河势为主，且河道治理与航道治理在总体方向上是基本一致的，均是遵循因势利导的总体原则，以控制和稳定河势、改善航道条件、为沿岸社会经济发展创造条件为目的。

通过调查中游河段两岸堤防及护岸工程，认识到护岸工程主要分布在河流弯道的凹岸和主流线贴岸下行的过渡段以及水流贴岸段，位于堤防工程迎水坡面的前方，是保证堤防工程安全运行的基本条件之一。目前，长江中游干流的险工段河岸线基本被护岸工程控制。航道整治工程主要依托现有岸线，采取低水整治措施进行航道治理，并在考虑工程对现有堤防影响的基础上采取相应的护岸加固措施。堤防工程是航道整治工程的重要依托，航道整治工程在改善航道条件的同时，有利于河势的进一步稳定。

10.1.2　港口及岸线利用规划

本河段全国内河主要港口有宜昌港、荆州港、岳阳港、赤壁港、武汉新港。近年来，港口建设明显加速，且以5000吨级码头为主，5 000吨船舶满载吃水深度多在4 ~ 6m之间，并且随着沿江经济的快速发展，船舶运输单船化、大型化的发展态势越来越明显。

从港区岸线利用规划来看，枝江—江口河段、太平口水道、周公堤水道、界牌河段等的航道治理需与港区相关管理部门进行协调。

10.1.3　生态环境保护区

位于中游河段的主要自然保护区、水产种质资源保护区及其涉及的重点水道情况见表10–1，可能受到重点水道航道整治影响的主要城镇集中取水口情况见表 10–2。

表 10–1、表 10–2 中所列水道的航道建设需要与环境部门协调，采取一定的工程措施将航道整治工程对环境的不利影响降到最低。

长江流域综合规划中主要自然保护区或水产种质资源保护区及涉及的重点水道情况　表 10-1

主要自然保护区或水产种质资源保护区	涉及的重点水道及冲突原因
长江湖北宜昌中华鲟省级自然保护区	葛洲坝坝下 20km 江段为核心区，宜昌长江公路大桥上游 10km 江段为缓冲区，宜昌长江公路大桥下游 20km 江段（宜都水道）为试验区
湖北长江天鹅洲白鳍豚国家级自然保护区	藕池口水道、碾子湾水道、调关水道、莱家铺水道涉及核心区、缓冲区
湖北石首麋鹿国家级自然保护区	碾子湾水道位于保护区边界
长江洪湖新螺段白鳍豚国家级自然保护区	界牌河段、陆溪口水道、嘉鱼水道、燕窝水道位于核心区、试验区
监利段四大家鱼种质资源保护区	窑监河段、大马洲水道位于核心区，铁铺、反嘴、熊家洲水道涉及核心区、试验区

可能受到重点水道航道整治影响的主要城镇集中取水口情况　表 10-2

航道名称	取水口名称	取水量
太平口水道	鄂荆州二水厂（郢都水厂）	3 650 万 t /a
	城南水厂（南湖水厂）	4 380 万 t/a
	金凤水厂	73 万 t/a
藕池口水道	石首市二水厂	3 万 t/a
窑监河段	监利一水厂	1 825 万 t/a
	监利二水厂	丰水期取水，供应县城居民生活用水
界牌河段	洪湖市螺山镇自来水厂	1 825 万 t/a
	洪湖市一水厂	1 095 万～1 825 万 t/a
	洪湖市二水厂	365 万～620.5 万 t/a
	江南镇水厂（岳阳）	109.5 万 t/a

10.1.4　跨河建筑物

对中游已建及在建桥梁、跨江水上电缆进行调查，发现宜昌至武汉段已建、在建桥梁共有 10 座，通航净高均为 18m，而且，主航道上的水上电缆净空均大于临近桥梁通航净空，不会对满载吃水深度多在 4 ～ 6m 的 5 000 吨船舶造成影响。

10.1.5　船舶营运发展趋势

随着航道整治工程的不断实施，长江干线航道条件不断改善，为充分发挥水运的大运量优势、降低成本、适应经济发展的要求，货运船舶必将向大型化、标准化、专业化方向发展，运力结构将进一步调整，船型现代化水平逐步提高。同时，干线客船向旅游化、舒适化趋势发展，为适应水上客运快速化的需求，主尺度较小、舒适高速船也将有较快发展。

宜昌至城陵矶河段船舶类型及吨位分布特征可参考三峡水库船闸过闸船舶类型及吨位情况。对近几年三峡水库船闸各吨位过闸船舶艘数的调查发现，三峡水库过闸 2000 吨级以上船舶超六成，其中 4000 吨级以上超过 1/3，而且，2000 吨级以下船舶艘数呈现出明显下降趋势，4000 吨级以上船舶艘数呈现上升趋势，特别是 5000 吨级以上船舶艘数增长尤为明显。通过本航段机动船船型主尺度系列见表 10–3。

长江干线中上游货船船型主尺度系列 表 10–3

总长 L_{OA}（m）	船宽 B（m）	参考设计吃水（m）	参考设计载货量（t）
50 ~ 55	8.6	2.2 ~ 2.4	400 ~ 650
55 ~ 58	10.8	2.4 ~ 2.6	750 ~ 900
60 ~ 63	11.8	2.4 ~ 2.6	900 ~ 1 100
60 ~ 63	12.8	2.2 ~ 2.4	800 ~ 1 100
72 ~ 80	13.6	2.6 ~ 2.9	1 300 ~ 1 800
82 ~ 87	14.0	2.8 ~ 3.0	1 900 ~ 2 200
86 ~ 92	14.8	2.8 ~ 3.2	2 200 ~ 2 750
88 ~ 95	16.2	3.3 ~ 3.5	2 800 ~ 3 300
98 ~ 105	16.2	3.3 ~ 3.5	3 350 ~ 3 600
105 ~ 110	17.2	3.5 ~ 3.6	3 600 ~ 4 100
105 ~ 110	19.2	3.5 ~ 3.8	4 200 ~ 4 800
105 ~ 110	19.2	4.2 ~ 4.3	4 800 ~ 5 400

宜昌至城陵矶河段货运量主要包括散货、集装箱、石油及其制品和其他货类等，其中，散货运输一直以来都占有长江航运的很大比例，平均占 50% 左右，总体呈逐年上升趋势。根据预测，随着长江航运中集装箱以及危化品等专业运输的快速发展，以及未来长江干线能源和原材料等运输需求逐渐放缓的趋势，长江航运结构将发生变化，长江散货运输占长江航运比例近期基本保持原来的水平，远期将有所缩小；集装箱运量增长明显，将会成为荆江河段水运的主体之一。长江流域集装箱运输的主要船型的载箱量及其相关参数见表 10–4。

长江流域集装箱运输的主要船型 表 10–4

船型（TEU）	船长（m）	船宽（m）	设计吃水（m）	设计载箱量（TEU）	设计航速（≥ km/h）	主机功率（kW）
50	62 ~ 64	10.8	2.0 ~ 2.4	45 ~ 55	20	(200 ~ 230) × 2
60	67 ~ 70	13	2.0 ~ 2.6	60 ~ 70	20	(300 ~ 350) × 2
100	72 ~ 75	13	2.6 ~ 3.0	90 ~ 110	20	(330 ~ 350) × 2
150	85 ~ 90	13.6	2.8 ~ 3.2	120 ~ 157	20	(330 ~ 440) × 2
200–I	85 ~ 90	14.8	2.8 ~ 3.2	135 ~ 170	20	(420 ~ 470) × 2
200– II	85 ~ 90	16.2	3.0 ~ 3.5	150 ~ 200	20	(470 ~ 500) × 2
250	105 ~ 112	16.2	3.5 ~ 4.0	240 ~ 260	20	(600 ~ 660) × 2
300	105 ~ 112	17.2	3.5 ~ 4.0	260 ~ 310	20	(630 ~ 660) × 2
350	105 ~ 110	19.2	4.1 ~ 4.3	320 ~ 360	20	(700 ~ 730) × 2

城陵矶至武汉段干线航道运输主要由干干、干支、江海运输组成，根据货运量发展趋势，船舶主要营运组织方案见表 10–5。

城陵矶至武汉航段规划船型及营运组织方式表　　表 10-5

种　类	船舶、船队	船型尺寸（m）			备　注
		总长	型宽	吃水	
干散货船	1 500t	90.00	15.20	2.60	矿石、煤炭、矿建运输
	2 000t	90.00	15.20	3.50	
	3 000t	110.00	17.20	3.50	
	3 000t	84.00	15.70	4.20	江海直达
	5 000t	112.10	17.50	4.50	
液化品船	2 500t	78.90	14.00	4.20	化学品船
	3 000t	95.00	16.20	4.20	
	2 000m^3	84.90	13.60	2.60	LPG 船
	3 000m^3	94.60	15.60	3.20	
	3 700m^3	99.96	15.20	4.75	
集装箱船	120TEU	67.50	12.8	3.20	江内运输
	180TEU	87.00	15.8	3.50	
	225TEU	87.00	15.8	4.50	
	255TEU	112.00	15.8	4.00	江海直达
滚装船	300 车	85.50	15.80	2.50	商品汽车滚装船
	600 车	92.00	16.80	2.60	
船队	1 942kW+6×1 500t	271.00	26.00	2.60	江内运输
	1 942kW+4×3 500t	179.60	41.60	3.40	
驳船	1 500t 驳船	75.00	13.0	2.60	矿石、煤炭、油、矿建运输
	3 500t 驳船	66.80	20.80	3.40	
客船	旅游轮	113.00	16.4	3.60	载客量 1 252 人
	客轮	90.00	14.0	2.60	载客量 800 人
	高速客船	42.00	12.0	1.60	200 客位

综上所述，宜昌—武汉河段存在防洪安全、环境保护区、岸线利用、涉水设施等复杂的外部环境，航道整治涉及多方面沟通、协调，尽管航运发展对 4.5m 航道水深的需求性较强，能否协调好整治工程与外部环境间的矛盾将是制约航道尺度提高幅度的关键。

10.2　航道建设原则

基于对宜昌—武汉河段演变特点、碍航特性、航道条件变化趋势以及外部环境的认识，本河段的航道建设必须遵循以下几点：

（1）协调沟通，联合治江。与水利部门河势控制工程、港口及岸线规划、地方需求等外部条件相协调，妥善处理工程建设与防洪安全、环境保护等的关系，促进工程影响相关论证标准出台，联合治江。

（2）系统整治、分步实施。根据中游河段的河道特性、演变特点及发展趋势，顺应河道演变规律，以河段整体为对象，实施系统整治，既要考虑各重点浅滩河段自身的特点，又要考虑各河段之间的相互联系和影响；鉴于上游水库运行对中游河床的影响是长时段、长距离且不断发展的，以巩固良好的航道格局、控制不利的变化因素为基础，结合一定的疏浚措施，分河段、分步骤提高航道尺度。

（3）因势利导，守滩稳槽、局部调整。充分利用河道自身的演变规律，充分考虑三峡水库工程175m蓄水运用后对本河段的影响，对目前航道条件尚好，但有不利变化趋势的水道，及时守护关键洲滩及岸线，保持稳定的滩槽格局，为下一步完善治理奠定基础；对滩槽形态不好、航道条件较差的水道，调整局部滩槽形态，利用三峡水库清水下泄的有利因素和河道枯水水流归槽的固有特点加强冲刷能力，改善航道条件。

10.3 航道治理思路及工程措施

结合宜昌—武汉河段船舶发展趋势，考虑长江干线航道尺度衔接，长江上游重庆—宜昌河段航道尺度已达到4.5m×200m×1 050m，下游武汉—安庆河段航道尺度已达到4.0m×150m×1 050m、规划航道尺度为4.5m×200m×1 050m，初步拟定宜昌至武汉河段航道尺度提高目标为4.5m×200m×1 050m。根据碍航特点及航道条件变化趋势，以及航道整治原则，提出相应的治理思路和工程措施。

10.3.1 航道治理思路

对于宜昌—大埠街砂卵石河段而言，河床冲刷调整进程发展迅速，而且通过挖槽调整比降的同时必然将造成水位降幅的增加，一旦河床形态对水位的控制作用丧失，其效应将难以挽回。因此，航道整治既存在时机上的急迫性，又在工程效应方面具有风险性，航道治理思路是：挖槽与维持水位、稳定关键洲滩的工程措施相结合，遏制宜昌水位下降、控导不稳定的主流，并改善关洲、芦家河、枝江等水道的通航条件。

对于大埠街—城陵矶沙质河段而言，局部河势不稳定，滩槽形态不良，航道尺度受浅滩水深不足、航槽不稳定限制。因此，本段航道治理思路是：进一步完善对关键洲滩的守护，抑制航道边界不利变化，利用清水下泄改善航道条件；加强浅滩冲刷能力，提高航道尺度；充分认识熊家洲—城陵矶河段河势变化趋势，进行综合治理，在稳定河势的基础上，改善航道条件。

对于城陵矶—武汉河段而言，洲滩、汊道众多，航道问题主要是分汊河道主支槽易位和多汊分流引起水深不足，而且，随着三峡水库工程蓄水的持续，本河段将处于调整与变化过程中。因此，航道治理思路是：守护关键航道边界，遏制河岸、洲滩的冲刷发展，稳定滩槽形态及主流流路，抑制航道条件不利变化趋势发展；适当调整汊道分流，调整中枯水滩槽形态，增强主航道水流动力，并结合疏浚措施，改善航道条件。

10.3.2　航道整治工程措施

10.3.2.1　宜昌—城陵矶河段

宜昌—枝城河段：在虎牙峡、古老背水道实施护底加糙，增加河道糙率并适当缩小过水面积；对云池水道、龙窝水道进行边滩守护的同时，在主槽内实施护底加糙或潜丁坝，适当恢复水位的控制作用；稳定并适当恢复宜都水道的上沙湾边滩、阮家湾边滩、大石坝，同时加强对支汊的控制。

枝城—大埠街河段：在关洲水道，对左汊进行潜锁坝守护，对右汊进口石鼓一带局部卵石浅包进行清障处理；在芦家河水道，加高碛坝洲体鱼嘴工程，并对石泓中下段进行护底守护，对毛家花屋一带河床进行清障处理；在枝江水道，对张家桃园边滩已建护滩进行加高，对陈家渡上浅区进行清障处理；在江口水道，加高柳条洲尾部护滩带。

大埠街—杨家厂河段：涴市水道为砂卵石河段下游的第一个沙质河段，对限制沙市水位下降向上游的传递起着控制作用，故在守护火箭洲、马羊洲的同时，对深槽进行护底守护，抑制河床冲刷进一步发展引起的涴市水道自身水位下降以及下游水位下降向上游传递；对太平口心滩进行守护，稳定上段滩槽格局，对腊林洲中部已建护滩进行加高、在腊林洲下段低滩进行守护，并配合三八滩头部上延鱼嘴工程，使南槽至北汊水流平顺衔接，调整局部河床形态，改善航道条件；由于要改变下段北汊入口段航道条件差的问题，治理难度较大，工程规模大，与防洪矛盾较突出。因此也可综合考虑荆州大桥局部改造方案，充分利用南汊较好的航道条件通航。在瓦口子水道右槽已建5号护滩带下游建设1道护滩带，加大金城洲守护范围，进一步限制右槽的发展，巩固已建及拟建航道整治工程效果。

杨家厂—塔市驿河段：加高周公堤水道颜家台下游已建潜丁坝、在颜家台新建2道潜丁坝，并对原有颜家台闸取水设施进行改造，与蛟子渊头部已建丁坝工程衔接，对蛟子渊高滩右缘及尾部进行守护；对陀阳树边滩实施守护，加高倒口窑心滩头部护滩带，加强水流归槽冲刷能力，并对藕池口心滩左缘及北门口一带岸线进行守护，将左汊整治成出口平顺并相对稳定的航道；对南碾子湾中部高滩岸线进行守护，防止滩面窜沟进一步冲刷下切形成切滩、双槽局面，稳定航道条件；对调关水道的凸岸边滩进行护滩守护，并对对岸进行护岸及护岸加固，稳定较好航道条件；在窑监水道的新河口边滩修建丁坝工程，加强乌龟夹进口水流归槽冲刷能力，并在乌龟洲尾修建潜丁坝，归顺乌龟夹下段主流、束窄河床，限制下段淤积；在大马洲水道的丙寅洲高滩下段修建潜丁坝群，并对对岸大马洲高滩进行护岸及护岸加固，塑造良好的过渡段河床形态，改善航道条件；加高铁铺水道已建广兴洲边滩护滩工程，加固对岸已护岸线，通过束水归槽，进一步提高航道尺度；对反咀水道上段凸岸高滩进行护滩守护，抑制主流撇弯，维持弯道目前较好的水深条件。

熊家洲—城陵矶河段：对熊家洲凸岸高滩进行守护，限制主流撇弯，稳定航道条件；对七弓岭弯道心滩修建鱼骨坝，限制凹岸槽的同时，增强主航槽归槽能力，改善主航槽水深条件；对八仙洲水道凸岸上部边滩进行守护，对窑嘴一带凹岸岸线进行加固，稳定主流位置及滩槽格局，维持较好航道条件及出流条件；在观音洲水道左岸侧的泥滩咀滩尾修建潜丁坝，束窄枯水河宽、顺导水流，塑造单一枯水河槽形态。

利用数学模型对上述不同工程实施后的航道条件变化趋势进行研究。计算结果表明，各工程实施后宜昌—城陵矶河段航道尺度均能够达到 4.5m × 200m 的建设目标。

10.3.2.2 城陵矶—武汉河段

城陵矶至杨林山河段：对仙峰、道人矶水道的仙峰礁和磨盘石进行炸礁，清除至航行基面下 4.5m，改善礁石区域水流条件，消除礁石对水流流态和航道宽度产生的不利影响，保证船舶航行安全；对南阳洲右缘下段高滩进行守护，防止右汊下段河道展宽，限制出口主流摆动幅度，结合洲头护滩工程，全面改善右汊航道条件。

界牌河段：本河段航道治理可采用两类方案。一为“左槽”方案，工程措施为：对已建的 2 ～ 4 号丁坝进行延长，并对 5 ～ 13 号丁坝进行修复，维持右边滩滩形的完整；在主航槽由右槽向左槽的转换过程中，采取疏浚措施进行维护。二为“右槽”方案，工程措施为：局部加固南槽已建整治建筑物，并在南槽进口适当布置整治建筑物，增强浅段水流动力。

赤壁—潘家湾河段：对陆溪口水道的中港上段、中洲右缘下段、宝塔洲右缘高滩岸线进行守护，稳定中港弯道段的左边界，并加大新洲守护范围，稳定当前的分汊格局；在复兴洲洲头已建工程的前沿修建低滩护滩带工程，稳定主支汊格局，同时在护县洲左缘修建护底带，限制主流进一步右摆，改善左汊进口航道条件；在燕子窝心滩头部低滩修建护滩带并使护滩带头部适当上延，保持低滩的完整、稳定，并对燕子窝进口已建护底带进行修复加固，在福屯垸左侧修建护底带，抑制主流右摆，限制右槽的发展的同时，集中水流于主航槽，对燕子窝水道左岸关键岸线进行守护，稳定河道边界。

武汉河段：在白沙洲水道的右汊进口修建护滩工程，恢复白沙洲洲头低滩的完整，并抑制右汊发展，防止航道条件不利变化；在武桥水道潜洲长顺坝右侧的中下段对称建 4 道鱼骨坝，增加潜洲的稳定性，并进一步控制潜洲尾的斜向水流，增强顺坝向左导流作用，加强长顺坝和潜洲整体顺导水流向汉阳边滩的力度。

利用数学模型对上述不同工程实施后的航道条件变化趋势进行研究，计算结果表明，除界牌河段以外，城陵矶至武汉河段航道尺度基本能够达到 4.5m × 200m。

10.4 工程措施的可行性分析

10.4.1 宜昌—城陵矶河段

10.4.1.1 枝城—大布街砂卵石河段

本河段对宜昌水位起着主要的控制作用，航道治理在改善各滩险自身水深条件和水流条件的同时，还要考虑到如何兼顾河道自身的水位控制能力，航道整治技术难度较大。

要实现航道条件满足 4.5m × 200m 航道尺度，一方面，需对关洲右汊进口、芦家河水道沙泓中部以及枝江水道上浅区三处卵石浅区进行挖槽，并需对昌门溪以上河段的关键控制节点进行守护或护底加糙，抵消挖槽对水位控制不利影响的同时，抑制水位下降。由于部分水位控制工程位于中华鲟省级自然保护区的缓冲区，工程实施难度较大，需寻求环境保护补偿措施。另一方面，还需进一步采取洲滩恢复工程增加芦家河水道进口、江口水道过渡段等淤沙浅区的泥沙输移能力。为确保工程效果发挥的同时控制工程对江口水道左汊涉水建筑物、松滋口分流的不利影响，工程宜根据宜昌至昌门溪河段航道整治一期工程及荆江河段航道整治工程枝江—江口河段工程的整治效果，视机而动。

因此，结合数模计算，提出较可行的 4m 工程措施：对芦家河水道的卵石浅区局部清障，拓宽航槽，并配合宜昌长江公路大桥至芦家河水道的关键控制节点守护工程、护底加糙工程。

10.4.1.2　大埠街—熊家洲沙质河段

一些河床演变十分剧烈的碍航水道，如太平口、藕池口、大马洲等水道，由于滩槽格局很不稳定且受三峡水库工程影响显著，采取调整汊道分流比及河床形态的过强的进攻型措施，其治理效果可能适得其反，加上防洪形势严峻，航道条件改善必须因势利导、循序渐进。故近期可采取稳定有利滩槽形态、抑制不利变化的工程措施实现 4.0m 标准，远期视工程效果及河床调整情况，逐步完善工程措施，实现 4.5m 标准。

一些前期工程整治力度有限的碍航水道，如周公堤等水道，由于 4.5m 标准的治理思路以调整局部河床形态为主，工程方案的可行性主要取决于防洪安全论证及协调。建议加强协调，促进防洪论证标准的出台。这里，提出工程与外部环境协调难度较小的 4m 方案：对于周公堤水道而言，密切关注荆江河段航道整治工程实施后左岸侧滩体的恢复情况，在 ZJ1 号潜丁坝上游修建一道潜丁坝对其进行稳定和加强，根据荆江河段航道整治工程方案论证成果，并在对岸实施一定的护岸加固工程，可使其航道条件达到 4.0m × 150m 航道尺度标准且不影响岸线稳定、防洪安全；对于窑监河段而言，对新河口边滩头部 1 ~ 3 号护滩带加高至设计水位上 3m，可使其航道条件达到 4.0m × 150m 航道尺度标准且不影响防洪安全。

另外，一些水道航道整治工程建设涉及与相关水产种质资源保护区或自然保护区的协调，应全面考虑保护补偿措施、合理预算补偿经费，消除环境影响。

10.4.1.3　熊家洲以下的急弯段

由于自身河道边界未得到有效控制，该段航道条件改善应从以下两个方面着手：

一是采取疏浚维护措施适度提高航道尺度。从航道条件变化特点来看，熊家洲、观音洲弯道当前航道条件尚能达到 4.0m × 150m 航道尺度，但必须对弯道的“凸冲凹淤”趋势进行抑制，否则现有航道条件难以长期维持，甚至迅速恶化。从航道条件现状来看，改善七弓岭弯道、荆江河段出口航道条件，对于 4.0m × 150m 航道尺度而言，必须采取疏浚措施解决不利水文年出浅问题；对于 4.5m × 150m 航道尺度而言，由于单纯的疏浚措施难以改变尺八口水道双槽争流格局以及荆江河段出口浅滩的淤积问题，不仅疏浚量较大，而且难以达到预期效果。

二是进行综合治理，在维持现有河势稳定的基础上，通过守护熊家洲弯道、八仙洲弯道凸岸边滩，抑制航道条件不利变化；局部调整尺八口水道、观音洲水道滩槽形态，加强水流归槽能力，改善航道条件。工程的推进需各部委通力合作。

10.4.2　城陵矶至武汉河段

城陵矶至武汉河段航道条件总体上优于宜昌—城陵矶河段，航道尺度提高的关键制约点在于以下几个方面：

（1）界牌河段必须进一步实施治理，并且工程实施需要依托滩槽形态有利条件的逐步形成，寻求合适的治理时机。从河道变化趋势看，一方面，右槽将逐渐萎缩、左侧沿岸槽有发展的趋势，但发展较慢，过渡段航道尺度差距甚大。

从模型预测航道条件变化趋势来看，模型计算10年末，右槽进口淤浅、变窄，但中下段仍较宽深，左槽4m等深线贯通，但出口航宽较窄，左槽4.5m等深线断开。因此，界牌河段实施全部丁坝延长的河道条件不具备，航道条件也难以大幅度改善，近期，只能通过延长2～4号丁坝、对左槽出口进行疏浚来初步实现4.5m水深贯通。

（2）陆溪口水道中港、直港枯水分流比相当，且汊道趋势性变化尚不明显，限制了航道尺度的大幅度提高。航道尺度提高至4.5m×200m，碍航浅区主要位于直港进口，需要巩固、完善已有工程的整治效果，抓住直港发展的有利时机，进一步加强新洲头守护，以增强其束水冲槽作用，改善直港进口航道条件，并对中港关键岸线进行守护，促使陆溪口河段发展成两汊并存、主航道航道条件稳定、良好的格局。

航道尺度进一步提高，两汊均可能碍航，必须适当调整分流比，改善一汊过流条件。因此，工程实施有一定难度，必须与河势控制工程相结合。

另外，陆溪口水道位于长江新螺段白鳍豚国家级自然保护区，航道整治应充分考虑生态保护及恢复。

（3）嘉鱼、燕子窝水道航道尺度提高，需要对支汊进行控制，对汊道分流格局进行调整，对防洪、生态环境影响较大。嘉鱼水道的航道问题主要是嘉鱼中夹有所发展，左汊进口趋于宽浅；燕子窝水道的航道问题主要是深泓右摆致使燕子窝心滩及右槽冲刷，汊道格局不稳定。因此，两个水道的治理均需要对支汊进行控制，而航道尺度的大幅提高，还需对汊道分流格局进行调整，对防洪、生态环境影响较大。

航道尺度提高至4.5m×200m，需要限制嘉鱼水道中夹发展，加强复兴洲洲头已建工程控制力度，稳定汊道分流的同时，增强左汊进口的水流冲刷力度；燕子窝水道，限制右槽发展，强化燕窝心滩导流作用，集中水流冲刷左槽进口浅区。这两个水道均位于长江新螺段白鳍豚国家级自然保护区的核心区，航道尺度进一步提高，必须对支汊进行控制，增加主航道分流，对生态环境影响较大。

（4）武桥水道位于武汉主城区，外部环境复杂，桥区通航安全矛盾突出工程实施难度大。武桥水道航道尺度可以达到4.5m×200m，近期可通过进一步抑制汉阳边滩发育、不利年份调整通航桥孔至6号、7号孔，维持航道畅通。远期根据工程效果，分步限制潜碛右槽过流、削弱武昌深槽吸流作用，进一步限制主流沿左侧而下，抑制汉阳边滩的发育，可进一步实现航道安全、畅通，但这些工程实施可能对港口发展以及岸线的利用造成一定影响。

10.5 航道建设尺度提升的可能性

根据长江中游航道建设外部环境评价、河段碍航特性及航道条件变化趋势，分析认为航道建设尺度可进行如下提升：

宜昌—城陵矶河段，近期可通过局部清除卵石浅区、实施关键控制节点护底加糙工程、加强沙质河段关键洲滩守护、完善已建工程效果，疏浚浅区，按吃水 4m 船舶从葛洲坝大江引航道分流进行维护，可将航道尺度提高至 4.0m × 150m；远期，加强观测，积极协调外部环境，深入研究砂卵石河段及熊家洲以下河段航道治理措施，实时治理，航道尺度可提高到 4.5m × 200m。

城陵矶—武汉河段，近期可通过炸礁、局部调整滩槽形态，结合疏浚措施，实现 4.5m × 200m 的航道尺度，远期，巩固完善，实现 4.5m 水深的安全畅通。

第11章　结　语

11.1　主要成果

（1）揭示了三峡水库枢纽运行对长江中游水沙变化的贡献度。

①水库蓄水运用对出库径流总量影响不大，但汛期出库径流量占全年百分比减小。蓄水前、蓄水初期（2003～2007年）和试验性蓄水期（2008～2012年）三个时段汛期出库径流量分别占年径流量的79.13%、77.23%、75.6%，而同期入库占比分别为79.54%、77.51%和76.74%，年内分配均匀化。

②三峡水库运行后，年内消落期、汛期、蓄水期进出库的流量发生变化，2008～2012年试验性蓄水期年内不同阶段水库调度对流量的影响更加显著：消落期出库枯水流量明显大于入库流量；汛期防洪调度时，出库洪峰流量小于入库洪峰；汛后水库蓄水，出库流量小于入库流量。

③与1990年前均值相比，1991～2002年间，三峡水库出库站宜昌站输沙量与上游来沙量同步减少。2003～2012年由于水库拦沙，宜昌站输沙量减少的幅度显著大于入库沙量的减幅，同时汛期输沙量所占比重增加，出库悬沙级配显著变细。

④ 2003～2012年间排沙比的平均值仅约为25%，大水年排沙比大于小水年。蓄水初期（2003～2007年）排沙比均值为30.24%，即约70%的泥沙被拦截淤积在库内，试验性蓄水期（2008～2012年）排沙比下降了一半，约85%的泥沙被拦截，水库拦沙作用进一步加强。

⑤在1991～2002年间，上游泥沙减少是宜昌站沙量减少的最根本原因，其中上游嘉陵江来沙量减少的贡献率达到74.52%；在2003～2012年间，除了上游泥沙减少的贡献达到近60%外，出库沙量的减少还受水库运用引起的泥沙淤积的影响，其贡献率为41.33%，即上游入库泥沙减少的贡献率超过水库运用本身。

⑥ 1991～2002年间，三峡水库上游水流和宜昌水文站的水沙搭配系数同步降低，2003年三峡水库开始蓄水后，上游入库水流和宜昌站的水沙搭配系数仍在降低，且宜昌站水流的水沙搭配系数降低速度明显大于上游入库水流。试验性蓄水期较蓄水初期的入库的水沙搭配系数继续减小的幅度超过50%。

(2) 提出了三峡水库运行后2022设计水平年沿程各水文站设计最低通航水位及航行基面修订值。

基于河床冲刷和日调节影响的水位修正方法，并结合航行基面的特点及其时效性，提出了三峡水库运行后长江航行基面修订建议值，首次定量揭示了流量补偿、河床变形、日调节等因素对设计水位变化的影响。

在深入研究长江中游各水文站枯水位和流量变化的基础上，针对同流量下水位不断变化的特点，提出设计最低通航水位的确定应采用日均流量作为统计对象，再通过最新的水位流量关系转化为水位的方法。

由于三峡水库运行时间仅十年，采用日均流量作为统计对象，二十年长度的水文系列不具有水文统计的一致性，同时，三峡水库175m枯水期调度仍处在试验阶段，上游水利枢纽的建设也影响流量过程，为此，提出了采用数学模型对水文系列的不一致性进行修正的方法，得到了98%保证率条件下的设计流量。因此，将1990～2012年三峡水库库区来流量按照三峡水库175m蓄水单库运行调度方式和三峡水库175m蓄水+溪洛渡+向家坝多梯级联合调度方式两种情况进行修正，分别得到三峡水库单库运行和多梯级联合调度时下游各站98%保证率的通航流量，在三峡水库单库运行时，宜昌站、枝城站、沙市站、监利站、螺山站、汉口站的综合历时98%保证率的设计通航流量分别为5 571m^3/s、5 635m^3/s、5 460m^3/s、5 270m^3/s、7 346m^3/s、8 432m^3/s，在多梯级联合调度时，各站的通航流量有所增加，分别为5 578m^3/s、5 650m^3/s、5 530m^3/s、5 380m^3/s、7 464m^3/s、8 545m^3/s。

根据确定的98%保证率的设计流量，利用最新的水位流量关系得到了98%保证率的设计最低通航水位。基于设计最低通航水位的时效性，以2012年作为基础水平年，提出了基于河床冲刷和日调节影响的水位修正方法，得到了设计水平年的设计最低通航水位。采用一维水沙数学模型预测了河床变形、江湖关系变化等因素引起的水位变化，从2012基础水平年至2022设计最低通航水平年，宜昌站、枝城站、沙市站、监利站、螺山站、汉口站水位仍将下降0.18m、0.24m、0.49m、0.64m、0.53m和0.32m；从2012年基础水平年至2032设计水平年，宜昌站、枝城站、沙市站、监利站、螺山站、汉口站水位仍将下降0.24m、0.29m、0.67m、1.23m、0.93m和0.72m。采用2011年5月～2013年4月瞬时水位、流量资料分析了三峡水库175m运行时电站日调节对中游设计水位的影响，分析认为，三峡水库电站日调节影响范围至沙市，宜昌站、枝城站因三峡水库电站日调节引起的水位修正值分别为0.17m和0.10m。至2022年设计水平年，各站设计水位为：宜昌站38.79m，枝城站37.41m，沙市站30.18m，监利站23.25m，螺山站18.18m，汉口站13.28m。

在设计最低通航水位计算和预报研究的基础上，结合航行基面的特点及其时效性，提出了基于2012年基础水平年的基本水文站航行基面建议值。

(3) 提出了不同浅滩演变条件下航道整治工程类型的选取原则。

以整治工程对河势、流场干扰程度不同，将航道整治工程分为守护型工程和调整型工程。给出了两类工程的定义：守护型的工程有一定高度，但其高度是用厚度来表达的，不是用高程来控制的；调整型工程的工程高度用高程来控制。不同类型浅滩河段，守护型整治工程的目的是通过河床边界条件的治理以达到防止冲滩的效果。调整型工程在不同类型浅滩河段所起的作用不同。以窑监河段为例，通过一系列数学模型对比试验，对两类整治工程的工程效果、适用条件进行了分析，在此基础上，从浅滩的现状条件、碍航特性及整治力度方面，提出了浅滩整治工程类型的选取原则。

①若航道现状条件下的航深及航宽满足要求，但是由于边界或洲滩变化，以后会出浅，这种情况下可采用守护工程。

②对于滩槽均冲，且航道现状不满足整治目标的浅滩河段，通过实施带有调整作用的守护工程，引导清水冲刷航槽，可在一定程度上改善航道条件。

③对于滩冲槽淤，航道现状不满足整治目标的浅滩河段，工程类型的选取需要根据近期河床演变特征及趋势对洲滩守护后航槽冲淤情况进行判断后再确定。通过守护工程达到稳滩目的后，若主航槽仍为“槽淤”考虑采用调整型工程，若主航槽变为“槽冲”可考虑采用守护型工程。

④对于滩槽均淤的浅滩河段，或②、③中守护工程对航道条件的改善幅度达不到整治目标时，需要考虑调整型工程。

长江中游碍航浅滩在实施整治工程时，具体实施哪类工程措施，在上述原则指导下，可应用数值模拟或物理模型手段，对三峡水库汛后蓄水影响情况和航道整治效果做出预测分析，最终确定适当的整治工程类型。

（4）提出了水沙条件变化后长江中游河段不同典型浅滩河段航道整治原则。

对于砂卵石河床河段：遏制枯水水位下降；分散水位落差，消除坡陡流急。

对于顺直型（沙质河床）河段：稳定过渡段边滩，防止边滩冲刷；对于以下切为主的顺直单一段，合理利用“清水”冲刷的有利条件，引导清水冲刷航槽。

对于弯曲型（沙质河床）河段：遏制凸岸边滩冲刷、切割，稳定弯道主流；保护岸线稳定，控制河势变化。

对于顺直分汊型（沙质河床）河段：遏制支汊发展，稳定分汊格局；加强对关键洲滩和关键部位的控制，改善浅滩形态。

对于弯曲分汊型（沙质河床）河段：对于主支汊格局稳定的弯曲分汊型河段，维持主汊地位，保持支汊河道功能的发挥；控制分汊放宽段关键洲滩岸线，遏制主汊进口枯水河床展宽，提高中枯水期浅滩的冲刷能力。

（5）提出了宜昌至武汉河段航道建设尺度提升的标准。

对于宜昌至城陵矶，近期可通过加强沙质河段关键洲滩守护、完善已建工程效果、局部调整滩槽形态，并结合疏浚措施，将航道尺度提高到4m×150m；远期来看应加强观测，深入研究砂卵石河段及熊家洲以下河段航道治理措施，实时进行治理，将航道尺度提高到4.5m×200m。对于城陵矶至武汉河段，近期通过炸礁、局部调整滩槽形态、稳定有利航道边界，并结合疏浚措施，可初步实现4.5m水深贯通；远期，巩固完善，实现4.5m水深的安全畅通。

11.2 建议

（1）鉴于三峡水库枯水期出库流量以尽可能满足航运基本需求为枯水调度原则之一，保证需求是以尽可能维持宜昌水文站设计水位基本不变为目标的，即以宜昌站82航行基面为标准，因此，修改宜昌站航行基面是否会对将来由于三峡水库清水下泄带来的水位进一步下降，三峡水库仍以出库流量加大给予补偿的航运诉求带来不利影响需慎重斟酌。建议下阶段，基于宜昌站仍采用82航行基面不变以及基于一致性及协调性原则，研究剔除三峡水库清水下泄因素对航行基面水位的影响调整方案，清水下泄对宜昌站航行基面的影响应该依靠三峡水库的流量增大来弥补。

（2）设计最低通航水位是长江航道整治的关键性技术参数之一，关系到整治工程的效果，航行基面的修订应与长江系统整治工程相结合，同时，航行基面的变化对未来长江中游航运也会产生相应影响，应根据新确定的航行基面情况，调整相应规划。长江中游航行基面的修订是一项系统工程，涉及多个部门、多个企业及个人，需要各方配合和协作，因此，在修订航行基面前，需要做好充分的前期准备工作。

（3）宜昌至武汉河段航道建设标准提高的工程外部环境复杂，提出的宜昌—武汉河段航道建设标准提高方案研究过程中需要进一步加强与所涉及的外部环境部门的沟通和协调；而且本次航道规划标准提高的研究成果中还存在很多亟待深化研究的方面，如长江深水航道建设的可行性及其经济合理性问题等，还需要持续关注并进一步深化研究。

参考文献

[1] 刘载生,张平．长江三峡水库以上地区来沙历年变化趋势分析 [J]. 人民长江,1987,(1): 8-16.

[2] 渠庚，沈俊，巩艳国．长江上游地区来水来沙变化趋势及其影响研究 [J]. 水利科技与经济，2005，11（12）: 752-756.

[3] 张莉莉，陈进．长江上游水沙变化分析 [J]. 长江科学院院报，2007，24（6）: 34-37.

[4] 张信宝，文安邦．长江上游干流和支流河流泥沙近期变化及其原因 [J]. 水利学报，2002，(4): 56-59.

[5] 许炯心．长江上游干支流近期水沙变化及其与水库修建的关系 [J]. 山地学报，2009，27（4）: 385-393.

[6] 许全喜,石国钰,陈泽方．长江上游近期水沙变化特点及其趋势分析 [J]. 水科学进展，2004，15（4）: 420-426.

[7] 刘同宦，蔺秋生，姚仕明．三峡水库工程蓄水前后进出库水沙特性及径流量时间序列变化周期分析 [J]. 四川大学学报（工程科学版），2011，43（1）: 58-63.

[8] 戴会超，王玲玲，蒋定国．三峡水库蓄水前后长江上游近期水沙变化趋势 [J]. 水利学报，2007，(S1).

[9] 蔺秋生，黄莉，姚仕明．长江上游干流近期水沙变化规律分析 [J]. 人民长江，2012，41（10）: 5-8.

[10] 魏丽，卢金友，刘长波．三峡水库蓄水后长江上游水沙变化分析 [J]. 中国农村水利水电，2010，(6): 1-8.

[11] 李海彬，张小峰，胡春宏，等．三峡水库入库沙量变化趋势及上游建库影响 [J]. 水力发电学报，2011，30（1）: 94-100.

[12] 黄仁勇，张细兵．三峡水库运用前后进出库水沙变化分析 [J]. 长江科学院院报，2011，28（9）: 75-79.

[13] 陈泽方，许全喜．岷江流域水沙变化特性分析 [J]. 人民长江，2006，37（12）: 65-67.

[14] 陈松生，许全喜，陈泽方．乌江流域水沙变化特性及其原因分析 [J]. 泥沙研究，2008，(5): 43-48.

[15] 钱宁，张仁，周志德．河床演变学 [M]. 北京：科学出版社，1987.

[16] 谢鉴衡 . 河床演变及整治 [M]. 北京 : 水利电力出版社, 1990.

[17] 中国水利水电科学研究院 . 三峡水库下游河道冲淤计算研究 [A]. 长江三峡水库工程泥沙问题研究 (第七卷) [C]. 北京 : 知识产权出版社 . 2002, 149–210.

[18] 李义天, 孙昭华, 邓金运 . 论三峡水库下游的河床冲淤变化 [J]. 应用基础与工程科学学报, 2003, 11 (3): 283–295.

[19] 沈磊, 姚仕明, 卢金友 . 三峡水库下游河道水沙输移特性研究 [J]. 长江科学院院报, 2011, 28 (5): 57–61.

[20] 卢金友, 黄悦, 宫平 . 三峡水库工程运用后长江中下游冲淤变化 [J]. 人民长江, 2006, 39 (9): 55–57.

[21] 栾震宇, 施勇, 陈炼钢, 等 . 三峡水库工程蓄水前后长江中游水位流量变化分析 [J]. 人民长江, 2009, 40 (14): 44–46.

[22] 董耀华, 惠晓晓, 蔺秋生 . 长江干流河道水沙特性与变化趋势初步分析 [J]. 长江科学院院报, 2008, 25 (2): 16–20.

[23] 胡向阳, 张细兵, 黄悦 . 三峡水库工程蓄水后长江中下游来水来沙变化规律研究 [J]. 长江科学院院报, 2010, 27 (6): 4–9.

[24] 熊明, 许全喜, 袁晶, 等 . 三峡水库初期运用对长江中下游水文河道情势影响分析 [J]. 水力发电学报, 2010, 29 (1): 120–125.

[25] 许全喜 . 三峡水库蓄水以来水库淤积及坝下冲刷研究 [J]. 人民长江, 2012, 43 (4): 1–5.

[26] 刘怀湘, 徐成伟 . 三峡水库蓄水后宜昌—杨家脑河段冲刷及粗化 [J]. 水利水运工程学报, 2011 (4): 57–60.

[27] 赵业安, 潘贤弟, 韩少发 . "河流建库后下游河床演变与河床演变理论问题"——河流建库后下游河床演变 [J]. 泥沙研究, 1982 (1): 68–76.

[28] 韩其为, 何明民 . 恢复饱和系数初步研究 [J]. 泥沙研究, 1997 (3): 32–40.

[29] 刘金梅, 王士强, 王光谦 . 冲积河流长距离冲刷不平衡输沙过程初步研究 [J]. 水利学报, 2002 (2): 47–53.

[30] 曹文洪, 陈东 . 阿斯旺大坝的泥沙效应及启示 [J]. 泥沙研究, 1998 (4): 79–85.

[31] Jonathan D. Phillips, Toledo Bend reservoir and geomorphic response in the lower Sabine River [J] .River Research and Applications, 2003 : 137–159.

[32] 李国英, 黄河调水调沙 [J]. 人民黄河 . 2002, 24 (11): 1–5.

[33] 伍文俊 . 三峡水库工程蓄水前后上下游航道演变及治理措施研究 [D]. 武汉 : 武汉大学, 2004.

[34] 卢金友, 黄悦 . 三峡水库工程运用后长江中下游干流冲淤变化对防洪工程的影响 [J]. 长江科学院 .

[35] 许全喜, 袁晶, 伍文俊, 等 . 三峡水库工程蓄水运用后长江中游河道演变初步研究 [J]. 泥沙研究, 2011, 4.

[36] 卢金友, 姚仕明 . 三峡水库 135m 蓄水位运用阶段坝下游江湖水沙及冲淤变化规律 [C].

第七届全国泥沙基本理论研究学术讨论会论文集，2008.
[37] 岳艳红，姚仕明．三峡水库蓄水后中下游水沙条件变化及采砂管理对策［J］．中国水利，2010（08）：14-16.
[38] 罗文辉，阳立群，许毅．三峡水库运行后城陵矶－武汉河段泥沙粒径变化分析［J］．水利水电快报.2006，9（28）.
[39] 宁磊，仲志余．三峡水库2003年蓄水对长江中下游水情影响分析［J］．人民长江，2002，1（10）.
[40] 陈立，许文盛，何小花，等．三峡水库运行后宜昌断面枯水位下降趋势及应对策略分析［J］．水运工程，2006.5.
[41] 刘小斌，卢金友，林木松．三峡水库工程对长江中下游河道影响分析，2006.
[42] 谢鉴衡．河流模拟［M］．北京：水利电力出版社．1990.
[43] 杨国录．河流数学模型［M］．武汉：武汉水利电力学院出版社．1992.5.
[44] 中国水利水电科学研究院．三峡水库下游河道冲淤计算研究［A］．长江三峡水库工程泥沙问题研究（第七卷）［C］．北京：知识产权出版社．2002，149-210.
[45] 长江科学院，三峡水库下游宜昌至大通河段冲淤一维数模计算分析（一）、（二）．长江三峡水库工程泥沙问题研究（第七卷）［M］．北京：知识产权出版社，2002.
[46] 清华大学．对长科院及水科院三峡水库下游河道长距离冲刷计算成果的评论，长江三峡水库工程泥沙问题研究（第七卷）［M］．北京：知识产权出版社，2002：312-322.
[47] 武汉大学．三峡水库下游一维数学模型计算成果比较［M］．长江三峡水库工程泥沙问题研究（第七卷），北京：知识产权出版社，2002：323-338.
[48] 长江科学院．溪洛渡建坝后三峡水库工程下游宜昌至大通河段冲淤计算分析，长江三峡水库工程泥沙问题研究（第七卷）［M］．北京：知识产权出版社，2002：339-359.
[49] 中国水利水电科学研究院．向家坝建坝后三峡水库工程下游宜昌至大通河段冲淤计算分析，长江三峡水库工程泥沙问题研究（第七卷）［M］．北京：知识产权出版社，2002：360-381.
[50] 长江航道局．航道工程手册［M］．北京：人民交通出版社，2004.
[51] 李旺生．长江中游沙市河段航道治理思路的探讨［J］．水道港口，2006.
[52] 乐培九．坝下冲刷［M］．北京：人民交通出版社，2013.
[53] 李旺生．长江中下游航道整治技术问题的几点思考［J］．水道港口，2007.
[54] 李旺生，朱玉德．长江中游沙市河段河床演变分析及趋势预测［J］．水道港口：2006（5）：294-299.
[55] 乐培九．河床演变与模拟文集［M］．天津：天津科学技术出版社，2001.
[56] 刘万利．长江长河段系统治理技术研究［R］．交通运输部天津水运工程科学研究所，2011.
[57] 长江中下游河道基本特征［R］．武汉：长江流域规划办公室水文局．1983.

[58] 张瑞瑾. 河流动力学 [M]. 北京：中国工业出版社，1960.
[59] 张瑞瑾. 河流泥沙动力学 [M]. 北京：水利电力出版社，1989.
[60] 谢鉴衡，丁君松，王运辉. 河床演变及整治 [M]. 武汉：武汉水利电力学院，1990.
[61] 谢鉴衡. 河流模拟 [M]. 武汉：武汉水利电力学院，1988.
[62] 谢鉴衡，张植堂. 下荆江系统裁弯后的河床演变研究 [R]. 武汉：武汉水利电力学院，1959.
[63] 交通部三峡办公室. 长江三峡工程泥沙和航运问题研究成果汇编 [M]. 北京：交通部三峡水库办公室，1999.
[64] 李一兵，李义天，孟祥玮，等. 三峡水库工程蓄水运用对荆江（大布街—城陵矶）和洞庭湖湖区港口航道影响及对策研究 [R]. 天津：交通运输部天津水运工程科学研究所，2011.
[65] 交通部水运司. 内河航道整治工程技术交流大会文集 [C]. 北京：人民交通出版社，1998.
[66] 中华人民共和国行业标准 JTJ/T 232—98 内河航道与港口水流泥沙模拟技术规程 [S]. 北京：人民交通出版社，1998.
[67] 赵连白，葛洲坝下游大江航道航行条件分析及治理措施研究 [R]. 天津：交通部天津水运工程科学研究所，1995.
[68] 长江科学院，中国水利水电科学研究院，长江水利委员会水文局. 三峡水库运用不同时段拦沙泄水对下游河道冲淤与河势影响及对策研究 [R].1997.
[69] 李丹勋，毛继新，杨胜发，等. 三峡水库上游来水来沙变化趋势研究 [M]. 北京：科学出版社，2010.
[70] 方宗岱. 河型分析及其河道整治上的应用 [J]. 水利学报，1964（1）：1-11.
[71] 冯兵，郑亚惠. 长江干流中游九江河段河床演变分析 [J]. 人民长江，1995，26（1）：31-36.
[72] 冯春，陈建平，王庆飞. 长江武汉段河道近期沉积特征及演变趋势 [J]. 地学前缘，2001（1）.
[73] 韩其为，何明民. 三峡水库建成后中、下游河道演变的趋势 [J]. 长江科学院院报，1997，14（1）：12-15.
[74] 胡向阳. 三峡水库工程大坝下游河道冲刷研究进展总述 [J]. 水利水电快报，1998.19（21）：26-29.
[75] 黄金池，万兆惠. 黄河下游河床平面交形模拟研究 [J]. 水利学报，1992（2）：13-18.
[76] 季成康，刘开平. 长江下游河床演变对防洪的影响探讨 [J]. 水利水电，2002（1）：9-13.
[77] 金德生. 长江流域地貌系统演化趋势与流域开发 [J]. 长江流域资源与环境，1993（1）：1-8.
[78] 林承坤. 荆江河曲的成因与演变 [J]. 南京大学学报（自然科学版），1965（1）：98-122.
[79] 林一山. 荆江河道的演变规律 [J]. 人民长江，1978（1）：2-10.

[80] 林承坤，等. 下荆江自由河曲形成与演变的探讨 [J]. 地理学报，1959，25（2）：20–28.
[81] 罗海超，周学文，尤联元，等. 长江中下游分汊河型成因研究 [A]. 第一届河流泥沙国际学术讨论会论文集 [C]，1980（1）：437–446.
[82] 马有国，高幼华. 长江中下游鹅头型汊道演变规律的分析 [J]. 泥沙研究，2001（1）：11–15.
[83] 施少华，林承坤，杨桂山. 长江中下游河道与岸线演变特点 [J]. 长江流域资源与环境，2002，11（1）：69–73.
[84] 潘庆燊. 长江中游河段人工裁弯河道演变的研究 [J]. 中国科学，1978（2）：212–225.
[85] 潘庆燊. 长江中下游河道演变趋势及对策 [J]. 人民长江，1997，28（5）：22–24.
[86] 潘庆燊，卢金友. 长江中游近期河床演变分析 [J]. 人民长江，1999，30（2）：32–31.
[87] 潘庆燊，长江中下游河道近50年变迁研究 [J]. 长江科学院院报，2001，18（5）：18–22.
[88] 钱宁，张仁，周志德. 河床演变学 [M]. 北京：科学出版社，1987.
[89] 石国钰，许全喜，陈泽方. 长江中下游河道冲淤与河床自动调整作用分析 [J]. 山地学报，2002，20（3）：257–265.
[90] 贾锐敏. 从丹江口、葛洲坝水库下游河床冲刷看三峡水库工程下游河床演变对航道的影响 [J]. 水道港口，1996，3：1–13.
[91] 李宪中，陆永军，刘怀汉. 三峡水库枢纽蓄水后对荆江重点河段航道影响及对策初步研究 [J]. 水运工程，2004，8：55–59.
[92] 江凌，李义天，孙昭华，等. 三峡水库工程蓄水后荆江沙质河段河床演变及对航道的影响 [J]. 应用基础与工程科学学报，2010，2：18（1）：1–10.
[93] 张春燕，陈立，张俊勇，等. 水库下游河流再造床过程中的河岸侵蚀 [J]. 水科学进展，2005，16（3）：356–360.
[94] 李国志，黄良文，郭志学. 水库下游清水冲刷影响下的河道调整规律研究 [J]. 四川大学学报，2010，42（3）：36–42.
[95] 张燕菁，胡春宏，王延贵. 国外典型水利枢纽下游河道冲淤演变特点 [J]. 人民长江，2010，41（24）：76–85.
[96] 杨芳丽，黄伟，付中敏，等. 长江中游枝江－江口河段河床演变与航道整治思路 [J]. 水运工程，2012，10：24–29.
[97] 朱玲玲，李义天，孙昭华，等. 三峡水库运行后枝江—江口水道演变趋势初步分析 [J]. 泥沙研究，2009（2）：8–15.
[98] 刘怀汉，茆长胜，李彪. 长江中游枝江—江口河段敏感性试验及整治思路探讨 [J]. 水运工程，2009（11）：39–40.
[99] 陈立，鲍倩，何娟，等. 枢纽下游近坝段不同类型河段的再造床过程及其对航道条

件的影响 [J]. 水运工程，2008，7，109-114.

[100] 乐培九，朱玉德，程小兵. 坝下清水冲刷试验研究 [R]. 交通运输部天津水运工程科学研究所，2006.

[101] 乐培九，程小兵，朱玉德. 清水冲刷推移质输沙率变化规律 [J]. 水道港口，2006，(6)：361-367.

[102] 乐培九，朱玉德，程小兵，等. 清水冲刷河床调整过程试验研究 [J]. 水道港口，2007，28 (1)：23-29.

[103] 程小兵，乐培九，王艳华. 航电枢纽下游坝下极限冲刷深度研究 [R]. 交通运输部天津水运工程科学研究所，2010.

[104] 王荣新，章厚玉. 丹江口水库坝下游沿程 Z ~ Q 关系变化分析 [J]. 人民长江，2001，32 (2)：25-27.

[105] 刘万利，李旺生，朱玉德，等. 长江中游戴家洲河段航道整治思路探讨 [J]. 水道港口，2009，30 (1)：31-36.

[106] 闫军，付中敏，陈婧，等. 长江中游藕池口水道河床演变及航道条件分析 [J]. 水运工程，2012，(1)：99-104.

[107] 李旺生，朱玉德. 长江中游沙市河段航道治理方案专题研究（阶段成果报告）[R]. 天津：交通部天津水运工程科学研究所，2006.

[108] 陈晓云，周冠伦，刘怀汉. 长江中游航道整治技术研究 [J]. 水道港口，2005，增刊：7-14.

[109] 李旺生. 长江中下游航道整治技术问题的几点思考 [J]. 水道港口，2007，28 (6)：418-424.

[110] 应铭，李九发，万新宁，等. 长江大通站输沙量时间序列分析研究 [J]. 长江流域资源与环境，2005，14 (1)：83-87.

[111] 秦年秀，姜彤，许崇育. 长江流域径流趋势变化及突变分析 [J]. 长江流域资源与环境，2005，14 (5)：589-594.

[112] 张强，陈桂亚，姜彤，等. 近 40 年来长江流域水沙变化趋势及可能影响因素探讨 [J]. 长江流域资源与环境，2008，17 (2)：257-263.

[113] 张华庆. 河道及河口海岸水流泥沙数学模型研究与应用 [D]. 南京：河海大学，1998.

[114] 张明进，等. 长江中游戴家洲河段航道治理一期工程数学模型研究 [R]. 天津：交通运输部天津水运工程科学研究所，2008.

[115] 张明进，王建军. 长江中游航道整治参数关键技术研究专题二子题 3 报告 [R]. 天津：交通运输部天津水运工程科学研究所，2009.

[116] 张明进，张华庆. 长江中游牯牛沙水道航道整理工程数学模型研究 [R]. 天津：交通运输部天津水运工程科学研究所，2007.

[117] 乐培九，李旺生. 冲积河流航道整治线宽度问题的研究 [J]. 泥沙研究，1991，(2).

[118] 张幸农，孙波. 冲积河流航道整治线宽度的研究 [J]. 泥沙研究，2002，(5)：48-

53.
[119] 马颖，江恩惠，李军华，等．丁坝在荷兰莱茵河航道整治中的作用［J］．人民长江，2008，39（5）：77-81.
[120] 张沛文．长江流域的航运发展与航道规划建设经验［J］．水运工程，2007，409：91-96.
[121] 王基柱．密西西比河中游河道的一些人为变化［J］．治黄科技信息，2000，4：41-45.
[122] 易源．抗日战争时期珠江流域西江上中游的航道整治［J］．人民珠江，1992，5：47-48.
[123] 徐治中，李枫．近几十年来东江下游航道水沙变化及河床演变特征［J］．中国水运，2011，11（8）：166-170.
[124] 彭鹏飞．北盘江航道整治线宽度的计算与取用［J］．水运工程，1993，10：32-35.
[125] 钟放平．湘江航道建设中几个滩险的整治［J］．湖南水利，1997，5：30-33.
[126] 蒋忠绥．湘江航道整治的基本理论和主要经验［J］．长沙交通学院学报，1991，7（4）：44-53.
[127] 张长海．赣江南昌至湖口段航道特性和整治工程体会［J］．水运工程，1995，8：19-24.
[128] 王宝儒．汉江（襄樊至汉口）航道整治工程回顾［J］．水运工程，1998，7：27-30.
[129] 雷培成，张雨耕．汉江航道整治工程成就及思考［J］．中国水运，1996，11：13-15.
[130] 卢汉才，唐存本，王茂林．西江（广西段）航道整治几点经验［J］．水道港口，1999，3：3-11.
[131] 卢汉才，唐存本，王茂林．西江（广西段）航道整治几点经验（续）［J］．水道港口，1999，4：3-9.
[132] 李义天，唐金武，朱玲玲，高凯春．长江中下游河道演变与航道整治［M］．北京：科学出版社，2012.
[133] 杨丽芳，黄伟，付中敏，等．长江中游枝江—江口河段河床演变与航道整治思路［J］．水运工程，2012，10：24-29.
[134] 朱玉德，李旺生．长江中游沙市河段航道治理思路的探讨［J］．水道港口，2006，27（4）：223-226.
[135] 岳红艳．瓦口子水道航道整治控制守护工程防洪评价［J］．人民长江，2008，39（6）：4-7.
[136] 张为，何俊，袁晶，等．二维水流数学模型在马家咀航道整治工程防洪评价中的应用［J］．中国水运，2010，10（12）：190-192.
[137] 李明，黄成涛，刘林，等．三峡水库工程清水下泄条件下分汊分段控制措施［J］．水运工程，2012，10：30-34.
[138] 雷国平，谷祖鹏，郑惊涛，等．长江中游洲头河段河床演变及整治思路［J］．水运工程，

2012，10：35-40.
［139］何传金．长江中游荆江河段航道治理思路、对策及初步成效［J］．水运工程，2012，10：11-17.
［140］左利钦，陆永军，季荣耀，等．下荆江窑监河段河床演变及整治初步研究［J］．水利水运工程学报，2011，4：39-45.
［141］乐培九，张华庆，李一兵．坝下冲刷［M］．北京：人民交通出版社，2013.
［142］傅开道，黄河清，钟荣华，等．水库下游水沙变化与河床演变研究综述［J］．地理学报，2011，66（9）：1239-1250.
［143］闵朝斌．关于最低通航设计水位计算方法的研究［J］．水运工程，2002，336（1）：29-33.
［144］李天碧．浅谈万安水利枢纽下游河段设计水位的确定［J］．水运工程，2003，356（9）：45-47.
［145］孙尔雨，舒茂修．三峡水库电站调峰期间下游河道通航条件研究［J］．武汉水利电力大学（宜昌）学报，1997（12）：57-61.
［146］陈一梅．徐造林．水利枢纽下游河段设计最低通航水位推算方法探讨［J］．东南大学学报（自然科学版），2002（3）：259-263.
［147］王秀英，李义天，王东胜，等．水库下游非平衡河流设计最低通航水位的确定［J］．泥沙研究，2008（12）：61-67.
［148］李义天，孙昭华，等．三峡水库蓄水前后长江中游设计水位变化分析［R］．武汉大学可研报告，2009.
［149］邵争胜，李旺生．日调节电站下游航道设计水位确定方法研究［J］．陕西水利，2010：123-124.
［150］张幸农，吴建树．枢纽及其上下游河段通航设计水位确定若干问题探讨［J］．水道港口，2005，26（z1）：130-132.
［151］周作茂．长沙综合枢纽下游远期设计通航低水位论证分析［J］．水利水运工程学报，2012（8）：87-91.
［152］彭矩新．潮汐河段航道设计最低通航水位标准的研究［J］．水运工程，2008（1）：74-77.
［153］彭矩新．非潮汐河段航道设计最低通航水位标准的研究［J］．水运工程，2007（6）：51-55.
［154］田林．浙江省半封闭型海湾多浅段航道乘潮通航保证率计算若干问题的探讨［J］．水运工程，2003（7）：33-35.
［155］蔡国正．论天然河流设计最低通航水位两种确定方法的矛盾与统一［J］．水运工程，2005（2）：47-51.
［156］荣天富，万大斌．略谈长江干流航行基面及其有关问题［J］．水运工程，1994（8）：27-30.
［157］夏云峰，闻云呈，张世钊，等．长江南京至浏河口深水航道航行基面及理论基面初

步分析［J］，水利水运工程学报，2012（1）：13–18.
［158］卢金友，等．长江中游宜昌至城陵矶河段水位变化分析［J］．人民长江，1997，28（5）．
［159］胡向阳．近50年来长江中游泥沙输移变化［J］．长江科学院院报，2007，24（6）：5–9.
［160］穆锦斌，张小峰，等．荆江三口分流分沙变化研究［J］．水利水运工程学报，2008（3）：22–28.
［161］许炯心．中国不同自然带的河流过程［M］．北京：科学出版社．1996.
［162］倪晋仁，马蔼乃．河流动力地貌学［M］．北京：北京大学出版社．1998.
［163］Kondolf，GM.，Swanson，ML. Channel adjustments to reservoir construction and gravel extraction along Stony Creek，California［J］.Environmental Geology，1993，21（4）：256–269.
［164］Nicola Surian，Massimo Rinaldi. Morphological response to river engineering and management in alluvial channels in Italy［J］.Geomorphology 50，2003：307–326.
［165］Shields，FD Jr; Simon，A; Steffen，LJ，Reservoir effects on downstream river channel migration［J］. Environmental Conservation，2000，27（1）：54–66.
［166］姜加虎，黄群．三峡水库工程对其下游长江水位影响研究［J］．水利学报，1997（8）：39–43.
［167］韩其为，何明民．三峡水库修建后下游长江冲刷及其对防洪的影响［J］．水力发电学报，1995（3）：34–46.
［168］许炯心．汉江丹江口水库下游河床调整过程中的复杂响应［J］．科学通报，1989（6）：450–452.
［169］金德生，刘书楼，郭庆伍．应用河流地貌实验与模拟研究［M］．北京：地震出版社，1992.
［170］尤联元，金德生．水库下游再造床过程的若干问题［J］．地理研究，1990（4）：38–48.
［171］潘庆燊，曾静贤，欧阳履泰．丹江口水库下游河道演变及其对航道的影响［J］．水利学报．1982，（8）：54–63
［172］Nicola Surian，Massimo Rinaldi. Morphological response to river engineering and management in alluvial channels in Italy［J］. Geomorphology，2003，50：307–326.
［173］David J Gilvear. Patterns of channel adjustment to impoundment of the upper river Spey，Scotland（1942–2000）［J］. River Research and Application，2004，20：151–165.
［174］Phillips J.D.，Slattery M.C.，Musselman Z.A. Dam–to–delta sediment inputs and storage in the lower Trinity River［J］. Texas，Geomorphology 2004，62：17–34.
［175］Smith L.M.，Winkley B.R. The response of the Lower Mississippi River to river engineering［J］. Engineering Geology，1996，45：433–455.

索　引